Technology and application of non-thermal plasma

低温等离子体技术及应用

朱安娜　李树然　等 编著

化学工业出版社

·北 京·

内容简介

《低温等离子体技术及应用》共9章。第1章介绍低温等离子体技术的概念、发展历史、分类及特点，以及低温等离子体的放电形式。第2章介绍低温等离子体的常用诊断方法。第3章介绍高压电源电路基础、高压电源关键器件组成及发展现状，以及当前常用的低温等离子体高压电源。第4章介绍低温等离子体发生设备及其设计原则，包括介质阻挡放电成套设备、流光电晕放电成套设备以及等离子体射流成套设备等。第5章介绍低温等离子体在化学及生物有毒有害物质洗消方面的研究和应用。第6～8章分别介绍低温等离子体在大气污染治理、水污染治理以及土壤修复方面的研究和应用。第9章介绍低温等离子体在医疗领域的研究和应用。

本书的读者对象为从事等离子体技术研究的科研工作者、工程师、教师和学生，也可供其他对等离子体技术感兴趣的科技工作者参考。

图书在版编目（CIP）数据

低温等离子体技术及应用 / 朱安娜等编著. -- 北京 :
化学工业出版社，2024. 10. -- ISBN 978-7-122-46185
-8

Ⅰ. 053

中国国家版本馆 CIP 数据核字第 2024ZD7940 号

责任编辑：高　震　　　文字编辑：孙倩倩　葛文文
责任校对：李雨函　　　装帧设计：韩　飞

出版发行：化学工业出版社
（北京市东城区青年湖南街13号　邮政编码100011）
印　　装：河北鑫兆源印刷有限公司
710mm×1000mm　1/16　印张 20¼　彩插 5　字数 361 千字
2024年10月北京第1版第1次印刷

购书咨询：010-64518888　　　售后服务：010-64518899
网　　址：http://www.cip.com.cn
凡购买本书，如有缺损质量问题，本社销售中心负责调换。

定　　价：99.00元

《低温等离子体技术及应用》编委会

前言

等离子体（plasma）是由原子或分子被电离后产生的带电粒子（正、负离子和电子）及中性粒子（分子、原子、自由基和活性基团）组成的离子化气体状物质，宏观上呈现电中性，因此被称为等离子体。它广泛存在于宇宙中，常被视为除固态、液态、气态外，物质存在的第四态。等离子体具有独特的光、热、电等物理性质，可产生多种物理、化学过程。近些年，等离子体技术得到快速发展，为材料、能源、信息、环境、空间物理、地球物理等学科的进步以及国民经济的发展提供了新的技术和工艺。

等离子体按照其温度可以分为高温等离子体和低温等离子体，其中，低温等离子体具有明显的非热平衡特性，其整体气体动力学温度可低至室温，而电子具有较高能量（1～10 eV），因此，低温等离子体可以很容易地破坏大多数化学键，并使热力学上不利的化学反应可以在环境条件下进行，这也是低温等离子体可用于材料、能源、环保和医疗领域的重要原因。目前，国内外出版的关于等离子体及其应用的书籍中，有的主要集中于介绍等离子体的物理特性，有的则是针对某种形式的等离子体（如等离子体射流）或某个具体应用领域（如材料改性处理）等进行介绍。本书重点从低温等离子体的概念、发生原理出发，重点介绍常见低温等离子体发生技术所涉及的电源、反应器及成套设备，同时结合本书作者多年来在低温等离子体应用领域的科研成果，对低温等离子体技术在环境保护领域和医疗领域的研究和应用进行阐述。尽管本书作者在低温等离子体材料改性领域也进行了相关研究，但受篇幅所限，书中不再单独介绍低温等离子体材料处理方面的内容，对此有兴趣的读者可以参考已有书籍。

本书共9章，总体分为两大部分。第一部分（第1～4章）主要介绍低温等离子体的基础知识，并详细介绍了低温等离子体激发电源和等离子体成套设备；第二部分（第5～9章）主要介绍低温等离子体在洗消、环保和医疗领域的应用。本书由军事科学院防化研究院、浙江大学、北京化工大学三家单位的科研工作者共同撰写，是集体智慧的结晶。其中，朱安娜和李树然为主要作者，负责第 1 章，第 4、5 章和第 7～9 章的撰写及全书统稿；闫克平主要指导全书的撰写并对内容进行审核；王瑞雪主要负责第 2 章的撰写，参与了第 1、3 章的撰写；刘振主要负责第 3 章的撰写；冯发达主要负责第 6 章的撰写；博士研究生伊志豪参与了第 2 章和第 5 章的撰写；博士研究生李阳参与了第 7 章的撰写；博士研究生张硕参与了第 8 章的撰写；洪德飞教授和硕士研究生马搏文参与了第 9 章的撰写；康新政参与了全书的格式梳理；任亚爽和肖爽参与了部分章节图表的绘制工作。

本书的出版，得到了军事科学院防化研究院、浙江大学、北京化工大学的大力支持，并获得了军事科学院防化研究院“重点学科建设领军拔尖人才培养工程项目”的资助，在此对钟辉、刘志、赵杰、郝立亮、陈磊以及其他所有给予帮助的人员表示感谢！

由于编者水平有限，而等离子体技术发展迅速，本书内容难免有不足之处，望读者和各位同仁提出宝贵意见。

编著者

2024 年 7 月 29 日

目录

第 1 章

低温等离子体理论基础

1.1 基本概念

等离子体（plasma）是由原子或分子被电离后产生的带电粒子（正、负离子和电子）及中性粒子（分子、原子、自由基和活性基团）组成的离子化气体状物质，宏观上呈现电中性。它是具有宏观空间尺度和时间尺度的体系[1]。也有书籍将其定义为：等离子体是由带电粒子和中性粒子组成的、表现出集体行为的一种准中性气体[2]。等离子体一词起源于古希腊语“πλάσμα”，意思是可塑性的物质。使用该词来描述气体放电，则可追溯到化学家、物理学家欧文·朗缪尔（Irving Langmuir）。他在 20 世纪 20 年代研究气体放电，当时的一位同事后来回忆道：“……放电的平衡部分……让他想起了血浆携带红细胞、白细胞和细菌的方式。所以他提议将均匀放电产生的气体称为等离子体。”[3]我国曾将该词译为“等离子区”或“电浆”[4]，现在学术界基本统一采用“等离子体”一词。为了避免“等离子体”与生命科学中的“血浆”产生概念混淆（尤其是在英文著作中），研究者们多采用与物理状态或发生方法相关的词语来描述等离子体放电，如热等离子体、非热等离子体、组织耐受等离子体、大气压等离子体、低温大气等离子体、冷物理等离子体等[5]。

等离子体常被视为是除固、液、气态外，物质存在的第四种状态。根据物质的原子论，物质的原子、分子或分子团相互以不同的力或键力相结合，构成不同的聚集态。固体是以粒子间结合力强的键构成晶格的，而当其粒子的平均动能大于粒子在晶格中的结合能时，则晶格解体[4]。如，当固体（物质的第一种状态）被加热时，其中的粒子获得足够的能量使其结构松弛，从而熔化成液体（物质的第二种状态）。液体的粒子间由结合力较弱的键联系，如果外界进一步供给能量，使这个较弱的键破坏，液体中的粒子从液体中逃逸并转变为粒子间没有作用键的气体（物质的第三种状态）。如果再对气体供给足够的能量，电子将从原子或分子中逃逸出来，这样不仅允许离子更自由地运动，而且电子在电场中快速加速后与其他原子或分子碰撞，产生更多的电子和离子。最终，气体将被电离成电子和离子，从而改变电学性质，形成电离气体或等离子体[6]，如图 1-1 所示。实际上，等离子体特征并不需要整个物体中每个粒子都电离才能呈现出来，部分电离的气体就已经具有显著的导电性能。一般来说，组成等离子体粒子的基本成分是电子、离子和中性粒子[4]。在一次电离的情况下，等离子体中带负电的粒子（电子）和带正电的粒子（正离子）数目相等；在多重电离时，电子数则可多于离子数。但是不论在哪一种情况下，等离子体在宏观上均保持电中性。等离子体与普通气体在性质上有很大差别，例如普通气体中的粒子主要进行杂乱的热运动；而等离子体除内部热运动外，还会产生等离子体振荡。在有外磁场存在的情况下，等离子体的粒子运动会受到磁场的影响和调控。目前，学术界通常将等离子体视为电离气体，但早期有学者认为电解质溶液也是一种等离子体，因为溶液中包含有能自由运动的正、负离子，且能导电；还有学者认为金属则是典型的固体等离子体，因为金属具有固定在晶格中的正离子和能自由运动的电子[7]。

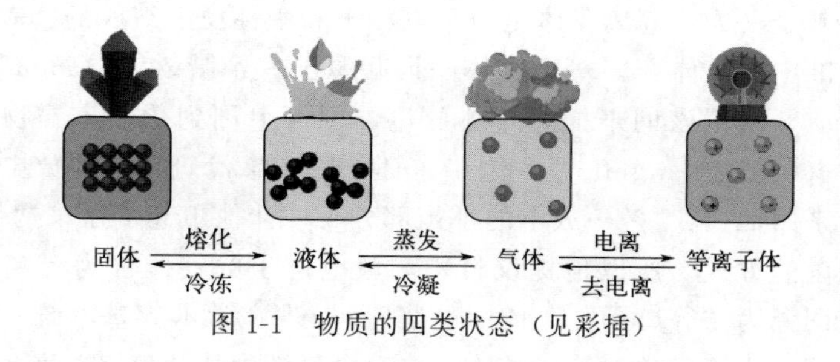

图 1-1　物质的四类状态（见彩插）

等离子体是由（原子、分子电离后的）电子和离子组成，这些带电粒子可以在空间内相当自由地运动和相互作用。虽然有时电子和离子可以相碰而复合成中性原子，但同时也存在着中性原子因碰撞或其他原因而电离成电子、离子的过程，使等离子体可以在宏观尺度的时间和空间范围里存在着数量大体不变的大量电子和各种离子，正是因为如此，等离子体的许多性质才明显地和固体、液体、气体不同，有着特有的行为和运动规律[1]。等离子体在宏观上是呈现电中性且具有集体效应的混合气体，在小尺度上则呈现出电磁性。集体效应突出地反映了等离子体与中性气体的区别；电磁性则使等离子体具有高电导率，与电磁场亦有极强的耦合作用。

在地球环境中，自然界等离子体只存在于远离地球表面的电离层及其以上空间中，或者寿命很短的闪电中，因而人类对它们的认识较晚。但在整个宇宙中，目前已知的绝大部分物质（如各种星体及星体间的物质）都以等离子体形式存在。恒星、极光等都是处于等离子体状态的物质[1]；闪电是空气被电离而产生的瞬时等离子体在发光；地球上空 80～400km 处的电离层也是等离子体，由太阳紫外线和宇宙射线电离稀薄空气中的氮、氧分子而形成[8]。还有一些等离子体并不那么明显，例如太阳风（从太阳大气中释放出的带电粒子流）、在严重雷暴之前出现在船只和高大物体上的明亮蓝色闪光。尽管大约有 99%的已知和可见物质处于等离子体状态[5]，但是由人工方式产生的等离子体在近几十年来才逐渐得到应用：在日常生活中，有荧光灯、电弧焊接、等离子体显示屏、臭氧发生器等；在工业应用中有等离子体刻蚀、镀膜、表面改性、喷涂、烧结、冶炼、加热、有害物处理等；在高技术应用中有惯性约束聚变、氢弹、高功率微波器件、离子源、强流束等；在军事应用方面，核爆炸、放射性同位素的射线，高超声速飞行器的激波，燃料中掺有铯、钾和钠等易电离成分的火箭以及喷气式飞机的射流等，都能产生一定数量的等离子体[8]。总体而言，等离子体具有独特的光、热、电等物理性质，可产生多种物理、化学过程。等离子体技术的发展可以为材料、能源、信息、环境、空间物理、地球物理等科学进步以及国民经济发展提供新型技术和工艺。图 1-2 展示了几种自然界存在的等离子体；图 1-3 展示了几种人造等离子体及其应用场景。

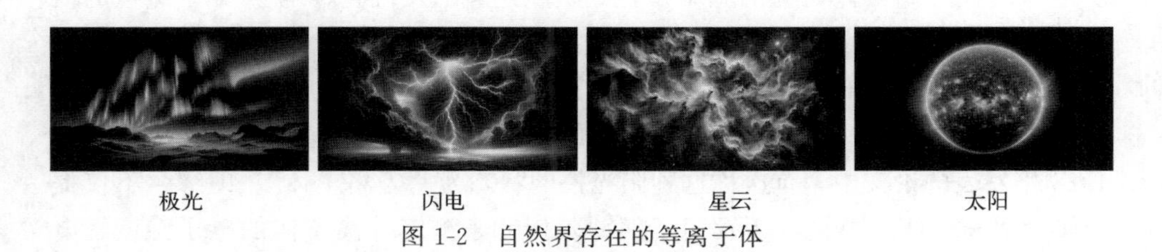

极光　闪电　星云　太阳

图 1-2　自然界存在的等离子体

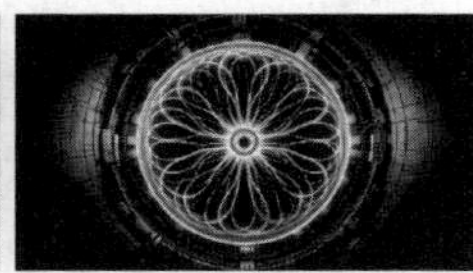

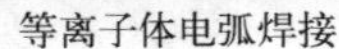

等离子体电弧焊接　霓虹灯　等离子体气相沉积　托卡马克中的等离子体

图 1-3　人造等离子体及其应用场景

低温等离子体（non-thermal plasma，NTP）主要是为了与高温等离子体（thermal plasma）相区别，后者一般通过受控核聚变产生，等离子体电子温度可达 10000eV（约 1×10^{8}℃）以上，在常规条件下难以应用。在工业和科学研究中，通常采用电子温度不超过数十电子伏特的低温等离子体。

1.2 发展历史

低温等离子体的研究最早可以追溯到17世纪。爱尔兰科学家安德鲁斯（T. Andrews）制造了一台放电装置，其中一个玻璃球可以通过在轴上快速旋转产生闪光。1734年，蒲力斯特里（Priestley）描述了一种“电光笔”，其实质即为电晕放电。同一时期，莱顿瓶等电荷存储设备的开发取得了重大进展，使得研究火花放电成为可能。19世纪期间，电能存储和真空系统技术取得了重大进展，伏特（Volta）发明了电化学电池。彼得罗夫（Petrov）在1803年利用足够强大的电池实现了连续电弧放电[6]。最初实现放电产生等离子体的人是以发现电磁感应定律而闻名的法拉第（M. Farady）。1835年，他首次研究了真空等离子体，发现在低压气体中放电可以分别观测到相当大的发光区域和不发光的暗区，通过向真空管（约1Torr，1Torr＝133.3224Pa）施加1000V的电压能够产生直流（DC）辉光放电。1879年克鲁克斯（W. Crookes）详细研究了这种放电的性质，并称之为第四种物质状态。自19世纪下半叶至20世纪初，人们对气体放电有了更为清晰的认识。汤生（J. S. E. Townsend）研究了均匀电场中的气体放电，并提出了汤生放电理论，奠定了现代等离子体研究的基础。他的贡献还包括发现各种电子-原子碰撞的横截面、电子和离子的漂移速度及其复合系数。朗缪尔又进一步对低压气体放电形成的发光区（即正辉柱）开展了深入研究，发现其中的电子和正离子电荷密度相近，呈电中性，电子和离子基团持续发生与其能量状态对应的振动。他在1928年发表的论文中，首次称这种阳光柱的状态为“等离子体”。朗缪尔不仅提出了“等离子体”一词，还发明了朗缪尔探针来测定等离子体的电子温度、电子密度和电势。步入20世纪以后，等离子体技术的开发、诊断和应用迅速发展。1970年左右，在真空室中产生的低压射频等离子体开始被广泛用于基础加工，例如半导体行业的沉积和刻蚀。自20世纪90年代以来，低温等离子体技术逐渐摆脱了对昂贵真空室和泵送系统的需求，能够在大气压下产生。当前，低温等离子体正逐渐广泛用于环境治理、材料表面改性、生物医学等方面[9]。

1.3 分类及特点

等离子体由电子、正离子和中性粒子组成，可以根据电离度、密度、热力学平衡等理化特性来描述，也可以根据等离子体的发生方式和应用场景进行分类。

1.3.1 按电离程度分类

电离度定义为$\alpha_i = N_i/(N_i + N_n)$，其中$N_i$和$N_n$分别是离子态粒子（已电离的原子或分子）和中性粒子（未电离的原子或分子）的粒子密度（即单位体积中的粒子数）。等离子体的电导率和对磁场的响应都由α_i决定。α_i为$10^{-6} \sim 10^{-1}$的等离子体都属于弱电离，由于电离程度由等离子体中的电子温度决定，因此弱电离等离子体也称为低温等离子体。在大多数等离子体反应器中，电离度低于10^{-4}。电感耦合等离子体（inductively coupled plasma，ICP）和电子回旋共振的电离度则要高得多，约为10^{-2}。$\alpha_i \approx 1$的等离子体被完全电离，称为高温等离子体，包括聚变等离子体、太阳风（行星际介质）和恒星内部（太阳核心）。

1.3.2 按等离子体密度分类

等离子体密度表示单位体积内所含粒子数的多少，是等离子体的基本参量之一。不同方式形成的等离子体，密度差异极大。

（1）高密度等离子体

高密度等离子体（也被称为稠密等离子体）是指粒子密度$N > 10^{15} \sim 10^{18}\,\mathrm{cm^{-3}}$的等离子体，如恒星灼热的高温使其等离子体密度高达$10^{28} \sim 10^{31}\,\mathrm{m^{-3}}$，用高功率加热得到的等离子体密度为$10^{26} \sim 10^{28}\,\mathrm{m^{-3}}$[8]。高密度等离子体的大量离子和自由基不仅增强了激发/电离碰撞，而且提高了离子轰击率。

（2）低密度等离子体

低密度等离子体（也被称为稀薄等离子体）是指粒子密度$N < 10^{12} \sim 10^{14}\,\mathrm{cm^{-3}}$的等离子体，如地球外层空间电离层中的等离子体密度为$10^{9} \sim 10^{12}\,\mathrm{m^{-3}}$[8]。与高密度等离子体的情况不同，低密度等离子体的粒子之间的碰撞率可以忽略不计。

1.3.3 按等离子体热平衡分类

根据电子、离子和中性粒子之间的相对温度，等离子体可分为热力学平衡等离子体、局部热力学平衡等离子体和非热力学平衡等离子体三类[9]。

（1）热力学平衡等离子体

热力学平衡等离子体又称热平衡等离子体，体系处于热平衡状态，各种粒子的平均动能相同。其中，电子温度（T_e）、离子温度（T_i）和中性粒子温度

(T_n)相近，即 $T_e \approx T_i \approx T_n$。这归因于高温和高密度等离子体中电子与离子/中性粒子之间的频繁碰撞。热力学平衡等离子体常见于自然聚变反应堆（太阳）和托卡马克装置中。

（2）非热力学平衡等离子体

非热力学平衡等离子体又称非热平衡等离子体。其中，质量较小的电子和质量较大的粒子（离子和中性粒子）之间的动量转移效率不高，施加到等离子体的能量更有利于电子运动，因此，电子温度（T_e）明显高于离子温度（T_i）和中性粒子温度（T_n），即 $T_e \gg T_i \approx T_n$。非热平衡等离子体可以由电晕放电、辉光放电、电弧放电、电容耦合放电、电感耦合放电、微波等方法产生。目前，非热平衡等离子体的应用已扩展到环境工程、航空航天工程、生物医学、纺织技术、分析化学等众多领域。

（3）局部热力学平衡等离子体

局部热力学平衡等离子体又称局部热平衡等离子体，即局部处于热力学平衡的等离子体。与热平衡等离子体和非热平衡等离子体不同，局部热力学平衡等离子体因等离子体中各粒子温度一般很难达到完全的热力学一致性，当其电子温度、离子温度和气体温度（T_g）在局部范围内达到热力学一致性，即 $T_e \approx T_i \approx T_g$ 时，即形成局部热力学平衡等离子体。局部热平衡等离子体可以由直流（DC）、射频（RF）电弧或电感耦合等离子体炬产生，能够用于等离子喷涂（涂层）和等离子体化学和物理气相沉积。图 1-4 展示了一些常见等离子体的典型参数。

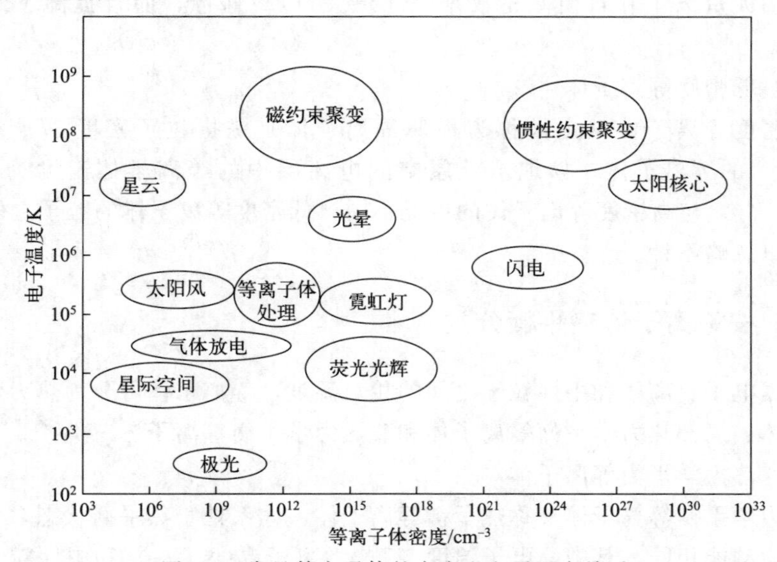

图 1-4　常见等离子体的密度和电子温度关系

1.3.4　按系统温度分类

等离子体按温度可分为高温等离子体和低温等离子体。高温等离子体是完全电离的等离子体，其热力学温度为 $10^6 \sim 10^8$K，$T_i \approx T_e$，属于热力学平衡的等离子体，通常由核聚变反应产生。低温等离子体是非热力学平衡等离子体，其热力学温度在 $10^3 \sim 10^5$K 范围内，电子温度远大于离子温度。与热平衡等离子体相比，低温等离子体可以在室温或远低于1000K 的温度下运行。低温等离子体按其热容量的大小，又可进一步分为热等离子体和冷等离子体。热等离子体为部分电离、温度约为 10^4K 的等离子体，可以在 1000Pa 以上的气压下由稳态电源、射频、微波放电产生。冷等离子体是电子温度很高、重粒子温度很低、总体温度接近室温的非热平衡等离子体，可以由稳态电源、射频、微波放电在低于 1000Pa 时产生[5]。

1.3.5　按产生方式分类

按产生方式，等离子体可分为天然等离子体和人工等离子体。宇宙中99.9%的物质处于等离子体状态，如恒星星系、星云、闪电、极光等都是天然等离子体。

除自然界产生的等离子体外，人为产生等离子体的方法主要有气体放电法、射线辐射法、热电离法等。其中气体放电法最为常见，根据外加电场的频率，气体放电可分为直流放电、低频放电、高频放电、微波放电等多种类型；根据放电形式又可分为电晕、辉光、电弧光等；根据气压可分为低压放电和常压放电。一般引发电离产生等离子体的方法有如下六种[9]。

① X 射线照射：电离所需要的能量由激光、X 射线提供，放电起始电荷为电离产生的离子。此种电离形成的电荷密度一般极低。

② 放电：通过从直流至微波的所有频带放电能够产生各种不同的电离状态。

③ 燃烧：火焰中高能粒子相互碰撞发生的电离为热电离，此外，特定的热化学反应所放出的能量也能引起电离。

④ 冲击波：气体急剧压缩形成的高温气体，可以引发热电离并形成等离子体。

⑤ 激光照射：大功率激光照射可使物质蒸发电离。

⑥ 碱金属蒸气接触高温金属板：碱金属蒸气电离能较小，与高温金属板接触时容易发生电离。

电离生成的电子、正离子一般在短时间内又会再结合，回到中性原子或分子状态。此时，电子、正离子所具有的一部分能量就以电磁波、再结合粒子的动能或者分子的解离能的形式被消耗。分子解离时往往生成自由基，而一部分电子与中性原子、分子接触，又生成负离子。因此，等离子体是电子、正、负离子、激发态原子、分子以及自由基的混杂状态。

1.4 物理化学特性

1.4.1 等离子体辐射

等离子体辐射是等离子体能量耗散的一个重要途径，通过等离子体光谱可以更清晰地了解等离子特性。对于天体和太空的等离子体，辐射几乎是认识它们的唯一途径；对于实验室的等离子体，可以通过测量辐射来了解等离子体的各种性质参数及运动特征。等离子体辐射包括轫致辐射、回旋辐射、黑体辐射、切伦科夫辐射，以及原子、分子或离子跃迁过程中的线辐射等。

低温等离子体的光谱分布主要取决于载气成分和能量密度。通常，低温等离子体发出的光辐射可以分为真空紫外光（VUV，波长＜200nm）、短波紫外光（UVC，波长 200～280nm）、中波紫外光（UVB，波长 280～320nm）、长波紫外光（UVA，波长 320～400nm）、可见光（波长为 400～760nm）和红外光（波长＞760nm）。

等离子体辐射可以产生线状谱和连续谱。线状谱是等离子体中的中性原子、离子等由高能级激发态跃迁到较低能级时产生的。单个粒子发射的谱线强度主要取决于：①原子或离子的外层电子处于上能级的概率；②这种电子从上能级跃迁到下能级的跃迁概率；③光子在逸出等离子体之前被再吸收的概率。但谱线的总强度与电子和离子的密度和温度有关，因此结合谱线强度、理论模型和上述光谱原子数据，可以得到低温等离子体的电子密度、离子密度和温度等信息。此外，根据多普勒效应，通过谱线波长的移动可确定等离子体的宏观运动速度。连续谱是电子在其他粒子的势场中被加速或减速而产生的，测量连续光谱强度也可得到电子密度、温度等数据。

1.4.2 电场

一般认为，低温等离子体放电会在其周围产生电场。例如，施加交变电流可能引发等离子体，随之产生的电场脉冲信号在毫秒、微秒或纳秒范围内波动。低温等离子体电场可能非常不均匀，其强度随时间、载气和放电周期而变化。一些研究认为电场与作为低温等离子体主要成分的活性物质之间存在协同效应。由于低温等离子体一般是受电磁场作用的，可以控制其能流方向。

1.4.3 活性基团

低温等离子体中含有大量的电子、离子和激发态粒子，为化学反应提供了活化能。这些活性物质主要包括短寿命和快速反应的单个原子或其离子（例如 O^*、O^+）、自由基（如羟基自由基·OH）或中性物质（如一氧化氮 NO、过氧化氢 H_2O_2）。

1.4.3.1 气相放电产生活性基团

在靠近放电电极的活性等离子体区中，活性基团主要是通过碰撞、电子轰击以及活性基团碰撞形成的。例如，在稀有气体（如氩气、氦气、氖气或它们的混合物）低温等离子体中，可以形成相应惰性气体原子的激发态、离子和准分子（激发态二聚体）。这些基团具有高能态且寿命较短，猝灭过程几乎与形成过程一样快，如 Ar^+ 寿命约为 1μs。猝灭过程与紫外光辐射、壁面碰撞或者与原子、分子的非弹性碰撞相关。此外，低温等离子体还能通过电子碰撞作用，将存在于反应区域的氧气（O_2）、氮气（N_2）或水激发成活性氧或氮。例如，氧分子可被快电子（3.9eV）裂解形成原子氧；氮分子可以形成原子氮；水分子能够产生羟基自由基（·OH）和氢原子（H）。图 1-5 说明了氩气等离子体射流在空气中产生的不同活性基团及其产生机理（通过电子碰撞或与氩离子反应）。在氩气等离子体射流中，通过激发态氩离子二次反应产生的活性基团在分布中占主导地位。

通过初级和次级基团与环境分子及其自身的进一步弹性和非弹性碰撞，能够产生下游（第三级）物种。例如，通过高能态氮基团［$N_2(a)$］与分子氧的反应，能够产生众多氮氧化物（N_2O、NO、NO_2、NO_3 和 N_2O_5）。这些氮氧化物非平衡化学反应动力学过程中，具有不同的寿命和反应活性，可以相互转化或与其他物质发生进一步反应，进而产生长寿命的 HNO_3、HNO_2 及 N_2O_5。而通过激发态氧原子与氢原子的三级反应，能够形成长寿命的活性氧基团，如臭氧（O_3）、过氧化氢（H_2O_2）或亚稳态过氧化物自由基（HO_2·）。

1.4.3.2 气液界面放电产生活性基团

低温等离子体产生活性基团的研究大多集中于气相，气液界面放电产生活性基团的相关研究较少。其原因是气液界面仅有数纳米宽，界面处的分子结构

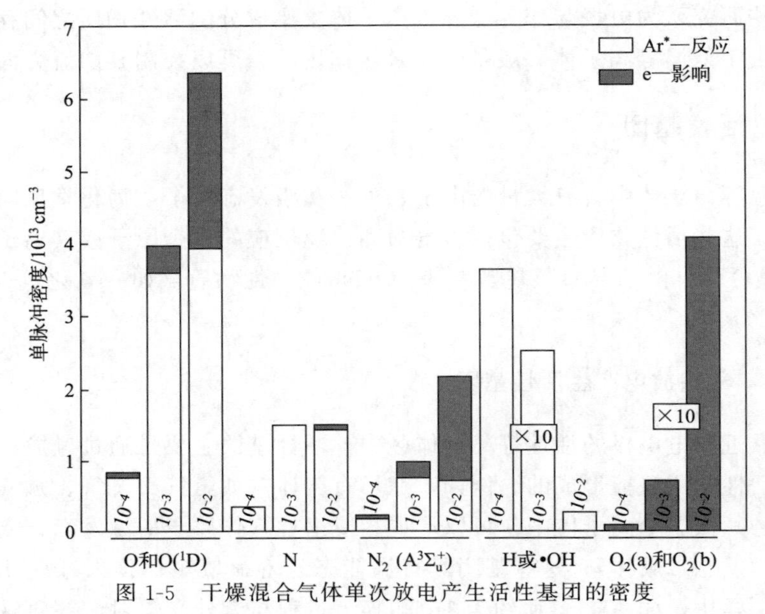

图 1-5 干燥混合气体单次放电产生活性基团的密度

纵坐标轴上 10^{-2}、10^{-3}、10^{-4} 为比例系数，表示实际单脉冲密度为坐标轴示数乘以相应比例系数。方框中的×10 是为了清晰展现数据，表示相应柱状图高度被放大 10 倍

会影响溶质分子在液体中的吸附或溶解方式，因此气液界面基团的局部浓度和存活寿命存在显著差异。在气液界面，通常也能发生三级反应，形成一氧化氮自由基（·NO）、过氧亚硝酸根离子（$ONOO^-$）和次氯酸盐等产物。虽然一氧化氮自由基也在气相低温等离子体中产生，但由于其在水中的低溶解度并不利于其通过界面传质到液相中，因此，一氧化氮自由基主要是由二氧化氮自由基和原子氧在气液界面处反应形成。过氧亚硝酸盐则可以通过不同的反应形成，如亚硝酸盐和过氧化氢之间的反应，该反应仅在溶液 pH 值低于 3.5 的酸性条件下发生。原子氧是在等离子体区中形成的主要活性物种，其寿命较短，迄今为止尚未观察到其传质到液体主体的过程。当处理去离子水时，原子氧与水反应能够产生羟基自由基，这些羟基自由基可以重新结合形成 H_2O_2。

1.5 低温等离子体的产生

低温等离子体的产生方式众多，主要包括：①气体放电法，其中根据放电气压情况可以分为两类，一类是低气压放电，包括直流辉光放电、高频放电（微波、射频）等；另一类是常压放电，包括直流弧光放电、电晕放电、介质阻挡放电等。②热致电离法（高频动能原子、分子碰撞导致电离），如高温燃烧、爆炸、冲击波等。③辐射电离法（光电离），如X射线、紫外线等。

1.5.1　热致电离法

热致电离是产生等离子体的一种最简单的方法，任何物质加热到足够高的温度后都能产生电离。当粒子所具有的动能足够大，在粒子间的碰撞中足以引起其中一个或多个粒子产生电离时，才能得到等离子体。因此，热致电离是基于碰撞相互作用，而不是加热后原子直接产生电离。如图1-6(a)所示，两平行金属平板电极A和K间连接电源后，两极间会产生电场。由于空气具有良好的绝缘性能，此时电路中无电流通过，电流计指针不偏转。但如果把灯的火焰放在两电极之间［见图1-6(b)］，则因为火焰中存在离子，电极A和K之间的空气就具有导电性，因而电流计指针发生偏转，说明电路中有电流通过。

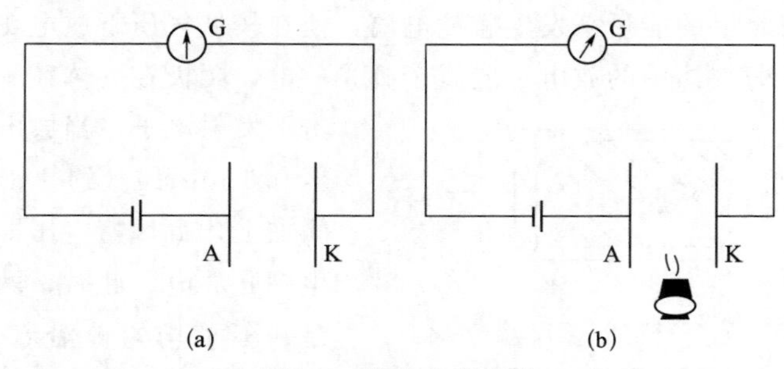

图1-6　热致电离实验

A，K—金属平板电极；G—电流计

在平衡态下，气体热致电离的电离度可由萨哈方程（Saha equation）求得[5,7]：

$$\frac{\alpha_{\mathrm{i}}^{2}}{1-\alpha_{\mathrm{i}}^{2}}=\frac{4.9\times10^{-4}}{p}\times\frac{g_{\mathrm{i}}}{g_{0}}T^{5/2}\mathrm{e}^{-eU_{\mathrm{i}}/kT} \tag{1-1}$$

式中，α_{i}为气体的电离度；p为气体的压力；eU_{i}为电离能；k是玻尔兹曼常数；1.3806×10^{-23}J/K；T为气体温度，K；g_0为中性原子态的统计权重；g_{i}为离子态的统计权重。

从上面方程可以看出，电离度随气体温度的升高而升高，随气体压力的升高而减小。当气体温度升高时，在kT达到eU_{i}的几分之一以前，气体将一直保持低电离度；温度再升高，$\frac{N_{\mathrm{i}}}{N_{\mathrm{n}}}$急剧增加，气体开始出现等离子体态；进一步升高温度使N_{n}低于N_{i}，等离子体即完全电离。萨哈方程的物理意义在于：

在热气体中，气体原子受到一次高能（足够打出一个电子）微撞时，即可被电离；而在冷气体中，一个原子必须通过一系列有效碰撞才能被加速到远高于平均值的能量，因此，在冷气体中这种碰撞电离很少发生。

1.5.2 气体放电法

如上所述，通过热致电离得到高电离度的等离子体较为困难，所以现在广泛采用气体放电法来产生等离子体。

1.5.2.1 低气压辉光放电

低气压辉光放电现象最早被用来研究等离子体和原子光谱，至今在实验室对等离子体各种性质的研究分析中，这种方法仍被广泛采用。

低气压下离子和电子的自由程都很大，因此低气压装置即使在较弱的电场中，也能获得足够的能量来发生碰撞电离，使在较低气压下放电比在常压下更为容易。在稀薄气体中的放电一般属于辉光放电，阴极在气体粒子或光子的轰击下发射电子。当放电管中气压低至 0.1mmHg（约 13Pa），在两极间加上几百伏特电压即能在管中产生辉光放电。此时，两极间的电位差并不是均匀地沿着放电管分布的，而是大致分成三个特征区域（图 1-7）：阴极位降区 U_K、等离子体位降区（又称正辉区）U_P 和阳极位降区 U_A。总电位差 $U=U_K+U_P+U_A$。两极附近电位降由极板附近积累的大量异极性空间电荷所致，即在阴极附近有正离子，而阳极附近有电子，其中阴极位降远大于阳极位降。

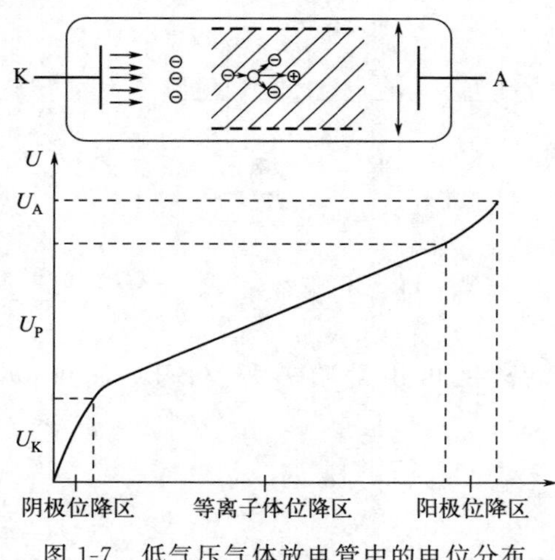

图 1-7 低气压气体放电管中的电位分布

阴极发射的电子通过阴极位降区，如果能够获得足够的能量，则随之可引发电子雪崩，因此，阴极附近较高的电位降在气体放电中具有重要作用。等离子体位降区几乎占据了整个极间空间，且内部电位均匀分布，其中电子密度和离子密度相等，整体上呈电中性，是理想的等离子体。在一般情况下，由这种方法可以得到较低密度（约 $10^{16}m^{-3}$）的低温等离子体（$T_e<5000$ K）[7]。

1.5.2.2　电弧放电

由电弧放电可以产生电弧等离子体，也称弧光等离子体。在机械工业中普遍使用的电弧焊接就是利用在金属电极和工件之间产生的高温电弧等离子体。

相比辉光放电，电弧放电的电流密度较大。同时，阳极由于受到被电场加速的电子猛烈轰击而升温，其温度可能升到材料沸点，并产生强烈的离子和电子发射。电弧放电可以在不同气压的载气中产生，也可以在金属蒸气中产生。在大气压下产生的电弧放电多具有一个轮廓清晰的“弧线”，其中气体温度很高；而在稀薄气体（气压约 10^{-3}Pa 或更低）中的电弧则一般没有清晰的轮廓。与辉光放电相似，电位沿整个电弧的分布可大致分成三个区域，即阴极位降区、电弧等离子体位降区和阳极位降区。由于电弧等离子体具有非常好的导电性，等离子体位降区只有很小的电位降。如果选择粗 0.01m、长 0.1～0.2m 的放电管，在 0.1Pa 的气体压力条件下，所产生的电弧放电等离子体密度为 $10^{15}\sim10^{19}\,m^{-3}$。

图 1-8 为电弧放电装置示意图。考虑到电弧放电的负电阻特性（即电流增大，电压反而降低），通常需采用限流电阻以防止放电时电流强度过大。此外，由于等离子体密度正比于放电电流，在其他参数不变的情况下，通过调节电流可以改变等离子体的密度，进而也能改变等离子体频率。这种特性对等离子体振荡研究非常有用。电弧等离子体的能量密度较高，因而在机械、化工、冶金等工业领域应用广泛。

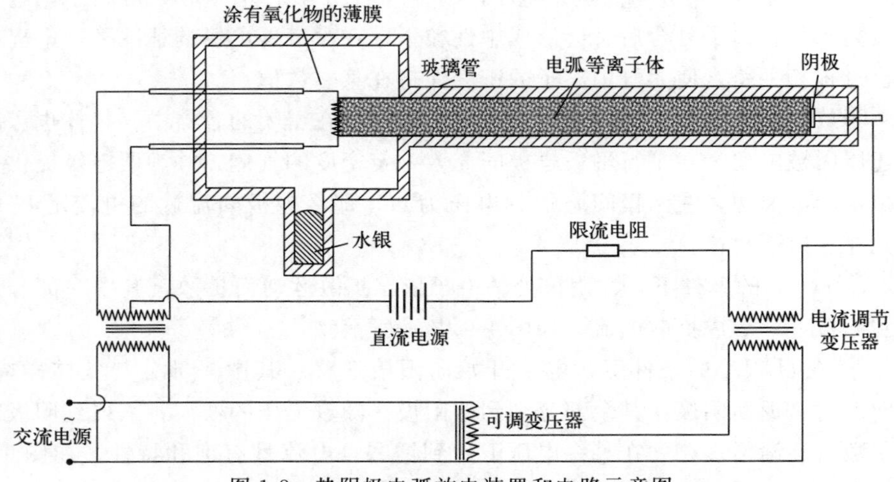

图 1-8　热阴极电弧放电装置和电路示意图

1.6 气体放电基础

在研究气体放电现象时，通常把放电分成两大类，一类是非自持放电，另一类是自持放电。非自持放电是指存在外致电离源（如火焰、紫外线、X射线或放射性射线等）的条件下放电才能维持的现象，当撤离外界电离源后，放电即停止。例如用紫外线或放射性射线照射放电管，管内气体就可产生一定的带电粒子，当电极上施加某一电压时，电极空间的带电粒子便在电场的作用下运动而形成电流，即产生了气体放电现象。若这时去掉外致电离源，带电粒子数的减少将导致放电无法维持而熄灭。自持放电是指去掉外致电离源的条件下放电仍能维持的现象。在外致电离源的作用下，当放电管两端电压增加到某一阈值时，管内电流突然增大。此时若移去电离源，放电电流仍足够大，即放电的形成与外致电离源的存在无关，这种状态称自持放电。利用气体放电产生等离子体时，一般普遍采用气体自持放电过程，如火花放电、电弧放电和辉光放电等。

1.6.1 气体的绝缘击穿——汤生放电

为了产生放电，必须有初始电子。由于在自然界中存在着剩余电离（residual ionization），在任何气体中都含有众多电子和离子。受地壳里放射性物质发出的放射性射线、从地球外射来的宇宙射线以及从太阳飞来的高能粒子的影响，大气被不断地电离。在地面上的大气中，新的正离子和电子的产生速率可达4～10个/(s·cm^3)。这些电子附着于中性分子后还可形成负离子，电子或负离子与正离子复合后又会形成中性粒子。在没有外电场的情况下，电离和复合过程相平衡，使大气中离子的密度保持在某一数值。

开放的大气会发生电离和复合过程，但即使在密闭的容器中，气体也可因上述原因被电离。在平行平板电极间充入一定密度的气体，并为两电极提供一个稳定的电离源，在两极间施加的电压为U，那么电极间流过的电流随U的变化存在以下规律：

① $U=0$的条件下，在阴极处的电子依靠扩散运动而扩散，其中一部分入射到阳极上，形成扩散电流，如图1-9中a所示。

② 在U很小的条件下，电子开始向阳极迁移。其中一部分与气体碰撞，后向散射又返回阴极，其余部分则到达阳极。随着电压的增大，入射到阳极的电子数目逐渐增多，并在某一电压下达到饱和，电流具有饱和特性，如图1-9中b所示。

③ 当所加的电压高于气体分子的电离电位 U_i 时，气体发生电离作用，并流过随距离而增殖的电子电流，以及由电离产生的正离子所形成的电流，如图1-9中 c 所示。

④ 进一步提高电压 U，使其达到击穿电压 U_a 时，两电极间的绝缘破坏，气体被击穿，如图1-9中 d 所示。

在放电的 I-U 特性曲线上，称饱和部分与击穿点之间的放电过程（图1-9中的区域 c）为汤生放电（Townsend discharge）。此时，电子在电场作用下的迁移运动强于无规则的热运动，并且初始电子可使气体粒子电离，新产生的电子又参与电离过程，使带电粒子迅速地增殖。英国学者汤生（J. S. Townsend，1868—1957）通过实验解释了这一气体放电现象，揭示了绝缘击穿及其向等离子体状态转化的机制，即汤生放电理论。它是气体放电的第一个定量理论，按照该理论，放电空间带电粒子的增殖是由下述三种过程形成的：

① 电子向阳极方向运动，与气体粒子频繁碰撞，电离产生大量电子和正离子；

② 正离子向阴极方向运动，与气体粒子频繁碰撞，也产生一定数量的电子和正离子；

③ 正离子等粒子撞击阴极，使其发射二次电子。

每一个电子在向阳极运动的路程上使气体粒子碰撞电离，新产生的电子向阳极运动时同样也能使气体粒子电离。于是，向阳极运动的电子数目非常快地增加，这种电子流迅速增长的过程称为电子雪崩。

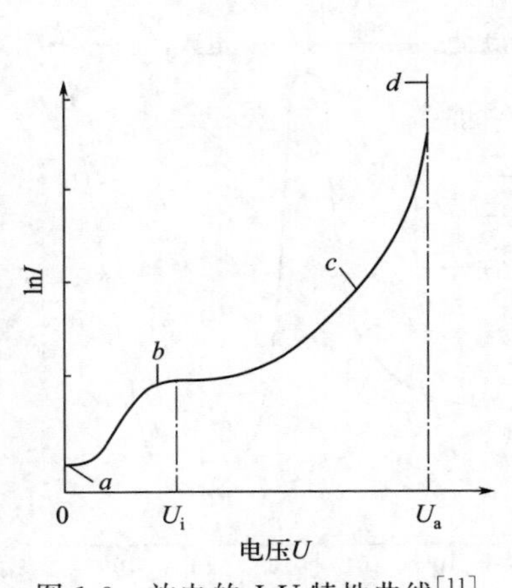

图1-9 放电的 I-U 特性曲线[11]

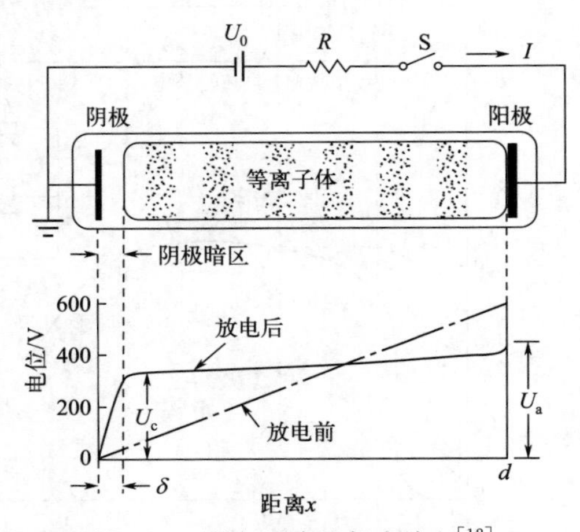

图1-10 低气压直流辉光放电[12]

图1-10所示的放电管中可进行气体放电规律的实验研究。气体本是绝缘

介质，但如果对其施加一定电压，则有可能让其变成导电介质。例如，当把气体密封在圆柱形玻璃容器中，闭合开关S以在阴极和阳极间施加直流电压U_0。逐渐增大两个电极间电压至某一个电压值U_a时，回路中就会突然出现电流，容器随即被明亮发光的等离子体充满。一般把这种电极间气体绝缘性被破坏的现象称为绝缘击穿（放电），击穿瞬间的电压U_a称为绝缘击穿电压[12,13]。

图1-11为典型的气体放电伏安特性曲线，当放电管两极间加上一定的电压后，便有微弱的电流通过，这是中性原子发生电离的结果（曲线*OA*段）。在*B*点以后，随着电压的增加，电流以指数形式增长，当电压增大到$U=U_a$时，气体开始击穿。*BC*段即为汤生放电或非自持暗放电。*C*点是放电从非自持电放电向自持放电过渡的转变点。在*C*点以前，若将外致电离源去掉，虽然电极间加有电压，放电也将很快熄灭。但在*C*点以后，即极间电压达到击穿电压U_a后，即使将外致电离源去掉，放电也能靠放电管内电子本身的增殖过程来维持，*CD*段为自持暗放电。在*BCD*段，虽然发生了电子碰撞电离及电子的雪崩增殖，但放电电流*I*仍很小（$<10^{-5}$A），管中气体原子激发很少，放电几乎不发光，所以称为暗放电。在*CD*段，随着电流增大，电压不太变化，此时电流的增加几乎与电压无关。进一步增大电流时，从*D*点开始发生电压下降。接着放电管内出现辉光，即气体进入辉光放电状态。一开始辉光只在电极表面很小的一部分发生，而后辉光面积逐渐增大，直至布满整个电极表面（曲线*DEFG*段）。随着辉光放电电流的增大，电压也随之增加。当电流增加到某一数值之后，电压突然变得很小，直至*G*点之后，电压便不再随电流

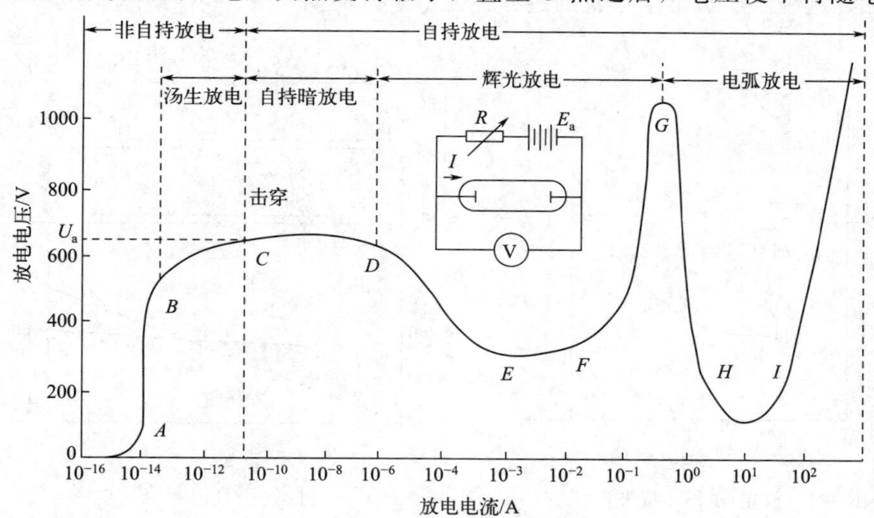

图1-11　气体放电的伏安特性曲线[7,10]

E_a—电源；*R*—可变电阻；*I*—放电电流

改变，这时气体进入电弧放电状态。在电弧放电区（曲线 GH 段），伏安特性曲线具有负的斜率，电流增加，导致电离度（等离子体密度）急剧增加，此后，若再增加电压，气体接近完全电离，电流与电压的关系近似服从欧姆定律[10]。值得说明的是，电压与电流在 DE 段呈负相关关系，因此，如不连接上很高的电阻，将不能得到图 1-11 所示的从 D 向 E 的特性。如电源电压为 U_0，电阻为 R，放电电流为 I，那么放电管的维持电压 U 可由式（1-2）得出：

$$U=U_0-RI \tag{1-2}$$

上述特性曲线只是一条理想的曲线，实际情况与气体性质、气体压力、电极形状和放电管形状等都有关系。在图 1-11 中还标出了各种气体放电类型的大致范围，但它们之间的界限不是截然分明的。例如，由辉光放电过渡到电弧放电的过程，可以是逐渐的，也可以是突变的。在实际应用中，气体放电根据供电电源的不同分为直流气体放电和交流气体发电；根据阴极工作状况的不同，又分为冷阴极气体放电和热阴极气体放电；根据放电时不同的气压，可分为低气压放电、常压（大气压数量级）放电和高气压（几十个大气压，一个大气压为 101325Pa）放电。工业生产中经常用到的是常压放电[7,12,13]。

不同的工作条件将产生不同的气体放电现象，且放电性质迥异。例如，压强 $p\approx100$ Pa、电极间距 $l\approx10$ cm 时，绝缘击穿电压 U_a 根据气体种类和阴极材料的不同会有所变化，但大致范围是 400～600V。在发生绝缘击穿前，与真空平板电容相同，电场（$E=U/x$）为定值，电位呈直线变化（如图 1-10 中的点划线）。绝缘击穿刚刚发生后的短时间内，放电管中会出现密度为 $10^{15}\sim10^{17}\,m^{-3}$ 的等离子体，在限流电阻 R（约 1 kΩ）的控制下，管中电流 I 为 10～200mA。这样的等离子体被称为直流辉光等离子体。放电后阳极电压 U_a（$=U_0-RI$）下降至 300V 左右，此时管内电位分布如图 1-10 下部的实线所示。由该曲线可见，等离子体区域像金属一样近似为等电位（约等于 U_a），阴极前面的薄鞘层（厚度 δ）内电势则急剧下降。由于这个强场区域不发光，所以称为阴极暗区。

在图 1-10 中，如果放电管中没有一个电子，全部都是中性粒子，那么无论在电极间施加多高的电压，都不可能发生电离或放电。因此，种子电子（初始电子）的存在是放电起始的必要条件。自然界中经常有高能宇宙射线、放射线、紫外线等，它们入射到放电管中会引起电离从而产生电子。这种偶然电子成为启动放电的种子，在电场作用下开始加速、碰撞电离等连锁反应。换言之，实际中的放电起始过程总是伴有统计学上的不确定性。为了避开这种不确定性，汤生利用了阴极受紫外线照射时放出的光电子。他通过改变紫外线的照射量来控制从阴极流出的初始电流 I_0，并且详细考察了放电开始前黑暗状态下流入阳极的微弱电流（暗电流），发现了以下两个关系。

① 电流 I 随电极间的距离 x 增加而呈指数函数增大。

$$I=I_0 e^{\alpha x} \tag{1-3}$$

即

$$\ln\left(\frac{I}{I_0}\right)=\alpha x$$

式中，α 为汤生第一电离系数，定义为一个电子在从阴极向阳极运动过程中，每行进 1cm，由于与气体粒子的碰撞电离所新产生的电子数目。

② 系数 α 依赖于压强 p 和电场 E（$=U/x$），并有以下关系式成立（其中 A、B 为常数）：

$$\frac{\alpha}{p}=A\exp\left(-\frac{B}{E/p}\right) \tag{1-4}$$

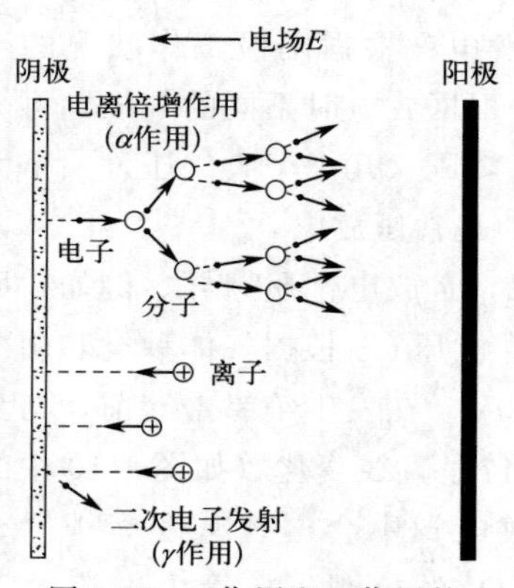

图 1-12　α 作用和 γ 作用的示意图[12]

式（1-3）描述了从电子发生碰撞电离到电子数像雪崩一样不断增加的过程。例如从阴极出发的一个电子（黑球）被电场加速，获得电离所必需的能量 U_i 后与气体分子（白球）相碰撞，这时就会引起电离而新生成一个电子，如图 1-12 所示。由于这个电子同样也会被加速而发生电离，设每前进距离 x 就发生一次电离，所以前进 nx 距离时电子的数目就会增至 2^n 个。一般来说，假设一个电子前进单位长度距离会发生 α 次电离，则 n 个电子前进 dx 距离时电子数目的增量 $dn=\alpha n dx$，即 $dn/dx=\alpha n$。假定 $x=0$ 处 $n=n_0$，对该式进行积分可得 $n=n_0 e^{\alpha x}$。由于电流 $I=en$，所以最后有 $I=I_0 e^{\alpha x}$，它与式（1-3）相符合。这种由电子产生的电离倍增作用称为 α 作用。

为了导出这种关系的理论公式，进行如下考虑。假设当电子在电场 E 中行进 x 距离所得到的能量 eEx 大于电离能 eU_i，那么只要碰撞一次就发生电离，即电离概率为 1。于是，由 $eEx=eU_i$ 得到：

$$x=U_i/E \tag{1-5}$$

一般来说，电子在连续两次碰撞间行进的距离（自由程）是服从某种统计分布规律的。自由程大于 x 的电子数 n 相对于总电子数 N 为：

$$\frac{n}{N}=\exp\left(-\frac{x}{\lambda}\right) \tag{1-6}$$

自由程的倒数 $1/\lambda$ 是对于1个电子在1cm里的平均碰撞次数，它乘以 $\frac{n}{N}$ 时为行进1cm距离的电离次数，即可得出一个电子行进单位长度发生电离的次数 α 为：

$$\alpha=\frac{n}{N}\times\frac{1}{\lambda}=\frac{1}{\lambda}\exp\left(-\frac{x}{\lambda}\right) \tag{1-7}$$

将上式中 x/λ 变形为 $x/\lambda=(Ex)/(\lambda E)=U_i/(\lambda E)$，再把两边同除以压强 p，就可得到：

$$\frac{\alpha}{p}=\frac{1}{p\lambda}\exp\left[-\frac{U_i/(p\lambda)}{E/p}\right] \tag{1-8}$$

这里，如果令 $1/p\lambda=A$，$U_i/(p\lambda)=B$，则可得式（1-4）。

如上所述，汤生揭示了由电子产生的电离倍增作用（α 作用）后，还引入了 β 作用和 γ 作用。β 作用为离子与气体分子碰撞所产生的电离，正离子的电离系数 β 定义为一个正离子在从阳极向着阴极运动的过程中，每行进1cm所产生的碰撞电离次数。此外，离子或光子（一次粒子）在高能状态下轰击固体表面时，表面会发射电子（二次电子），即二次电子发射。把阴极发射的二次电子数与入射到阴极的离子数之比定义为二次电子发射系数 γ。离子在电场加速作用下轰击阴极时二次电子的发射效应（见图1-12），即为 γ 作用。

根据汤生放电理论，可以计算出图1-12中流过电极的电流。设电极间距为 l，由紫外线照射作用从阴极逸出的光电子流为 I_0。以这些初始电子为种子，在 α 作用下呈指数函数增加的电子到达阳极后形成的电流为 $I_0\mathrm{e}^{\alpha l}$。这时电子电流的增量为 $I_0\mathrm{e}^{\alpha l}-I_0$，这与电离生成的离子数相等。与此同时，离子也在电场的作用下向阴极加速，离子轰击阴极时由 γ 作用每秒能发射 $\gamma(I_0\mathrm{e}^{\alpha l}-I_0)$ 个二次电子。这些二次电子又成为第二代电离倍增作用的种子，与初始电子相同，在 α 作用下到达阳极的电子电流增至 $\eta I_0\mathrm{e}^{\alpha l}$，其中 $\eta=\gamma(\mathrm{e}^{\alpha l}-1)$。与此同时，增加的离子也会再次由 γ 作用产生第三代电离倍增的种子。依次类推，可以认为第四代、第五代……的电子倍增作用会无限进行下去。最后把所有阳极的电子电流相加，得到无限等比级数：

$$I=I_0\mathrm{e}^{\alpha l}+\eta I_0\mathrm{e}^{\alpha l}+\eta^2 I_0\mathrm{e}^{\alpha l}+\cdots=\frac{I_0\mathrm{e}^{\alpha l}}{1-\eta} \tag{1-9}$$

这里假设 $\eta=\gamma(\mathrm{e}^{\alpha l}-1)<1$。

如果停止紫外线照射，不再补充初始电子，即 $I_0=0$，那么由式（1-9）可知此时 $I=0$，电流不会持续。但是，$\eta=1$ 时，则式（1-9）的分母为零，所以当 $I_0\to 0$，如果 $\eta\to 1$，那么电流 I 就可以是不为零的有限值。换言之，即使不借助于紫外线，凭借很少量的偶然电子作为种子，也能在电极间产生持续的电流，维持放电的继续。由此，汤生提出放电的开始条件为 $\eta=1$，即

$$\gamma(e^{\alpha l}-1)=1 \tag{1-10}$$

上式被称为汤生火花放电条件式，其物理意义是：如果最初从阴极逸出一个初始电子［相当于式（1-10）右边的1］，则该电子在加速的同时不断进行碰撞电离，到达阳极时电子数目增至 $e^{\alpha l}$ 个。在这个过程中生成的离子数就相当于从这些电子数中减去一个电子，即这些正离子最终都将轰击阴极而导致二次电子逸出。如果二次电子数 $\gamma(e^{\alpha l}-1)$［相当于式（1-10）的左边］至少为1的话，那么这些二次电子就可以作为种子，与初始电子一样产生连续的电流，从而使放电持续进行。仅由电子的 α 作用来产生初始电子的时候，电流在经过一个脉冲后便会终止，但如果同时再加上离子的 γ 作用，则会不断地从阴极补充种子电子而使放电自然地持续下去。

汤生的火花条件公式可以解释许多气体击穿现象。但汤生理论同时也存在着一些缺陷。其一是击穿的时间滞后，电极间加载大于击穿阈值的电压时，在大气中测定的滞后时间非常短，小于 10^{-7}s，用汤生理论的任何一种二次作用都无法说明这种现象。在这样短的时间里，不仅可认为离子是不动的，电子也不能移动很大距离，在大气中它不能迁移通过1cm的极间距。汤生理论的第二个不足是没有考虑电子雪崩引起的空间电荷效应，电子雪崩产生的正离子的浓度可以达到很高的值，使原来的电场发生很大的畸变，造成局部电子能量的增加，加剧了电离，使 α 值高于原来静电场的值，这一点对放电过程的发展是很重要的。

1.6.2 放电起始电压——帕邢定律

阴极和阳极间的电压增加至某一临界值时，电极间的气体就会发生放电，把这个放电开始的瞬间电压 U_a 称为绝缘击穿电压。在许多领域均做出过贡献的著名德国科学家帕邢（Paschen，1865—1947），在学生时代就对绝缘击穿电压进行了实验研究，发现了“帕邢定律”：绝缘击穿电压由气体压强 p 和电极间距 l 的乘积（pl）决定，并有极小值。由实验发现的这条定律，结合汤生的火花放电条件［式（1-10）］从理论上推出了绝缘击穿电压为：

$$U_a=\frac{Bpl}{\ln(Apl/\Phi)} \tag{1-11}$$

式中，A、B、Φ 均为常数。这里，把式（1-11）作为 U_a 与 pl 的函数关系式作图，可得类似于图1-13的曲线——帕邢曲线。进一步，令 $x=(A/\Phi)pl$，$y=(A/\Phi)(U_a/B)$，则式（1-11）成为了 $y=x/\ln x$。这个函数当 $x=e$（自然

对数的底）时具有极小值 $y=\mathrm{e}$。由于 x 正比于 pl，所以当 pl 取某一值时绝缘击穿电压有极小值。这时放电最容易发生，辉光放电通常就是在绝缘击穿电压的极小值附近进行的。

图 1-13 给出了帕邢定律的一个实例，它们是阴极材料为铁（Fe）的情况下，几种气体的 U_a 与 pl 的关系曲线。由空气曲线可见，$pl\approx0.7\mathrm{Pa\cdot m}$ 时，最低约 350V 就可以引发火花放电。由于 U_a 由 p 与 l 的乘积决定，因此如果将压强增加为原来的 2 倍，同时将电极间距变为原来的一半，则绝缘击穿电压保持不变。

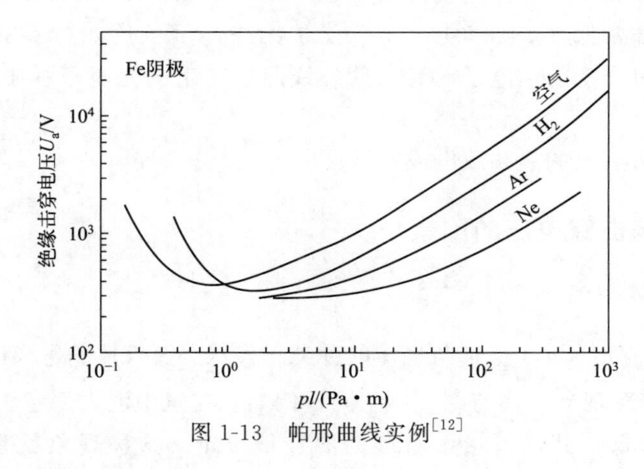

图 1-13　帕邢曲线实例[12]

为什么绝缘击穿电压在某一 pl 值处会有极小值呢？这是因为：

① 电子的平均自由程 λ 与压强 p 成反比（$\lambda\propto1/p$）；

② 电子行进距离 λ 后从电场 E 得到的能量 $W=eE\lambda$；

③ 要发生电离，W 必须大于电离能 eU_i。

例如，若保持电极间距 l 一定而提高压强，则 λ 和 W 都会变小，如果不提高外加电场以增强电场 E，就不可能发生电离（放电）。相反，如果降低压强，则 λ 会变大，W 也就变大。但是过分降低压强而使管内接近真空状态的话，管中气体分子数量会减少，距离 λ 中发生电离的次数（与 α/p 成比例）减少，这时必须增加电压以提高电离概率。在上述两个极端的高压强和低压强之间存在最容易放电的极小绝缘击穿电压，每 1V 所对应的电离次数（α/E）最大。

根据 $\lambda\propto1/p$，可以用 λ 表示 p，则前面出现的几个重要参数都可以表示为与 λ 有关的物理量。例如，帕邢定律的式（1-11）的参数 $pl\propto l/\lambda$，汤生实验关系式（1-8）中的参数 $\alpha/p\propto\alpha\lambda$（距离 λ 内的平均电离次数）、$E/p\propto E\lambda$（距离 λ 内电子所获得的平均能量）。如果这些参数相同，则绝缘击穿电压和电流就相同；如果平均自由程 λ 中的物理量相同，那么所发生的现象也相同。这种现象就是气体放电中的相似定律（similarity law）。

以电子产生的 α 作用和离子产生的 γ 作用为基础的汤生绝缘击穿理论成功地解释了帕邢定律，并在相当广泛的实验条件下与观测结果一致。但是，在其前提假定条件不成立的情况下，汤生理论与实验结果是有分歧的，如以下几种情况：

① 电极间的电场分布不均匀，局部存在强电场。

② 压强较高，甚至接近于大气压时，$pl>700$Pa·m（约 500Torr·cm）。

③ 压强非常低（$p<0.01$Pa），$pl\ll 0.01$ Pa·m（约 0.0075Torr·cm）。

④ 热阴极产生的热电子或者由紫外线照射产生的光电子强于由离子产生的二次电子。

⑤ 非直流放电的高频放电或微波放电。

1.6.3 影响击穿电压的因素

1.6.3.1 气体种类

α 值和击穿电压 U_a 值都与气体的种类、气压以及气体的电离电位等有关。混合气体的击穿现象往往与纯气体不同，例如，在氖中混入少量氩气能使气体的击穿电压降低，其降低量由氩气的混合量决定。这种现象就是潘宁效应。图 1-14 是氖-氩混合气体击穿电压随 pl 和氩含量变化的数据。这种效应在氩-汞混合气体中也存在。如果在纯氖中电子的能量仅可使氖原子激发到亚稳态但还不足以使之电离，由于电子质量小、速度大，电子与亚稳态原子的作用时间很短而使电离碰撞的概率很小，因而很难使气体发生显著的电离。可是如果在氖气中具有一些杂质原子，这种原子的电离电位低于氖气的亚稳态能量，那么杂质原子与亚稳态的氖原子作第二类非弹性碰撞的概率很大，亚稳态的氖原子把自己的能量交给杂质原子并使之电离，这就降低了其击穿电压，促进了混合气体的放电击穿。这里，氩气正是起到了这种杂质原子的作用。

通常，当杂质原子的电离电位小于主要原子的亚稳态激发电位时，原则上都可使混合气体的击穿电压降低，并且两者的电位值相近时效果更显著；如果某些因素的存在导致了主要气体原子亚稳态存在时间的减少，那就会造成混合气体击穿电压的升高。还应该特别注意的另一种现象是，在气体放电中某些杂质的存在将大大提高放电的击穿电压。例如，把氮气混合到惰性气体中，极少量的氮含量就会使击穿电压显著增加。

这些现象的本质在于放电的基本过程发生了明显的变化。气体击穿条件的

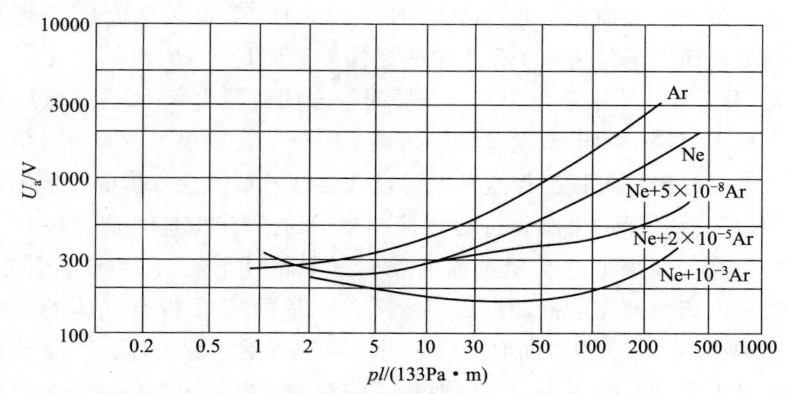

图 1-14　氖-氩混合气体 U_a 与 pl 的关系

微观机理可以认为是气体电离的产生量与气体中由于扩散、复合和吸附等造成的电子损失量达到平衡的结果。可以认为，杂质气体分子与电子、亚稳态原子碰撞会转移能量，这就影响到气体的电离系数 α 值，其影响程度与起主要作用的非弹性碰撞过程的性质有关，即取决于杂质分子浓度 N(x)和作用过程的反应速率。杂质分子 x 与电子的碰撞可能有三种过程：电离、吸附和激发。它们可分别表示为：

$$\vec{e}^- + x \longrightarrow x^+ + 2e^- \text{（电离）} \tag{1-12}$$

$$\vec{e}^- + x \longrightarrow x^- \text{（吸附）} \tag{1-13}$$

$$\vec{e}^- + x \longrightarrow x^* + e^- \text{（激发）} \tag{1-14}$$

对于电离过程，发生击穿电压下降这种情况的必要条件为 U_a(x) 要小于 U_a(Ar,Hg)。

对于吸附过程，由于吸附会减少气体中的电子数目，即减小混合气体的 α 值。这种过程的发生要求杂质分子是负电性的，以保证有关的吸附截面才会足够大。

对于激发过程，杂质分子的激发也会减小混合气体的 α 值，若这种激发速率足够高，则电子的平均能量将会降低。由于一般分子都有多个低能量的转振能级，所以很多分子杂质都可以观察到这种过程。

杂质分子与亚稳态氩原子发生第二类非弹性碰撞会造成杂质分子的激发或电离，它们可以表示为：

$$Ar^* + x \longrightarrow Ar + x^+ + e^- \text{（潘宁效应）} \tag{1-15}$$

$$Ar^* + x \longrightarrow Ar + x^* \text{（潘宁转移）} \tag{1-16}$$

潘宁效应的发生条件之一是要求 U_i(x) 小于 U_a(Ar*)，氩-汞混合气体的潘宁效应就属于这种情况，在这里，汞是纯氩中的杂质。实验测得氩-汞混合气体中潘宁效应的碰撞截面为 $\sigma(Ar/Hg)=3\times10^{-19}m^2$，这也是汞对 Ar^* 的退激发截面，而电子与氩原子发生电离碰撞的截面是 $\sigma=3\times10^{-20}m^2$。

当氩-汞混合气体中还包含其他杂质时，会同时发生氩-汞潘宁效应和杂质分子对亚稳态氩原子的退激发过程。如果杂质分子含量很少，则前者仍然是主要的，后者只是次要过程。但这种次要过程也会导致混合气体的 α 值随杂质浓度的增加而降低。即这个次要过程将抑制氩-汞的潘宁效应，造成混合气体击穿电压的提高。如果上述次要过程的反应速率超过了氩-汞潘宁效应的速率，则汞的潘宁电离会被完全抑制。所以含其他杂质的氩-汞混合气体的击穿电压会随杂质浓度 N（x）的增加而接近无汞时纯氩气的击穿电压。少量杂质气体对放电击穿电压的影响很大，因此要特别注意纯气体的击穿电压是很难准确测量的。在某些情况下，放电中杂质气体含量越低，击穿电压反而越难测准，所以采用文献提供的“纯”气体的击穿电压数据时要慎重对待。

1.6.3.2 电极

对于依靠辐射、正离子轰击而使电子从阴极表面逸出的过程，电极材料和电极表面状态的影响很大，因此电极条件对气体击穿电压的影响也是很明显的。阴极表面存在的杂质，如油污、氧化物薄膜、尘埃和其他绝缘颗粒以及吸附的气体等，会明显改变击穿电压。其原因在于，在不同的电极表面状态下，阴极上发生的反应过程不同。另外，阴极表面的粗糙程度对击穿电压也有明显影响，其原因是局部空间电荷的畸变使电极表面局部电场显著升高。

1.6.3.3 电场分布

放电电极的结构和极性决定了绝缘击穿时电极间隙的电场分布。这个电场分布对汤生系数的大小与变化起着决定性作用，约束着气体中电子与离子的运动轨迹以及电子的雪崩过程，从而显著地影响气体击穿电压。均匀电场条件下，正负电极反转前后，测出的两条帕邢曲线相互重合。而同轴圆筒电极结构的电极间电场分布不均匀，当中心电极接正电位时，阴极附近电场相当弱，击穿电压较高；当中心电极接负电位时，阴极附近电场比较强，击穿电压就低。同轴圆筒电极系统的典型实验结果如图 1-15 所示，图中实线为氩气的实验结果，虚线为氖气的实验结果，符号⊕表示中心电极为阳极，符号⊖表示中心电极为阴极。

1.6.3.4 外界电离源

使用外界电离源可以加快带电粒子的形成，从而降低气体的击穿电压。例

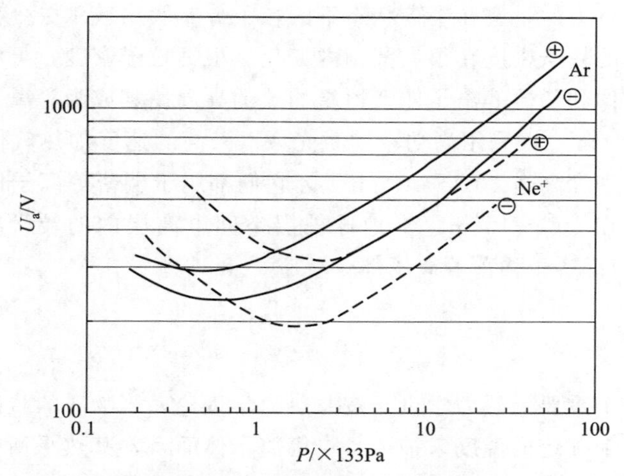

图 1-15　同轴圆筒放电结构内中心电极不同极性条件下绝缘击穿电压与气压的关系

如，人工加热阴极来产生热电子发射，取代 γ 发射过程的作用；用紫外线照射阴极，使阴极产生光电发射；放射性物质靠近放电管，利用放射性射线引起气体电离。上述这些过程都可以通过加速带电粒子形成而显著降低击穿电压。

1.7　低温等离子体的主要特征量

1.7.1　粒子密度

低温等离子体的粒子密度表示其单位体积（每立方米）中所含粒子数的多少。在热力学平衡条件下，等离子体电离度仅与其密度和温度有关[7]。

组成低温等离子体的带电粒子间存在着库仑力的相互作用。由于库仑力的长程性，可知等离子体内部的每一个粒子都与大量其他粒子同时相互作用着，这实际上把低温等离子体内部的粒子运动状态解析变成一个多体相互作用问题。可是当讨论等离子体平衡性质时，我们常把问题简化，将低温等离子体当作理想气体来处理。其假设基础是带电粒子的库仑相互作用位能远远小于热运动的动能：

$$\frac{Z_\alpha Z_\beta e^2}{4\pi\varepsilon_0 d} \ll kT \tag{1-17}$$

式中，Z_α 和 Z_β 分别为 α 和 β 类离子的电荷数。上式即是等离子体理想气体化条件。满足这个条件的低温等离子体可以被看作理想气体，即其中的每个粒子几乎都是自由的，它在平衡状态下的粒子分布服从玻尔兹曼分布律。

等离子体的粒子密度在很大范围内变化。根据粒子密度，可将等离子体分为稠密等离子体和稀薄等离子体。恒星灼热的高温使其成为等离子体，粒子密度为 $10^{28}\sim10^{31}\,\mathrm{m}^{-3}$，采用高功率的激光束以极高的速度加热气体而得到等离子体，其粒子密度高达 $10^{26}\sim10^{28}\,\mathrm{m}^{-3}$，它们都属于稠密等离子体。星际气体云内电子密度在 $10^{3}\sim10^{6}\,\mathrm{m}^{-3}$，地球外层空间电离层内的粒子密度在 $10^{3}\sim10^{6}\,\mathrm{m}^{-3}$，它们都属于稀薄等离子体[7]。

1.7.2 温度

温度是一个重要的热力学量。按照热力学理论，当物质的状态处于热平衡时，才能用一个确定的温度来描述。对等离子体而言，其热平衡的建立与粒子密度、电离度、温度和外界电磁场等因素有关。低温等离子体一般不处于热平衡状态中，使温度成为一个不确切的状态参量，难以用来描述低温等离子体特性。在比较高的密度下，低温等离子体内可能出现局部热平衡状态。如荧光灯中的电子温度可达数万摄氏度，而正离子温度却与室温相差不多，表明其中电子和正离子各自处于热平衡态中。这种局部热平衡状态的出现，是由于电子和离子的极大质量差异，使它们之间的相互作用可被视为完全弹性的，在相互碰撞中不易进行能量的传递。又如，在有磁场作用的情况下，低温等离子体可出现两种温度，一是沿着磁场的纵向温度，二是垂直磁场的横向温度，使等离子体具有各向异性的性质，称为双温等离子体。

在浓密的等离子体内，粒子间的碰撞概率迅速增加，同时粒子间的平均距离变小，静电相互作用越来越明显，使等离子体各成分间建立了热力学平衡。在这种情况下，低温等离子体才能用一个统一的温度来表征。在热平衡状态下，粒子遵从麦克斯韦分布。假如粒子热能只与平动有关，则粒子的平动动能是玻尔兹曼常数 k 和温度 T 乘积的 3/2，即平衡的等离子体每个粒子的热能 E 均可表示为 $E=\frac{3}{2}kT$。

为使用方便，低温等离子体温度一般采用能量单位“电子伏特（eV）”作为测量单位，此时温度 T 被用来描述粒子热运动能量 kT。一个电子伏特的温度可以折算为热力学温度。$1\mathrm{eV}=1.602\times10^{-19}\mathrm{J}$，$k=1.380\times10^{-23}\,\mathrm{J\cdot K^{-1}}$，因为 $1[\mathrm{eV}]=1kT$，可得：

$$T=\frac{1.602\times10^{-19}\mathrm{J}}{1.380\times10^{-23}\mathrm{J/K}}=11605\ \mathrm{K} \tag{1-18}$$

计算表明，实现热核聚变反应达到的点火温度 T 为 $10^{7}\sim10^{8}\mathrm{K}$，则可表示为 5～10keV，我们把它称为高温等离子体。用于磁流体发电的等离子体温度为 10^3～10^4K，即 0.1～1eV，我们把它称为低温等离子体。显然，对等离子体来说，高温和低温的范围与我们日常的温度高低是完全不同的。

1.7.3　频率

等离子体频率是指等离子体的一种电子集体振荡频率，频率的大小表示了等离子体对电中性破坏反应的快慢。在无界的等离子体中，由于某种扰动，在图 1-16 所示的局部区域内出现了电子的过剩；或者说，在此局部区域内电中性受到了破坏，等离子体偏离了平衡态。这些过剩的电子产生一个电场（电力线如图 1-16 所示），电子间的静电斥力迫使电子从这区域向外运动，过剩迅速消失。但是运动动能使电子不能在恢复到电中性时就立刻停下来，惯性让离开这一区域的电子过多，反而使原来的电子过剩区域出现了正离子的过剩（其产生的电场电力线，与图示方向相反）。此时，新产生的反向电场又把外面的电子拉回来，下一轮的电子过剩又将出现。这样由于相当数量的电子的集体往复运动，形成了等离子体内部电子的集体振荡。

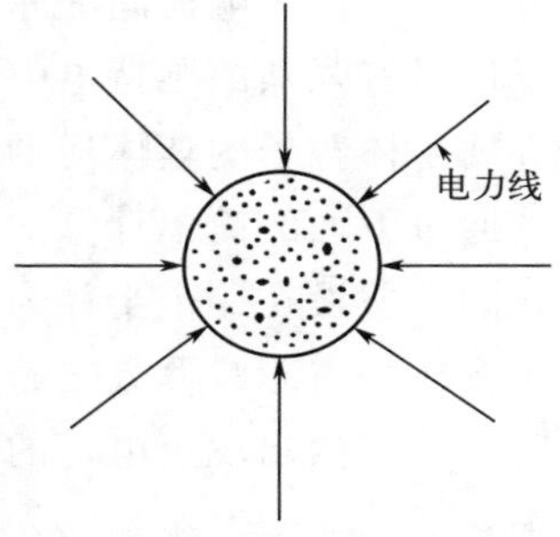

图 1-16　电子的集体振荡

从能量的观点来看，振荡过程不断进行着粒子热运动动能和静电位能的转换，最后将由于碰撞阻尼或其他形式的阻尼而将能量耗散，使振荡终止。

电子振荡角频率 $\omega_{pe}=\sqrt{\frac{Ne^2}{\varepsilon_0 m_e}}$，离子振荡角频率 $\omega_{pi}=\sqrt{\frac{Ne^2}{\varepsilon_0 m_i}}$，由于 $m_i \gg m_e$，因而 $\omega_{pi} \ll \omega_{pe}$。因此，通常用电子振荡角频率 ω_{pe} 指代等离子体振荡角频率 ω_p，近似表示为 $\omega_p \approx \omega_{pe}=\sqrt{\frac{Ne^2}{\varepsilon_0 m_e}}$；每秒振动次数（即等离子体频率）为 $f_p=\frac{\omega_p}{2\pi}=8.98\sqrt{N}$。其中，$N$ 为每立方米的带电粒子数（即粒子密度）；m_e 为电子质量；m_i 为离子质量；其余参量同前。习惯上，有时也把角频率 ω_p 简称为等离子体频率。

应该指出，这里所讨论的等离子体振荡主要是指静电高频振荡。如日冕中等离子浓度 N 大约为 $10^{14}\,\text{m}^{-3}$，根据上述公式，这将以 100MHz 频率向外辐射电磁波。在一般气体放电条件下得到的等离子体粒子密度约为 $10^{18}\,\text{m}^{-3}$，相应的等离子体频率约为 10^{10} Hz，处于厘米波的范围。受控热核反应中等离子体粒子密度约为 $10^{20}\mathrm{m}^{-3}$，相当于等离子体频率为 10^{11} Hz，已经处于亚毫米波范围；恒星内部的等离子体浓度还要大许多数量级，等离子体频率已进入红外区。

1.7.4 德拜长度

大量粒子的热运动或某种扰动等，可能使等离子体内部出现局部的电中性破坏；但存在于电荷间的库仑相互作用，又将使这种偏离迅速得到恢复，故等离子体具有强烈的维持电中性的特性。“维持”与“偏离”这一矛盾始终存在于等离子体粒子的整体运动中。

通过下面的简单计算，可以看出，等离子体对电中性的破坏是非常“敏感”的。假设在一个半径为 1cm 的球体内存在电子密度为 $10^{20}\mathrm{m}^{-3}$ 的等离子体，突然将占总数万分之一的电子移出球外，使等离子体的电中性受到破坏，此时在球体内出现正电荷的过剩，这些正电荷在该球的表面部位产生的电场强度为：

$$E=\frac{1}{4\pi\varepsilon_0}\times\frac{q}{R^2}=\frac{1}{4\pi\varepsilon_0}\times\frac{(N_i-N_e)e}{R^2}\times\frac{4}{3}\pi R^3=6.7\times10^5\ (\mathrm{V/m}) \tag{1-19}$$

计算结果表明，任何使正负电荷分离的过程，都将产生很强的电场。电子在这个电场中的加速度为：

$$\alpha=\frac{eE}{m_e}=1.18\times10^{17}\ (\mathrm{m/s^2}) \tag{1-20}$$

显然，1cm 范围内出现的局部电荷分离，将通过电子的传递而迅速得到恢复。在没有外电场存在的情况下，电中性偏离的大小直接与粒子热运动的能量有关。对于粒子密度为 N、温度为 T 的等离子体，其热运动能量有一确定的数值，根据热运动能量与电荷分离而引起的库仑能相等，即可求出电中性偏离的范围。

假设空间某处出现了电量为 $+q$ 的正电荷积累，根据对称性，在 $+q$ 周围必产生一个球状的正的电位分布 $\phi(r)$，即存在一个电场 $E=-\frac{\partial\phi}{\partial r}$。由于电场力的作用，将吸引电子而排斥正离子，使正电荷附近出现负电荷的过剩，也就是说，局部负电荷密度将超过正电荷密度。为讨论方便，取坐标原点与正电荷中心重合，这样任一点的电位 $\phi(r)$ 应是正电荷产生的电位与周围过剩电子产生的电位的叠加。假定电场中电子处于热力学平衡状态，粒子数随 $\phi(r)$ 的分布服从玻尔兹曼分布，而正电荷由于其惯性，还不处于热力学平衡，仅作为中性正电荷背景。根据泊松方程可以推导得：

$$\phi(r)=\left(\frac{A}{r}\right)e^{-r/\lambda_D}+\left(\frac{B}{r}\right)e^{r/\lambda_D} \tag{1-21}$$

式中，$\lambda_D=\sqrt{\frac{\varepsilon_0 kT}{Nq^2}}$，具有长度的量纲，称为德拜长度；$A$、$B$ 为常数。式（1-21）的解应满足两个边界条件。当 $r\rightarrow\infty$ 时，$\phi(r)\rightarrow 0$；当 $r=0$ 时，电势趋近于真空中点电荷的电位，即 $\phi(r=0)=\frac{q}{4\pi\varepsilon_0 r}$，于是满足边界条件的解是：

$$\phi(r)=\frac{q}{4\pi\varepsilon_0 r}e^{-r/\lambda_D} \tag{1-22}$$

计算结果表明，等离子体中正电荷 q 的电位分布比真空中点电荷的电位分布下降得更快。设想以 λ_D 为半径、以点电荷 $+q$ 为中心作一球，这个球一般称为德拜球。可以看出，德拜球外，$\phi(r)$ 近似为零。这表明中心的正电荷已被球内的过剩异号电荷所屏蔽，使其不对球外产生静电作用，即 λ_D 是静电作用的屏蔽半径。另一方面，λ_D 为半径的德拜球是产生电荷偏离电中性的最大范围，德拜球外仍为近似中性的等离子体，而德拜长度是电荷分离的最大线度，或者说，λ_D 是由热运动而引起电荷分离的最大尺度。图 1-17 形象地表示了德拜球和德拜半径，可以看出，内球有过剩的正电荷，外层球壳内又有过剩的负电荷。

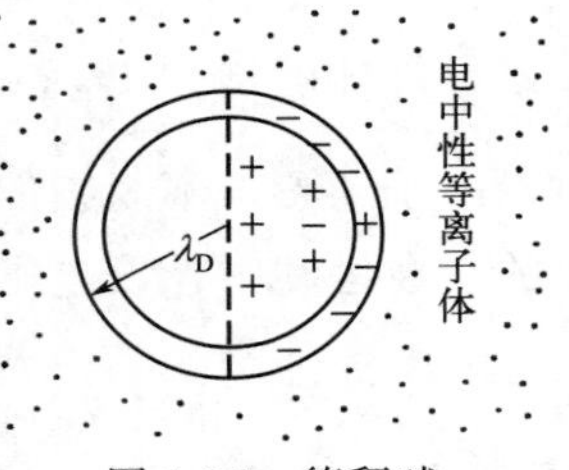

图 1-17　德拜球

应该指出，上述关于德拜球电位分布的讨论，仅当中心电荷 q 的电量比基本电量（即电子电量的绝对值）大得多时才有意义，当 $q=e$ 时，表示等离子体内没有出现明显的电荷分离，上面的讨论是无效的。另外，对于 $r<N^{-\frac{1}{3}}$ 的范围内，即小于粒子平均距离的范围内也不适用。在上面推导德拜长度的过程中，认为电位 $\phi(r)$ 的分布是连续的。略去了粒子的分立性而引起的起伏，这实际上意味着德拜球内有着大量的正、负电荷粒子，即

$$n_e\lambda_D^3\gg 1 \tag{1-23}$$

如某一电离气体表现出等离子体性质，那么其在空间的最小线度 L 必远大于其德拜长度。值得说明的是，德拜长度仅仅是一个数量级的概念，德拜球的引入仅为了作形象的分析，不要误以为等离子体内存在着一个个界限分明的德拜球。

1.7.5 导电性和介电性

众所周知，普通气体是很好的电介质。在等离子体内，由于含有大量的带电粒子，致使它的电学性质变得相当复杂。在外电场的作用下，等离子体表现出导体和电介质的双重性质，即有时可把等离子体视为导体；在其他情况下，则可视为电介质。

粒子间的碰撞对等离子体的电学性质有直接影响。在弱电离的等离子体内，带电粒子与中性原子间的碰撞占主要地位；在强电离等离子体中，由于离子产生的库仑电场的作用，它们与其他带电粒子间的碰撞可能性特别大。一般当电离度大于0.1%时，电子与离子间的碰撞将起主导作用。

当等离子体处于外电场中时，其内即有电流产生。考虑到离子运动较慢，对电学性质的贡献可以忽略，因此电流主要是电子定向运动的结果。而电子只有在与中性粒子发生碰撞时才发生能量交换，并改变粒子运动状态，未碰撞时，电子作自由运动，类似一团"电子气"。

设外加电场为 E，则电子在电场力 eE 的作用下，获得加速度为$\frac{eE}{m_e}$；同时，电子还参与不规则的热运动，这种杂乱的运动是叠加在电子的定向运动之上的。在运动中，设电子与中性粒子碰撞的频率为 ν_{en}，则两次碰撞之间的时间 $\tau=\frac{1}{\nu_{en}}$。

等离子体电子直流电导率 $\sigma=\frac{N_e e^2}{m_e}\tau=\frac{N_e e^2}{m_e \nu_{en}}\tau$。可以看出，等离子体电导率一般是很大的，特别是当 $\nu_{en}=0$ 时，电导率趋近于无限大。等离子体电导率在很多情况下比金属的电导率大，但两者又不完全一致。当等离子体电导率与外加电场大小有关时，电导率一般表现出非线性效应。

在外电场存在的情况下，中性气体中的原子将产生极化，在单位体积的气体中便产生一个电偶极矩，表现出中性气体的介电性。值得指出的是，等离子体的介电性与中性气体明显不同。在稳恒的均匀电场中，因为等离子体中正、负带电粒子将分别向两极移动而形成稳定直流电。由此可见，等离子体不存在直流介电常数。换言之，等离子体的直流介电常数为零。然而，如果我们把交变电场例如电磁波加在等离子体上，则可显示出其介电性，而且介电常数几乎只与频率有关。通过计算表明，这时无界等离子体就像各向异性的电介质，在平行和垂直于磁场传播方向上有不同的介电常数。

在无外磁场情况下，当存在交变电场时，如图 1-18 所示，等离子体与交变电场之间存在相互作用，此时，等离子体的介电常数 $\varepsilon=1-\frac{\omega_p^2}{\omega^2+\nu_{en}^2}+i\frac{\omega_p^2\nu_{en}/\omega}{\omega^2+\nu_{en}}$。其中，$\omega_p$ 是等离子体频率；ω 为交变电场的角频率。对于碰撞可以忽略的等离子体来说，$\nu_{en}=0$，介电常数可表示为 $\varepsilon=1-\frac{\omega_p^2}{\omega^2}$，表明介电常数仅与频率 ω 有关。该式仅对无外磁场且碰撞过程可忽略的等离子体成立。当有外磁场时，等离子体介电性质的变化将在后续章节讨论。

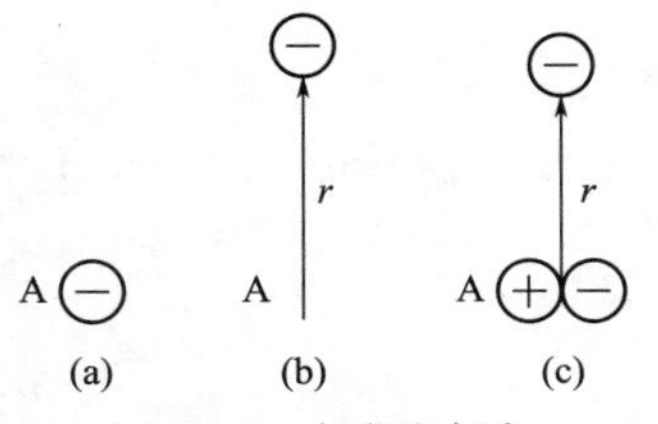

图 1-18　交变电场与等离子体的作用机制

1.7.6　粒子间的碰撞

碰撞现象在等离子体研究中相当重要。等离子体粒子间的碰撞极为频繁，碰撞使粒子间进行能量交换，发生内能变化，从而引起粒子的激发、电离和辐射等；等离子体的各种迁移和弛豫过程也需要采用碰撞概念进行解释。从字面上讲，只有两粒子相互接触时才能发生“碰撞”。但由于等离子体粒子间存在着静电力作用，因此相碰粒子无须直接接触，就能发生长程相互作用。这种带电粒子间的相互作用过程也被称为“库仑碰撞”或“散射”。

低温等离子体中的粒子间碰撞可分为两大类：一类是弹性碰撞，即碰撞过程中粒子的总动能保持不变，并且相碰粒子的内能也不变；另一类是非弹性碰撞，相碰粒子中至少有一个粒子的内能发生改变（包括新粒子或光子的产生），而且总动能也不再守恒。

为讨论方便起见，假定粒子的相互作用总是沿着相碰粒子中心的连线（向心力）；又假定参与碰撞的粒子是两个，为二体碰撞；再假设入射粒子以初速度 v_1 对准原为静止的（$v_2=0$）靶粒子中心运动，这样问题就变为一维的对心碰撞。按照经典的碰撞理论，碰撞过程必须遵从动量守恒定律和能量守恒定律。设入射粒子和靶粒子的质量分别为 m_1 和 m_2，碰撞后的速度分别为 v_1' 和 v_2'。由动量守恒定律得：

$$m_1v_1=m_1v_1'+m_2v_2' \tag{1-24}$$

由能量守恒定律可以写出：

$$\frac{1}{2}m_1v_1^2=\frac{1}{2}m_1v_1'^2+\frac{1}{2}m_2v_2'^2+Q \tag{1-25}$$

式中，$Q=$(碰撞前总动能)$-$(碰撞后总动能)，即粒子内能的总改变量，一般称为“形变热”或“反应热”。这样，我们可以根据 Q 是否为零，来区分弹性碰撞和非弹性碰撞：

$$Q=0 \quad 弹性碰撞$$

$$Q\neq 0 \quad 非弹性碰撞$$

弹性碰撞时，式（1-25）中 $Q=0$，则根据式（1-24）和式（1-25）可得：

$$\frac{1}{2}m_2 v_2'^2=\frac{4\left(\frac{m_1}{m_2}\right)}{\left(1+\frac{m_1}{m_2}\right)^2}\times\frac{1}{2}m_1 v_1^2 \tag{1-26}$$

式中，$\frac{1}{2}m_1 v_1^2$ 表示入射粒子的初动能。上式表明碰撞过程中动能传递的数量关系，当入射粒子的质量远小于靶粒子的质量时（$m_1 \ll m_2$），靶粒子通过碰撞所获得的动能只占入射粒子原有动能的很小一部分。等离子体中电子与中性原子或电子与离子相碰时，就属于这种情况，因此电子仍以很大的速度运动。当入射粒子与靶粒子的质量相差不多时，$m_1 \approx m_2$，入射粒子的大部分能量，甚至全部能量将传递给靶粒子。等离子体中离子与中性粒子或离子与离子间的碰撞属于这种情况。可以看出，等离子体中离子的速度比电子速度小得多，其原因不只是因为离子的质量大，更重要的是离子在每次碰撞中，损失的动能很大。通过碰撞，离子从外场中得到的能量几乎全部交换给了其他离子或中性原子。

粒子间进行非弹性碰撞时，总动能不再守恒，这部分动能转化为相碰粒子的内能，使其内能发生改变，即 $Q\neq 0$，由式（1-24）、式（1-25）可求得 Q 的存在上限：

$$Q\leqslant\frac{m_2}{m_1+m_2}\times\frac{1}{2}m_1 v_1^2 \tag{1-27}$$

因而在非弹性碰撞中，由入射粒子的初动能转化为靶粒子的内能 Q，最多为初动能的$\frac{m_2}{m_1+m_2}$倍。显然同弹性碰撞中的情况一样，非弹性碰撞中能量的转换与相碰粒子的质量有关。如电子为入射粒子，靶原子为氢原子，则电子和氢原子相碰时，转换为氢原子内能最多为电子初动能的 1840/1841 倍，而当氢离子和氢原子相碰时，则氢离子初动能的 1/2 倍可以转化为氢原子的内能。

1.7.7 等离子体“鞘”

在等离子体和器壁表面交界处，等离子体不是直接与器壁接触的，而是形成一层负电位的薄层，它把等离子体包围起来，通常称之为等离子体“鞘”。

为简化问题，假定等离子体处于热平衡态，即 $T_e=T_i=T$，这时可认为电子平均平动动能和离子的平均平动动能相等，但由于电子质量远小于离子质量，因此电子平均热运动速率远大于离子的热运动速度，即 $v_e \gg v_i$。当等离子体与器壁相接触时，由于电子的平均速率大，一开始到达器壁表面的电子数目远远超过离子数目，使固体壁积聚负电荷，由此产生负电位阻止电子继续向器壁运动，转而吸引正离子向器壁运动，进而使电子流密度逐渐减小，离子流密度逐渐变大，器壁附近的负电位增加趋势逐渐减缓。最终，当达到固体器壁的电子流密度和离子流密度相等时，固体壁负电位数值不再改变，这样就形成了一层负电位的等离子体“鞘”，它把固体器壁与等离子体隔离开，并把等离子体包围起来。

从“鞘”的形成可以看出，在“鞘”的宽度范围内，已失去了电中性，那里存在着一个强电场，因此，等离子体“鞘”已不具有等离子体的性质了。电子欲从等离子体到达固体表面，它必须克服由“鞘”形成的势垒。

“鞘”稳定后，其电位的分布与固体壁的形状有关。此处只考虑无限大的固体器壁平面与半无限的等离子体相接触，当 $T_e \gg T_i$ 时，“鞘”的有效宽度为：

$$X=\left(\frac{\varepsilon_0 kT}{Nq^2}\right)^{1/2} \tag{1-28}$$

这与等离子体中电荷分离的尺度——德拜长度 λ_D 具有相同的量级。从式(1-28)可以看出，“鞘”的有效长度 X，其大小与温度 T 和粒子密度 N 有关。当温度愈高时，导致电荷分离的粒子热运动能量愈大，则“鞘”的宽度也愈大；而另一方面，当粒子密度愈大时，使固体壁上负电荷被屏蔽所需的距离就愈小，因而“鞘”的宽度则愈小（图 1-19）。在一般放电管中，当粒子密度足够大时，“鞘”的有效宽度便远小于管的半径，结果管内主要部分是被“鞘”所包围的电离气体的宏观中性区域（其中几乎不存在电场），这就是直流放电

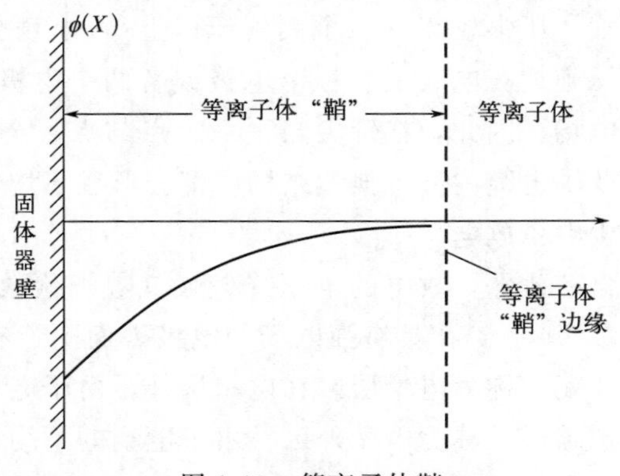

图 1-19　等离子体鞘

管产生的低温等离子体。

1.8 气体放电形式

气体放电的形式多种多样，放电性质与所采用的电场类型以及所施加的电学参数有关。随放电电流的增加，气体放电通常会经历电晕、辉光以及弧光等几个阶段，图 1-20 是几种主要的气体放电形式。

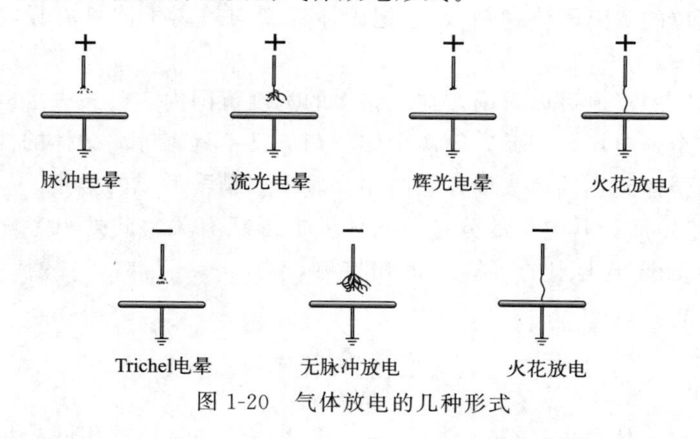

图 1-20 气体放电的几种形式

1.8.1 电晕放电

电晕放电（corona discharge，CD）是气压较高时发生在电场极不均匀区域的一种放电形式。当气体被击穿后绝缘破坏，其内阻降低，放电迅速越过自持放电区后便立即出现极间电压减小的现象，并同时在电极周围产生亮光[14]。

电晕放电的形成机制与空间电荷的积累和分布状况联系紧密。一般电晕放电的产生条件是：气体压强较高（一个大气压以上），电场分布极不均匀，并有几千伏以上的电压施加在电极上。一个电极或者两个电极的曲率半径很小，就会形成不均匀的电场。因此，在针尖与平面、点与点、金属丝与同轴圆筒、两条平行导线之间及轴电缆内部等典型结构中都会形成不均匀的电场，在这些电极之间都能够产生电晕放电。

电晕放电属于自持放电，放电的电压降较大（数千伏数量级），但是放电电流较小（微安数量级）[5]。在具有强电场的电极表面附近有强烈的激发和电离，并伴有明显的亮光，称为电晕层。在电晕层外，由于电场强度较低，不足以引发电离，故呈现暗区，称为电晕外区。由于电场的不均匀性，电晕放电的放电范围一般多被限制在高压电极尖端 1mm 以内的局部区域。按照发生电晕的电极极性划分，可将电晕放电分为正电晕（或称为阳极电晕）和负电晕（或称为阴极电晕）[图 1-21(a)]；按照电源电压类型划分，可分为直流电晕、交流电晕、高频电晕和脉冲电晕；按照气压划分，可分为低气压电晕、大气压电晕、高气压电晕等；按出现电晕的数目划分，可分为单极电晕、双极电晕和多极电晕，图 1-21(b) 所示即为一种多针阵列的电晕放电图像。电晕放电具有结构相对简单、可以在常压下产生、放电面积可控等特性，目前在工业上应用广泛，包括静电除尘、杀菌消毒以及空气净化等领域。

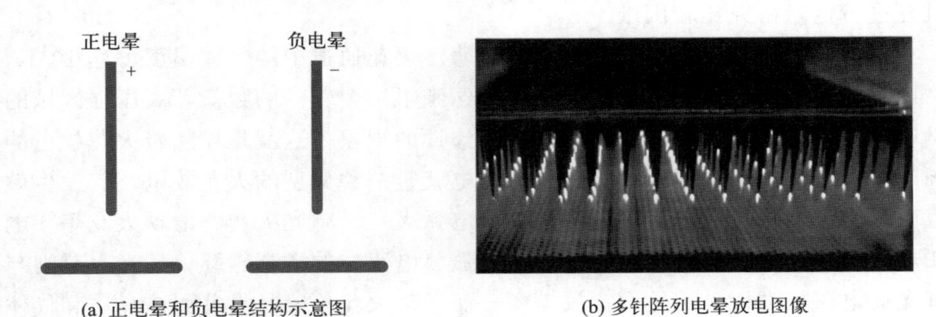

(a) 正电晕和负电晕结构示意图　　(b) 多针阵列电晕放电图像

图 1-21　电晕放电结构（见彩插）

1.8.2 火花放电

在大气中，当在两个平行电极之间加上电压时，如果外加电压低至几乎不发生电离作用，则电极间隙中电流极小，仅靠偶存电子的移动产生。继续提高电压至气体分子开始发生电离，此时电流会有所增加；如果进一步提高电压，气体将被击穿并产生火花。在火花放电开始之前，由于电极间隙中没有产生肉眼能看到的光，所以称极间电流为暗流（dark current）。在暗流状态下，若持续增加电压，最终会突然发生伴随着发光的放电。此时，当载气压强高于一个大气压，电场分布较均匀，且电源功率不足的条件下，就会产生火花放电（spark discharge，SD）[15]。火花放电是一种不连续的放电现象，在放电间隙会出现曲折而有分枝的细丝，并发出强闪光和破裂声，而且放电的火花通道常常会在没有到达对面电极前就在间隙内的任意位置终止，是一种不稳定的放电状态，只能短暂存在，具有“火花”的明显特征。

作为强光源使用的弧光放电以及在霓虹灯管中所看到的辉光放电等可以稳定存在的发光放电，从稳定的暗流向稳定的发光放电转移的瞬间过渡状态就是火花放电。只有电晕是在火花发生之前出现的稳定的发光放电。发光放电的电流要比暗流的电流值大 $10^8 \sim 10^{10}$ 倍。火花放电与辉光放电及电弧放电不同，它的放电通道呈现出不连续性，等离子体在整个放电间隙的横截面上分布也是不均匀的，它的放电状态也是不稳定的。其不连续性是由于火花放电通常发生在很高的电压下，但当放电间隙被击穿后，其电阻会变得很低，因而在电路中产生较大的电流，并引起电路中电位的重新分布。如果电源的功率比较小，短时间内脉冲电流通过火花通道以后，火花会中断。此时电极间电压重新回到原来的数值，并重复前述过程，生成新的火花通道。火花放电的维持时间为 $10^{-8}\sim10^{-6}$s[1]。由于放电现象的不连续性和外观的不稳定性，对火花放电的机理进行定量研究比较困难。

根据火花放电的亮度和能量测定表明，火花通道中的气体温度可达 10^4K，足以热电离气体。火花通道中的压强也达到了一个较高的数值，高压强区域的迅速形成和它在气体中的移动是一种爆炸性的现象。这就是伴随着火花放电的同时发出爆炸声响的原因。自然界的闪电就是一种典型的火花放电，其发生效应就是雷鸣。火花放电有多种形式，如电弧火花、辉光火花、滑动火花等。电弧火花的通道在外形上显现出高气压电弧放电正柱的清晰轮廓；辉光火花则与辉光放电正柱类似，其轮廓比较模糊；而滑动火花一般是沿着固体介质和气体的界面发生。火花放电由于其温度较高、能量较大，常用于光谱分析[16]、金属电火花加工[17] 等领域。

1.8.3 辉光放电

辉光放电（glow discharge）是一种柔和的放电形式，如常常在霓虹灯中看到的那种非常柔和的光线。它是一种稳态的自持放电，由于阴极中放出特有的辉光，所以称为辉光放电。辉光放电是一种常用的放电类型，大多数气体激光器就是利用辉光放电的正柱区作为活性介质来工作的，冷阴极荧光灯、霓虹灯、原子光谱灯等气体放电灯也是利用辉光放电来实现发光的。离子管中的稳压管、冷阴极闸流管等是利用辉光放电原理制成的。此外，在各种物理电子装置和微电子加工中也广泛应用辉光放电，如离子束装置中的冷阴极离子源、半导体工艺中的等离子体刻蚀、薄膜的溅射沉积和等离子体化学气相沉积等。

根据图 1-11，*EF* 间电压是一定的，称它为正常辉光（normal glow），电压为数百伏，大体上是火花电压的极小值附近的值。在 *EF* 间增大电流时，阴极面上的电流密度保持一定，而放电面积增大。进一步从正常辉光增加电流时，在 *FG* 间电压升高，称这一段为反常辉光（abnormal glow）。从反常辉光再增大电流时，在 *G* 点电压急剧下降转移到弧光放电。在弧光放电下，电压约为十几伏，也就是电离电压的程度。这一 *GH* 段也是负特性，如果电阻和电源电压选择不当，它的实现也是困难的。辉光放电依载气压强又可以分为低气压辉光放电和大气压辉光放电。

1.8.3.1　低气压辉光放电

低气压辉光放电（low pressure glow discharge，LPGD）是气体压强在0.1～100Pa范围内，通过高电压作用将电极之间的气体电离产生自持放电的放电形式。其放电机制为，从阴极发射电子，在放电空间引起电子雪崩，由此产生的阳离子再轰击阴极使其发射出更多的电子，从而实现自持放电。工业生产中用到的低气压辉光放电多数为射频源驱动，对放电环境要求较高，需要昂贵烦琐的低压或真空腔室，放电气体为惰性气体（氩气、氦气）。

低气压辉光放电的放电特性如图1-22所示，这些区域从阴极到阳极依次为阿斯顿暗区、阴极辉光区、阴极暗区、负辉区、法拉第暗区、正柱区、阳极辉光区以及阳极暗区。在气压恒定和电压降基本不变的情况下，改变两电极间的距离，正柱区的长度会随之改变，而其他区域的长度则维持不变[18]。相较于大气压辉光放电，低气压辉光放电有比较低的击穿电压，容易实现稳定放电，还可以在较大尺度内实现均匀放电且活性离子浓度较高，被广泛应用到半导体工业中的等离子体刻蚀以及薄膜的溅射沉积等领域。

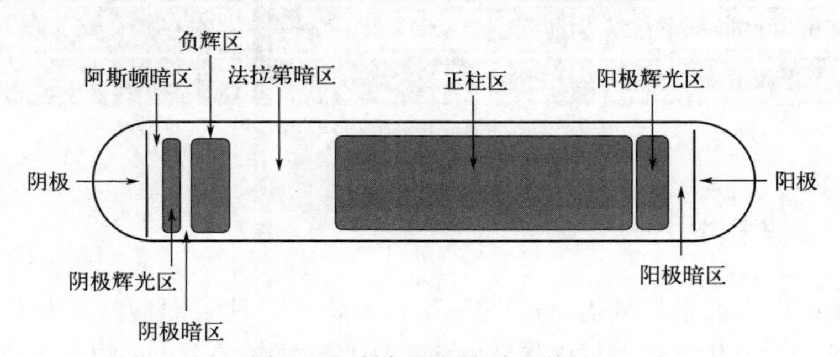

图1-22　低气压辉光放电特性

1.8.3.2　大气压辉光放电

大气压辉光放电（atmospheric pressure glow discharge，APGD）是在大气压环境下，将高压源施加到电极上，通过静电场作用将电极之间的气体电离产生放电的形式。由于其放电过程中存在柔和的光辉，因此被称为大气压辉光放电。大气压辉光放电产生的等离子体面积大、空间分布均匀，电子密度为10^9～10^{10} cm^{-3}，放电电流在几毫安到几百毫安之间，具有体积小、功率低、对操作环境要求低和结构简单等特性[19]。

根据放电电极的状态，可以将大气压辉光放电（图1-23）分为液体电极辉光放电（liquid electrode glow discharge，LEGD）和固体电极辉光放电(solid electrode glow discharge，SEGD)。液体电极大气压辉光放电是通过高压击穿固体电极和液体电极之间的空气间隙的放电过程。根据液体电极的极性又可以分为液体阳极大气压辉光放电和液体阴极大气压辉光放电两种形式。液体电极大气压辉光放电可以对溶液中的有机物进行氧化降解（比如毒剂），也可以对溶液中的元素进行定量的分析，被广泛应用于废水处理、化学分析和液相质谱电离源等领域[20]。固体电极大气压辉光放电是在固体电极之间通过高压击穿空气产生自持放电的过程。这类放电等离子体的电极种类繁多，包括微空心阴极、针-板电极、多针-板电极、针-针电极以及空心管电极等，主要应用于材料表面改性、空气净化、杀菌消毒等领域。但是大气压辉光放电不稳定，其产生和维持非常困难，放电时容易转化为弧光放电。

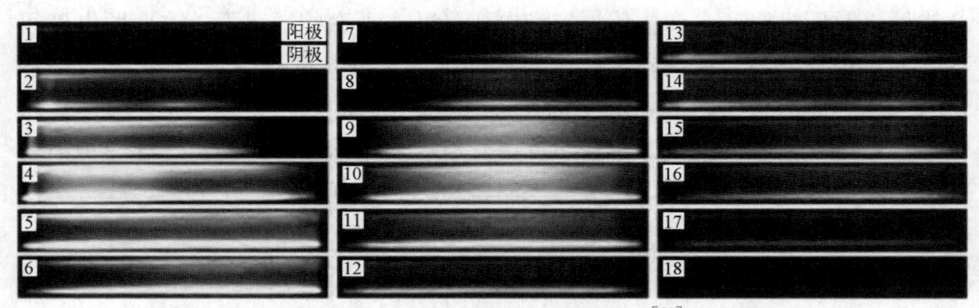

图 1-23　大气压多脉冲辉光放电的演变图像[21]（见彩插）

1.8.4　弧光放电

弧光放电也称电弧放电（arc discharge），是一种强烈的气体自持放电现象。英国化学家戴维首次利用伏特电池组在平行放置的两个碳电极之间产生明亮的白色火焰，火焰气体温度很高，由于热空气上升，冷空气自下方来补充，使碳电极之间的发光部分向上弯曲并呈拱形（arc），故被命名为电弧[22]。

当从辉光放电状态进一步增大电流时，就变为维持电压非常低的电弧放电。很多气体放电灯利用电弧放电产生光辐射；氩离子激光器等利用电弧放电激励气体粒子产生激光；等离子体切割利用电弧放电等离子体的高温进行金属的焊接和切割；许多强流离子源利用热阴极电弧放电形成高密度等离子体，并从中引出所需的离子束；各种离子管，如热阴极充气整流管、闸流管等也都是根据电弧放电的原理制成的。作为电弧放电的最常见的例子，就是在焊接、切割或者在照明用弧光中所看到的发生强烈光辐射的放电。

在水银整流器内的低气压电弧放电则是发出非常柔和的光。低气压电弧放电不出现辉光放电中所看到的负辉区、法拉第暗区，放电通路全部被正柱所占据。这种正柱在高气压和低气压下的性质差别很大。低气压弧光的正柱是与辉光放电时的正柱相似的。电流主要是电子流，正离子起着中和电子空间电荷的作用。电弧放电时，放电管明显划分为三个区域：阴极区、正柱区、阳极区。其中阴极区包括阴极、阴极斑点和阴极鞘层，阳极区包括阳极、阳极斑点以及阳极鞘层。其中，阴极区是维持放电必不可少的区域。正柱区用来传导电流，其大小取决于电极间的距离和气压，在正柱区中电压降落幅度较小，同时它也是一个等离子体区，分为等离子体核心和等离子体晕两个区域。阳极区是紧靠阳极表面很小的区域，与阴极区的作用相反，阳极区有着被动调节的作用，阳极接受的电子流是否满足外电路所需的电流数值由阳极电位降的大小决定。

电弧放电的分类方法众多。按照阴极电子发射机理分类，可分为热阴极弧光（hot cathode arc）和冷阴极弧光（cold cathode arc）。其中，热阴极弧光又可分为自持热阴极弧光和非自持热阴极弧光；冷阴极弧光通常是自持的，也称自持冷阴极弧光。自持和非自持热阴极弧光虽然都是利用阴极的高温发出热电子来维持的弧光，但前者阴极的高温是由正离子撞击的能量产生的，而后者阴极的高温则是靠外部电流加热产生的。自持热阴极电弧放电来自等离子体的热负载导致阴极高温，在阴极上产生强烈的热电子发射；自持冷阴极电弧放电又称场致发射，基于阴极表面强电场的隧道效应引起冷电子发射；非自持热阴极电弧放电从外部人为地把阴极加热至高温，引起热电子发射。

此外，如按照气压分类，可分为高气压电弧（$>10^5$Pa）、低气压电弧（1～10^5Pa）、真空电弧（<1Pa）；按照弧长不同，可分为长弧和短弧，其中在长弧中正柱区起重要作用，在短弧中阴极区和阳极区起重要作用。从放电特性来看，电弧放电具有阴极电位降低、电流密度大、温度和发光度高的特点，已被广泛应用于材料表面改性以及污水处理等方面。

1.8.5　射流放电

射流放电，是将放电气体高速通过电极间隙，从喷嘴将电极间放电产生的等离子体物质以羽流或子弹的形式呈喷射状释放的一种放电形式。均匀持续的射流放电实际是一个“子弹”状的等离子体，“子弹”的形貌表现为头部放电较强，后面有拖尾，其传播速度超过10km/s。外加高压电场在等离子体“子弹”的推进中起着至关重要的作用[23]。

射流放电等离子体技术有几十年的发展历史。早在20世纪50年代末，人们便对电弧放电产生的低气压热平衡（高温）等离子体射流进行了研究。在接下来的几十年中，人们对气体温度超过10000K的热平衡等离子体射流进行了基础性研究，以便对其等离子体物理特性有更深层次的认识。至 20 世纪 90 年代，许多低气压等离子体工艺已经可以在大气压下实现，从而摆脱昂贵复杂的真空系统。射流装置的研制、等离子体产生机理以及射流在各领域的应用等也得到了较快的发展。随后，大气压热平衡等离子体射流被成功应用于碳化物合成、氧化物陶瓷喷涂、废料处理、光纤生产用硅棒刻蚀以及催化剂粉体的合成等。

等离子体射流有多种类型。按照驱动电源类型可分为直流、交流、射频、微波、脉冲直流等几种类型，但激励方式不同，其所产生的等离子体射流则会表现出不同的特性，在实际应用过程中也可能存在较为明显的差异，目前，交流电源激励是使用较多的激励方式。按照电极结构类型可分为单针、针-板式，针-环式、单环、环-环、环-板式以及微腔等离子体射流等；按照气体组分又可分为惰性气体、氮气、空气等离子体射流等；按照产生等离子体的形态又可以将等离子体射流分为电晕放电、介质阻挡放电、辉光放电、射频放电等；根据射流放电电极结构的不同，可以分为无电介质射流放电和有电介质阻挡射流放电，如图 1-24 所示。无电介质射流放电是由中间连接驱动电源的高压电极和外部的接地电极组成的。一方面，由于没有介质层的阻挡，无电介质射流放电并不稳定，不可避免产生电弧放电；另一方面，无电介质射流放电功率较高（射频功率可达 500W），并且气体温度较高（气体温度在 10000K 量级），常用于工业领域的焊接、切割等。有电介质阻挡射流放电通常在高压电极和接地电极之间加入介质阻挡层（如石英、玻璃、大理石等），使得放电更加稳定，避免了弧光或火花放电的产生，但放电强度也有所减弱。其放电功率较低（数十瓦），气体温度较低（接近于室温），在各领域的材料表面功能化方面获得广泛应用，尤其在温度敏感材料（生物医学材料）表面的处理方面。射流放电常采用惰性气体为工作气体，在大气压下产生等离子体，其长度可达数十厘米。但是，惰性气体射流等离子体的反应活性不如空气射流等离子体，因此，通常在惰性气体中掺杂一定浓度的氮气、氧气或者空气，以提高等离子体的反应活性。

然而，射流放电这种特殊电极结构限制了等离子体的处理面积。为了增加射流放电的处理面积，通常采用由几个紧密间隔的射流单元组成阵列，包括线性阵列和径向阵列，如图 1-25 所示。但射流阵列并非间隔越小越好，其放电均匀性与放电频率、气体流量以及击穿电压等多个因素相关。成阵列形式的等离子体射流中，相邻等离子体射流之间存在强静电排斥力，可能导致射流阵列中等离子体传播轨迹的发散。此外，射流之间相互作用还可能引起强高能放电模式。由于射流单元之间存在电场耦合作用、流场分布以及静电排斥力等作用，使得射流阵列放电并不均匀［图 1-25(a)］。尤其当相邻的射流间距较近

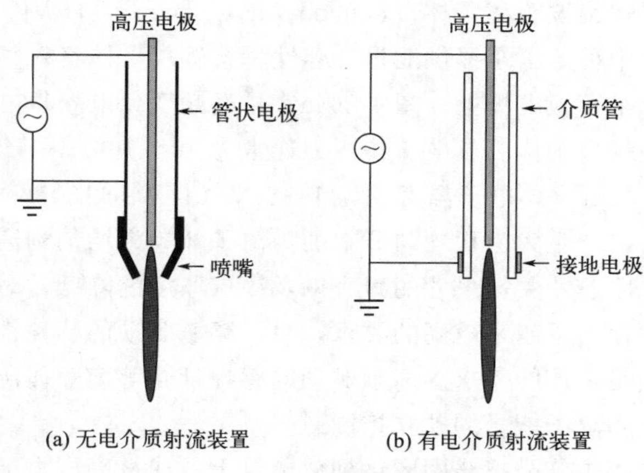

(a) 无电介质射流装置　　(b) 有电介质射流装置

图 1-24　射流装置示意图

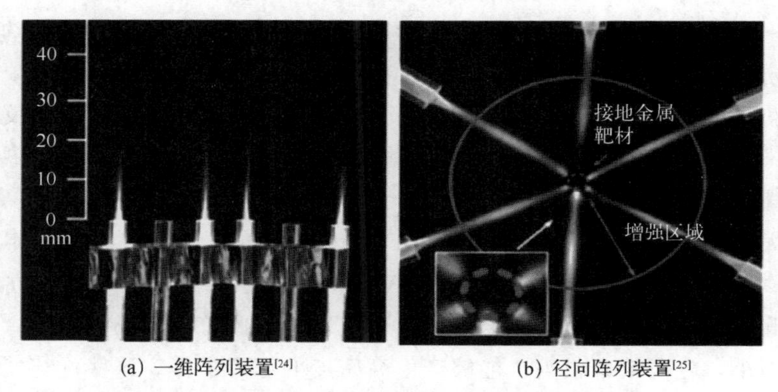

(a) 一维阵列装置[24]　　(b) 径向阵列装置[25]

图 1-25　等离子体射流阵列装置放电图像（见彩插）

时，这种不均匀性越发明显。

1.8.6　射频放电

射频放电通常由高频率的交流信号驱动，利用高频高压电离空气产生连续性放电的放电形式。国际上通常使用的射频放电频率为 13.56MHz、27.12MHz、54.24MHz 等，其中最常用的频率为 13.56MHz。射频放电的放电功率高、能量大、处理面积大且放电均匀，因此已被应用于工业材料表面处理中。

根据耦合方式，射频放电可以分为容性耦合等离子体（capacitively coupled plasma，CCP），主要利用静电场的作用对电子进行加速；感性耦合等离子体（inductive coupled plasma，ICP），主要利用感应磁场为等离子体中种子电子提供能量；螺旋波等离子体（helicon wave plasma，HWP），主要利用电磁波为等离子体中种子电子提供能量。容性耦合等离子体将射频电压通过电容耦合施加到两个平行板电极上［图 1-26(a)］，高频变化电场将电极间的气体击穿电离从而产生等离子体。放电工作压力通常为 10～100Pa，产生的等离子体密度为 10^9～10^{11} cm^{-3}，电子温度约为 1～5eV（1eV＝11605K）。射频容性耦合等离子体源可以产生大面积均匀分布的等离子体，为均匀刻蚀技术提供了必要条件。集成电路芯片关键尺寸的减小以及膜层厚度的降低，对等离子体加工处理及优化过程提出了越来越高的要求，单一频率驱动的感性耦合等离子体源已经逐渐难以满足生产的需求。多频驱动的感性耦合等离子体源应运而生，可以实现离子通量和离子能量的独立控制[26]。

感性耦合等离子体是把线圈围绕到放电管上，代替高压电极，利用高频感应磁场产生等离子体，因此又称为无极放电［图 1-26(b)］。放电工作压力通常为 1～40Pa，产生的等离子体密度为 10^{10}～10^{12} cm^{-3}，电子温度约为 2～7eV。与容性耦合等离子体源相比，感应耦合等离子体源在较低的射频功率条件下可获得更高的等离子体密度，并且无需使用高压射频电极，因此反应腔室中的污染物浓度较低，被广泛应用到真空镀膜、半导体以及国防等领域。除此之外，螺旋波等离子体通过磁场线圈产生电磁波加热在装置内产生等离子体，也属于无极放电。放电工作压力在 0.1～20Pa 之间，产生的等离子体密度为 10^{10}～10^{13} cm^{-3}，电子温度约为 2～5eV。螺旋波等离子体也可以独立控制电子能量和离子能量，并且其无需内置放电电极，因此放电磁场强度低，对放电腔室污染小，电离效率很高，能够产生高密度的等离子体。这些优势使螺旋波等离子体在需要较高密度等离子体的工艺过程中得到了广泛的应用推广。

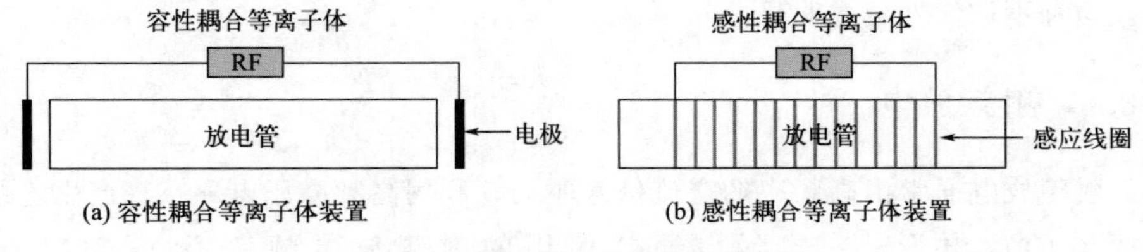

图 1-26　耦合等离子体装置示意图

1.8.7　介质阻挡放电

介质阻挡放电（dielectric barrier discharge，DBD）是将绝缘介质（石英、玻璃、陶瓷）置于放电电极之间的一种放电形式，又称其为无声放电[23]。绝缘介质的作用可以被看成放电的“熄灭器”，能够抑制电弧等剧烈放电现象的形成，使整个放电过程更均匀、温和。介质阻挡放电的工作气压和频率范围都非常广，常用的工作条件是在气压为 $10^4 \sim 10^6$Pa 范围内，放电频率从 Hz 到 MHz 数量级[5]。实验室环境中，多采用惰性气体、氮气或它们的混合气体作为载气。但由于惰性气体价格昂贵，而氮气作为工作气体需要密闭的工作环境。因此在工业大规模应用中，目前仍以空气作为均匀介质实现介质阻挡放电。

典型的介质阻挡放电结构如图 1-27(a) 所示。电极间的介质层可以是单层也可以是双层的，介质层可以放置在电极表面也可以放置在两电极之间，电极和间隙结构可以是平板式的也可以是同轴式的。电极形状也可以多种多样，图 1-27(b) 和图 1-27(c) 展示了常用的板-板和针-板电极结构的介质阻挡放电的图像。由于介质阻挡放电等离子体可以在大气压或者高于大气压条件下产生，不需要真空设备就能在较低的温度下获得大量的活性粒子，因此在材料表面改性、环境保护以及生物医学领域得到广泛应用。

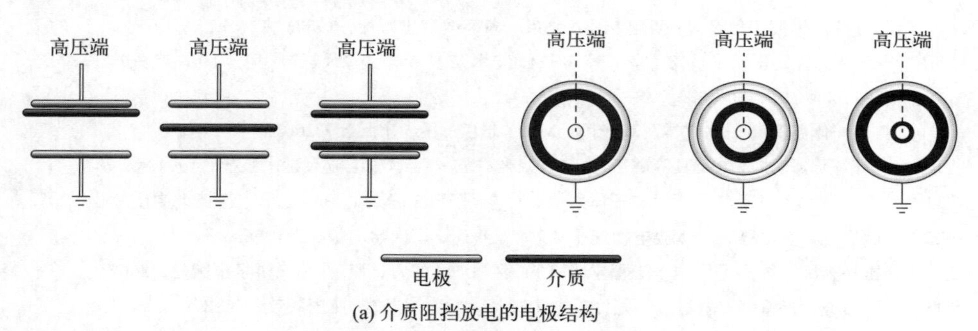

(a) 介质阻挡放电的电极结构

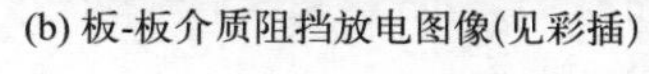

(b) 板-板介质阻挡放电图像(见彩插)　(c) 针-板介质阻挡放电图像(见彩插)

图 1-27　介质阻挡放电

在大气压条件下，介质层的表面会积累大量的电荷，由于表面电荷的记忆效应，在放电过程中产生大量的微放电通道（指丝状放电）[27]。微通道由大量平均寿命在 10ns 量级的放电细丝组成，其直径约为 0.01mm，通道中的电子密度约为 $10^{20}\mathrm{m}^{-3}$，电流密度约为 $10^3\mathrm{A/m}^2$[28]。因此，在大气压下介质阻挡放电一般是丝状放电，即流注放电，在用于表面处理时存在处理不均匀的缺点，容易对温度敏感材料的表面造成热损伤，能够产生无丝状放电的均匀介质阻挡放电等离子体是目前研究的一个重要方向。

参考文献

[1] 马腾才，胡希伟，陈银华．等离子体物理原理［M］．合肥：中国科学技术大学出版社，2012.
[2] Chen FF，林光海．等离子体物理学导论［M］．北京：科学出版社，2016.
[3] Mott-Smith H M. History of “plasmas”［J］. Nature, 1971, 233 (5316): 219.
[4] 金佑民，樊友三．低温等离子体物理基础［M］．北京：清华大学出版社，1983.
[5] Metelmann H-R, Von Woedtke T, Weltmann K-D, et al. Textbook of good clinical practice in cold plasma therapy［M］. Berlin: Springer, 2022.
[6] Chu Paul K, Lu X P. Low temperature plasma technology: methods and applications［M］. Boca Raton: CRC press, 2013.
[7] 孙杏凡．等离子体及其应用［M］．北京：高等教育出版社，1982.
[8] 于仁光，乔小晶，张同来，等．等离子体技术及其在隐身领域的应用［J］．航天电子对抗，2004，33 (1)：55-59.
[9] 陈杰．低温等离子体化学及其应用［M］．北京：科学出版社，2001.
[10] 胡孝勇．气体放电及其等离子体［M］．哈尔滨：哈尔滨工业大学出版社，1994.
[11] 卢新培．大气压非平衡等离子体射流：1. 物理基础［M］．武汉：华中科技大学出版社，2022.
[12] 徐学基，诸定昌．气体放电物理［M］．上海：复旦大学出版社，1996.
[13] 菅井秀郎．等离子体电子工程学［M］．张海波，张丹，译. 北京：科学出版社，2002.
[14] 武占成，张希军，胡有志．气体放电［M］．北京：国防工业出版社，2012.
[15] 彭国贤．气体放电：等离子体物理的应用［M］．上海：知识出版社，1988.
[16] 冯秀梅，陈连芳，陈君，等．火花放电原子发射光谱法测定镍基合金中 12 种元素［J］．中国无机分析化学，2021，11 (1)：54-59.
[17] 赵朝夕．大型精密电火花成形加工机床的热态及动态特性研究［D］．哈尔滨：哈尔滨工业大学，2020.
[18] 赵青．等离子体技术及应用［M］．北京：国防工业出版社，2009.
[19] 彭晓旭．大气压辉光放电微等离子体装置的构建及其应用研究［D］．北京：中国科学院大学（中国科学院上海硅酸盐研究所），2021.
[20] 郑培超，杨蕊，王金梅，等．内标法在电解液阴极大气压辉光放电原子发射光谱检测水体金属元素含量中的应用［J］．分析试验室，2015，34 (1)：18-21.
[21] 郝艳捧，阳林，涂恩来，等．实验研究大气压多脉冲辉光放电的模式和机理［J］．物理学报，2010，59 (4)：2610-2616.
[22] 杜长明，吴焦，黄娅妮．等离子体热解气化有机废弃物制氢的关键技术分析［J］．中国环境科学，2016，36 (11)：3429-3440.
[23] 邵涛，严萍．大气压气体放电及其等离子体应用［M］．北京：科学出版社，2015.
[24] Wang R, Sun H, Zhu W, et al. Uniformity optimization and dynamic studies of plasma jet ar-

ray interaction in argon [J]. Phys. Plasmas, 2017, 24 (9): 093507.

[25] Wang R, Xia Z, Kong X, et al. Etching and annealing treatment to improve the plasma-deposited SiO_x film adhesion force [J]. Surf. Coat. Technol., 2021, 427: 127840.

[26] 丁振峰，袁国玉，高巍，等．柱面天线射频感性耦合等离子体放电模式特性的实验研究 [J]. 物理学报，2008，57 (7): 4304-4315.

[27] Yin Z-Q, Wang L, Dong L-F, et al. The mapping equation of micro-discharge in dielectric barrier discharges [J]. Acta Phys. Sin., 2003, 52 (4): 929-934.

[28] Ding W, Xia M, Shen C, et al. Enhanced CO_2 conversion by frosted dielectric surface with ZrO_2 coating in a dielectric barrier discharge reactor [J]. J. CO_2 Util., 2022, 61: 102045.

第 2 章

低温等离子体的诊断方法

等离子体诊断（plasma diagnostics）是根据对等离子体物理过程的了解，采用相应的实验方法和技术手段来测量等离子体参量的科学技术。等离子体物理现象需要采用多个参量才能完整描述，就像医生对病人的病情要作多方面的诊断后方可确诊一样。因此，借用医学中的“诊断”一词，将对等离子体参量的测量称为等离子体诊断[1]。

等离子体诊断方法可分为被动和主动两类。被动诊断是测量等离子体发射的电磁波或粒子，这些辐射提供了有关电子温度、离子温度、杂质、逃逸电子等各种信息。对从等离子体发射出的各种粒子，如电荷交换产生的中性粒子、聚变产生的电子等进行测量，可得到有关离子温度等信息。这类诊断方法对等离子体本身无扰动或扰动很小。主动诊断是人为地对等离子体施加某种扰动，如电探针、微波和激光探针、粒子束探针等各种形式的探针，引起等离子体的响应，测量由此产生的信号。这类方法或多或少地扰动等离子体原有的性质，但比被动方法灵活并能给出更多的信息。当前，等离子体诊断方法主要包括探针法、微波法、激光法、光谱法、光学法和粒子束法，其中粒子束法的应用不如前五种普遍。诊断的参量包括微观参量（如碰撞频率）和宏观参量（如密度、温度、压力等热力学参量，以及黏性、扩散、热导率和电导率等输运系数）。一般表征部分电离等离子体特性的参量主要是电子密度、电子温度和碰撞频率。电子密度和电子温度的范围不同，所用的测量方法也不同[2]。

2.1 探针诊断

静电探针诊断法，也称为朗缪尔探针诊断法，因其结构简单、用途广泛，是等离子体诊断中应用最早，也是最基本的方法[3]。该方法由美国科学家欧文·朗缪尔于 1923 年提出，已被开发用于脉冲直流、射频和微波等离子体的测量。探针可由钨丝、钽丝或者铂丝制备，除探头部分外，其余部分用绝缘材料包裹起来。在等离子体中，由于电子的平均速度远远大于离子的速度，因此，当探针插入到等离子体中时，电子会首先到达探针表面，使探针表面呈现负电位，进而吸引正离子形成鞘层[4,5]。此时，如果在探针的末端连接电路，通过调节电位器可使探针电位由负到正变化，记录电流表上所对应的每一个流过探针的电流值，即可得到探针 *I-U* 特性曲线，其检测装置及检测原理见图 2-1。通过 *I-U* 特性曲线即可获得等离子体的电子温度、电子密度、离子密度和空间电位等参数。由于探头需要深入等离子体内部，可能会对等离子体产生一定的干扰，但不会破坏等离子体整体的电中性和其他性质[6]。朗缪尔探针有多种形式，包括单探针、双探针及三探针等。除了朗缪尔探针外，还有磁探针、发射探针等诊断技术，可测定电荷的密度、温度和分布函数。单探针法是通过测定插入等离子体中的探针和放电一侧电极间的电压-电流特性，计算等离子体中的电子温度、离子（电子）密度等。双探针法是对插入等离子体中的 2 根探针间施加电压，通过测定两探针间电流-电压特性，计算等离子体中的电子温度、离子（电子）密度等。一般直流辉光放电时采用单探针法，高频放电或微波放电时采用双探针法。

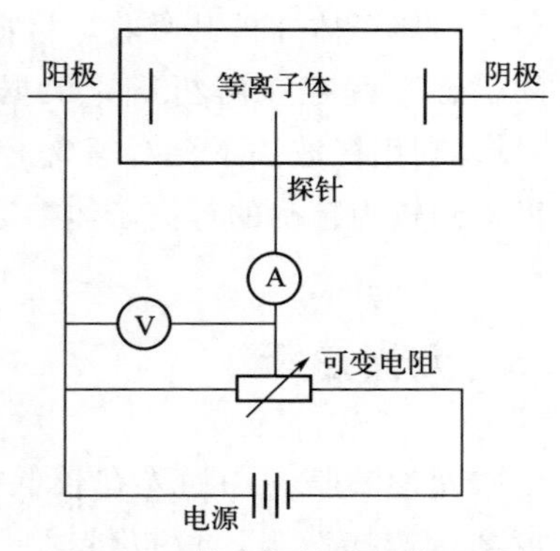

图 2-1　静电探针诊断装置的结构示意图

2.2　微波诊断

微波是指频段在 0.3～300GHz 范围内的电磁波。微波诊断是指通过分析合适频段的电磁波在等离子体中产生相移、散射和反射现象，以获得电子密度和碰撞频率等参数[7]，包括微波透射法、微波散射法以及微波吸收法等。微波透射法的基本原理是，当微波进入等离子体中时，引起谐振频率与微波一致的粒子的共振，改变微波传播。通过测量传播变化的信号，即可诊断等离子体中的粒子分布[8]。微波反射法的基本原理是，反射微波的临界位置会随入射微波的改变而变化，当入射微波的频率发生变化时，通过测量反射波和参考波的相位变化，即可得到等离子体的电子密度。如果入射波的频率保持恒定，则可测量等离子体密度的扰动[9]。微波吸收法的原理是，微波通过存在于波导管中的等离子体并被其吸收，根据微波传输理论，微波通过有损耗电介质波导管的状态方程存在解析解，根据其解析解可得到等离子体的电子密度和温度[10]。利用微波法不会对等离子体造成显著干扰，同时其对微波源要求较低，可以得到较为精确的等离子体参数。

2.3 激光诊断

激光诊断是利用激光在较低能态和激发电子态之间的激光共振激发，灵敏度高，选择性强，可提供时间和三维空间的分辨[11]，包括激光干涉法、激光散射法，可测定电子密度、电子温度、离子密度、离子温度等参数。激光在等离子体传播时，其激光的振荡电场将激起等离子体电子或离子作受迫振动，从而发出次级辐射，称之为汤姆孙（Thomson）散射，其测量系统如图 2-2 所示[12]。该方法将探针作用于待测等离子体区域探测 Thomson 散射信号，根据散射信号与等离子体状态参数之间的关系进行诊断。Thomson 散射法是一种应用非常广泛的等离子体诊断技术，具有较高的时空分辨本领。相较于探针法和发射光谱等其他诊断方法，该方法具有以下优势[13,14]：①激光参数选择合适时，该诊断测量对探测对象的扰动可忽略不计；②探测信号解读简单明了，可从散射光谱直接反映等离子体的电子温度和电子密度，测量电子温度范围在几电子伏特至几万电子伏特之间，测量电子密度范围为 $10^{13}\sim10^{19}\,cm^{-3}$，适用于低温等离子体到高温等离子体的多种类型等离子体的状态诊断；③诊断的等离子体参数测量精度较高；④对于较高信噪比的信号，最高可以获得 2% 的电子密度不确定度以及 3% 的电子温度不确定度。

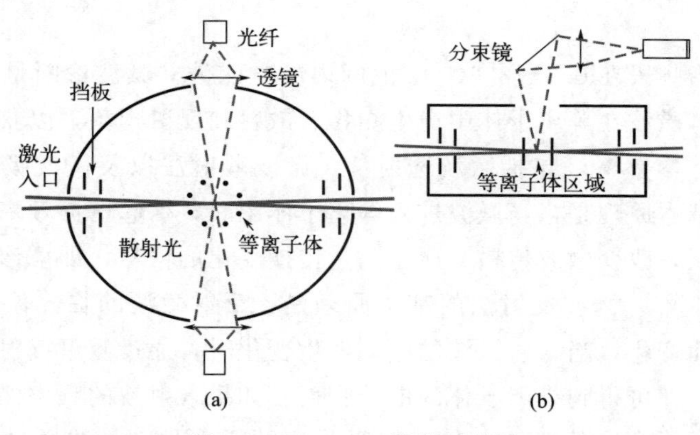

图 2-2 Thomson 散射原理图

2.4 光谱诊断

光谱诊断主要是利用等离子体自身发光或其对光的吸收、散射等特性实现对等离子体温度、密度和化学组分等参量的诊断。目前用于等离子体光谱诊断的方式有发射光谱（optical emission spectroscopy，OES）、吸收光谱（absorption spectroscopy，AS）、衰荡光谱（cavity ring down spectroscopy，CRDS）和激光诱导荧光光谱（laser induced fluorescence spectroscopy，LIFS）等，其中最常用的是发射光谱法和吸收光谱法。

2.4.1 发射光谱法

发射光谱诊断是一种非侵入式的诊断方法，通过采集并处理等离子体中粒子自发辐射的光学信号，来间接获得等离子体的粒子组成、粒子密度以及磁场分布等信息。例如，根据离子体中存在的分子及原子的激发和离子化状态的发射光谱，可以计算出分子的振动及旋转温度，以及由电子状态决定的原子温度，也可求出电子、离子的温度和密度等参数。由于发射光谱获取容易、诊断装置简单、测量方便、灵敏度高、分析速度快、适用范围广和对设备要求低，并能实现等离子体的实时诊断，因此目前已经成为等离子体研究中非常重要的一种诊断技术。

利用多通道光纤光谱仪检测等离子体中活性基团的发射光谱，可间接反映活性基团的产生情况。各活性基团对应的特征谱线信息如表2-1所示。

表2-1　活性基团特征谱线

活性基团	特征谱线/nm	活性基团	特征谱线/nm
N_2^+	391.8	He Ⅰ	587.56
N Ⅰ	639.8	He Ⅰ	667.82
O Ⅱ	728.09	He Ⅰ	706.51
O Ⅰ	777.19	·OH	309.3
O Ⅰ	844.6		

当前，对等离子体中活性粒子的发射光谱研究大部分集中于纯气体（如纯氧、纯氮等）放电。图2-3为采用多通道光纤光谱仪测定的纯氧气放电时的发射光谱。其中，在图中用虚线标注的777.4nm、844.6nm两处谱线为O原子的发射光谱峰[15]，激发态O原子的生成过程如式（2-1）所示[16]。波长范围

在306.1～330nm的谱线应为·OH（$A^2\Sigma^+ \rightarrow X^2\Pi$）的自由基谱线[17]，可能是放电环境中存在的极少量水蒸气造成的，其产生过程如式（2-2）所示[18]。

$$e^* + O_2 \longrightarrow O^* + O^* + e^- \tag{2-1}$$

$$e^* + H_2O \longrightarrow \cdot OH + H + e^- \tag{2-2}$$

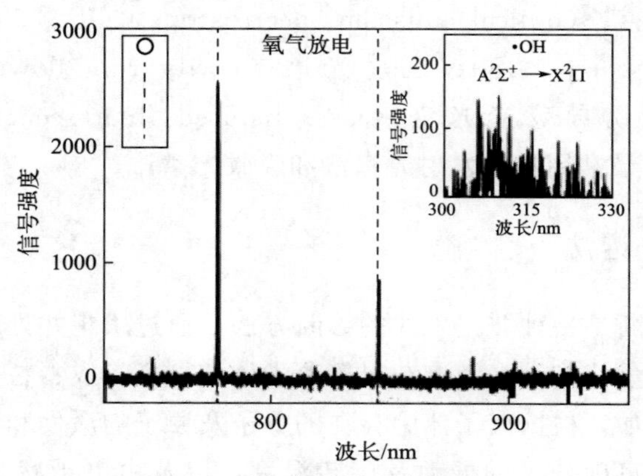

图2-3 纯氧气放电发射光谱图

发射光谱法除了可以实现空气放电等离子体诊断，也可以对液下放电等离子体进行诊断。Sun等[19]用发射光谱法证明了液下放电过程中有H、OH和O产生，并提出了活性物种产生的机理。Nomura等[20]在0.1～0.4MPa条件下，研究了液下放电等离子体特性，估算得到的电子温度为3200～3700K，OH转动温度为3500～5000K，并通过Hβ谱线的Sartk展宽计算得到电子的密度为（0.5～5.8）×$10^{21}m^{-3}$。Mukasa等[21]用发射光谱法计算了射频等离子体中的温度分布，得到的电子温度为3300～4800K，OH的转动温度为1500～3700K。陆泉芳等[22]利用发射光谱法测量了不同放电电压下OH、O、H等的发射光谱，利用H的二谱线法得到了等离子体的电子温度，用LIF-BASE软件模拟估算OH转动温度，以H原子谱线的Sartk展宽、半高全宽估算了电子密度。

对于某些复杂应用情况（如等离子体降解污染物过程中）的光谱数据报道较少，这主要是因为，光谱图上含有大量谱峰，峰形复杂，有些粒子谱峰位置接近，甚至许多单峰重叠形成组合峰，因此，对其解析比较困难。例如，在纯O_2中放电产生的活性粒子包括O、O^+、O_2^+等，每种粒子能发射多达10～20条谱线，集中于200～800nm波长范围，而·OH峰集中于280～350nm波长范围，这些谱峰有部分重叠，难以辨认。

2.4.2　吸收光谱法

发射光谱法虽然比较简单，但因为亚稳态不能通过辐射退激发，所以通常难以采用直接发射光谱法测量出亚稳态数密度。为了对大量存在的基态和亚稳态基团数密度进行更精确的诊断，就要依赖于吸收光谱技术。吸收光谱技术根据透射谱线的吸收位置和强度来鉴别物种种类和计算其绝对浓度。若物种种类已知，就可以选取合适的光源，对研究物种进行原位、实时的定量分析。目前，可调谐二极管激光吸收光谱法（tunable diode laser absorption spectroscopy，TDLAS）以其高灵敏度、高光谱分辨率和良好选择性等优点，在很多低频等离子体源的亚稳态实验诊断研究中得到应用。例如，龚发萍等[23] 利用可调谐二极管激光吸收光谱技术对低气压氩气介质阻挡放电等离子体进行诊断，重点考察了 Ar 亚稳态 1_{S_5}、1_{S_3} 的数密度和气体温度随放电电压、气压、流量、极板间距以及随 N_2 配比的变化情况，其实验装置如图 2-4 所示。在该装置中，采用分布反馈式激光器作为光源，中心波长 772.4nm，标称功率 75mW。通过信号发生器和电流控制器来扫描电流实现激光器波长的调谐，由温度控制器来设定激光管温度。激光经过等离子体区吸收后，由 Si 探测器进行探测，最后由数字示波器进行数据采集和存储。实验基于朗伯-比尔定律（Lambert-Beer law），通过计算吸收谱线的吸收峰面积求取 Ar 亚稳态的数密度，同时对谱线进行 Voigt 拟合得到多普勒展宽，进而求出气体温度。Ar 亚稳态主要由电子碰撞产生，但同时电子也会碰撞亚稳态发生猝灭作用，从而使数密度减小；气体温度则与等离子体的实际功率、电子的状态以及粒子之间的碰撞有关。实验结果表明，Ar 亚稳态数密度和气体温度均随放电电压和流量的增大而呈现先增大而后逐渐趋于平缓的变化趋势，但两者随流量的变化幅度较随放电电压的变化幅度更小，增长更缓慢。随气压的升高，Ar 亚稳态数密度和气体温度先增加并达到一个极大值，而后逐渐降低。实验数据表明，气压对谱线展宽有较明显的影响作用。适当增大极板间距，Ar 亚稳态数密度明显降低，但气体温度却有所升高。N_2 的加入对亚稳态有很强的猝灭作用，0.5%的 N_2 就会使其数密度下降 50%，但随着 N_2 浓度的进一步增大，亚稳态数密度不再明显降低。紫外吸收光谱技术也可用于等离子体诊断，如大连理工大学的于潇[24] 采用紫外吸收光谱诊断技术对等离子体中的 O_3（254nm）、NO_2（400nm）和 NO_3（662nm）等开展了研究。

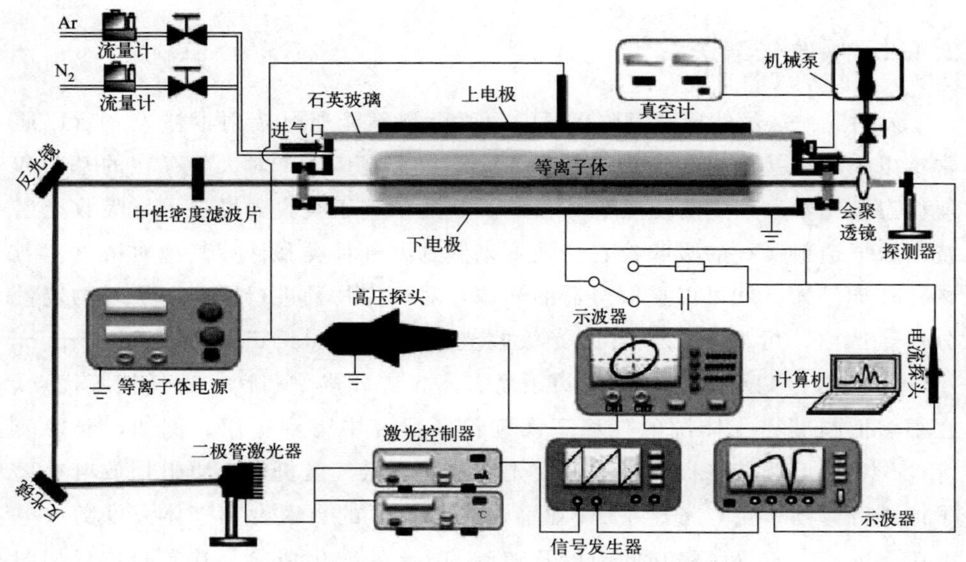

图 2-4 可调谐激光吸收实验装置图[23]

2.5 化学诊断

常用的等离子体诊断方法，如光谱诊断，可以得到放电气体的电子密度、电子温度或离子、自由基的激发态光谱信息。而等离子体在生物医学、环境保护、物质合成等领域应用时，常与液体相互作用，因此，如何实现液相中活性物质的检测，对于研究水下放电或沿面放电机制具有重要作用。其中，在沿面放电过程中或在等离子体射流处理液相的情况下，暴露于气体环境内的等离子体将气体组分激发，生成相关活性物质；而在气-液交界面，等离子体同时与气相、液相相互作用，生成大量氮氧化物（RONS），如 OH、$^1O_2$、O_2^-、$ONOO^-$ 等，两部分活性物质共同扩散进入液相中，进一步反应生成 H_2O_2、NO_2^-、NO_3^- 和 ONOOH 等液相活性物质（图 2-5）。这些液相活性物质发挥着重要作用，而化学诊断方法可实现多种液相活性物质的检测。下面介绍几种典型的化学诊断

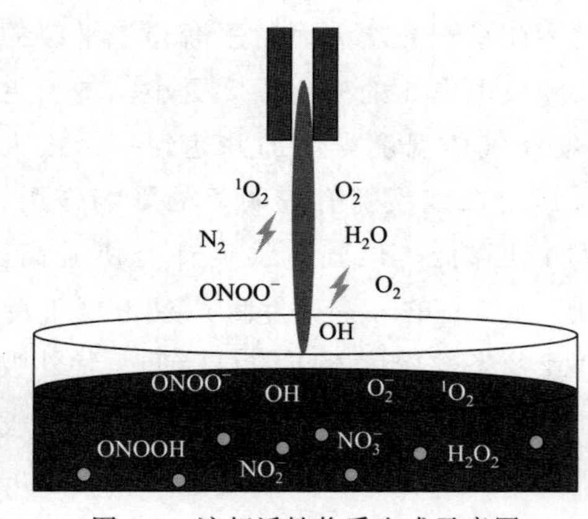

图 2-5 液相活性物质生成示意图

方法。

2.5.1 探针化学诊断法

探针化学诊断法是指在含有活性物质的液相中加入探针捕捉剂，使其与待测活性物质发生化学反应，生成目标化学物质，通过检测目标物质浓度或吸光度，间接检测活性物质的含量的诊断方法。

2.5.1.1 羟基自由基（·OH）的诊断

对苯二甲酸（TA）和苯五甲酸（BA）是目前液相·OH 检测常用的荧光探针。TA 本身不具有荧光性，与·OH 反应生成的 2-羟基对苯二甲酸（HTA），可在 311nm 紫外线激发下发射出波长为 424nm 的荧光。检测该波长的荧光强度，并根据荧光强度与 HTA 浓度的相关性，便可获得·OH 的浓度。此外，TA 对·OH 具有极好的选择性，不会与 O_2^-、$^1O_2$ 等其他活性物质反应[25]，能够实现·OH 的高效精准检测。TA 探针具有选择性好、检测高效、可定量分析等优点。但每个 TA 分子具有四个·OH 结合位点，每个 TA 分子会结合 4 个以内随机数量的羟基，这就导致样本的荧光强度与样本实际的·OH 浓度值匹配度较差。

BA 是一种可实现·OH 检测的新型荧光探针，同样具有较好的选择性。其与·OH 反应生成羟基苯五甲酸（HBA），可在 311nm 紫外线的激发下发射出 435nm 的荧光[26]。与 TA 不同，BA 分子只有一个·OH 的结合位点，生成的 HBA 的荧光强度与样本中实际·OH 浓度值具有很好的线性关系，克服了 TA 探针的缺陷。但 HBA 较难获得，无法构建标准曲线，因此使用 BA 探针检测的·OH 浓度仅为相对值。Qin 等[27] 以 TA 溶液为探针，对等离子体处理不同时间的·OH 浓度进行诊断。如图 2-6(a) 所示，随处理时间的延长，水中·OH 浓度逐渐升高。此外，等离子体与液相相互作用产生的活性物质较多，需要对特定活性物质进行猝灭来判定·OH 在反应中是否起主导作用。如 Li 等[28]探究了不同猝灭剂（D-甘露醇/D-Man、L-组氨酸/L-His、超氧化物歧化酶/SOD）对 TA 诊断·OH 的影响。结果表明，SOD 和 L-His 对·OH 的生成没有显著影响，而 D-Man 与·OH 的反应速率常数较高［2.7×10^9 mol/(L·s)］，可以显著抑制·OH 生成，见图 2-6(b)。

2.5.1.2 $^1O_2$ 的诊断

在气体放电过程中，$^1O_2$ 的寿命较短，难以检测。目前 $^1O_2$ 的探针化学诊

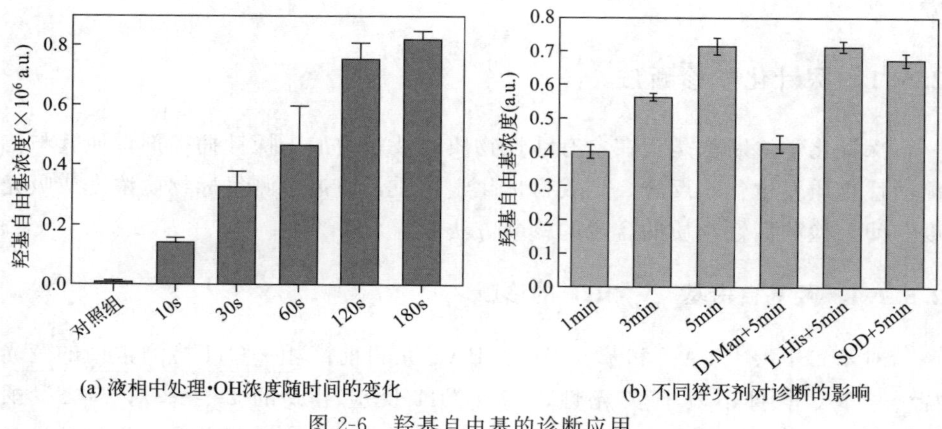

图 2-6 羟基自由基的诊断应用

断方法主要有分光光度法和荧光光度法。利用检测剂或探针与$^1O_2$发生化学反应，从而改变检测样本的吸光度或荧光度，通过分光光度计或共聚焦显微镜实现$^1O_2$的诊断。

化学分光光度法的基本原理是利用氧自由基的氧化或还原性质，使反应体系中的某种物质发生氧化还原反应，生成的产物在紫外线或可见光范围内某一特定波长下具有最大吸收峰，通过检测反应体系在该波长下透光率（ΔT）或吸光度（ΔA）的变化，间接测定出氧自由基的含量。1,3-二苯基异苯并呋喃（DPBF）是一种常用的$^1O_2$检测剂，具有 458nm 的发射峰及 411nm 的特征吸收峰[29]。DPBF 的吸收峰远离近红外区，对$^1O_2$有很强的敏感性，在分光光度法中被广泛应用。DPBF 与$^1O_2$反应后，DPBF 浓度降低，位于 411nm 处的吸收峰逐渐减弱。分光光度计表征 DPBF 在 411nm 处吸收强度的变化，实现$^1O_2$的诊断。Wu 等[30] 以 DPBF 作为探针监测光活化盐酸巴马汀（PaH）的$^1O_2$生成情况。如图 2-7(a) 所示，DPBF 在 PaH 溶液（PaH＋DPBF）中的吸收强度随光活化时间的增加而显著降低。相比之下，在没有 PaH 的情况下，DPBF 的吸收强度变化可以忽略不计。Su 等[31] 同样采用 DPBF 检测聚多巴胺和姜黄素复合材料（PDA-Cur）的$^1O_2$生成性能。1μmol/L PDA-Cur 样品与 36μL 的 DPBF 溶液（5×10^{-3}mol/L）混合均匀，用紫外分光光度计测量不同光照射时间下混合物的吸收峰。如图 2-7(b) 所示，PDA-Cur 经光照后的吸光度下降趋势明显，表明溶液中的 DPBF 不断被消耗，证明了$^1O_2$的产生。尽管 DPBF 以其特异性和高灵敏性应用广泛，但 DPBF 对空气中的氧较为敏感，检测时易受空气环境影响而引入误差。同时，探针分子的光稳定性较差，见光易分解，致使其实际应用受到很大限制。

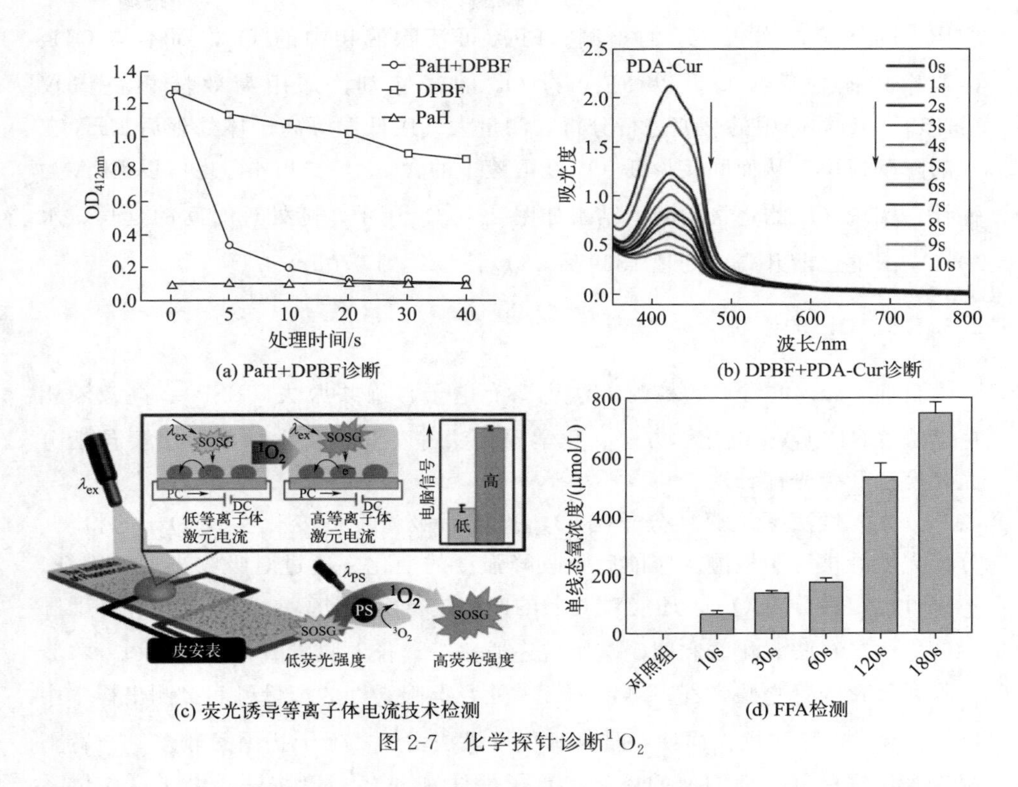

(a) PaH+DPBF诊断

(b) DPBF+PDA-Cur诊断

(c) 荧光诱导等离子体电流技术检测

(d) FFA检测

图 2-7　化学探针诊断$^1O_2$

与分光光度法不同，荧光光度法基于$^1O_2$ 和荧光探针分子反应前后发射光谱或者荧光寿命的变化实现$^1O_2$ 的诊断。该方法操作简单，检测快速，具有较高的检测灵敏度。该方法通过荧光的变化实现诊断，因此常与共聚焦显微镜等先进手段相结合，相较于分光光度法的应用范围更广。目前广泛应用的荧光检测剂为单线态氧绿色荧光探针（SOSG）。SOSG 由荧光素基团和蒽基两部分组成，具有良好的荧光性和检测特异性[32,33]。SOSG 与$^1O_2$ 反应生成 SOSG-EP，该过程中生成的荧光素基团在 504nm 的紫外线照射下，可发射出波长 525nm 的绿色荧光。基于荧光光度法，表征 SOSG 与反应前后绿色荧光强度的变化，可以实现$^1O_2$ 的诊断。基于以上方法，Rachael 等[34] 报道了一种用于表面$^1O_2$ 检测的荧光诱导等离子体电流技术，见图 2-7(c)。该方法利用荧光探针 SOSG 与$^1O_2$ 反应生成荧光物质，荧光物质进一步诱导银纳米颗粒薄膜生成等离子体电流，最终通过安培计检测电流以表征$^1O_2$ 含量。尽管 SOSG 对$^1O_2$ 具有较好的敏感性，但 SOSG 本身在激光辐照下也能产生$^1O_2$，从而引入误差，因此 SOSG 的检测精度较低。

除上述方法外，$^1O_2$ 特异性清除剂呋喃甲醇（FFA）与液相色谱仪的联合应用，同样可以实现$^1O_2$的检测。FFA 可清除液相中的$^1O_2$，而不与 OH、O_2^- 等其他物质反应。以 FFA 为$^1O_2$ 的清除剂，采用高效液相色谱仪（HPLC）对样品中的衰变进行分析，测量大气压低温等离子体处理后 FFA 在水的降解速率，从而间接诊断$^1O_2$ 在溶液中的含量[27]。此外，也可以 FFA 为探针，实现$^1O_2$ 的定量检测，结果如图 2-7(d) 所示，随处理时间的延长，水中$^1O_2$ 浓度逐渐升高。处理 180s 后，$^1O_2$ 浓度达到 670μmol/L[27]。

2.5.1.3 O_2^- 的诊断

目前，O_2^- 的常见的检测方法主要有电子自旋共振法（ESP）、高效液相色谱法（HPLC）、电化学方法、化学探针法等。其中化学探针法主要包括分光光度法和荧光探针法。

分光光度法基于探针分子与 O_2^- 反应后吸光度的变化实现 O_2^- 的检测。分光光度计被用于检测反应前后吸收峰强度的变化。通过对吸收光谱的表征，不仅可以定性分析 O_2^-，还能对 O_2^- 的产率进行定量计算。常用方法有肾上腺素氧化法、羟胺氧化法和四硝基甲烷还原法等。肾上腺素氧化法中，O_2^- 将肾上腺素氧化为肾上腺素红，测定 λ_{310nm} 处肾上腺素红的产量可间接测出样本中 O_2^- 的含量。该法操作简便，且灵敏度可设法增加，但干扰因素较多。与肾上腺素氧化法检测原理类似的还有没食子酸法和 6-羟多巴胺法，由于反应体系易受干扰或灵敏度不高，故较少应用。

基于羟胺氧化的 O_2^- 自由基诊断方法成熟较早，目前已商业化应用。在酸性条件下，O_2^- 与羟胺反应生成 NO_2^-，NO_2^- 在对氨基苯磺酸和萘胺的作用下反应生成粉红色的偶氮物质。以分光光度计测定 530nm 处的吸光度，在一定范围内颜色深浅与 O_2^- 成正比。配制标准 NO_2^- 浓度，绘制标准曲线。根据吸光度数值及 NO_2^- 和 O_2^- 在相关反应中的物质的量的关系，可算出样品中 O_2^- 的浓度。根据上述原理，Xiao 等[35] 建立了用分光光度法检测四甲基乙二胺体系产生的 O_2^- 的简便方法，该方法可检测到反应体系内约 1μmol/L 的 O_2^-。Qin 等[27] 采用羟胺氧化法对等离子体处理水中的 O_2^- 进行诊断。图 2-8(a) 展示了等离子体射流与 1mL 水相互作用后，O_2^- 含量随处理时间的变化关系。等离子体放电功率 10.89W，处理时间 0～180s。经处理后，水中 O_2^- 的浓度达到 360μmol/L。该方法操作简单，仪器普遍，适合实验室采用，但其灵敏度和专一性较差。

四硝基甲烷还原法是基于 O_2^- 还原性的检测方法。四硝基甲烷可被 O_2^-

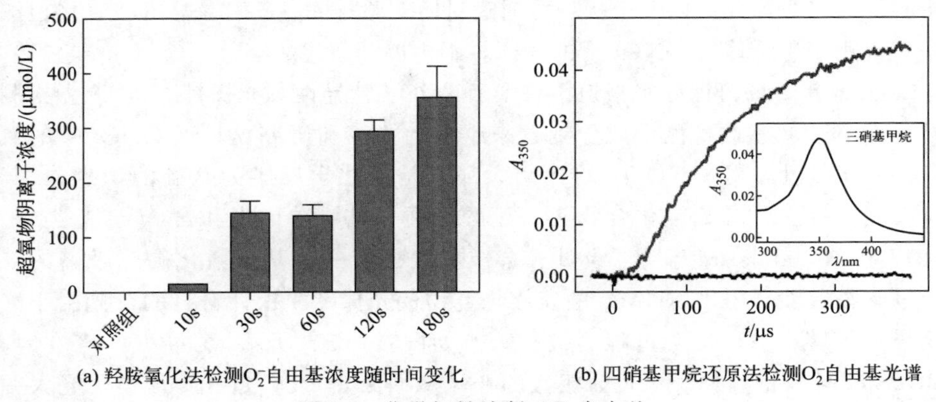

(a) 羟胺氧化法检测O_2^-自由基浓度随时间变化　(b) 四硝基甲烷还原法检测O_2^-自由基光谱

图 2-8　化学探针诊断 O_2^- 自由基

还原为三硝基甲烷和二氧化氮，三硝基甲烷在 λ_{350nm} 处呈现最大吸收，通过测定三硝基甲烷的产量可间接测定 O_2^- 的含量。Shao 等[36] 基于上述方法，对自由基生成剂 2,2′-偶氮烷二盐酸盐光解生成的 O_2^- 进行诊断。检测结果如图 2-8(b) 所示，在 1mmol/L 四硝基甲烷溶液中，λ_{350nm} 处检测到 O_2^- 自由基的存在，反应速率常数为 1.9×10^9L/(mol·s)。但是该方法灵敏度较低，很多有机自由基能还原四硝基甲烷，专一性也不高，而且四硝基甲烷毒性较大，因此该方法应用甚少。

2.5.1.4　$ONOO^-$ 的诊断

$ONOO^-$是一种高反应活性的物质，可以由一氧化氮（NO）和超氧阴离子自由基（O_2^-）在非酶催化作用下通过扩散反应产生［$k=(0.4\sim1.9)\times10^{10}$ L/(mol·s)］。等离子体与水相互作用时，H_2O_2 和 NO_2^- 的化学反应也可生成大量的 $ONOO^-$。目前 $ONOO^-$ 的检测方法主要有以下几种：分光光度法、电化学方法、化学发光法、电子自旋共振法及荧光探针法等。本节主要针对分光光度法和荧光探针法展开叙述。

分光光度法检测 $ONOO^-$ 主要指细胞色素 C 氧化法和 3-硝基酪氨酸直接检测法。前者的原理是 $ONOO^-$ 氧化细胞色素 C(Ⅱ) 生成细胞色素 C(Ⅲ)，因细胞色素 C(Ⅱ) 在波长 550nm 处有强烈的光吸收，而细胞色素 C(Ⅲ) 的强烈光吸收在 695nm 和 530nm，根据反应前后光谱信号的变化对 $ONOO^-$ 进行定量检测[37]。该方法具有反应速度快、氧化产率高、灵敏度高等优点。然而诊断中干扰因素较多：O_2^- 既可以还原细胞色素 C(Ⅲ)，又可以与 NO 反应生成额外的 $ONOO^-$ 而干扰测定结果；此外，还面临体系中 H_2O_2 和 NO 的干扰等。尽管如此，以上干扰均可通过对照实验排除。3-硝基酪氨酸直接检测法主要用于生物体内 $ONOO^-$ 的诊断，不再展开叙述。

2006 年，杨丹课题组报道了首个 $ONOO^-$ 特异性荧光探针[38]，荧光检测技术在 $ONOO^-$ 的检测领域受到越来越多的关注和研究。基于 $ONOO^-$ 的氧化性和亲核性，对 $ONOO^-$ 的检测大部分是以化学反应为基础的识别检测。其荧光探针主要有硫族化合物类、硼酸酯类、酰肼结构类和含 *N* 芳基类等。2017 年，Yudhistira 等[39] 设计、合成和表征了一种基于氟化硼二吡咯的二硫马来酰亚胺（BDP-NGM）的硫族化合物荧光探针。探针自身的荧光由于光诱导电子转移（PET）过程而被猝灭。如图 2-9(a) 所示，$ONOO^-$ 存在时，BDP-NGM 中的硫原子氧化为相应的亚砜从而阻止 PET 过程，使得荧光大幅增强。检测可在 10min 内完成，检出限为 100nmol/L。BDP-NGM 在酸性和碱性条件下均可用于 $ONOO^-$ 的检测。硼酸酯类的荧光探针在 2009 年被首次发现可以用于 $ONOO^-$ 的诊断[40]。2020 年，Jing 等[41] 设计并合成了一种硼酸酯类荧光探针 MBTBE。该探针能够在小于 1min 时间内 $ONOO^-$ 做出快速响应并具有较高的选择性。检测结果如图 2-9(b) 显示，探针溶液荧光增强的同时颜色由无色变为暗红色，检出限达到了 16nmol/L。$ONOO^-$ 不仅具有强氧化性，还具有强烈的亲核性能，$ONOO^-$ 能够与酰肼上的氮原子发生亲核反应，通过电子转移和水解作用，最终形成羧酸结构，从而改变荧光团的发光性能。2017 年，马会民等[42] 报道了一种基于酰肼胺结构的 $ONOO^-$ 荧光探针。如图 2-9(c) 所示，探针溶液本身无色透明且无荧光发射，加入 $ONOO^-$ 后，溶液变为粉红色且发出橙色荧光，该变化由螺内酰胺开环导致。探针检出限达到 55nmol/L 且不受其他物质的影响。2014 年，Yang 等[43] 报道了另一种响应机制（氧化 *N*-脱芳基）的荧光探针 HKGreen-4。对位为酚羟基取代时的探针对 $ONOO^-$ 具有高度选择性的荧光增强效应。富电子的酚羟基促进了 PET 荧光猝灭，而 $ONOO^-$ 将 N 氧化为亚胺离子，随后水解导致苯醌和氨基荧光团的生成，从而导致荧光信号增强。

除上述探针外，使用基于 O_{58} 红色荧光探针的 $ONOO^-$ 检测试剂盒也可诊断等离子体处理后的水溶液中的 $ONOO^-$。$ONOO^-$ 存在时，O_{58} 可被氧化为红色荧光物质，在 516nm 的紫外线照射下，发射出 606nm 的荧光，且荧光强度与液体样本中 $ONOO^-$ 的含量成正比。通过检测 O_{58} 产物的荧光强度，可获得 $ONOO^-$ 的相对浓度。但该方法无法配制产物的标准溶液，只能获得 $ONOO^-$ 的相对浓度值。图 2-9(d) 展示了等离子体射流与 1mL 水相互作用后，处理时间与 $ONOO^-$ 含量的变化关系[27]。随处理时间的延长，$ONOO^-$ 浓度逐渐升高。

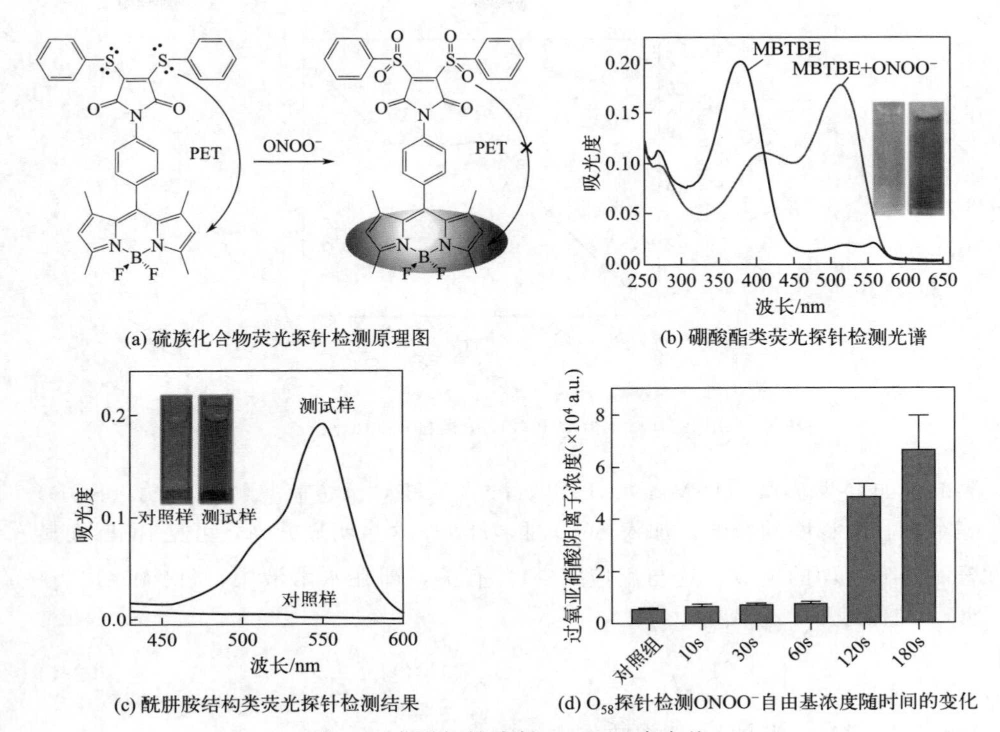

(a) 硫族化合物荧光探针检测原理图　(b) 硼酸酯类荧光探针检测光谱

(c) 酰肼胺结构类荧光探针检测结果　(d) O_{58}探针检测$ONOO^-$自由基浓度随时间的变化

图 2-9　化学探针诊断 $ONOO^-$ 自由基

2.5.1.5　H_2O_2 的诊断

H_2O_2 是等离子体与水的复合反应中产生的长寿命物种之一。在液体表面放电产生的·OH 粒子扩散到液体中，·OH 粒子通过如式（2-3）所示的衰变过程，转化为 H_2O_2。这是等离子体处理过程中，H_2O_2 形成的主要途径。

$$2\cdot OH \xrightarrow{M} H_2O_2 \tag{2-3}$$

H_2O_2 的诊断技术相较于短寿命物质更加成熟，商业检测试剂盒种类繁多。如，利用 H_2O_2 的氧化作用，将加入的 Fe^{2+} 氧化为 Fe^{3+}，Fe^{3+} 进一步与加入的二甲酚橙在特定溶液下生成紫色产物，进而实现 H_2O_2 的检测。

Li 等[28] 利用过氧化氢试剂盒检测 5mL 水经等离子体射流处理后 H_2O_2 的含量。放电功率 10.89W，处理时间 1～5min。将试纸浸入样品中 2s，然后抖掉试纸上的多余样品，反应 15s 后与标准色卡进行比较，进行 H_2O_2 的半定量检测。如图 2-10 所示，H_2O_2 的浓度随处理时间延长逐渐升高，处理时间为 5min 时，H_2O_2 浓度达到 15mg/L。在该研究中，还探究了其他探针/猝

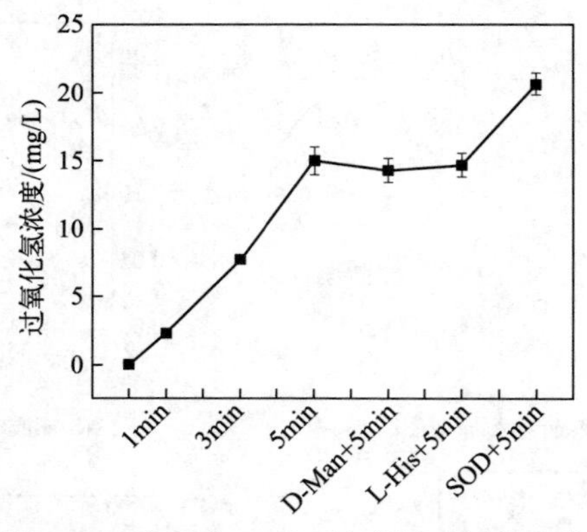

图 2-10 液相中 H_2O_2 浓度随时间的变化

灭剂，如 D-甘露醇（D-Man）、L-组氨酸（L-His）、超氧化物歧化酶（SOD）等对 H_2O_2 诊断的影响。加入 SOD 时，H_2O_2 含量明显升高，可见 SOD 能显著促进 H_2O_2 的生成，这与反应（2-4）有关，即在水溶液中，H^+ 和 O_2^- 在 SOD 的促进下，生成 H_2O_2。

$$2H^+ + 2O_2^- \xrightarrow{\text{SOD}} O_2 + H_2O_2 \tag{2-4}$$

2.5.1.6 NO_2^- 和 NO_3^- 的诊断

NO_2^- 和 NO_3^- 为等离子体与水的复合反应中产生的长寿命物种，其检测方法已较为成熟，大多采用格里斯试剂（Griess reagent）进行诊断。基于 Griess reagent 方法，NO_2^- 与试剂盒中的显色剂反应，生成红色偶氮物质。该物质在 540nm 处具有最大的吸收峰，通过配制标准溶液可获得 NO_2^- 的精确浓度值。NO_3^- 的诊断同样基于 Griess reagent，但与 NO_2^- 稍有差别。首先，需采用硝酸盐还原酶将 NO_3^- 还原为 NO_2^-，通过试剂盒检测获得待测溶液中 NO_2^- 和 NO_3^- 的总浓度。随后，减去初始样本溶液中 NO_2^- 的浓度，最终得到 NO_3^- 的浓度。

2.5.1.7 O_3 的测定

气相中 O_3 的浓度可以用臭氧检测仪器来测定。液相中臭氧的测定可采用靛蓝三磺酸钾分光光度法，其中，利用分光光度计检测吸光度，紫外线检测波长为 600nm。液相中臭氧浓度计算公式如下：

$$[O_3] = \frac{\Delta A \times V}{20 \times b \times V_x} \tag{2-5}$$

式中　ΔA——样品吸光度－空白吸光度；

b——比色皿光路行程长度，cm；

V_x——样品体积，mL；

V——定容体积，mL；

$[O_3]$——臭氧质量浓度，mg/L。

前期实验研究表明，当采用沿面流光放电时，水中 O_3 浓度随着放电时间的增大而呈现先增后降的趋势，当放电 20～40min 之间时达到最大值，继续延长放电时间，水中 O_3 的浓度逐渐降低。这可能是因为水中放电产生的 O_3 在达到一定浓度以后分解的速率加快，使得水中残留的 O_3 浓度稳定在一定水平。在不同放电频率下，水中 O_3 浓度随放电时间延长而先升后降，在放电 30min 后水中 O_3 浓度达到最高值，随后逐步降低至一定数值。相同放电时间时，水中 O_3 的浓度随脉冲频率的升高而增大。以氧气作为曝气气源放电生成的 O_3 浓度大幅高于以其他气体作为气源时的 O_3 浓度。酸碱环境对水中介质阻挡放电生成 O_3 的浓度有较大影响，水中 O_3 浓度随 pH 升高而增大，相同放电条件下碱性和中性环境中生成的 O_3 浓度明显高于酸性环境。

2.5.2　电子自旋共振法

电子自旋共振（electron spin resonance，ESR），也称电子顺磁共振（electron paramagnetic resonance，EPR），是检测自由基最直接最有效的方式。随着自旋标记技术和自旋捕获技术的发展，ESR 技术已在生物、医学、环境、化工等多个领域广泛应用。ESR 是检测不成对电子的一种物理方法，是从不成对电子的磁矩发源的一种磁共振波谱学。具有未偶电子的物质在静磁场作用下，吸收电磁波的能量而完成电子在能级间的跃迁，进而实现对顺磁性物质的检测和分析[44]。

当测试样品含有未成对电子时，电子的自旋运动会产生自旋磁矩。施加外磁场后，样品会产生顺磁性。在外磁场 H 中，电子自旋有两种状态：

$$M_s = \pm 1/2 \tag{2-6}$$

进而有两种能量状态：

$$E_\alpha = 1/2 g\beta H \tag{2-7}$$

$$E_\beta = -1/2 g\beta H \tag{2-8}$$

当 $H=0$ 时，两种自旋电子能量相同，即

$$E_\alpha = E_\beta = 0 \tag{2-9}$$

当 $H \neq 0$ 时，能级分裂，产生能级差：

$$\Delta E=E_{\alpha}-E_{\beta}=1/2g\beta H-(-1/2g\beta H)=g\beta H \tag{2-10}$$

式中，g 称为 g 因子，是无量纲数；β 为玻尔磁子；H 为磁场强度。

进一步将频率为 ν 的电磁波沿垂直方向施加在外磁场上，当满足：

$$\Delta E=h\nu=g\beta H \tag{2-11}$$

低能级的电子吸收电磁波能量跃迁到高能级中，产生顺磁共振现象。其中，h 为普朗克常数；ν 为电磁波频率。信号处理后可得 ESR 分裂谱线，由分析谱线特征可分辨自由基种类。

自由基高活泼性和寿命短的特性，使其分离或检测极为困难。在 ESR 技术中，自旋捕获剂可与目标自由基反应形成长寿命加合物，且该加合物仍具有未配对的电子。通过自旋共振检测加合物的自旋共振波谱，实现自由基的间接检测。同种自旋捕获剂通常可对多种自由基进行捕获。如 5,5-二甲基-1-吡咯啉-*N*-氧化物（DMPO）是 ESR 技术中常用的一种自旋捕获剂，可以捕获氧、氮和碳中心的自由基，常用来检测生物体或水体中的 · OH、O_2^- 等自由基[45]，同时还可捕获烷基、烃氧自由基，反应生成的不同加合物具有不同的自旋共振波谱。随着捕获技术的发展，DMPO 的类似物 5-(2,2-二甲基-1,3-丙氧基环磷酰基)-5-甲基-1-吡咯烷-*N*-氧化物（CYPMPO）被设计合成。与 DMPO 相比，该捕获剂不仅细胞毒性低，而且具有更长的加合物半衰期。此外，苯基叔丁基氮氧化合物（PBN）、2-甲基-2-亚硝基丙烷（MNP）、2,2,6,6-四甲基哌啶氧化物（TEMPO）等也是常用的捕获剂[45]。不同捕捉剂的相关特性总结见表 2-2。

表 2-2　自旋捕获剂及其特性[46,47]

自旋捕获剂	优点	缺点
DMPO	对自由基结构敏感，特征谱线易识别，可有效检测 · OH、O_2^- 等自由基	自旋加合物不稳定，储存期间易产生杂质
MNP	加合物的波谱含有被捕自由基的超精细分裂，易于鉴别被捕自由基	自身易光解为氮氧自由基，影响检测结果
PBN	作为固体捕获剂性质稳定，不易受环境影响，可对多种自由基进行检测	从波谱中难以得到自由基结构信息
TEMPO	稳定性非常好、产率高，可实现对过氧自由基、烷基等多种自由基的检测	有毒，具有腐蚀性

ESR 技术可实现对多种自由基的定性定量检测，且具有高灵敏性和精确性，但 ESR 信号易受共存离子和溶剂的影响，对自由基定量检测引入误差[48]，且 ESR 检测设备价格昂贵，操作较为复杂，目前相关研究较少。

潘正铖等采用电子顺磁共振波谱仪对等离子体处理后碳纤维表面的 · OH

进行检测[49]。以 DMPO 为自旋捕获剂，将碳纤维剪碎浸泡于 100mmol/L 的 DMPO 水溶液中。摇匀后吸取少量液体于毛细管中，真空脂封住一端。之后，将毛细管置于仪器谐振腔的核磁管中进行测试。测试参数：中心场 3500 G，扫描宽度 200 G，扫描时间 40s，功率 6.325mW，微波频率 9.6GHz，调制频率 100kHz。依据谱图中的超精细图谱，确定·OH 的产生。检测结果如图 2-11 所示，在碳纤维和等离子体处理后的碳纤维谱图中出现比值为 1∶2∶2∶1 的超精细谱图，该谱图对应的正是·OH。

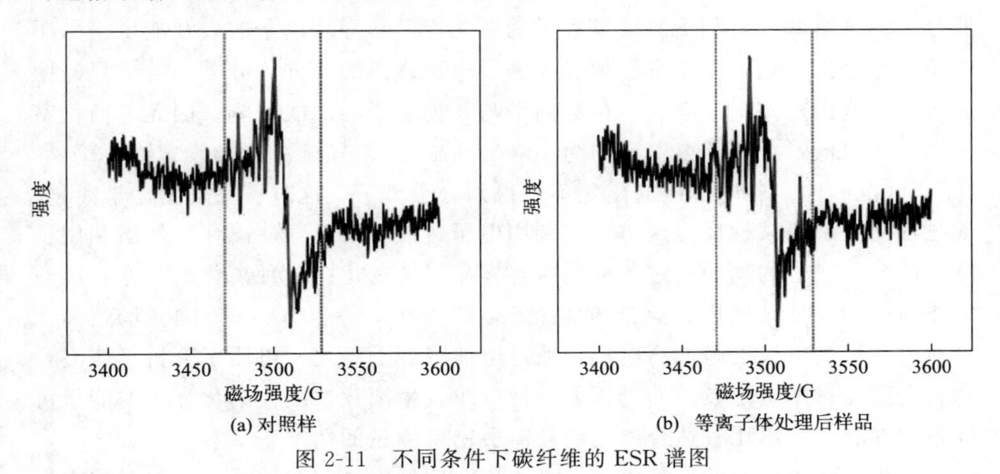

图 2-11　不同条件下碳纤维的 ESR 谱图

2.6 质谱诊断

质谱法可以直接测定等离子体中的气体种类，特别是各种离子。通常用差压排气的方法将等离子体导入质谱仪中进行质量分析，能够对等离子体中的基团进行鉴定，还能与能量分析仪组合测定能量[49]。等离子体质谱诊断主要用于等离子体重粒子的诊断，可以定性和定量分析原子、分子、基团和离子，确定这些物质的性质、浓度和能量，是等离子薄膜沉积、刻蚀和表面处理等加工工艺控制的重要手段。

用质谱分析法可将等离子体中生成的中性及离子活性基团从等离子体容器侧壁的取样口取出进行测定。此法的优点是对不发光的活性基团或复杂的活性基团都能进行测定，对离子生成物也有可能定量测定。缺点是装置大、对等离子体内部开展局部活性基团的测定比较困难、等离子体容器侧壁的小开口会干扰等离子体的稳定。对中性活性基团必须使之离子化才可测定，但离子化系数几乎都是未知的，或者离子化有可能引起解离，定量测定一般很困难[50]。

质谱诊断的基本原理是在离子源中将原子或分子离化而产生离子，在质量分析系统将离子进行分离，然后利用离子探测器和能量分析器得到离子种类、浓度和离子能量。因此，质谱分析的关键是样品的离化和离子的分离[51]。原子和分子的离化标准方法为电子碰撞。在某些特殊应用中，还可以采用化学离化、场致离化和光离化。电子碰撞离化是形成离子的常用方法，即通过电离反应和复合反应产生离子，通过电子碰撞分子会产生母离子和碎片离子。电子碰撞离化的优点是可以控制离化电子的能量，采用 20～30eV 的电子能量可以降低分子的分解率，有利于测量母离子的离化能量和碎片离子的表观能量。采用电子能量碰撞离化，离化室必须确保满足单次碰撞的条件：分子与电子只碰撞一次，不能出现多次过程；不包含离子与其他粒子的二次反应。因此，离化室工作气压较低，在电子束密度约为 $10\mu A/mm^2$ 时，气压一般要设定在 10^{-5}～10^{-3}Pa 范围内。若电子碰撞离化不易得到分子离子，这时需要采用化学离化，该过程需要引入某种反应气体，先利用电子碰撞将反应气体离化，然后利用反应气体离化产生的离子通过各种反应将样品气体离化。这种离化的工作气压通常在 30～100Pa 范围内，混合的样品气体浓度在 10～10^4ppm 范围。场致离化是通过在针尖电极上施加高电场，通过电能将分子离化，可用于分析气体混合物。光离化采用特定波长的光辐射，使分子发生离化。因为离化光子的能量可以精确控制，所以比较适合离化能量需要精确测量的情况。

在离子源中产生的各种离子，必须用合适的方法将它们分开，然后依次送到离子检测器和能量分析器进行检测。离子的分离在质量分析器中完成，主要根据离子的质荷比 m/e（质量/有效电荷数）区分并排列成谱。质量分析器有静态型和动态型两种。静态质量分析器主要是磁偏转质量分析器。离子进入分析器的磁场后，受到洛伦兹力的作用而做圆周运动，不同质荷比的离子其运动半径不同，因而可实现分离。动态型质量分析器包括飞行时间谱仪、回旋质谱仪、射频质谱仪和四极杆质谱仪。在动态系统中，可以通过随时间变化的电磁场或者离子的漂流运动来实现离子的分离。

经过质量分析器的离子需要适当的探测器进行收集，质谱仪中使用的离子探测器主要有法拉第筒、电子倍增器和光电倍增管。对于离子探测器的选择与应用取决于探测极限气压和响应时间这两个因素。等离子体的质谱分析主要分为通量分析和分压分析。通量分析可以测定系统中离子和基团的动能、浓度；分压分析可以测定系统中中性成分或者离子成分的相对浓度[52]。

2.6.1 常用的质谱仪

目前常用的质谱仪主要有磁偏转质量分析器、飞行时间谱仪和四极杆质谱仪。磁偏转质量分析器是通过洛伦兹力的作用来分离离子；飞行时间谱仪是通过不同质量离子的漂移速度差异来分离离子；四极杆质谱仪根据离子的质荷比 m/e 来分离离子[53]。

在低温等离子体诊断中，四极杆质谱仪是最常用的质谱仪。四极杆质谱仪由离子源、四极杆质量分析器、离子探测器组成。其离子源采用电子碰撞离化，灯丝被加热产生电子束，在直流电压阳极的作用下，电子束被加速与中性粒子碰撞形成离子。离子被处于负电势的引出电极引出，并被聚焦电极聚焦形成窄束，沿着四极杆平行方向射入四极杆质量分析器。离子经过四极杆质量分析器后被分离，之后进入离子探测器，离子探测器采用法拉第筒或电子倍增器，法拉第筒是最常用的探测器，对于微弱信号，需要用电子倍增器。四极杆质谱仪中离子质量的分离与离子束能量分布无关，且灵敏度高、能量快速扫描、尺寸小、易安装、费用低，真空度较高（10^{-4}～10^{-3}Pa），分辨率最高可达 2500 amu（1 amu=1 Da），但该技术不是总能满足对等离子体无干扰的要求，同时需要设计差压系统降低质谱计中的气压，以维持无碰撞的条件，保持取样的真实性[54]。

飞行时间质谱仪（Time of Flight Mass Spectrometer，TOFMS）的工作原理基于不同质量的离子在电场中飞行速度的差异。离子源产生的离子被加速后进入一个无场漂移管，以恒定速度飞向离子接收器。离子质量越大，到达接收器所需的时间越长；反之，离子质量越小，到达接收器所需的时间越短。这一原理使得可以根据 m/z 值（质量/离子荷电量）分离不同质量的离子。飞行时间质谱仪的主要部件是离子漂移管，在这种质谱仪中，离子源为脉冲源。目前，飞行时间质谱仪的分辨率可达 20000 amu 以上，具有扫描速度快、离子利用率高、没有时间失真以及机械结构简单等特点，但是其电子线路较为复杂。磁偏转质量分析器通过磁场和电场的结合可以将分辨率提升到 10^5amu 或更高，但是质谱仪的尺寸和质量都较大，而且扫描速度慢，操作、调整比较困难，仪器造价也比较昂贵。

2.6.2　低温等离子体质谱诊断的应用

对于等离子体中的中性大质量分子基团，质谱分析是重要的低温等离子体诊断手段。此外，质谱分析还可以用来研究等离子体中的化学反应及其动力学过程，研究等离子体与表面的相互作用，根据测量结果可以计算反应速率常数。用等离子体质谱测定特定基团信号的剧烈变化，可以作为等离子体刻蚀的终点探测工具。

张海燕使用四极杆质谱仪分析了十甲基环五硅氧烷（DMCPS）的电子回

旋共振（electron cyclotron resonance，ECR）等离子体放电中的电子碰撞机理[55,56]，通过分析 DMCPS/Ar 和 DMCPS 质谱图对其中的反应路径进行了详细分析，其中 DMCPS/Ar 和 DMCPS 质谱图如图 2-12 所示，解离的碎片离子见表 2-3。根据马库斯电子转移理论和链结构有机硅分子的离化机理，对 DMCPS 分子的分解过程进行了详细的推导。

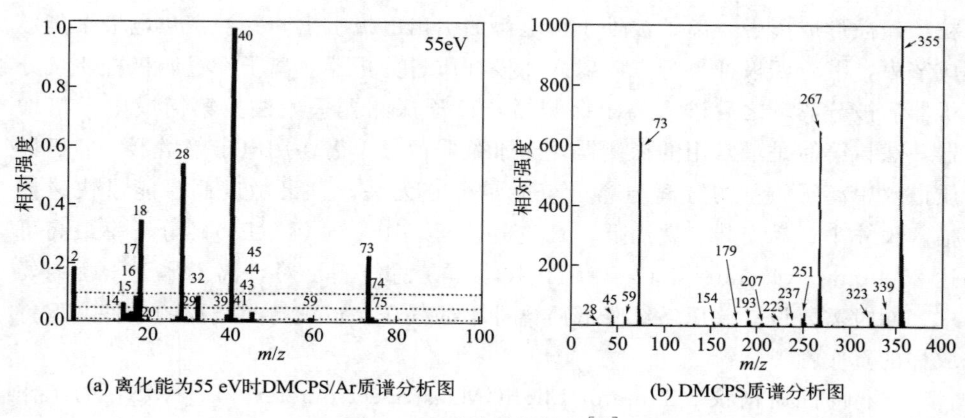

(a) 离化能为55 eV时DMCPS/Ar质谱分析图　　(b) DMCPS质谱分析图

图 2-12　质谱分析结果[56]

表 2-3　离化能为 55eV 时质谱仪检测到的解离碎片离子[56]

m/z	离子	相对强度/%	m/z	离子	相对强度/%
2	H_2^+	18.7	39	$C_3H_3^+$	2.6
12	C^+	0.5	40	Ar^+	100.0
13	CH^+	0.4	41	$SiCH^+$	1.4
14	CH_2^+	6.4	43	$SiCH_3^+$	0.9
15	CH_3^+	2.8	44	SiO^+	1.0
16	O^+	3.4	45	$SiOH^+$	3.4
17	OH^+	8.8	59	$SiOCH_3^+$	1.4
18	H_2O^+	34.8	72	$SiOC_2H_4^+$	0.4
19	H_3O^+	0.6	73	$SiOC_2H_5^+$	22.6
20	Ar^{2+}	0.8	74	$SiOC_2H_6^+$	1.8
28	$Si/C_2H_4^+$	53.9	75	$SiO_2CH_3^+$	0.8
29	$SiH^+/C_2H_5^+$	1.8	89	$SiO_2C_2H_5^+$	0.2
32	O_2^+	9.0			

Aumaille 等人[57] 研究了低气压螺旋波 O_2/TEOS 和 Ar/TEOS 等离子体中正离子的产生过程。图 2-13 为 O_2/TEOS 和 Ar/TEOS 螺旋波等离子体放电的离子质谱，不同碎片离子的相对含量如表 2-4 所示。Ar/TEOS 离子体中产生的离子碎片质量数达到 343 amu，而 O_2/TEOS 等离子体中，产生的离子碎片质量数达到 209 amu，说明 Ar/TEOS 等离子体中的离子碎片多于 O_2/TEOS 等离子体。与 O_2/TEOS 等离子体比较，Ar/TEOS 等离子体中的 TEOS 母离子与 TEOS 中性分子之间的离子-分子反应速率，对离子碎片的产生有重要的影响。在质谱检测中，大气压等离子体诊断是难点，通常等离子体在进入质谱仪的过程中，活性粒子就发生复合，使得检测结果不准确，大气压等离子体质谱诊断的实现是未来该领域重要的发展方向之一。

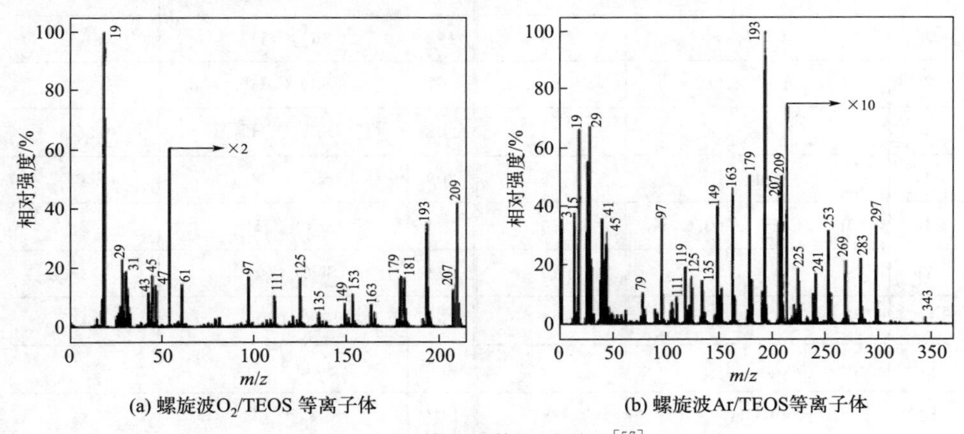

图 2-13　等离子体的质谱图[57]

表 2-4　O_2/TEOS (a) 和 Ar/TEOS (b) 螺旋波等离子体的碎片离子的相对含量[57]

m/z	离子	相对强度/%	m/z	离子	相对强度/%
(a)					
19	H_3O^+	100	135	$SiO_3C_4H_{11}^+$	25
29	$C_2H_5^+$/CHO^+	23	149	$SiO_3C_5H_{13}^+$	4
31	CH_3O^+	19	153	$SiO_5C_3H_9^+$	5.5
32	O_2^+	10	163	$SiO_3C_6H_{15}^+$	4
43	$C_2H_3O^+$	11	179	$SiO_4C_6H_{15}^+$	8.5
45	$SiOH^+$/$C_2H_5O^+$/CO_2H^+	17	181	$SiO_5C_5H_{13}^+$	8.5
47	$SiOH_3^+$	15	193	$SiO_4C_7H_{17}^+$	17.5

续表

m/z	离子	相对强度/%	m/z	离子	相对强度/%
61	$SiOCH_5^+/SiO_2H^+$	7	207	$SiO_4C_8H_{19}^+$	6
97	$SiO_4H_5^+$	8.5	208	$SiO_4C_8H_{20}^+$	4
111	$SiO_4CH_7^+$	5	209	$SiO_4C_8H_{21}^+$	21
125	$SiO_5CH_5^+$	8			

(b)

m/z	离子	相对强度/%	m/z	离子	相对强度/%
3	H_3^+	35	149	$SiO_3C_5H_{13}^+$	41
15	CH_3^+	37	163	$SiO_3C_6H_{15}^+$	47
19	H_3O^+	66	179	$SiO_4C_6H_{15}^+$	51
27	$C_2H_3^+$	53	193	$SiO_4C_7H_{17}^+$	100
29	$C_2H_5^+/CHO^+$	67	207	$SiO_4C_8H_{19}^+$	43
40	Ar^+	18	208	$SiO_4C_8H_{20}^+$	26
41	ArH^+	36	209	$SiO_4C_8H_{21}^+$	50
45	$SiOH^+/C_2H_5O^+/CO_2H^+$	30	225	$Si_2O_5C_6H_{17}^+$	2
79	$SiO_3H_3^+$	10	241	$Si_2O_6C_6H_{17}^+$	2
97	$SiO_4H_5^+$	35	253	$Si_2O_5C_8H_{21}^+$	4
119	$SiO_2C_4H_{11}^+$	19	269	$Si_2O_6C_8H_{21}^+$	2
125	$SiO_5CH_5^+$	16	297	$Si_2O_6C_{10}H_{25}^+$	4
135	$SiO_3C_4H_{11}^+$	14	343	$Si_2O_7C_{12}H_{31}^+$	0.2

参考文献

[1] Venugopalan M. Reactions under plasma conditions [M]. New York: John Wiley &Sons, 1971.

[2] Richard H T. Spectroscopic gas temperature measurement; Pyrometry of hot gases and plasma [M]. Amsterdam: Elsevier, 1966.

[3] 奥切洛，弗拉姆. 等离子体-材料相互作用等离子体诊断：第1卷 放电参量和化学 [M]. 郑少白，译. 北京：电子工业出版社，1994.

[4] Pruvis C K, Garrett H B, Whittlesey A C, et al. Design Guidelines for Assessing and Controlling Spacecraft Charging Effect [R]. 1984.

[5] 陆云松．低温等离子体朗缪探针诊断电路研究［D］．沈阳：东北大学，2008.

[6] 邢海龙．等离子体诊断及辐照改性 TiAl 合金［D］．绵阳：西南科技大学，2020.

[7] 吴莹，白顺波，王俊彦，等．利用微波诊断等离子体的方法［J］．光电子技术，2007，27（1）：49-54,72.

[8] 刘晓东，郑晓泉，张要强，等．低温等离子体的诊断方法［J］．绝缘材料，2006，39（2）：43-46.

[9] Hanson G R, Wilgen J B, Bigelow T S, et al. A swept two frequency microwave reflectometer for edge density profile measurements on TFTR［J］. Review of Scientific Instruments, 1992, 63（10）: 4658-4660.

[10] Kuo S P, Bivolaru D, Lester Orlick. A magnetized torch module for plasma generation and plasma diagnostic with microwave［C］//41st Aerospace Sciences Meeting and Exhibit. Nevada: [s. n.], 2003: 135.

[11] Dzierżęga K, Mendys A, Pellerin S, et al. Thomson scattering from laser induced plasma in air［J］. J Phys: Conference Series, 2010, 227（1）: 012029.

[12] 刘文耀．双频容性耦合碳氟等离子体的光学诊断研究［D］．大连：大连理工大学，2015.

[13] Henchen R J, Sherlock M, Rozmus W, et al. Observation of nonlocal heat flux using thomson scattering［J］. Physical Review Letters, 2018, 121（12）: 125001.

[14] 鲍利华，张继彦，赵阳，等．激光汤姆逊散射技术诊断辐射加热 Fe/Al 等离子体状态［J］．强激光与粒子束，2015，27（3）：170-173.

[15] 刘忠伟，陈强，王正铎，等．大气压射流等离子体中 O 及 OH 自由基的发射光谱在线诊断［J］．强激光与粒子束，2010，22（10）：2461-2464.

[16] 谢维亚．光谱解析低温等离子体中 O_2、N_2、CO_2 的活性中间体及其环境化学行为［D］．上海：上海交通大学，2008.

[17] Tristant P, Ding Z, TrangVinh Q B, et al. Microwave plasma enhanced CVD of aluminum oxide films: OES diagnostics and influence of the RF bias［J］. Thin Solid Films, 2001, 390（1）: 51-58.

[18] Joshi A A, Locke B R, Arce P, et al. Formation of hydroxyl radicals, hydrogen peroxide and aqueous electrons by pulsed streamer corona discharge in aqueous solution［J］. Journal of Hazardous Materials, 1995, 41（1）: 3-30.

[19] Sun B, Sato M, Clements J S. Optical study of active species produced by a pulsed streamer corona discharge in water［J］. Journal of Electrostatics, 1997, 39（3）: 189-202.

[20] Nomura S, Mukasa S, Toyota H, et al. Characteristics of in-liquid plasma in water under higher pressure than atmospheric pressure［J］. Plasma Sources Science and Technology, 2011, 20（3）: 034012.

[21] Mukasa S, Nomura S, Toyota H. Temperature distributions of radio-frequency plasma in water by spectroscopic analysis［J］. Journal of Applied Physics, 2009, 106（11）: 113302.

[22] 陆泉芳，李娟龙，俞洁，等．液下阴极放电等离子体的发射光谱诊断［J］．分析科学学报，2022，38（2）：147-153.

[23] 龚发萍，高丽红，周永丽，等．二极管激光吸收光谱法对低气压介质阻挡放电等离子体中氩的亚稳态的诊断［J］．光谱学与光谱分析，2017，37（2）：379-386.

[24] 于潇．大气压沿面放电等离子体 O_3 和 NO_3 吸收光谱诊断研究［D］．大连：大连理工大学，2020.

[25] Li S，Timoshkin I V，Maclean M，et al. Fluorescence detection of hydroxyl radicals in water produced by atmospheric pulsed discharges [J]. IEEE Transactions on Dielectrics and Electrical Insulation，2015，22（4）：1856-1865.

[26] Si F，Zhang X，Yan K. The quantitative detection of HO generated in ahigh temperature H_2O_2 bleaching system with anovel fluorescent probe benzenepentacarboxylic acid [J]. RSC Advances，2014，4：5860-5866.

[27] Qin H，Qiu H，He S，et al. Efficient disinfection of SARS-CoV-2-like coronavirus，pseudotyped SARS-CoV-2 and other coronaviruses using cold plasma induces spike protein damage [J]. Journal of Hazardous Materials，2022，430：128414.

[28] Li Z，Liu C，Yu C，et al. A highly selective and sensitive red-emitting fluorescent probe for visualization of endogenous peroxynitrite in living cells and zebrafish [J]. Analyst，2019，144（10）：3442-3449.

[29] Zhang X F，Li X. The photostability and fluorescence properties of diphenylisobenzofuran [J]. Journal of Luminescence，2011，131（11）：2263-2266.

[30] Wu J，Xiao Q，Zhang N，et al. Photodynamic action of palmatine hydrochloride on colon adenocarcinoma HT-29 cells [J]. Photodiagnosis and Photodynamic Therapy，2016，15：53-58.

[31] Su R，Yan H，Li P，et al. Photo-enhanced antibacterial activity of polydopamine-curcumin nanocomposites with excellent photodynamic and photothermal abilities [J]. Photodiagnosis and Photodynamic Therapy，2021，35：102417.

[32] Yuan Y，Zhang C J，u S，et al. A self-reporting AIE probe with a built-in singletoxygen sensor for targeted photodynamic ablation of cancer cells [J]. Chemical Science，2016，7（3）：1862-1866.

[33] Shen Y，Lin H，Huang Z，et al. Kinetic analysis of singlet oxygen generation in a living cell using Singlet Oxygen Sensor Green [C] //Optics in Health Care and Biomedical Optics Ⅳ. SPIE，2010，7845：278-283.

[34] Knoblauch R，Moskowitz J，Hawkins E，et al. Fluorophore-induced plasmonic current：generation-based detection of singlet oxygen [J]. ACS Sensors，2020，5（4）：1223-1229.

[35] Xiao H H，He W J，Fu W Q，et al. A spectrophotometer method testing oxygen radicals [J]. Progress in Biochemistry and Biophysics，1999，26（2）：180-182.

[36] Shao J，Geacintov N E，Shafirovich V. Oxidative modification of guanine bases initiated by oxyl-radicals derived from photolysis of azo compounds [J]. The Journal of Physical Chemistry B，2010，114：6685-6692.

[37] Thomson L，Trujillo M，Telleri R，et al. Kinetics of cytochrome C^{2+} oxidation by peroxynit rite：implications for superoxide measurements in nitric nxide producing biological systems [J].

Archives Biochemistry and Biophysics, 1995, 319: 491-497.

[38] Yang D, Wang H L, Sun Z N, et al. A highly selective fluorescent probe for the detection and imaging of peroxynitrite in living cells [J]. Journal of the American Chemical Society, 2006, 128 (18): 6004-6005.

[39] Yudhistira T, Mulay S V, Churchill D G, et al. Thiomaleimide functionalization for selective biological fluorescence detection of peroxynitrite as tested in heLa and RAW 264.7 cells [J]. Chemistry-An Asian Journal, 2017, 12 (15): 1927-1934.

[40] Sikora A, Zielonka J, Kalyanaraman B, et al. Direct oxidation of boronates by peroxynitrite: mechanism and implications in fluorescence imaging of peroxynitrite [J]. Free Radical Biology and Medicine, 2009, 47 (10): 1401-1407.

[41] Shu W, Wu Y L, Jing J, et al. A mitochondria-targeting highly specific fluorescent probe for fast sensing of endogenous peroxynitrite in living cells [J]. Sensors and Actuators B: Chemical, 2020, 303: 127284.

[42] Li H Y, Li X H, Ma H M, et al. Observation of the generation of $ONOO^-$ in mitochondria under various stimuli with a sensitive fluorescence probe [J]. Analytical Chemistry, 2017, 89 (10): 5519-5525.

[43] Peng T, Wong N K, Yang D, et al. Molecular imaging of peroxynitrite with HKGreen-4 in live cells and tissues [J]. Journal of the American Chemical Society, 2014, 136 (33): 11728-11734.

[44] 石硕，郝京诚，鲁润华，等．电子自旋共振及其在表面活性剂溶液研究中的应用——（一）电子自旋共振的原理和自旋标记法 [J]．日用化学工业，1997，1: 53-56.

[45] Tresp H, Hammer M U, Winter J, et al. Quantitative detection of plasma-generated radicals in liquids by electron paramagnetic resonance spectroscopy [J]. Journal of Physics D: Applied Physics, 2013, 46: 435401.

[46] 井强山，王帅．自由基的捕获与检测 [J]．许昌师专学报，2000，19 (2): 31-33.

[47] 刘扬，杜立波．中国自由基捕获技术发展 30 年 [J]．波谱学杂志，2010，27 (1): 39-50.

[48] Nardi, G, Manet I, Monti S, et al. Scope and limitations of the TEMPO/EPR method for singlet oxygen detection: the misleading role of electrontransfer [J]. Free Radical Biology and Medicine, 2014, 77: 64-70.

[49] 潘正铖．等离子体接枝双马来酰亚胺对碳纤维表面性能的影响研究 [D]．北京：北京化工大学，2022.

[50] 陈杰瑢．低温等离子体化学及其应用 [M]．北京：科学出版社，2001.

[51] 叶超．低温等离子体诊断原理与技术 [M]．北京：科学出版社，2021.

[52] 刘成园．超声雾化萃取/光电离质谱方法学及应用研究 [D]．合肥：中国科学技术大学，2018.

[53] 刘吉星．等离子体射流辅助离子化源的研制及其与飞行时间质谱仪的联用研究 [D]．上海：上海大学，2015.

[54] 叶超，宁兆元，江美福，等．低气压低温等离子体诊断原理与技术 [M]．北京：科学出版社，

2010.

[55] 张海燕．氟掺杂 SiCOH 薄膜沉积的等离子体化学特性研究 [D]．苏州:苏州大学，2008.

[56] Ye C，Zhang H，Ning Z. Effect of decamethylcyclopentasiloxane and trifluoromethane electron cyclotron resonance plasmas on F-SiCOH low dielectric constant film deposition [J]．Journal of Applied Physics，2009，106：013302.

[57] Aumaille K，Granier A，Grolleau B，et al. Mass spectrometric investigation of the positive ions formed in low-pressure oxygen/tetraethoxysilane and argon/tetraethoxysilane plasmas [J]．Journal of Applied Physics，2001，89：5227-5229.

第 3 章

用于激发低温等离子体的高压电源

放电等离子体可产生高能电子、离子、自由基、活性组分、紫外线或冲击波等，在很多领域获得了应用。采用不同激励形式和放电条件可以实现不同的放电模式，各种类型的低温等离子体电源应运而生。通常，电源种类对等离子体特性起决定作用。当采用脉冲电压时，可产生流光放电等离子体，放电布满电极之间，产生大量自由基，具有较强的氧化性；当施加直流电压时，获得电晕放电等离子体，以离子电流为主，放电区域局限在高压电极附近，自由基产量低，几乎不具有氧化性，但能产生大量的电荷。本章将着重介绍激发低温等离子体的四类电源，分别是直流高压电源、交流高压电源、微秒脉冲电源以及纳秒脉冲电源。

3.1 直流高压电源

直流高压电源作为最早出现的等离子体激发电源，目前已广泛应用于众多领域。随着科技的不断进步，该技术也在不断发展，经历了从工频到高频、从模拟控制电路到数字控制电路、从晶闸管相控拓扑到脉冲宽度调制（PWM）三电平拓扑及高压开关电源拓扑的发展阶段，直流高压电源性能也随之不断提高。

直流高压电源是采用电力变换技术将配电网提供的交流电变换为实际所需直流的仪器设备。几十年前的直流高压电源仅仅应用于实验研究，历经半个多世纪的发展后，直流高压电源已广泛应用于各行各业，如气体放电、电气设备耐压试验、医疗设备、冶金、直流馈电等。起初，直流高压电源通常采用工频升压方式，将 220V 交流市电（工频交流电）通过二极管或晶闸管整流后输出直流高压信号。这种传统半导体器件组成的电路简单、技术相对成熟，因而应用广泛。但由于其工作在工频状态，用来升压和隔离的工频变压器必不可少，导致设备整体体积大而笨重，同时其网侧功率因数低、电流畸变、输出电压调整时间长，难以实现快速调节，而且输出信号波形、电源精度以及稳定性也很难满足现实要求。此后多电平 PWM 整流电路凭借其能够实现单位化功率因数、能量双向流动而得到大量研究人员关注。

典型的直流高压电源工作原理如图 3-1 所示，220V 交流市电通过整流滤波后，可得到幅值约为 310V 的直流电压；310V 直流电经过脉宽调制变换后可得到幅值可调的低压直流信号，进而经逆变电路成为高频方波；方波电压通过初级变压器进行初级升压后可得到幅值较低的高压方波信号，进而通过倍压整流模块继续升压整流，最终可得到高幅值的直流高压。通过控制脉宽调制模块中 PWM 变换器的导通占空比，可以实现变压器原边副边电压的稳定输出，从而达到控制直流输出的目的[1]。

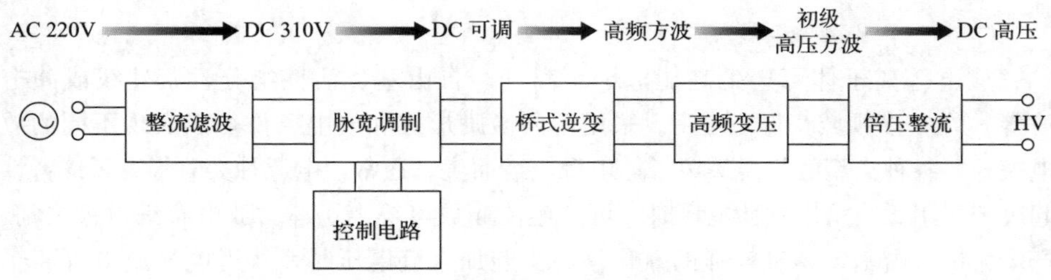

图 3-1　直流高压电源工作原理

直流高压电源作为出现最早、使用时间最长的等离子体激发电源形式，由于其结构简单、成本较低得到了广泛应用。尤其是在低气压条件下，通过直流放电可以观察到典型的辉光放电。随着信息电子技术和控制技术的发展，各种先进技术在直流高压电源中的使用促进了其不断迭代更新，通过新型电子元件或电气变换电路的使用，可使电源的工作噪声和体积大为减小，同时使电源效率、动态响应特性和控制精度等大为提高。

图 3-2 为用于工业静电除尘的高压直流电源的典型输出电压、电流波形。

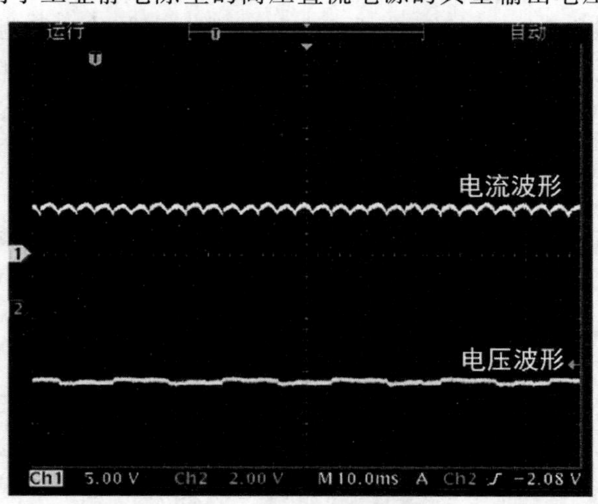

图 3-2　工业高压直流三相电源输出电压、电流波形

3.2 交流高压电源

交流高压电源作为另外一种发展较早的等离子体激发电源，因其技术成熟、价格较低等优势而被广泛应用于激励等离子体放电，其中常见的为千赫兹交流电源[2]。典型的交流高压电源工作原理如图 3-3 所示，功率输入为 220V 交流电，经整流滤波后得到直流稳压，与此同时保持单位功率因数；随后经过脉宽调制模块得到可调直流电压信号，再经过逆变环节和 LC 滤波电路得到高频低压正弦交流电，最后通过高频高压变压器获得高频高压交流电用于激发等离子体[3]。交流高压电源激励等离子体是工业上最常见的激励方式，其特点是比较稳定，可长时间运行。但在交流激励下等离子体易出现放电不均匀、发热现象严重、对运行设备的要求较高等问题。

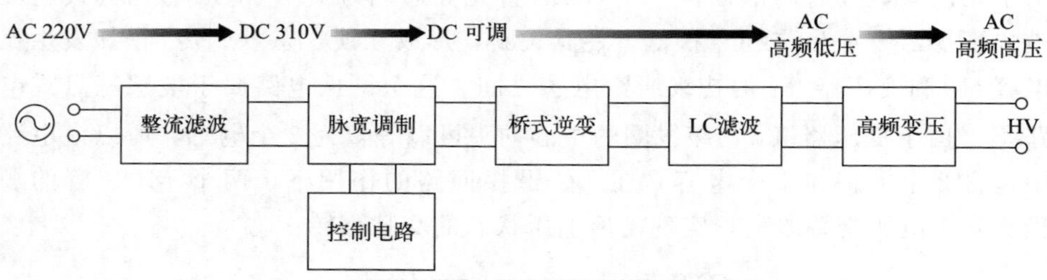

图 3-3　交流高压电源工作原理

早期的交流高压电源均以市电作为能量输入源，体积较大，通常应用于固定式等离子体发生装置，当与便携式等离子体发生装置组合使用时，匹配性较差，限制了等离子体技术的应用和推广。随着电力电子技术的发展与进步，等离子体电源结构也逐渐朝着小型化方向发展，其中，便携式交流高压电源成为了研究热点，主要包括基于软开关技术的交流高压电源和基于压电陶瓷变压的交流高压电源等。

3.2.1 基于软开关技术的交流高压电源

传统电源开关采用硬开关元件，在开合瞬间会造成损耗，而工作在软开关技术下的电路具有元件应力小、开关损耗小等优点，较好地解决了传统硬开关的开关损耗、容性开通、感性关断等问题。软开关技术可分为零电压开关（zero voltage switching，ZVS）和零电流开关（zero current switching，ZCS）两类。通常 ZVS 普遍优于 ZCS，因为 ZVS 可以消除其固有电容产生的开关损耗。目前，基于 ZVS 技术的开关交流高压电源主要有 ZVS 单管自激电源、

ZVS双管自激电源两类。由于等离子体便携式激励电源自身体积的限制，配合特定放电结构（如DBD等）产生的电场强度可以击穿空气，但放电电流较小，仅能维持大气压低温等离子体的稳定产生，因此普遍选用金属氧化物半导体场效应晶体管（metal-oxide-semiconductor field-effect transistor，MOSFET，简称MOS管）这种高频低功率电子元件作为电源的开关。

图3-4是一种典型的ZVS双管自激电路，主要由逆变模块和升压模块组成，整体设计基于电感三点式振荡电路，电路工作在软开关状态，自身元件损耗小。U_1 为输入电源电压；L_1 为轭流线圈，具有限流作用，能够限制峰值电流的突然增加，用来保护电路；Q_1、Q_2 为两个MOS管；电阻 R_1、R_2 用于限制MOS管的栅极电流，防止电流过大对MOS管造成损坏；电阻 R_3、R_4 用于保证MOS管的可靠关断；稳压二极管 D_1、D_2 用于将电压钳位在合适值后加在MOS管的栅极、源极两端，使 Q_1、Q_2 两个MOS管满足导通条件。由于元件参数具有离散性，一个MOS管先导通，另一个MOS管的栅极电压被快恢复二极管 D_3 或 D_4 拉低，使其关断，形成互锁状态[4]。LC 谐振发生在电容 C_1 和变压器 T_1 的初级线圈电感之间，这个谐振电路属于电感三点式电路[5]。由于变压器 T_1 初级线圈的中心抽头可以等效为2个电感，所以该电路中包含2个电感和1个电容。在 LC 谐振回路的作用下，两个MOS管的栅极、漏极电压交替改变，实现输出电压状态的交替翻转。

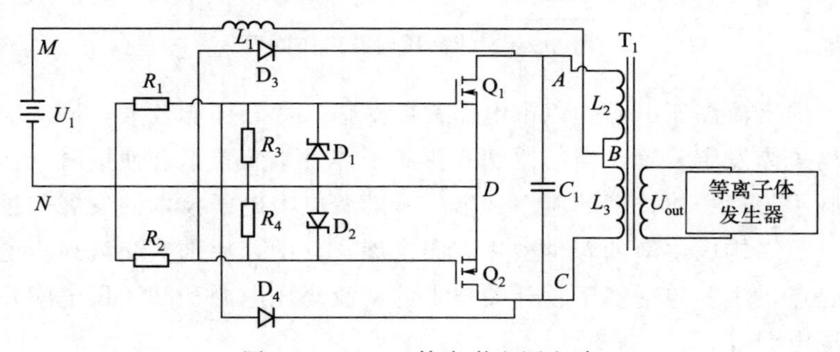

图3-4 ZVS双管自激电源电路

ZVS双管自激电路的谐振频率由变压器初级线圈的电感和跨接在初级线圈两端的电容决定，电容 C_1 和变压器 T_1 初级线圈的电感组成一个并联谐振回路，其谐振频率计算为

$$f=\frac{1}{2}\pi\sqrt{C_1 L} \tag{3-1}$$

式中，L 为谐振回路的总电感，H；C_1 为电容，F。

合理选择电子元件设计主电路的谐振频率以及合适的变压器匝数比，通过电路匹配，可产生高频高压正弦波；将变压器的次级线圈作为输出端，与合适的等离子体发生器搭配，可在大气压环境下产生可靠、稳定的等离子体。笔者团队采用该技术设计了一种便携式等离子体交流高压电源，只需几伏的锂电池供电便可以产生几千伏的交流高压，进而用于激励沿面型介质阻挡放电（SD-BD）和悬浮电极介质阻挡放电（FE-DBD）等离子体发生器产生低温等离子体（如图 3-5 所示），且该种放电产生的电流幅值低于人体安全电流极限值。

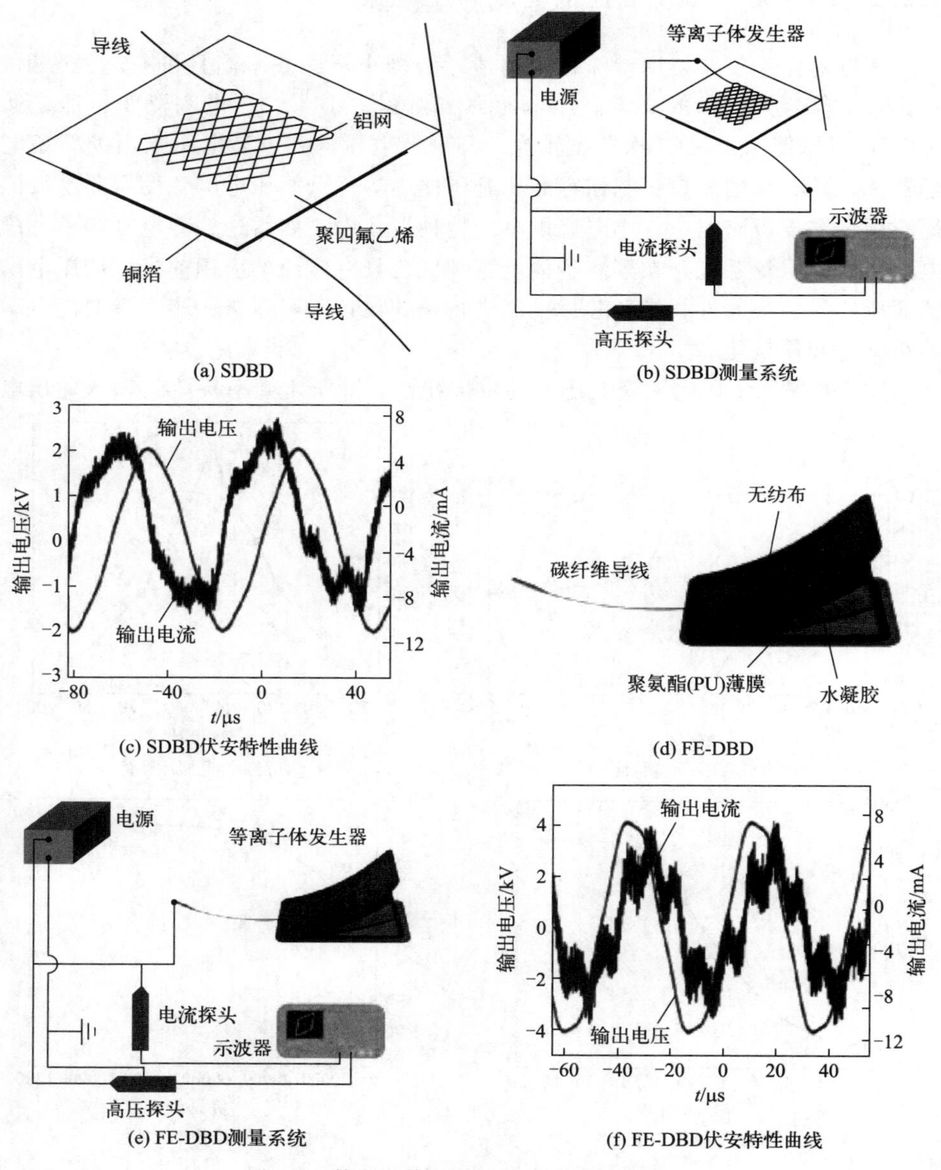

图 3-5　等离子体发生器伏安特性曲线测量

这类高压电源以电磁绕线式变压器作为电路的升压元件，虽然能够激励 SD-BD 和 FE-DBD 等离子体发生器产生低温等离子体，但存在效率低、工作频率范围有限、电磁干扰较强等缺点，激励等离子体放电时可能产生磁通线内部放电等现象，导致电源损耗大大增加；此外，受限于整体体积较小，电源提供的功率有限。

3.2.2 基于压电陶瓷变压的交流高压电源

压电陶瓷变压器使用特殊材料制造，结构小巧、效率高且没有电磁辐射，相比基于软开关技术的交流高压电源而言体积更小[6]。压电陶瓷变压器是通过电能-机械能-电能的二次能量转换，实现低电压输入、高电压输出的新型电子器件，具有结构简单、制作容易、升压比高等优点。压电陶瓷变压器已被广泛应用于需要极高电压、小电流供电的特种设备中，如雷达、静电复印机、静电除尘器等电源系统，在等离子体电源领域也具有广泛的应用前景。以压电陶瓷变压器为核心元件，结合芯片控制进行拓扑设计，可以进一步实现交流电源的小型化和便携化[7]。

图 3-6 展示了压电陶瓷变压器的阻抗特性、升压比频率特性、输入输出电

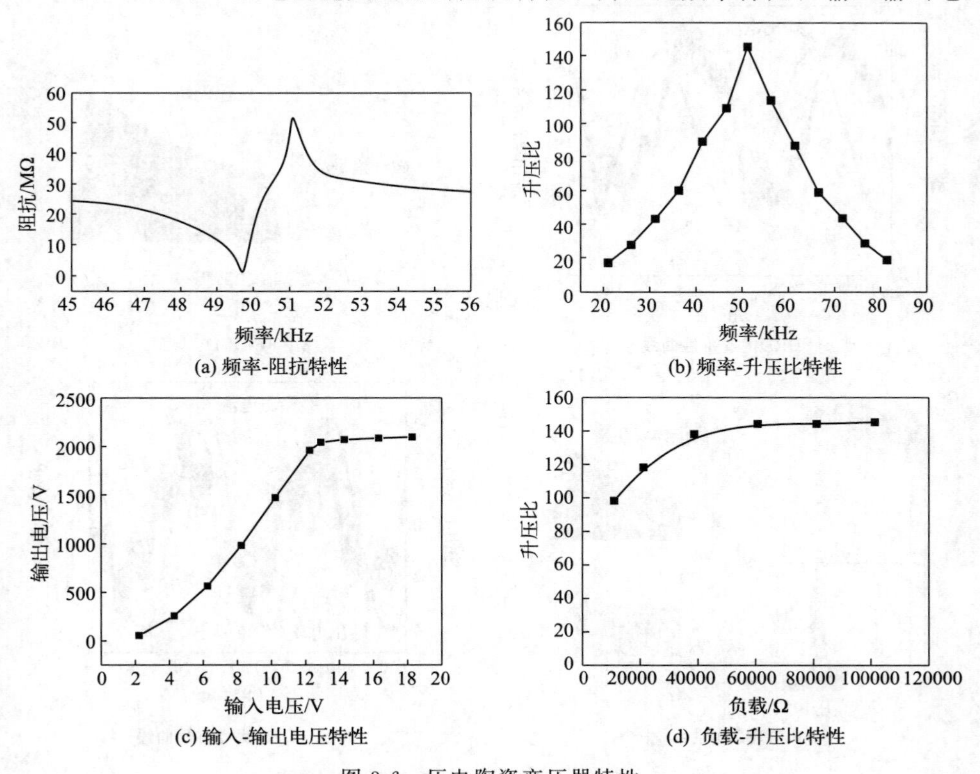

图 3-6 压电陶瓷变压器特性

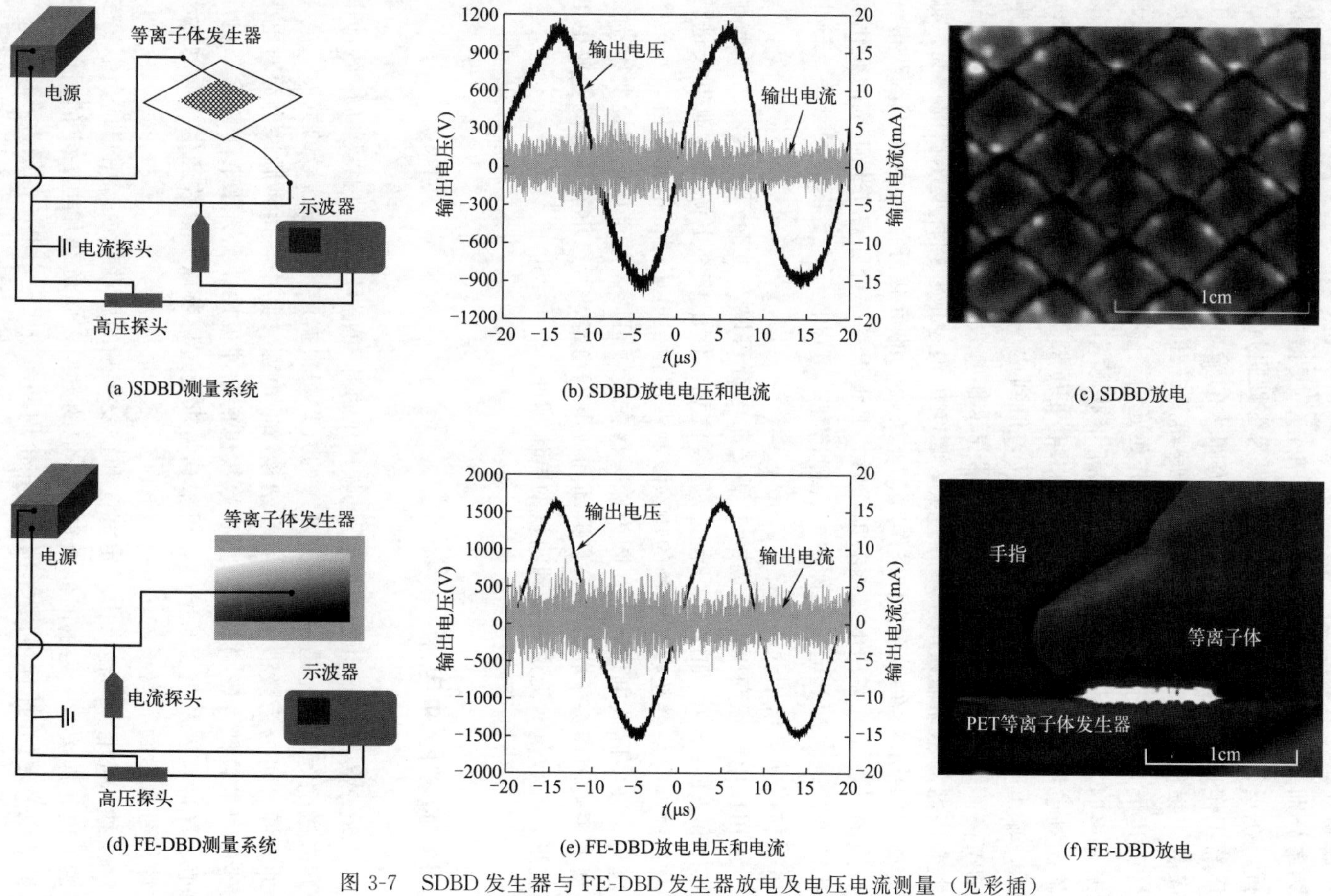

图 3-7　SDBD 发生器与 FE-DBD 发生器放电及电压电流测量（见彩插）

压特性和升压比负载特性。如图 3-6(a) 所示，该压电陶瓷变压器的正、反谐振频率分别为 51.2kHz 和 49.8kHz，在正、反谐振点之间的阻抗表现为感性阻抗，在正、反谐振点之外的阻抗表现为容性阻抗。在电源工作时，应尽量让变压器工作在感性状态，此时变压器有很大的输出阻抗，满足高阻抗负载的工作条件。根据图 3-6(b)，压电陶瓷变压器的升压比随着频率的增加先快速增加，到达最大值（谐振频率）后，则开始迅速下降。当工作频率低于或高于谐振频率时，变压器升压比均明显低于谐振频率。因此，为使电源最大程度地输出高电压，需将工作频率控制在压电变压器谐振频率附近。如图 3-6(c) 所示，输出电压随输入电压增高而增高，但到达一定值后，输出电压随输入电压的增高而缓慢增高，此时压电变压器在工作时会出现过热断裂造成损坏，故压电变压器的驱动输入电压不宜过大，以免出现过饱和损坏变压器的情况。如图 3-6(d) 所示，在电源模块工作时，连接较大的负载可使压电变压器获得一个较大的升压比。在压电变压器工作时，其谐振频率会随着负载阻抗的变化而发生改变。通过配套电子元件值的合理选配，可以使压电变压器的频率、输出电压等参数满足使用要求。

使用压电陶瓷变压器组成的小型交流电源可以产生交流高压，用于激励 SDBD 和 FE-DBD，如图 3-7 所示。但要注意，使用该类电源对接地电极进行类电弧放电时，会超过其本身的功率限制，使输出电压超出电源峰值，并产生热应力。在实际放电过程中，因为探头存在接触阻尼，基于压电陶瓷变压器的小型电源会因探头干扰导致自身振动和放电不稳定，所以不能精准测量放电电流波形，在放电时无法观察到明显的电流脉冲。

3.3 微秒脉冲电源

相较于传统高压电源，使用快速上升的脉冲信号电源（称为高压脉冲电源）来激励等离子体是一种较为新颖的方式。根据产生脉冲信号的宽度，高压脉冲电源又可分为微秒脉冲电源和纳秒脉冲电源。其中，微秒脉冲电源对电子元器件要求较低，影响放电的主要参数包括脉冲极性、上升沿、下降沿、电压幅值、脉冲宽度及重复频率等，可根据需求通过调节以上参数产生合适的微秒脉冲信号来激励等离子体。

微秒脉冲电源的输出由一定宽度和重复频率的脉冲组成，用户的负载需要断续加电，即按照一定的时间规律和一定的方向，向负载加电一定的时间，然后又断电一定的时间，通断一次形成一个周期。按照输出电压的极性，微秒脉冲电源可分为正极性脉冲电源、负极性脉冲电源和双极性脉冲电源三种，见图 3-8。

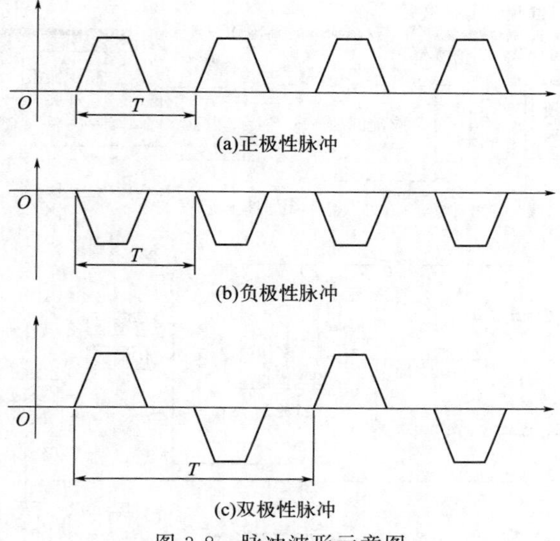

图 3-8　脉冲波形示意图

微秒脉冲电源的核心部件是开关器件。利用微秒脉冲电源激励电晕放电等离子体时，窄脉冲信号的上升沿时间应控制为几十到几百纳秒，脉宽为几微秒左右；而反应器负载为电容性，在时间尺度上具有一定的滞后性，因此脉冲开关器件的研制难度较大。根据脉冲开关器件的放置位置，可以将微秒脉冲电源分为高压端转换脉冲电源和低压端转换脉冲电源，其中，高压端转换脉冲电源选择火花隙开关作为开关器件，低压端转换脉冲电源选择电子开关作为开关器件[8]。

火花隙开关成本较低、结构简单，是高压端转换脉冲电源的核心部件。如图 3-9(a) 所示，低压端输入的三相交流电通过谐振调频后形成高频电压，经高压变压器升压后形成高压，经整流滤波后形成高压直流，高压直流信号经高压转化开关变换成脉冲高压。典型的火花隙开关结构如图 3-9(b) 所示，通过 RLC 电路完成直流到脉冲信号的转变。直流输入信号同时向电容 C_{LP} 和 C 充电，电感 L 和电容 C 之间发生谐振；当火花隙阳极和触发极之间的电压达到击穿阈值时，就会形成火花放电，阳极和触发极之间产生的等离子体导通回路，两者处于接通状态，瞬间将高电压引入阳极和阴极之间，形成高压脉冲的陡峭上升沿；形成回路后，C_{LP} 中储存的能量通过火花放电释放，火花熄灭，从火花放电开始到熄灭的时间段一直保持高电压，即脉冲信号的脉宽段；火花放电熄灭后，形成的脉冲信号瞬间归零，对应脉冲信号的下降沿，从而形成一个完整的窄脉冲信号。

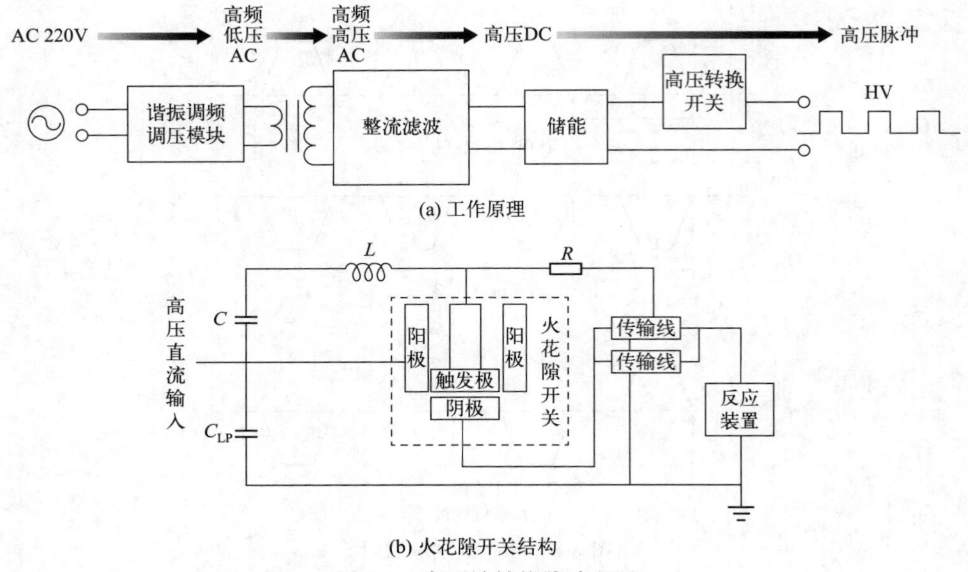

图 3-9 高压端转换脉冲电源

高压端转换方式可以直接在高压端将直流信号转换为脉冲信号输出，产生的脉冲上升沿陡峭，但采用火花隙开关对脉冲参数调节较为困难，气隙间频繁发生火花放电导致使用寿命较短，重复频率不高，选择性较为有限，且电容器的储能密度较低，使得电源无法连续稳定运行，限制了其大规模工业化应用。因此研究人员开发了使用电感储能的磁压缩开关等新型纳秒脉冲电源，可以产生纳秒脉冲，将在本书 3.4 节进行详细讲述。

高压端转换脉冲电源将转化开关放置在高压端一侧，需要承受几百千伏高压的频繁冲击，而半导体固态开关耐压仅在几千伏左右，因此研究者将其放置在低压端一侧，进而开发出低压端转换脉冲电源。如图 3-10(a) 所示，三相交流电信号经过整流滤波后形成直流信号，进而经低压转化开关的转化后在高压变压器原级形成脉冲信号，经高压变压器升压后在变压器次级形成高压脉冲。近年来使用较多的低压端转换开关主要是绝缘栅双极晶体管（IGBT）开关，开关精度可以达到 0.5μs。以双极性高压脉冲电源为例，其中 IGBT 开关如图 3-10(b) 所示，直流信号通过 IGBT 构成的全桥拓扑结构，开关 Q_1 \ Q_3 与开关 Q_2 \ Q_4 分别在正负半周期交替导通，得到双极性的脉冲输出；通过改变两组开关的切换频率，即可实现对输出双极性脉冲频率的调控，控制开关管的导通时间即可调节输出脉冲的占空比，进而得到脉宽与频率均可调的双极性高压脉冲信号。

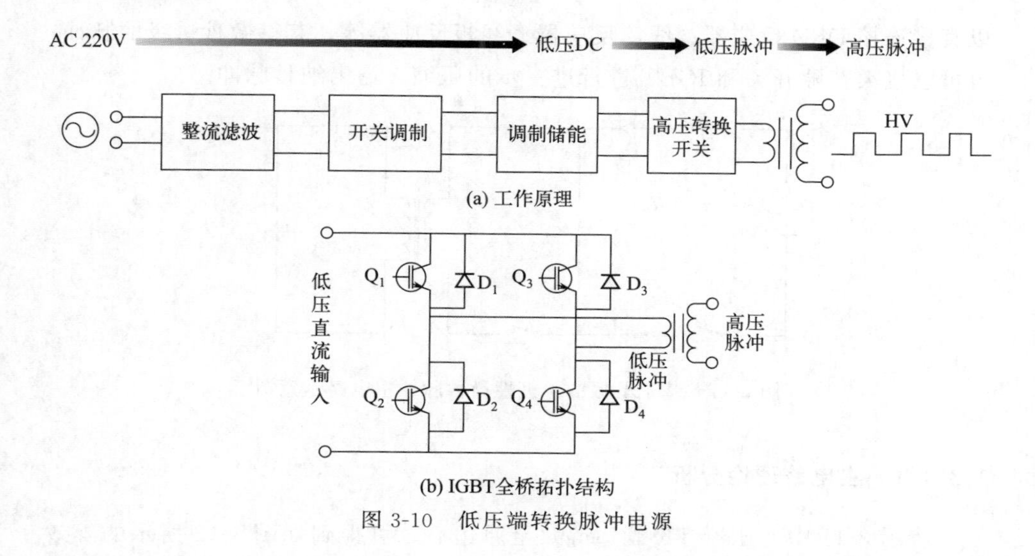

图 3-10　低压端转换脉冲电源

低压端转换脉冲电源采用电子开关进行信号转换，控制较为容易，可以实现高频高压的脉冲信号输出；随着电子技术的发展成熟，其实现成本较低。但采用这种方法产生的脉冲信号上升沿较为平缓；转换的低压脉冲信号经变压器升压的同时，不可避免地将噪声信号同时放大，产生的高压脉冲信号波形容易变形失真。

微秒脉冲电源可激励电晕放电、介质阻挡放电、射流放电等多种等离子体，在空气净化、废水处理、表面改性、芯片制造以及国防领域具有广阔的应用前景，因而引起了国内外研究人员的关注。随着现代电子技术的发展，可根据脉冲信号需求实现微秒脉冲电源的定制化，以输出电压极性、幅值、频率、脉宽、上升沿和下降沿等参数满足使用要求的微秒脉冲信号。但如果微秒脉冲电源要激励大规模电晕放电等离子体以实现其工业化应用，首先要研发大功率（100kW 以上）脉冲电源，核心是要进行重复频率脉冲技术研究并解决其相关的工程问题，诸如脉冲传导、材料绝缘老化、特种磁性材料、开关寿命、能量转换效率等，以满足高可靠性、长使用寿命和高性价比的要求。

3.3.1　单极性微秒脉冲电源

图 3-11 为一种基于谐振的单极性微秒脉冲主电路，该电路包含 2 个谐振回路。初级电容 C_0 由交流电源经过整流充电后，在第一个谐振回路中通过充电电感 L_0 给低压电容 C_L 充电；C_L 充电完成后，在第二个谐振回路中通过谐振变压器 TR 升压后在高压端输出。在高压输出端有多种灵活的输出方式，可

以直接连接 DBD 反应器、线筒反应器、线板反应器等，获得微秒量级的脉冲；也可以接火花隙开关和 IGBT 进行进一步的压缩，输出纳秒脉冲。

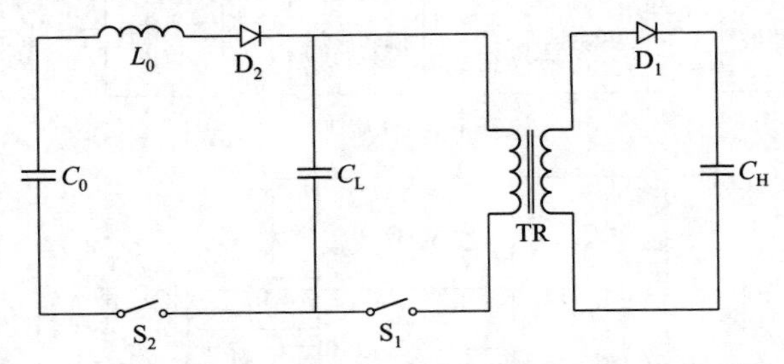

图 3-11　基于谐振的单极性微秒脉冲主电路示意图

3.3.1.1　主电路理论分析

将图 3-11 中变压器 TR 副边等效至原边后，可得到如图 3-12 所示的等效谐振电路图。高压电容 C_H 等效成有效电容 C_{He}，而 $C_{He}=n^2\times C_H$，其中 n 是变压器变比，图中 L_s 为高压电容充电回路的总电感。有一个重要的假设：假设高压电容 C_H 在充电过程中不存在能量损失，同时只有当每次充电完成后才将能量完全并且迅速释放，回路可以认为是两个谐振充电回路。则电路受触发信号控制，按时间顺序进行以下两步谐振充放电过程（假设能量完全传递没有损耗）。

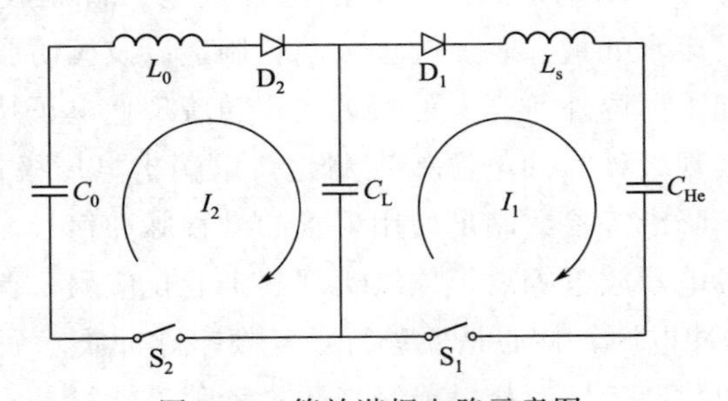

图 3-12　等效谐振电路示意图

（1）开关 S_1 导通，S_2 断开。低压电容 C_L 通过图 3-12 中 I_1 所在回路放电，对高压电容 C_{He} 充电。C_L 开始放电的初始电压为 U_L，C_{He} 在每次充电前将能量完全释放，两端电压为 0。对于该谐振电路，存在以下关系式：

$$L_s\frac{\mathrm{d}}{\mathrm{d}t}I_1(t)+\frac{1}{C_L}\int_0^t I_1(t)\mathrm{d}t+\frac{1}{C_{He}}\int_0^t I_1(t)\mathrm{d}t=U_L \tag{3-2}$$

式中，U_L 是低压电容充电电压；$I_1(t)$是回路电流；L_s 是回路杂散电感。对式（3-2）进行拉氏变换得到方程：

$$sL_sI_1(s)+\frac{1}{sC_L}I_1(s)+\frac{1}{sC_{He}}I_1(s)=\frac{U_L}{s} \tag{3-3}$$

得到回路电流的表达式：

$$I_1(s)=\frac{U_L}{s}\times\frac{1}{sL_s+\frac{1}{sC_L}+\frac{1}{sC_{He}}}=\frac{U_L}{L_s}\times\frac{1}{s^2+\frac{1}{L_sC_1}} \tag{3-4}$$

式中，C_1 是回路的等效电容，$C_1=C_LC_{He}/(C_L+C_{He})$。

解出回路中的电流方程：

$$I_1(t)=\frac{U_L}{\sqrt{L_s/C_1}}\sin(\omega_1 t) \tag{3-5}$$

式中，$\omega_1=\frac{1}{\sqrt{L_sC_1}}$，是该谐振回路的固有频率，可以获得回路的固有震荡周期 $T_1=2\pi\sqrt{L_sC_1}$。由于回路中存在二极管 D_1，易知一次谐振充电时间为 $T_1/2$。

回路高压电容 C_H 两端电压方程可以通过回路电流方程解得：

$$U_H(t)=nU_{He}(t)=\frac{n}{C_{He}}\int_0^t I_1(t)\mathrm{d}t \tag{3-6}$$

将式（3-5）代入式（3-6）中，可以得到高压电容 C_H 两端电压方程式：

$$\begin{aligned}U_H(t)&=\frac{n}{C_{He}}\times\frac{U_L}{\sqrt{L_s/C_1}}\times\frac{1}{\omega_1}[1-\cos(\omega_1 t)]\\&=nU_L\frac{C_L}{C_L+C_{He}}[1-\cos(\omega_1 t)]\end{aligned} \tag{3-7}$$

当 $t=\pi/\omega_1=T_1/2$ 时，即回路完成一次谐振充电后，高压电容 C_H 上的输出电压达到最大值，此时：

$$U_H=2nU_L\frac{C_L}{C_L+C_{He}} \tag{3-8}$$

同样可以求出此时电压电容 C_L 上的电压变为：

$$U_L'=U_L\left(1-\frac{2C_{He}}{C_L+C_{He}}\right) \tag{3-9}$$

（2）开关 S_1 断路，S_2 导通。初级电容 C_0 通过图 3-12 中 I_2 所在回路对低压电容 C_L 充电。C_0 放电前初始电压 U_0，C_L 充电前两端电压为 U_L'。对于该谐振电路，也存在关系式：

$$L_0\frac{\mathrm{d}}{\mathrm{d}t}I_2(t)+\frac{1}{C_0}\int_0^t I_2(t)\mathrm{d}t+\frac{1}{C_L}\int_0^t I_2(t)\mathrm{d}t=U_0-U'_L \tag{3-10}$$

式中，U_0 是低压电容充电电压；$I_2(t)$是回路电流；L_0 是回路充电电感。可以解出谐振回路的等效电容 C_2、固有频率 ω_2 和固有震荡周期 T_2：

$$C_2=C_0C_L/(C_0+C_L) \tag{3-11}$$

$$\omega_2=1/\sqrt{L_0C_2} \tag{3-12}$$

$$T_2=2\pi\sqrt{L_0C_2} \tag{3-13}$$

因为二极管 D_2 的存在，回路完成一次谐振充电的时间为 $T_2/2$。

解出回路电流方程：

$$I_2(t)=\frac{U_0-U'_L}{\sqrt{L_0/C_2}}\sin(\omega_2 t) \tag{3-14}$$

可以得到 C_L 两端电压方程：

$$U(t)=U'_L+(U_0-U'_L)\frac{C_0}{C_0+C_L}[1-\cos(\omega_2 t)] \tag{3-15}$$

当 $t=\pi/\omega_2=T_2/2$ 时，即回路完成一次谐振充电后，高压电容 C_L 上的充电电压达到最大值：

$$U''_L=U'_L+(U_0-U'_L)\frac{2C_0}{C_0+C_L} \tag{3-16}$$

此时充电电容 C_0 两端电压为：

$$U'_0=U_0-\frac{2C_L}{C_0+C_L}(U_0-U'_L) \tag{3-17}$$

由于初级电容是由交流电源整流后充电，初级电容 C_0 两端电压保持不变，即每次放电 $U_0=U_1=U_2=\cdots=U_m$，U_0、U_m 代表系统输入电压和第 m 次放电开始时初级电容 C_0 两端电压。在完成步骤（2）之后，随后谐振电路又重新开始步骤（1）的过程，即低压电容 C_L 以 U''_L 的电压开始放电，并给高压电容 C_H 充电。对于第 m 次脉冲放电，存在如下关系：

$$U_{Lm}=U''_{L(m-1)} \tag{3-18}$$

第 m 次脉冲周期中，低压电容 C_L 的放电前电压等于第（$m-1$）次脉冲周期中 C_L 的充电后电压。用式（3-8）、式（3-9）、式（3-16）经过多次迭代可以求出每次脉冲过程中高压电容的输出电压。由式（3-8）可以得到第 m 次高压电容 C_H 输出电压 U_{Hm} 与第 m 次低压电容 C_L 放电初始电压 U_{Lm} 的关系：

$$U_{Hm}=n\frac{2C_L}{C_L+C_{He}}U_{Lm} \tag{3-19}$$

在电路的初始状态下，$U_{L0}=U_0$，$U_{H0}=0$。得到每个脉冲周期中 C_L 的放电初始电压表达式：

$m=1$	$U_{L1}=U_{L0}=U_0$
$m=2$	$U_{L2}=U_0[2(1-a)-(1-2a)(1-2b)]$
$m=3$	$U_{L3}=U_0[2(1-a)-2(1-a)(1-2a)(1-2b)+(1-2a)^2(1-2b)^2]$
$m=4$	$U_{L4}=U_0[2(1-a)-2(1-a)(1-2a)(1-2b)+2(1-a)(1-2a)^2(1-2b)^2-(1-2a)^3(1-2b)^3]$
…	…
$m=m-1$	$U_{L(m-1)}=U_0[2(1-a)-2(1-a)(1-2a)(1-2b)+2(1-a)(1-2a)^2(1-2b)^2+\cdots+2(1-a)(-1)^{(m-3)}(1-2a)^{(m-3)}(1-2b)^{(m-3)}+(-1)^{(m-2)}(1-2a)^{(m-2)}(1-2b)^{(m-2)}]$
$m=m$	$U_{Lm}=U_0[2(1-a)-2(1-a)(1-2a)(1-2b)+2(1-a)(1-2a)^2(1-2b)^2+\cdots+2(1-a)(-1)^{(m-2)}(1-2a)^{(m-2)}(1-2b)^{(m-2)}+(-1)^{(m-1)}(1-2a)^{(m-1)}(1-2b)^{(m-1)}]$

(3-20)

式中，$a=\dfrac{C_L}{C_0+C_L}$；$b=\dfrac{C_{He}}{C_L+C_{He}}$。故 a，$b<1$。

当 m 足够大时，将 U_{Lm} 表达式中高阶无穷小项 $(-1)^{(m-1)}(1-2a)^{(m-1)}(1-2b)^{(m-1)}$ 乘以 2 $(1-a)$，并将 $2(1-a)$ 提出括号外得到：

$$U_{Lm}=2U_0(1-a)\begin{bmatrix}1-(1-2a)(1-2b)+(1-2a)^2(1-2b)^2\\-(1-2a)^3(1-2b)^3+\cdots\\+(-1)^{(m-1)}(1-2a)^{(m-1)}(1-2b)^{(m-1)}\end{bmatrix}\tag{3-21}$$

当 $m\to\infty$，并将 a、b、C_{He} 的表达式带入式（3-21）中可以得到第 m 个脉冲开始时，低压电容 C_L 上的放电电压表达式为：

$$U_{Lm}=\frac{2U_0\ (1-a)}{1+\ (1-2a)\ (1-2b)}=\frac{C_LC_0U_0+n^2C_HC_0U_0}{C_0C_L+n^2C_LC_H}=U_L\tag{3-22}$$

根据式（3-9）可以求得第 m 次放电低压电容 C_L 放电后电压 U'_{Lm}：

$$U'_{Lm}=U_{Lm}\left(1-\frac{2C_{He}}{C_L+C_{He}}\right)=\frac{C_LC_0U_0+n^2C_HC_0U_0}{C_0C_L+n^2C_LC_H}\left(\frac{C_L-n^2C_H}{C_L+n^2C_H}\right)\tag{3-23}$$

可见当系统运行一段时间后，第 m 次脉冲周期中低压电容放电电压 U_{Lm} 和放电后电压 U'_{Lm} 是一个与脉冲次数 m 无关的定值。

式（3-22）结合式（3-19），可以解出第 m 次脉冲的输出电压（也是系统稳定后的输出电压）：

$$U_{Hm}=\frac{2nC_0U_0}{C_0+n^2C_H}=U_H \tag{3-24}$$

综合式（3-22）和式（3-24）可以得出以下结论：①在选定谐振回路的具体电气参数后，电路的输出电压是一个与时间无关的定值。该谐振回路的输出电压仅与谐振电路中的高压电容 C_H、充电电容 C_0、充电电压 U_0 和变压器变比 n 有关，与时间参数无关。②为了防止电流反向，保证 C_L 放电后电压不小于零，结合式（3-23）可以发现，为了保证电路稳定性，低压电容 C_L 要大于等于高压电容 C_H 的等效电容，即 $C_L \geqslant n^2C_H$。

3.3.1.2 实验验证

为了验证上述结论的准确性，开展了相应的实验验证，其中，被测电路的初级电容 $C_0=300\mu F$，低压电容 $C_L=880nF$，高压电容 $C_H=1nF$，变压器变比 $n=13.75$，输出频率 100Hz，充电电感 $L_0=75\mu H$。

电路输出端高压电容 C_H 两端通过并联电阻的方式将每次脉冲能量释放。为了减少充电过程中能量在电阻中的损耗，同时需要保证在下次脉冲开始前将能量快速释放，选择 200kΩ 电阻并联在高压电容 C_H 两端。待系统稳定后，测量初级电容 C_0、低压电容 C_L 和高压电容 C_H 两端电压，当调节输入电压 $U_0=310V$ 时，所测信号如图 3-13 所示。从图中可以看出，低压电容 C_L 开始放电前初始电压 $U_L=372V$，与式（3-22）计算的理论值 376V 非常接近。放电后电压 $U_L'=240V$，与式（3-23）计算的理论值 243V 一致。高压电容最大输出电压 $U_H=7.4kV$，与式（3-24）计算的理论值 8.5kV 比较接近。由于变压器和回路的损耗，低压电容 C_L 和高压电容 C_H 充电电压达不到理论值。随后在低压电容 C_L 充电过程中，输入电压 U_0 一直保持不变。

改变电路初级电容 C_0 两端电压，当测得输入电压 $U_0=50V$、74V、142V、212V、280V、310V 时，同时测量低压电容两端电压 U_L 和输出电压 U_H，并与式（3-22）和式（3-24）计算的理论值对比，得到图 3-14 所示的结果。

从图中可以看到，低压电容充电电压与式（3-22）计算的理论值非常吻合，而高压电容输出电压与式（3-24）计算的理论值有偏差。一方面是因为能量经过变压器损耗较大；另一方面当 $n^2C_H \ll C_0$ 时，式（3-24）可以变换为：

$$U_H=\frac{2nC_0U_0}{C_0+n^2C_H}\approx\frac{2nC_0U_0}{C_0}=2nU_0 \tag{3-25}$$

图 3-14(b) 中直线斜率可以认为是变压器变比 n 的 2 倍。但由于变压器

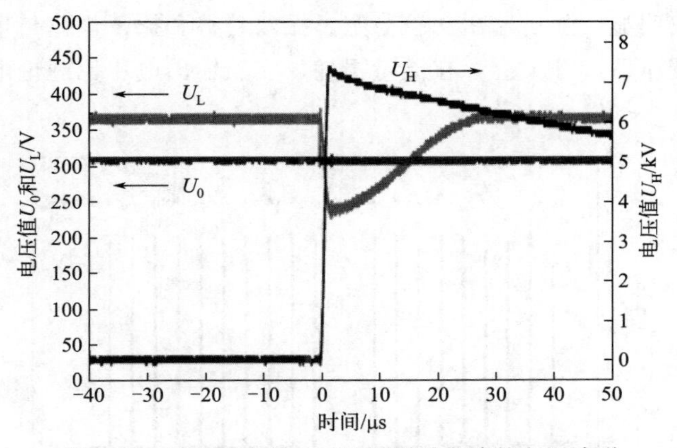

图 3-13　输入电压为 310V 时测试电路的电压波形

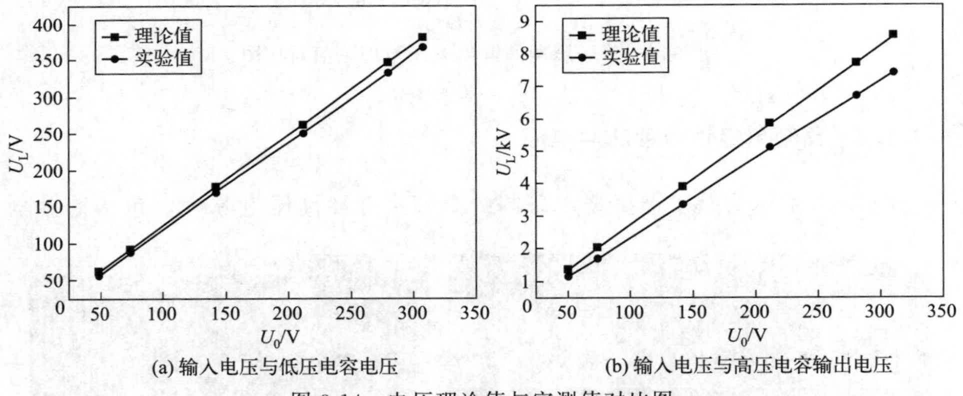

图 3-14　电压理论值与实测值对比图

铁芯材料在高频回路中磁导率变小，变压器耦合系数 k 和变比 n 会相应变小，导致图 3-14(b) 中输出电压的直线斜率小于理论值。

当输入电压 $U_0=310\text{V}$，则 $U_{L0}=U_0=310\text{V}$，$U_{H0}=0$。代入式（3-24）可以求出该回路的输出电压 $U_H=8.52\text{kV}$。用式（3-8）、式（3-9）、式（3-16）迭代计算可以得到从第一个脉冲开始，每个脉冲的输出电压：

$$U_{H1}=7.017\text{kV},\ U_{H2}=9.485\text{kV},\ U_{H3}=7.899\text{kV},\ U_{H4}=8.918\text{kV}$$

$$U_{H5}=8.264\text{kV},\ U_{H6}=8.684\text{kV},\ U_{H7}=8.414\text{kV},\ U_{H8}=8.588\text{kV}$$

$$U_{H9}=8.476\text{kV},\ U_{H10}=8.548\text{kV},\ U_{H11}=8.502\text{kV},\ U_{H12}=8.531\text{kV}$$

$$\cdots$$

通过上述计算发现，前 5 个脉冲输出电压存在比较明显的振荡，到第 6 个脉冲之后，脉冲输出趋于稳定，存在小幅振荡，但在正常范围之内。将上述理论计算值与实际输出波形对照，得到图 3-15。在实验过程中发现，系统前 5 个脉冲振荡比较明显，随后输出比较稳定，振荡趋势和振荡规律与理论分析比较吻合。由于变压器和开关会存在能量损耗，实验输出电压比理论电压小，存在13%的偏差。

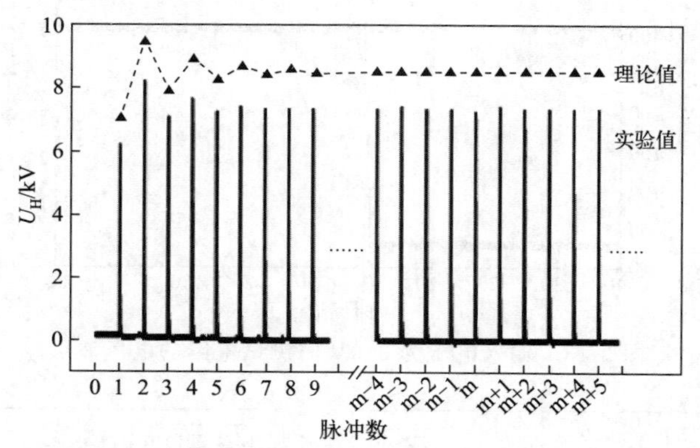

图 3-15　每个脉冲的输出电压与理论值对比图

3.3.1.3　高频单极性微秒脉冲电源

图 3-16 所示为基于谐振技术研制的高频窄脉冲高压电源[9]，包括谐振电

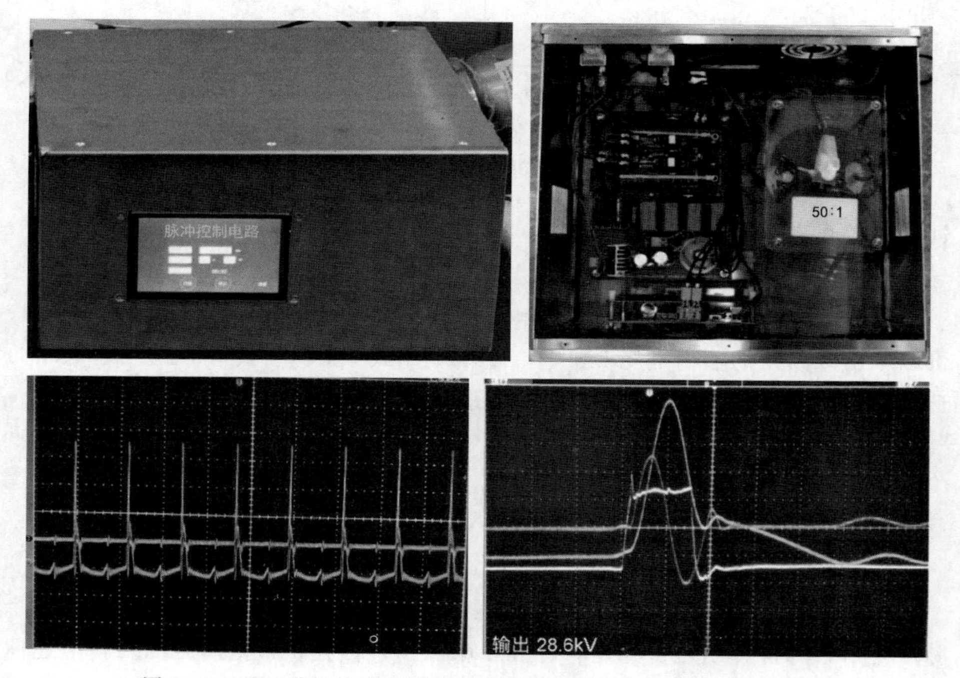

图 3-16　基于谐振技术研制的高频窄脉冲高压电源及其输出特性

路、控制电路、脉冲变压器等。控制电路和半导体开关之间采用光纤隔离驱动，电磁兼容性能优良，脉冲源输出峰值电压达28.6kV，脉冲宽度最短约700ns，频率为1～20kHz。

3.3.2　双极性微秒脉冲电源

图3-17所示为双极性脉冲电源的电路原理图，三相380V供电通过6只可控硅SCR整流后给电容C_0充电，充电电压的大小通过控制SCR的导通角进行控制。C_0后连接4只IGBT，其中S_1和S_3为第一组，S_2和S_4为第二组，两组开关交替导通，一组开合的时候，另一组关闭，形成正负交替的脉冲输出。由于是双极性输出，变压器的铁芯工作在B-H曲线的全象限范围内，不需要反向偏置进行偏磁复位，可以实现大功率的脉冲输出。笔者团队采用该电源进行了大功率DBD放电装置的设计及测试，实现了单台50kW的放电功率，如图3-18所示。

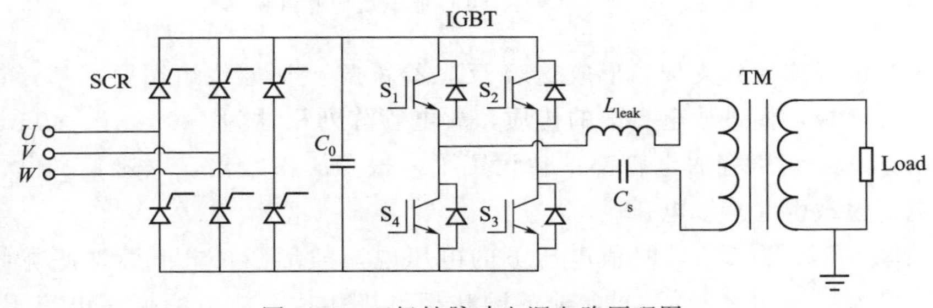

图3-17　双极性脉冲电源电路原理图

图3-18　双极性脉冲电源实物图

图3-19所示为大功率阵列式DBD放电反应器。反应器采用9根陶瓷管阵

列，内电极采用16根Φ2mm线电极，中央为M5螺纹杆，含2块扰流片以增加湍流，外电极采用0.5mm钢丝绕制，间隔10mm。在陶瓷管两端，将内外电极错位分布以减小局部电场强度，并延长外电极爬电距离。两端固定电极做2mm开口，防止受热膨胀时在应力作用下破裂。

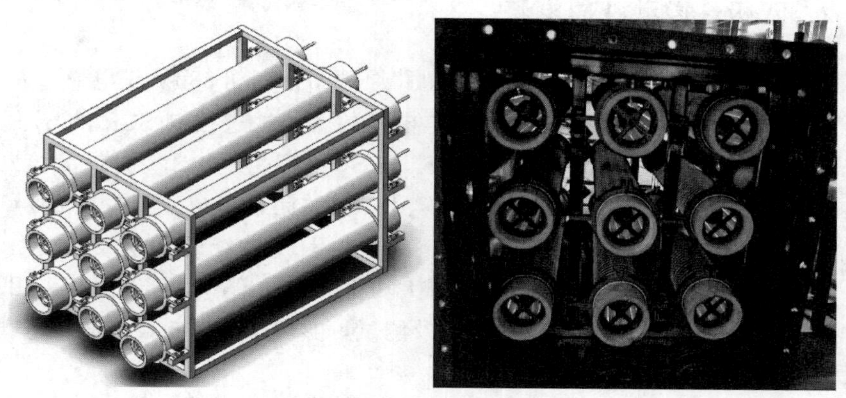

图3-19　大功率阵列式DBD放电反应器（见彩插）

将外电极连接到支架，形成支架-反应器外壳-变压器绕组回路，陶瓷管之间设定扰流板，促进放电界面的传质，放电管阵列尺寸为440mm×440mm×750mm。每一组陶瓷放电管都单独设置了一根高压熔断器，以避免爬电、击穿时电流过载引起持续电弧。

图3-20(a)为29kV峰值电压下的电压电流波形图，电流脉冲底宽约为20μs，电流峰值约2.5A。同此前的网孔板电极相比，放电的振荡电流很小，表明注入等离子体反应器的效率高，如图3-20(b)所示。脉冲和交直流叠加电源特性比较见表3-1。

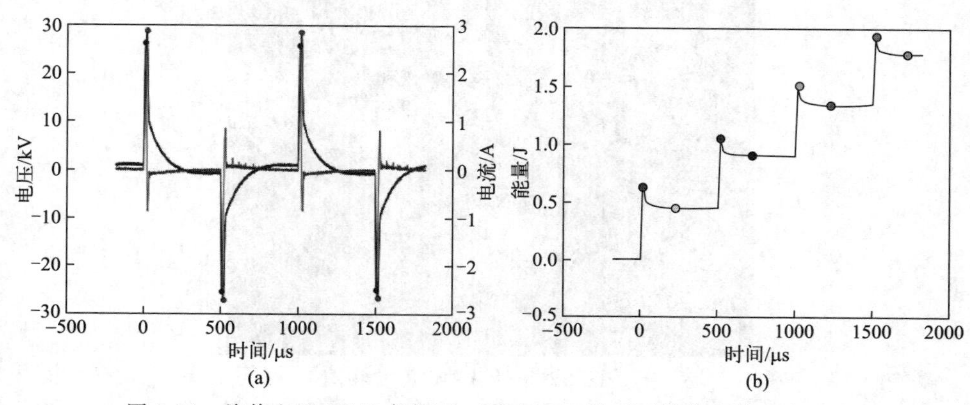

图3-20　峰值电压29kV条件下，驱动DBD阵列时的输出脉冲波形和脉冲注入的能量曲线

表 3-1 脉冲和交直流叠加电源特性比较

参数	脉冲电源	交直流叠加电源
特性	同步式	随机式
流光放电频率	50～1500Hz	1～130kHz
电子能量	约 10eV	约 10eV
峰值电流	≤600A/m	10～200mA/单次流光
峰值功率	≤600MW/m	3kW/单次流光
流光速度	$5.0\times10^5\sim3.5\times10^6$ m/s	约 2.0×10^5 m/s
电磁兼容性 [EMC, $(dI/dt)_{max}$]	30A/(ns·m)	30mA/(ns·单次流光)
流光直径	100～200μm	20～50μm
离子电流与总电流之比		20%
一次流光放电能量	3mJ/单次流光	0.3mJ/单次流光
流光放电时差	同步(1～3ns)	随机(0.2～1ms)
优点	等离子体功率密度及反应器尺寸可调范围大	电源相对简单，技术成熟，成本较低
缺点	电源成本较高，电源复杂有待开发	等离子体功率密度可调范围小

3.4 纳秒脉冲电源

常规等离子体电源（直流、交流）激励的低温等离子体在大气压环境下极易转变为局部热力学平衡状态，特别是在不均匀的电场下，放电间隙容易形成火花流柱通道，放电模式从电晕放电向火花放电过渡。这限制了低温等离子体在某些领域的应用，因此如何激发均匀稳定的低温等离子体成为国内外的研究热点。相较于微秒脉冲电源，纳秒脉冲电源可以产生上升沿和脉宽均在纳秒量级的窄脉冲，快速的上升脉冲电压可产生高强度电场，而更短的脉宽时间减小了离子移动时间，这样可有效避免激励的等离子体放电转变为热平衡状态，因而受到国内外研究人员的广泛关注。

开关是纳秒脉冲电源的关键器件，开关的上升时间、效率、重复频率和寿命对脉冲功率系统有至关重要的影响。用于纳秒脉冲电源的闭合开关主要有火花开关、磁开关、半导体开关三大类。三种开关性能比较见表 3-2，可以看到在需要短脉冲和快速关断的高效大功率脉冲装置中，火花开关的性能优于磁开关和半导体开关。

表 3-2 三类脉冲开关性能比较

参数	磁开关	半导体开关	火花开关
关断速度	快	快	非常快
导通电流	大	中	非常大
导通电压	大	中	非常大
开关阻抗	小	非常小	非常小
驱动负载	非常大	小	非常大
能量效率	低	高	高
重复频率	高	非常高	高
成本	低	低	高
寿命	一般	较长	较短

1951 年，W. S. Melville 提出，电感在饱和之后其阻抗迅速下降，可以利用这一特性将饱和电感作为控制能量流动方向的磁开关使用。通过磁开关，脉宽较大的微秒脉冲信号可以被进一步压缩分割成为窄脉宽、陡峭上升沿和高能量密度的纳秒脉冲信号。因此，不同于微秒脉冲电源采用电容储能的形式，纳秒脉冲电源主要采用电感储能的方式。利用可饱和电感制成的磁开关不同于火花隙开关，没有气体放电通道，不会产生火花放电带来的开关侵蚀和放电恢复时间问题，因此可以获得更高的脉冲重复频率以及更长的使用寿命。此外，由于只能在一个方向上饱和，磁开关还能够对电路中其他元件起保护作用，从而增加装置整体的可靠性。传统的磁压缩技术需要使用磁芯反复复位来完成，但随着重复频率的不断增加，磁芯复位难度上升，限制了磁开关在纳秒脉冲电源中的应用。但随着无需复位的磁芯技术的发展，磁开关形式的脉冲电源重新获得了大量关注。通过倍压式磁脉冲压缩网络拓扑结构，削减了传统磁开关中的复位电路，使得磁开关在纳秒脉冲电源的研制中发挥了关键作用[10]。

传统磁压缩技术是利用电容和磁开关（饱和电感）组合形成的磁压缩网络，如图 3-21(a) 所示。其中，所有电容值均相等，L_1、L_2 和 L_3 为磁开关电感，磁开关磁芯的 B-H 曲线如图 3-21(b) 所示。L_1、L_2 和 L_3 初始化至剩磁 $-B_r$ 处，开关 S_1 在初始时刻闭合，此时 C_0 通过 L_0 连接到 C_1，能量从 C_0 传递到 C_1。当 C_1 开始被充电时，根据电感的伏秒积平衡方程式

$$\int u\,\mathrm{d}t = NA\Delta B \tag{3-26}$$

电感两端承受的电压对时间的积分和绕组匝数 N、磁芯截面积 S、磁通

量密度变化 ΔB 三者的乘积相等。因此，磁开关 L_1 磁芯中的磁通密度开始从 $-B_r$ 处沿磁化曲线向 $+B_s$ 增长。如果磁开关 L_1 设计恰当，那么 L_2 恰好在电容 C_1 被充电到最大值时达到饱和。此时，磁开关的电感 L_1 急剧下降引起电容 C_1 向电容 C_2 迅速放电，因而实现脉冲宽度压缩。

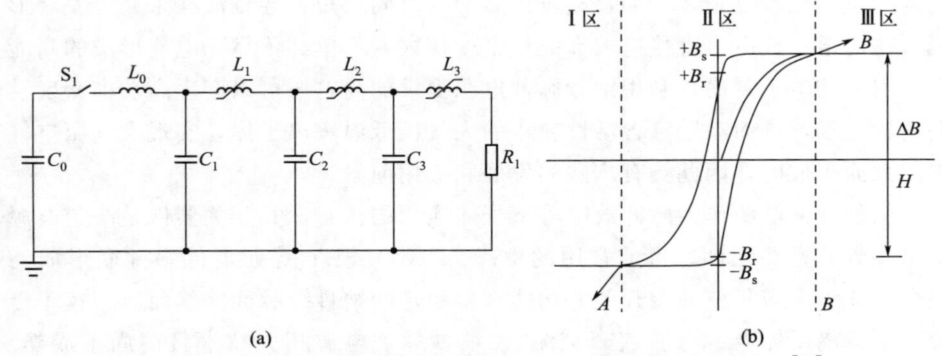

图 3-21　简化的三级磁脉冲压缩网络和磁开关磁芯的 B-H 曲线[11]

传统磁脉冲压缩网络必须配置外加电路，使磁开关磁芯在下一个脉冲到来之前复位到 $-B_s$ 处，但是随着脉冲能量和重复频率的不断增加，磁芯的复位变得愈加困难。因此，近年来出现了倍压式磁脉冲压缩网络拓扑结构[11]。如图 3-22 所示，每一级压缩网络包括两个串联的磁开关和两个串联的电容器，两个电容器中位置靠下的电容器两端作为输入端，连接到前一级的输出，两个磁开关中位置靠下的磁开关两端作为输出连接下一级的输入端，每一级压缩网络在完成脉冲压缩的同时还能达到电压倍加的效果，并且由于电路中电容的充电（实线方向）和放电（虚线方向）电流方向相反，恰好省去了磁开关磁芯的复位电路。这一特性使得这种电路形式可以在很高的频率下工作。

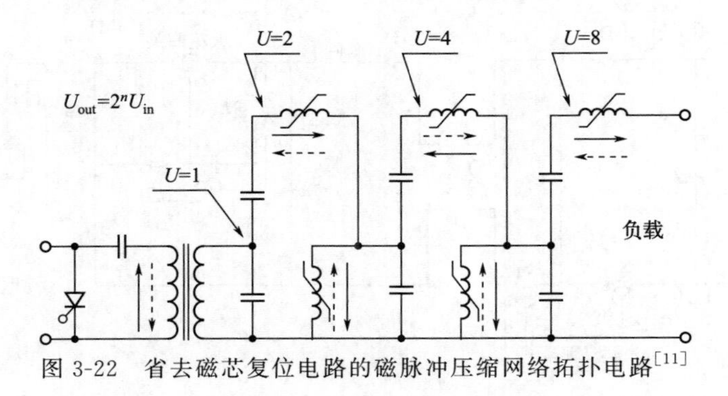

图 3-22　省去磁芯复位电路的磁脉冲压缩网络拓扑电路[11]

根据单级和多级磁压缩脉冲电源，可以输出不同的纳秒级脉冲高压信号，但输出频率一般在 2kHz 以下。此外，由于磁开关电源是负载决定输出，因此负载的形式对放电效果会产生明显影响，所以在应用中，一般会将放电回路并联一定阻值的纯电阻负载[12]。

与常规电源（直流、交流）激励放电的特性不同，纳秒脉冲电源激励的放电物理过程比较复杂，例如，高电压施加的时间较短，导致流柱未充分发展形成火花通道；放电可直接进入高能量密度模式，不单纯依靠光电离形成的高能电子引发的电子雪崩。利用纳秒脉冲电源提供的高电压可以产生高功率密度及高约化电场，进而激励富含活性粒子的大气压低温等离子体，实现大气压空气中的大面积放电，因此具有广阔的发展和应用前景。

纳秒脉冲电源作为脉冲放电等离子体应用的核心，其开关器件是决定电源输出参数的重要元件，目前常用的 IGBT、MOSFET 等元器件串并联形成的组合开关和无需复位的磁开关等均能产生稳定的纳秒级脉冲。然而，相较于传统低温等离子体电源（直流、交流），纳秒脉冲电源相关技术目前尚不成熟。随着等离子体应用需求的不断发展，生物医学、航空航天等领域对电源技术紧凑化、轻量化的需求日益迫切，因此，如何在保证脉冲参数输出和开关器件散热的情况下进一步压缩电源的体积和重量，是纳秒脉冲电源发展的新方向。

3.4.1 单开关纳秒脉冲电源

图 3-23 所示为基于单火花开关的纳秒脉冲电源系统，包括全桥整流电路、IGBT 触发控制及其保护电路、*CLC* 谐振电路、升压变压器、*LCR* 触发电路以及 2 级 TLT 传输电路。交流输入通过接触调压器调节，其本质为匝比连续可调的自耦变压器，可将日常使用的 220V、50Hz 的交流电压平滑地从零调到 300V 后输出。本节分别针对 *CLC* 充电过程和 *LCR* 触发电路等进行介绍。

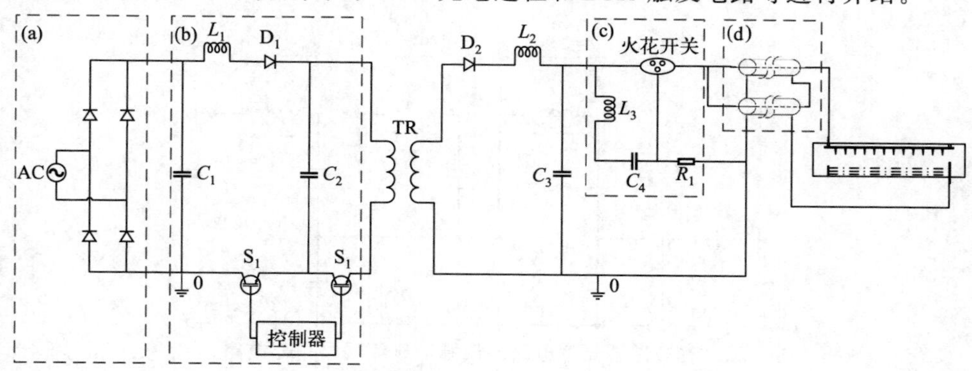

图 3-23　纳秒脉冲源电路示意图

(a)—全桥整流电路；(b)—*CLC* 谐振电路；(c)—*LCR* 触发火花开关；(d)—传输线变压器

（1）脉冲源主电路充电过程

图 3-24 所示为脉冲源主电路充电过程。电路中滤波电容 C_1 为 300μF，低压电容 C_L 为 4μF，高压电容 C_H 为 1.3nF，充电电感 17μH，变压器变比 1∶70。当开关 S_1 导通，C_1 通过电感向低压电容充电，电压 U_{CL} 开始上升，同时充电电流 I_{CL} 上升，当低压电容充电完成，此时电压达到最高值，电流值为零，由于电路中二极管单向导通，因此不存在反向电流，电流波形呈现完整的半波。当开关 S_2 导通，低压电容通过变压器向高压电容 C_H 充电，随着 U_{CL} 电压下降高压电容电压 U_{CH} 上升到 17kV，等待触发电路 LCR 工作输出纳秒脉冲，低压电容电压 U_{CL} 恢复至初始状态等待下一个工作周期。

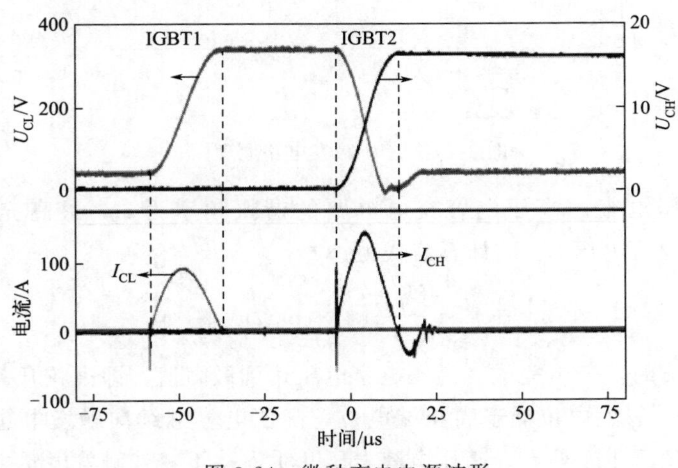

图 3-24　微秒充电电源波形

（2）*LCR*（电感 *L*-电容 *C*-电阻 *R*）触发电路

传统的两电极气体火花开关通常采用半球形电极，当高压极与低压极之间电压差高于气隙击穿电压时，火花通道形成，开关导通，但是这种火花开关结构存在着电极烧蚀严重、使用寿命不长且抖动较大的问题。笔者团队采用三电极结构气体火花开关，在高压极与低压极之间引入触发极，提高间隙数量，双间隙设计相较单间隙设计可以提高火花开关工作电压，电极之间电场分布更加均匀。当某一间隙击穿，电场重新分布，另一间隙之间电压差提高，发生自击穿，易于形成多通道放电，火花开关导通，因此能够缩短输出电压的上升前沿，降低开关的抖动时间，减少开关的火花电感。

为提高火花开关的工作电压，并且正常导通，需要给触发极提供一定的触发电位。笔者团队利用电阻、电容和电感设计了 *LCR* 触发回路（原理如图 3-25 所示），实现火花开关的过压导通。电路左边部分为上文提到的第二个谐振回路，C_3 为高压储能电容，L_3、C_5、R_1 分别为触发电感、触发电容和触发电阻。A 点电压为火花开关高压极电压，B 点为触发极电压，A-B 之间为第一个火花隙，B-C 之间为第二个火花隙，Z 为负载。

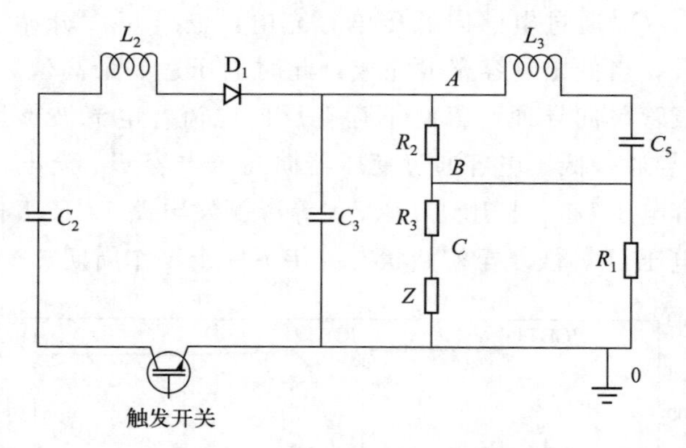

图 3-25　LCR 触发电路原理图

假设低压电容向高压电容充电电路的谐振频率为 ω，最高充电电压为 $U_{\max}$，高压电容电压 U_C 的计算公式为：

$$U_C=\frac{U_{\max}}{2}[1-\cos(\omega t)] \tag{3-27}$$

当 $\omega t=\pi$ 时，充电完成，高压电容电压达到最高值，即火花开关高压极电位达到 $U_{\max}$。触发电位低于高压端电位，高压电容继续向触发电容充电，由于后者电容值远小于前者，高压电容电压几乎保持不变。触发电感主要作用是限制回路电流，对于电压触发电位影响很小，为简化分析，触发电感忽略不计。此时，触发电阻电压 U_s，即火花开关触发极电位计算公式为：

$$U_s=\frac{U_{\max}}{2}\times\frac{\omega\tau}{1+(\omega\tau)^2}\left(\exp\left(-\frac{\pi}{\omega\tau}\right)+1\right)\times\left(-\frac{t-\pi/\omega}{\tau}\right) \tag{3-28}$$

式中，$\tau=RC$，为触发回路的时间常数。U_C 和 U_s 的差值为第一个火花间隙电压。U_s 下降速率高于 U_C，随着两者电位差逐渐增大，当达到气隙击穿电压时，气隙击穿，高压极电位降落到触发极，第二个间隙自动过压击穿，火花开关完成导通。

火花开关的工作性能受到运行环境因素（如气压、空气湿度等）的影响。笔者团队针对火花开关的工作性能进行了仿真模拟，仿真原理图如图 3-25 所示，将各元件视为理想器件，运行时温度不改变，主要研究 LCR 触发回路中触发电位的变化，以及元件参数对电路的影响，因此，触发开关的导通与否不影响研究结果。由于一般仿真程序的元件库中没有三电极气体火花开关，并且在计算运行前需要生成完整的网表，原理图中不允许出现悬浮点（未连接的点）。由于火花隙未击穿时，高压极与触发极、触发极与低压极之间电阻极大，均可近似认为处于断路状态，因此在仿真中采用 2MΩ 电阻替代火花隙。此处分别测量 A 点、B 点电位，即可得到高压极电压和触发极电压。

当触发电容为 100 pF，触发电阻为 2MΩ 时，仿真结果如图 3-26(a) 所示，U_H 表示高压电极电压，U_T 为触发电极电压。仿真结果表明，高压储能电容充电完成后，电压缓慢下降，经过 300μs，下降值约为 1kV；然而，触发电极电压下降速率远大于高压储能电容电压，经过 300μs，降低了 2.5kV。在触发电位下降的过程中，两者电位差逐渐增大，当高于间隙的击穿电压时，火花隙导通。如图 3-26 右所示，实验测量波形与仿真结果一致，数值上的微小差异主要因为元件参数不同和回路中存在一定分布电容和分布电感。由于火花开关为三电极双间隙结构，且三个电极间距相等，触发极电压约为高压极电压的一半，此时处于最理想状态，可以保证火花开关的三个电极同时导通。

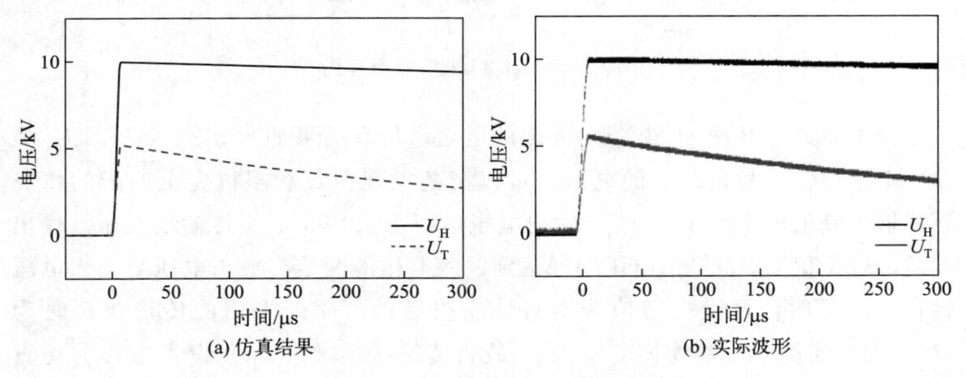

图 3-26　*LCR* 触发回路实验

(3) 传输线变压器

传输线变压器输出方式多样且灵活，以 2 级传输线为例，可进行串联、并联以及独立输出，不同输出方式的示意图如图 3-27 所示。当采用 2 根长度为 3.0m 的 RG217 同轴电缆组成 2 级 TLT，单根同轴电缆的特性阻抗为 50Ω，输入端并联，输入阻抗为 25Ω 时，输出方式为串联、并联和独立输出的匹配阻抗分别为 100Ω、25Ω 和 50Ω。2 级 TLT 串联输出可以获得 2 倍电压，并联时则可获得 2 倍电流。为了提高反应器上的放电电压，在输出端可采用串联连接。2 级 TLT 电路的等效原理图如图 3-28 所示，C 为高压储能电容，S 代表火花开关，Z 为负载。

为了更清楚地了解 TLT 的升压过程，使用 PSpice 程序对传输线变压器电路进行仿真模拟，假定传输线为无损耗的理想传输线，输入源为 1.3nF 的高

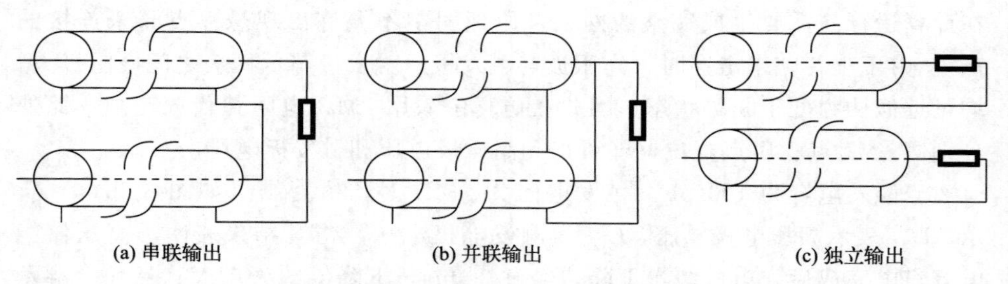

图 3-27　TLT 输出端不同输出方式示意图

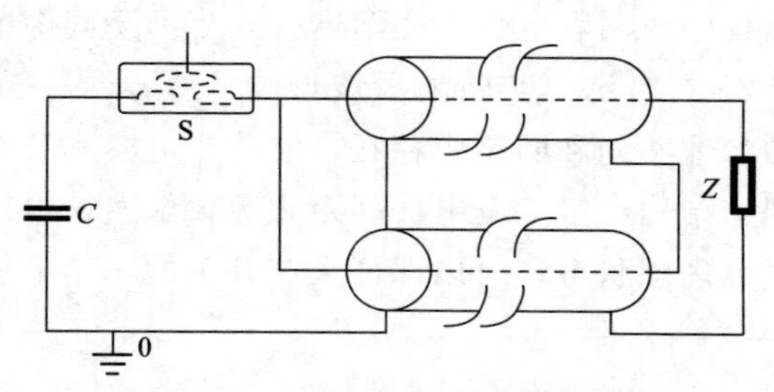

图 3-28　二级 TLT 等效原理图

压储能电容放电脉冲，负载为 100Ω 的电阻。仿真结果如图 3-29 所示，U_{in} 为输入电压，U_{out} 为负载上的电压，可以清楚发现在负载阻抗完全匹配的情况下，输入峰值电压为 10.4kV，输出电压达到 20.8kV，2 级传输线变压器输出增益的理论值为 2，输出电压刚好达到输入电压的两倍。输出电压与输入电压存在一定延时，这是由传输线本身性质决定的。此处采用的传输线延时为 5ns，因为实验中传输线长度为 3m，故将传输线延时（T_D）设为 15ns。仿真结果中，输入电压峰值与输出电压峰值时间差为 15ns。

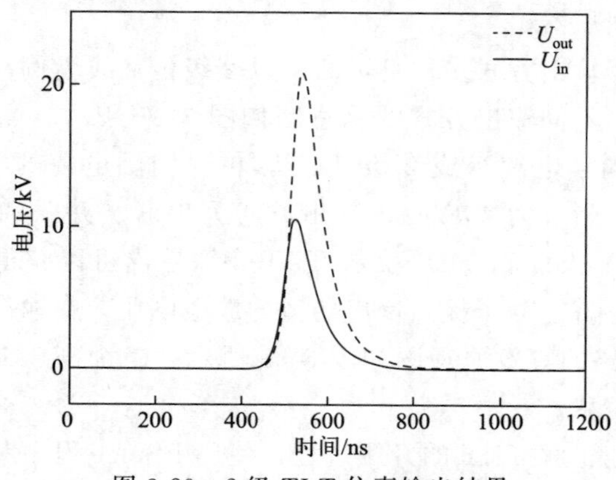

图 3-29　2 级 TLT 仿真输出结果

在实际中，通常很难将负载阻抗与 TLT 完全匹配，为了观察负载阻抗不匹配的情况下 TLT 输出波形的区别，对负载阻值也进行了参数扫描分析，仿真结果如图 3-30 所示。当高压储能电容的容值、电压条件相同，负载为 25Ω 的电阻时，负载阻抗小于输出匹配阻抗条件，其输出电压峰值为 9.4kV，输入电压峰值为 8.4kV，电压增益为 1.12 倍。当负载阻抗为 200Ω 时，负载阻抗大于输出匹配阻抗条件，输出电压峰值为 26.6kV，输入电压峰值为 11.7kV，达到输入电压的 2.27 倍。当负载阻抗偏小时，脉冲尾部出现振荡，呈现欠阻尼状态。当负载阻抗偏大时，输出电压峰值提高，脉冲宽度延长。

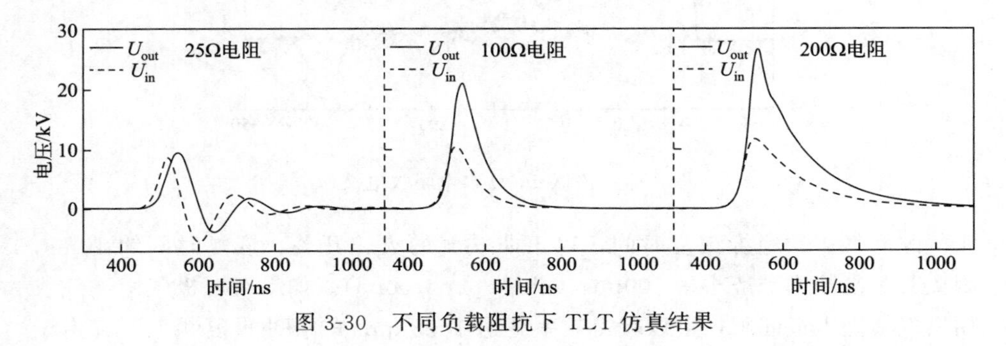

图 3-30　不同负载阻抗下 TLT 仿真结果

为研究纳秒脉冲电源的特性，可以自制无电感的阻性负载水电阻作为负载进行测量。水电阻两端盖子材质为铝板，筒身为有机玻璃，内部溶液采用无水硫酸钠配制，通过调节硫酸钠的含量可以配制不同阻值的水电阻。由于此处传输线变压器输出端为串联形式，故自制水电阻阻值为 100Ω。

将水电阻接入纳秒脉冲电源，火花开关内部气压设定为 0.16MPa，脉冲频率设定为 200Hz，得到如图 3-31 所示的放电波形。U_{CH} 表示高压储能电容电压，U_{out} 和 I_{out} 分别表示水电阻两端的电压和电流。脉冲电压的上升时间为 15ns，脉冲宽度为 27ns，峰值电压为 19kV，高压储能电容电压为 13kV，输出电压约为输入电压的 1.5 倍，未达到理想的 2 倍电压，负载阻抗与 TLT 没有完全匹配，根据放电波形及仿真结果判断此时处于欠阻尼状态。负载电压没有达到 2 倍的原因为：①电路传输过程及火花开关存在一定损耗；②水电阻溶液的温度在放电过程中略微上升，溶液温度上升，硫酸钠的溶解度因此上升，水电阻阻值下降，放电波形呈现欠阻尼状态。实验结束后测量发现水电阻阻值变为 89Ω。

火花开关单次运行时的性能是非常优越的，具有闭合速度快、导通电压高、耐受电流大、能量损耗小和结构简单等特点，在脉冲功率中得到了广泛的应用。但使用火花开关存在两个需要解决的问题：①火花开关的重复频率受制

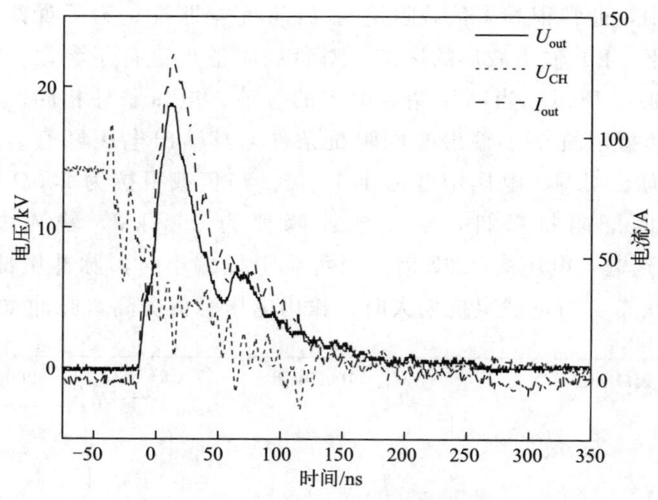

图 3-31 串联 100Ω 水电阻放电波形

于气隙间气体的绝缘恢复时间，对于非吹气的火花开关，恢复时间约 10ms，因此其重复频率一般小于 100pps（pluse per second）。如果对电极气隙吹气或用氢气填充电极间隙，可以获得频率高达 1～3kpps 的脉冲重复频率。②由于开关金属电极的烧蚀会限制开关的使用寿命。采用耐烧蚀的金属（如铜钨合金）作为开关电极、特殊的电极结构（如间隙可调式的开关设计）、增大电极面积等可以优化和延长火花开关的寿命。

基于 LCR 触发的空气火花间隙和适当的谐振电路，可研发非吹气开关的便携式纳秒脉冲电源，能够在大气压下，以 500pps 的重复频率稳定运行，如图 3-32 所示。

图 3-32 基于火花开关的便携式高重频纳秒脉冲电源及其激励的等离子体（见彩插）

3.4.2 多开关纳秒脉冲电源

多开关脉冲技术由闫克平于 2001 年提出[13]。该电路可以像马克思发生器（Marx 发生器）一样实现多个火花开关的自动同步。与上述多开关电路相比，它的优点是不仅可以实现电压叠加，还可以实现电流叠加，或者用于驱动多个负载。采用该技术已成功开发出带有 10 个火花开关的高效大功率纳秒短脉冲电源。

（1）基本原理

图 3-33 所示为基于 TLT 的多开关脉冲电路的一个示例，它包括两个火花开关（S_1、S_2）和一个两级 TLT。在 TLT 的输入端，两个完全相同的电容器 C_1 和 C_2 通过开关与 TLT 串接。在输出端，TLT 的各级可以串联在一起实现电压倍增［如图 3-33(a) 所示］，或者并联在一起来获得电流叠加［如图 3-33(b) 所示］，或者用来驱动多个独立的负载［如图 3-33(c) 所示］。TLT 由同轴电缆构成，磁环用来增加 TLT 的二次阻抗 Z_s，Z_s 指 TLT 相邻两级之间由外导体形成的波阻抗。

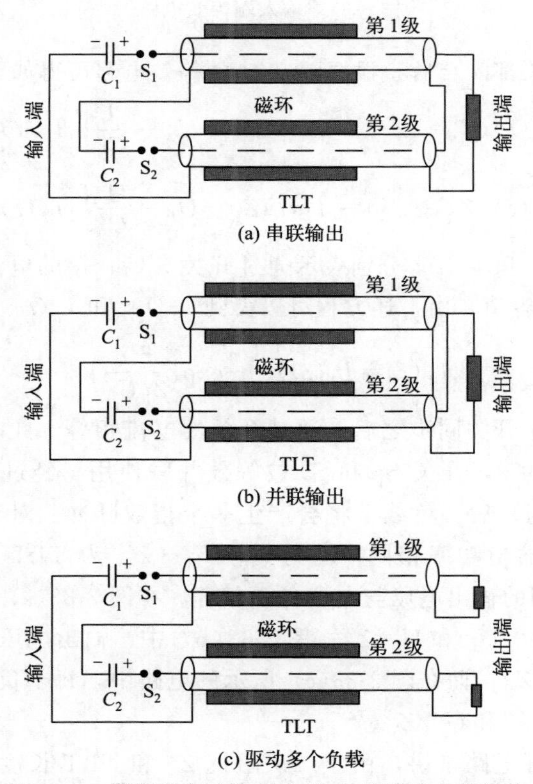

图 3-33　带有两个开关基于 TLT 的脉冲电路拓扑

假设 TLT 理想匹配，并且相邻两级间的传输时间远大于开关同步所需时间，则我们可以得到如图 3-34 所示的输入端等效电路。图中，Z_0 为构成 TLT 的同轴电缆的特征阻抗。设电容器 C_1 和 C_2 的起始电压为 U_0，任何时候当其中一个开关（如 S_1）闭合而另一个（S_2）依然断开时，压降 U_{12} 将会出现在

二次阻抗 Z_s 上。由图 3-34 的电路可知，$U_{12}=[Z_s/(Z_0+Z_s)]U_0$。因为 Z_s 远大于 Z_0，二次阻抗 Z_s 上的压降 U_{12} 最大可达 U_0。并且由于开关的寄生电容远小于电容器 C_1 和 C_2 的电容，未闭合开关（S_2）上的压降将会从 U_0 升高至 U_0+U_{12}（最大为 $2U_0$），从而使第二个开关（S_2）在短时间内闭合。

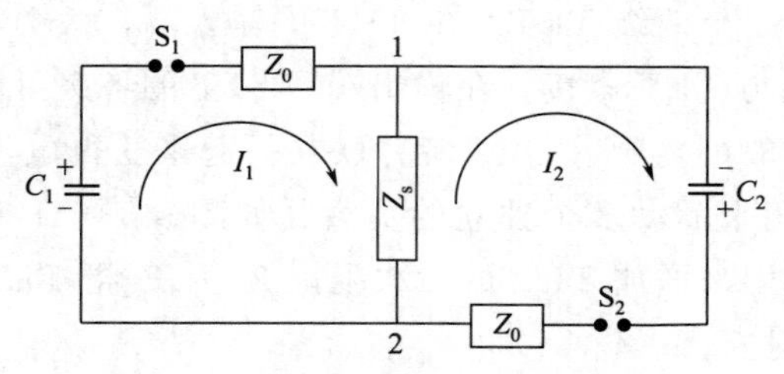

图 3-34　输入端等效电路

在所有的开关都闭合后，根据图 3-34 的等效电路可得如下方程：

$$\begin{cases} I_1(t)(Z_0+Z_s)-I_2(t)Z_s=U_0-\dfrac{1}{C_0}\displaystyle\int_0^t I_1(t)\mathrm{d}t \\ I_2(t)(Z_0+Z_s)-I_1(t)Z_s=U_0-\dfrac{1}{C_0}\displaystyle\int_0^t I_2(t)\mathrm{d}t \end{cases} \tag{3-29}$$

式中，$I_1(t)$ 和 $I_2(t)$ 分别表示通过开关 S_1 和 S_2 的电流；C_0 表示电容器 C_1 和 C_2 的电容值。由上述方程可以得到 $I_1(t)$ 和 $I_2(t)$ 的表达式：

$$I_1(t)=I_2(t)=\frac{U_0}{Z_0}\exp\left(\frac{-t}{Z_0C_0}\right) \tag{3-30}$$

可见，当两个开关同步之后，通过开关的电流相等。此时，二次阻抗 Z_s 上的压降 U_{12} 降为 0，开关 S_1 和 S_2 被等效并联使用。经过一小段时间延迟（TLT 的渡越时间）后，负载上将会产生一个指数脉冲。对于图 3-33 中的所有电路，它们的输出功率相同，均为 U_0^2/Z_{in}（Z_{in} 为 TLT 输入阻抗，等于 $Z_0/2$）；然而它们的输出电压与电流各不相等。在图 3-33(a) 中，输出电压和电流的峰值分别为 $2U_0$ 和 U_0/Z_0；图 3-33(b) 中，输出电压和电流的峰值分别为 U_0 和 $2U_0/Z_0$；而在图 3-33(c) 所示的电路中，每个负载上的电压和电流的峰值分别为 U_0 和 U_0/Z_0。

对于一个实际电路来讲，由于二次阻抗 Z_s 和 TLT 长度的有限性，上述等效电路并不能非常精确地描述出开关行为，但它展现了该电路的基本工作原理。目前，还没有一个通用模型可以用来描述各种不同的情况（如长脉冲或者负载不匹配等情况）。图 3-34 中的等效电路适用于纳秒脉冲的产生。

为了研究该电路的实际工作特性，针对图 3-33(b) 所示电路开展了相应的实验。实验中所用电容器 C_1 和 C_2 的电容均为 1.3nF；所用火花开关间隙为 12mm，S_1 为可触发开关，S_2 为自击穿开关；TLT 由 1.5m 长的同轴电缆 RG217 构成，负载为 25Ω 的电阻。当电容器 C_1 和 C_2 充电完成时，开关 S_1 被触发首先闭合。图 3-35 所示波形描述了该电路工作过程中电容器 C_1 和 C_2 正极上的电压变化。起初电容器 C_1 和 C_2 充电到 28kV。当开关 S_1 闭合时，电容器 C_2 正极上的电压随之上升直至开关 S_2 被迫闭合（两开关闭合时间间隔为 31ns)。S_2 闭合时电容器 C_2 正极上的电压为 51.5kV，为理论峰值 56kV 的 92％。

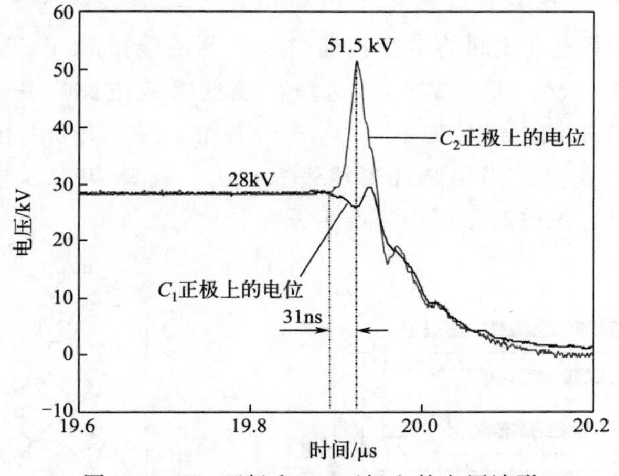

图 3-35　C_1 正极和 C_2 正极上的电压波形

图 3-36 为通过开关 S_1 和 S_2 的电流波形。C_1 和 C_2 的电容值 1.3nF，开关电压为 28kV。由该图可以看出，开关的工作过程可以分为两个完全不同的阶段。当开关 S_1 在－38.8ns 被触发时，第一阶段（即同步过程）开始。在同

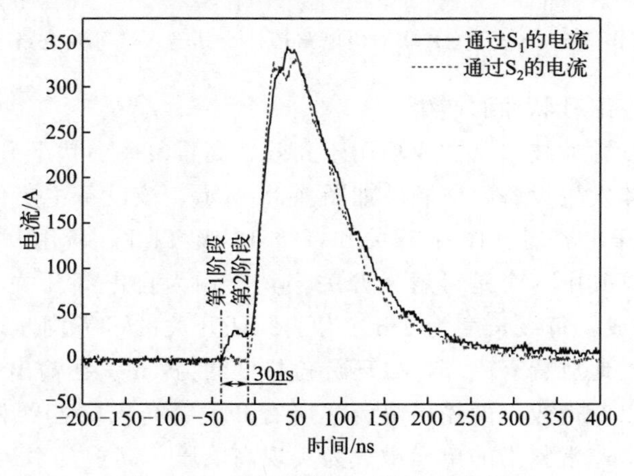

图 3-36　通过开关 S_1 和 S_2 的电流

步过程中，由于实验中引进了充电电路，通过 S_1 的电流存在一个小的预脉冲。在开关 S_1 闭合约 30ns 之后，开关 S_2 闭合。此时，第一阶段结束，第二个阶段（放电过程）开始。在放电过程中，电容器 C_1 和 C_2 通过开关 S_1 和 S_2 同时向 TLT 迅速放电，放电电流波形几乎相同。结合图 3-35 和图 3-36 可以看出，尽管两个开关在相对长的时间内（约 30ns）先后闭合，但电容器在所有开关都闭合后才开始同时迅速放电。

理论上，图 3-33 中的电路结构可以拓展到任何开关数目。作为示例，图 3-37 给出了带有三开关并联输出的电路拓扑及其输入端的等效电路。在图 3-37(a) 中，三个完全相同的电容器通过三个开关连接到 TLT，TLT 的各级在输出端并联在一起。图 3-37(b) 为输入端的等效电路，其中 Z_{s1}、Z_{s2} 和 Z_{s3} 分别表示 TLT 第 1 级和第 3 级、第 1 级和第 2 级、第 2 级和第 3 级之间形成的二次阻抗。此外，当用脉冲形成线（PFL）或者 PFN（脉冲形成网络）来替代电容器时，该电路亦可用来产生方波脉冲。

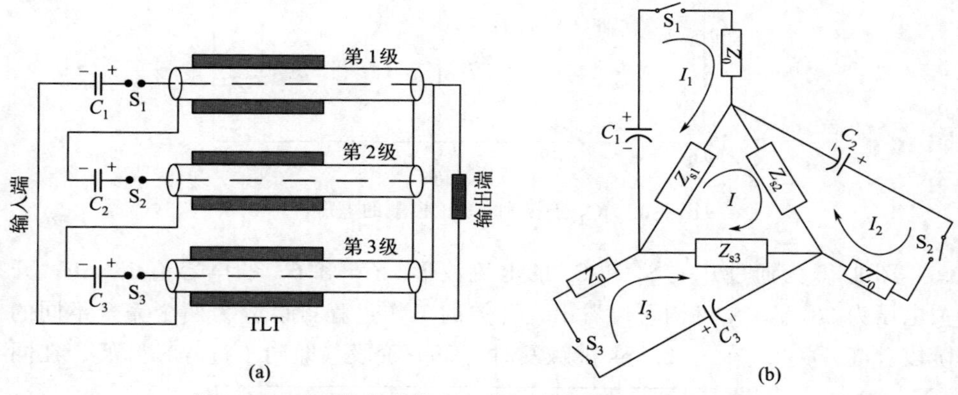

图 3-37　三开关并联输出电路拓扑及其输入端等效电路

（2）高功率纳秒脉冲的产生

多开关纳秒脉冲技术已被成功用于高效、高重复率、快上升沿的大功率纳秒脉冲等离子体发生设备的研制。如图 3-38 所示，该设备主要包括 19 个充电电感、10 个高压电容器、10 个开关和一个 10 级 TLT。所用开关都是高气压吹气火花开关，其中一个是可触发开关，其余均为自击穿开关。TLT 由同轴电缆 RG218 构成，每级长度为 2m。为了保证开关的可靠同步，在构成 TLT 的电缆上选择性地放置有磁环，磁环覆盖长度约为 1m。在输出端，TLT 的各级并联在一起以获得较大的输出电流。所有开关、高压电容器和 TLT 的输入端被集成在一个非常紧凑的单元中。为实现高电压、高重复率运行，压缩空气流被用来冷却火花开关。

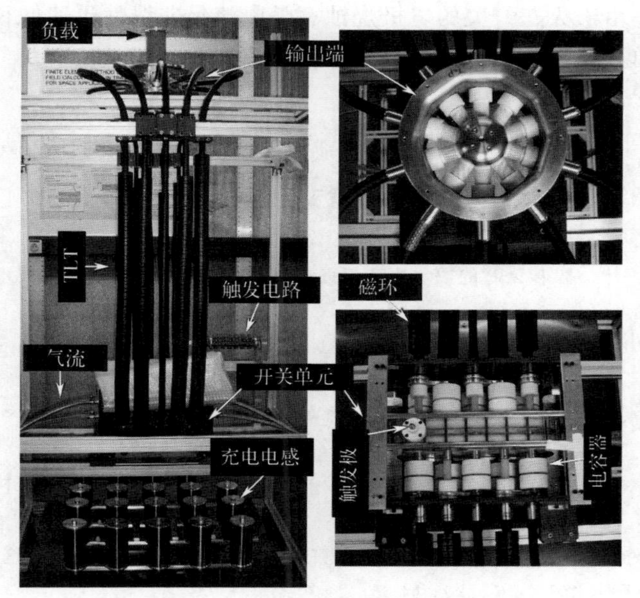

图 3-38 十开关纳秒脉冲电源

实验表明，10个火花开关可以在大约10ns内实现同步，且输出电流可达开关电流的10倍。该发生器已经在300pps重复率下成功运行，其性能如下：10%～90%脉冲上升沿约为10ns，脉冲宽度约为55ns，输出功率峰值300～810MW，单次脉冲能量为9～24J，电压峰值40～77kV，电流峰值6～11kA，能量转换效率为93%～98%。图3-39是开关电压为69.7kV时的输出电压和电流波形图。电压和电流峰值分别为76.8kV和10.95kA，它们的脉冲上升沿分别为10ns和11ns。它们对应的输出功率和能量分别为810MW和24.1J。与基于单个开关的系统相比，该发生器的优点为，每个开关的电流为总开关负荷

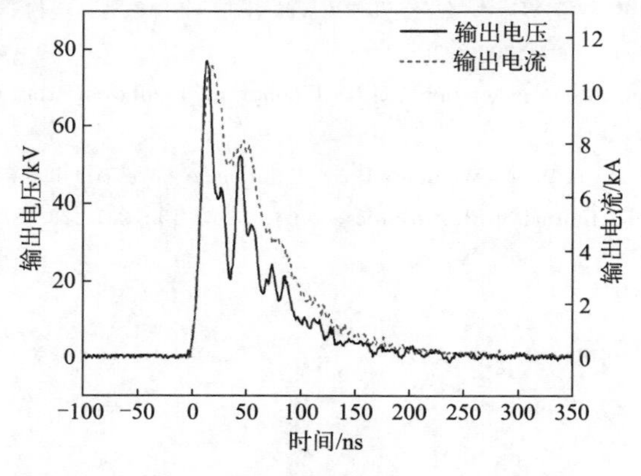

图 3-39 十开关系统输出电压和电流波形

的十分之一；由于火花开关的电极烧蚀率随电流呈非线性迅速增长，因此该系统的寿命与单开关系统相比可延长100倍以上。

参考文献

[1] 张春林，严萍．基于DSP的数字化高压直流电源的研究［J］．高电压技术，2008（10）：2240-2243.

[2] Xiong Q, Lu X, Ostrikov K, et al. Pulsed DC and sine-wave-excited cold atmospheric plasma plumes: a comparative analysis [J]. Physics of Plasmas, 2010, 17: 043506.

[3] 王立娟，李俊，王中武．基于DSP的高频高压交流电源的优化［J］．电子器件，2018，41（6）：1587-1591.

[4] 辛纪威，李占贤，赵潞翔，等．基于ZVS双管自激电路的等离子体电源设计［J］．电源学报，2021，19（6）：179-186.

[5] 张鑫，曹沛，马英麒，等．一种基于零电压开关的脉冲调制等离子体激发系统的研究［J］．科学技术与工程，2016，16（22）：64-68.

[6] Korzec D, Hoppenthaler F, Burger O, et al. Atmospheric pressure plasma jet powered by piezoelectric direct discharge [J]. Plasma Processes and Polymers, 2020,17 (11): 2000053.

[7] 王伟骞，李占贤．小型高压交流等离子体电源模块的设计与研究［J/OL］．电源学报，1-11［2024-04-14］．http://kns.cnki.net/kcms/detail/12.1420.TM.20221209.1120.001.html.

[8] 孙冰．液相放电等离子体及其应用［M］．北京：科学出版社，2013：63-75.

[9] 陈竑钰．阵列式脉冲等离子体射流灭活芽孢的实验研究［D］．杭州：浙江大学，2022

[10] Li S, Hu S, Zhang H. A novel nanosecond pulsed power unit for the formation of ·OH in water [J]. Plasma Science and Technology, 2012, 14 (4): 312-315.

[11] 张东东，严萍，王珏，等．单级磁脉冲压缩系统分析［J］．高电压技术，2009，35（3）：661-666.

[12] 章程，顾建伟，邵涛，等．大气压空气中重复频率纳秒脉冲气体放电模式研究［J］．强激光与粒子束，2014，26（4）：203-209.

[13] Yan K. Corona plasma generation [D]. Eindhoven: Eindhoven University of Technology, 2001.

[14] Yan K, Smulders H W M, Wounters P AA F, et al. A novel circuit topology for pulsed power generation [J]. Journal of Electrostatics, 2003, 58 (3-4): 221-228.

第 4 章

低温等离子体发生设备

等离子体发生设备是产生各种形式等离子体的基础。当前，低温等离子体主要通过气体放电产生，根据等离子体激励源（电源）的性质可分为直流放电（DC discharge）、交流放电（AC discharge）、直流叠加交流放电（AC/DC discharge）、射频放电（RF discharge）、微波放电（microwave discharge）和脉冲放电（pulsed discharge）等；根据反应器的放电结构可分为介质阻挡放电（dielectric barrier discharge，DBD）、空心阴极放电（hollow cathode discharge）、沿面放电（surface discharge）、滑动放电（gliding discharge）和射流放电（jet discharge）等[1]。

本章梳理了低温等离子体设备及系统的基本分类和设计原则，对其技术原理、发生电源、装置结构、研究现状和发展问题进行介绍，以期促进该技术的研究和应用。其中，介质阻挡放电和流光电晕放电设备发明较早，已经被广泛用于污染物处理、微生物灭活和材料改性合成等领域。而基于介质阻挡放电和电晕放电过程研发的射流等离子体设备，则实现了电场与等离子体的分离，将低温等离子体应用范围进一步拓展至生物医疗领域。此外，与介质阻挡放电同样“历史悠久”的静电除尘技术在近年也开始出现静电迁移叠加低温等离子体氧化的新型应用形式。本章主要对介质阻挡放电设备、流光电晕放电设备、射流等离子体设备、新型静电除尘设备等进行简单介绍。

4.1 介质阻挡放电成套设备

4.1.1 基本设计原则

介质阻挡放电（dielectric barrier discharge，DBD）是一种将绝缘介质插入放电间隙的一种非平衡态气体放电，也称无声放电，早期主要作为大规模生产臭氧的方法。臭氧是一种氧化和杀菌性能极高的氧化剂，被广泛用于食品加工存储与保鲜、医疗卫生及餐具消毒和水处理等行业。臭氧易分解为氧，不便于收集贮存，通常需在常温或低温下现场生产。当前，臭氧的生产方法主要有紫外照射法、电解法、放射化学法和介质阻挡放电法等[2]。其中，介质阻挡放电法可以大规模生产臭氧，单台DBD反应器每小时的臭氧产量甚至可达几百千克[3]。由于绝缘介质能够防止电弧放电持续发生，同时变化的电场在电极间隙中形成大量的电流脉冲微放电，在微放电中包含着大量的活性粒子[4]，因此DBD也是目前高效产生大面积低温等离子体的主要方法[5]。在氧气或空气放电条件下，DBD产生的臭氧及其分解产生的活性氧是低温等离子体氧化性的主要来源，因此在DBD设备的等离子体应用领域，通常以臭氧产生效率来评估低温等离子体的放电效率[6]。

只考虑电子撞击时，DBD放电效率与有效折合电场强度E/N（effective reduced electric field strength，其中E为电场强度，N为气体密度）相关[7]。E/N的物理意义为平均自由程内，电子通过电场加速作用所获得的能量，常用单位为Td（$1\text{Td}=10^{-17}\text{V/cm}^2$），$E/N$是低温等离子体非平衡度的一个量度，影响其中平均电子能量的大小和分布。在氧气中放电时，臭氧产率在$E/N\approx100\text{Td}$时最大；$E/N>100\text{Td}$时，臭氧产率则随E/N增大而减小。在空气中放电时，臭氧在$E/N=180\text{Td}$时产率最高。当$E/N>200\text{Td}$且温度$>350\text{K}$时，臭氧浓度随能量密度的增加而迅速降低至0g/m^3。氧气分解为氧原子的效率取决于场强和电子能量，离子携带的能量对氧气分解无效。通常DBD的放电间隙为1～3mm，气压在0.1MPa左右，工作气体为干燥洁净的空气或氧气，DBD微放电的一些特性如表4-1所示。

表4-1　DBD微放电的主要特性

项目	参数	项目	参数
气体压强p	10^5Pa	电流密度j	100～1000A/cm^2
电场强度E	0.1～100kV/cm	电子密度N_e	10^{14}～10^{15}m^3
有效折合电场强度E/N	100～300Td	电子平均能量T_e	1～10eV
微放电寿命τ	1～10ns	电离度α	10^{-4}
微放电电流通道半径r	0.1～0.2mm	周围气体温度T_g	300K
单个微放电中输送的电荷量Q	(100～1000)×10^{-12}C		

平行板式或同心圆筒式结构的DBD等离子体反应器中，放电间隙的电场可近似为均匀分布，可通过发生击穿时的电晕起始电压U_a求出气体击穿的帕邢场强U_a/Nl。根据气体放电有关理论，考虑微放电中电子雪崩的局域本征电场加强（通常认为比平均击穿场强高50%），因此，E/N也称作有效击穿场强（effective breakdown field strength）。

$$E/N=f(Nl) \tag{4-1}$$

Nl 为气体分子数密度（N）和放电间隙（l）的乘积，在相同气体成分、电极材料条件下，E/N 仅是 Nl 的函数。根据电子能量和 E/N 的关系，可以得到平均电子能量和 Nl 的关系。在实际的 DBD 等离子体反应器中，可以通过改变 Nl 值来改变 E/N，达到调整平均电子能量大小及其分布的目的，即可以通过改变间距 l 和气压 p 的大小（即调整 N 的大小）在一定程度上进行低温等离子体化学反应过程的优化。由此可见，E/N 是一个联系微观和宏观的桥梁，可以将电子能量与宏观可控的设备运行和设计参数 p、l 联系起来，从而实现 DBD 放电等离子体的性能调节。除气体压强 p、放电间隙 l 外，DBD 设备的介质介电常数 ϵ、输入电压频率 f、载气成分和输入电压极性都会影响微放电的通道半径、寿命、电流密度等性质，进而影响 DBD 设备的运行效果。

目前大型 DBD 反应器主要采用同轴式 DBD 放电技术：以玻璃为介质，放电间隙为 0.5～2mm，放电管直径为 20～50mm，长度为 1～3m；电源频率为 50Hz 到几千 Hz，电压为数千伏到数十千伏，放电面积可达几百平方米，电极区域能量密度一般为 1～10kW/m^2。单个罐体的臭氧产生率约为 100kg/h[8]。目前 DBD 反应器大多采用高压变压器，体积大、耗能高、效率低，而大型工业应用时对 DBD 反应器的要求是能耗低、操作简单、维护少，因此需对反应器、气源和电源等进行优化。

4.1.1.1 放电反应器

放电反应器中，电场强度与放电间隙成反比。减小放电间隙可以提高低温等离子体的放电效率，降低对输出电压的要求，使结构紧凑化。一般板式反应器的放电间隙比管式反应器更小。放电间隙还会影响微放电特性，如改变气流量、沉积能量以及冷却电极上的热流量等，进而影响活性基团产率。合适的放电间隙和介质层厚度可以影响放电功率和介质等效电容，进而维持均匀的丝状放电（图 4-1），使低温等离子体能够稳定作用。

图 4-1 DBD 的微放电通道照片[9]

Kitayama 等[10] 提出较窄的放

电间隙可以提高 E/N，减少放电间隙和使电极保持较低温度，从而抑制低能电子引发的臭氧分解过程。但窄放电间隙也加剧了气体分子、原子间的相互碰撞，影响活性物质生成与分解。对于以臭氧、氧原子为主的活性基团的反应动力学而言，控制微放电内部的等离子体条件非常重要[11]。当气源和能量输入给定时，微放电等离子体条件的控制可以通过改变气压、放电间隙宽度、介质的介电常数和厚度以及放电电流来调节，需要合适的微放电条件才能激发和分解氧气和氮气分子。最初，电子在电场中获得的主要能量存储在激发态原子和分子上。电子撞击氧气分子，在不同的能量下得到两种不同的状态，在6.1eV的能量下得到 $A^3\Sigma_u^+$，在8.4eV的能量下得到 $B^3\Sigma_u^-$，臭氧和氧原子可在三元反应中形成，M是第三种碰撞参与者，可以是氧气、臭氧、氧原子、空气或者氮气。O_3^* 是一种短暂的激发态，在大气压下氧气形成臭氧的时间是几微秒。下列反应式中氧原子也参与反应，与臭氧发生形成竞争[12]。

$$e^- + O_2 \longrightarrow e^- + O_2(B^3\Sigma_u^-) \longrightarrow e^- + O(^3P) + O(^1D) \tag{4-2}$$

$$e^- + O_2 \longrightarrow e^- + O_2(A^3\Sigma_u^+) \longrightarrow e^- + O(^3P) + O(^3P) \tag{4-3}$$

$$O + O_2 + M \longrightarrow O_3^* + M \longrightarrow O_3 + M \tag{4-4}$$

$$O + O + M \longrightarrow O_2 + M \tag{4-5}$$

$$O + O_3 + M \longrightarrow 2O_2 + M \tag{4-6}$$

$$O + O_3^* + M \longrightarrow 2O_2 + M \tag{4-7}$$

上述反应过程会消耗氧原子，降低氧原子的浓度，在微放电中这是很难避免的。当放电太弱时会产生离子，导致能量损失；放电太强时则会导致副反应。这两种情况都要避免，才能为DBD等离子体生成找到最佳的微放电条件。

空气放电条件下，N^+、N_2^+、氮原子以及激发态原子和分子都参与了复杂的反应过程。采用20%的氧气和80%的氮气模拟干空气或者湿空气，计算单个放电脉冲过程中的化学变化，可见产物中除了臭氧外，还有一系列的氮氧化物生成，包括NO、N_2O、NO_2、NO_3 以及 N_2O_5。在干空气中，氮气分子的激发或者分解产生的氮气原子和激发态的 $N_2(A^3\Sigma_u^+)$ 和 $N_2(B^3\Pi_g)$，导致的一系列反应可以产生额外的氧原子。

$$N + O_2 \longrightarrow NO + O \tag{4-8}$$

$$N + NO \longrightarrow N_2 + O \tag{4-9}$$

$$N_2(A^3\Sigma_u^+) + O_2 \longrightarrow N_2O + O \tag{4-10}$$

$$N_2(A^3\Sigma_u^+, B^3\Pi_g) + O_2 \longrightarrow N_2 + 2O \tag{4-11}$$

在空气中DBD放电时，约有一半的臭氧是从这些间接过程中产生的。因此，在空气中臭氧形成的时间（约100μs）要比在纯氧气气氛中（约

10μs）长。

4.1.1.2 放电电源

大功率DBD放电电源经历了工频（50Hz/60Hz）、中频（几百Hz～几千Hz）和高频（＞10kHz）三个发展阶段。提高放电频率能够减小装置尺寸、降低运行电压，是DBD放电电源的主要发展方向。其中，脉冲电源能够使放电管在无需冷却的同时维持较高电场强度，从而降低能耗，提高低温等离子体反应效率。同时，脉冲波形可以有效避免传统电源的振荡损耗，从而增加注入反应器的能量。空气中的正流光脉冲放电能够产生氧原子（O）和羟基自由基（·OH）等活性粒子。在介质阻挡放电反应器中，窄脉冲放电产生的自由基可达中低频电源下的4倍以上。值得注意的是，单极性电源会使DBD设备积累电荷，形成拖尾电压，从而造成间歇火花放电，降低注入能量，引发电流分布不均等问题，而采用双极性脉冲电源可解决上述问题。

DBD放电参数对于了解放电过程、分析负载特性有着重要参考价值。DBD放电的特征参数包括介质阻挡电容、气体放电电容和放电维持电压等，均与其供电电源的主回路参数关系密切。DBD负载参数获取方法主要有计算法和Lissajous图形测量法[13]。计算法需要得知DBD负载物理结构的几何尺寸，根据几何尺寸用物理公式计算出介质电容和气隙电容以及放电功率等数值，这种方法较为粗糙，难以保证准确度，可能存在较大误差，此外，加工误差和材料涨缩等因素会导致实验结果不可靠，因此该法在DBD负载参数获取中已鲜有采用。与计算法相比，Lissajous图形测量法可以同时获取多种特征参数，结果更为可靠准确，因此Lissajous图形测量法已经成为测量DBD负载放电参数的主流方法。

Lissajous图形测量法中，将DBD放电装置等效为由电极、气隙和介质层串联而成的有损耗电容器，对电源等效为电阻和电容值可变的电阻性和电容性兼有的阻容性负载[14]。当电源激励电压未达到击穿电压时，电极间无电流传导，此时DBD反应器可等效为气隙电容和介质电容的串联。当激励电压达到击穿电压后，放电间隙中的气体被击穿导通，此时有放电电流出现，由于放电间隙内电阻远大于容抗，且该电阻是非线性的，可将DBD发生器等效为气隙等效电容（需与一个固定压降的二极管相并联）和介质等效电容相串联的电容。在放电反应器和地电位之间加入一个测量电容C_m，用于测量放电传输的电荷量Q。选取一个合适的值，使得C_m远大于DBD反应器的总电容，则可认为C_m的引入不影响DBD放电过程，所测得的电量Q即为DBD反应器所传输的电荷量。DBD反应器运行时，C_m两端测得的电压记为U_m，则有$Q=$

C_mU_m。U 为反应器高压端电压值，把 U 作为横坐标，Q 作为纵坐标，绘制出如图 4-2 所示的图形，图中所示为封边的图形，有两组平行边，接近平行四边形，该图形称为 Lissajous 图形。该图形的两组平行边分别对应放电阶段和充电阶段。AB 和 CD 边对应的是充电阶段，空隙中没有等离子体放电，但是有电流存在为反应器等效电容充电，其斜率 K_{ch} 对应的电容为 C_d 和 C_g 串联后的总电容（$K_{ch}=1/C_d+1/C_g$）。BC 和 AD 边对应的是放电阶段，这个阶段中气体被击穿，这个阶段的斜率 K_d 为 $1/C_d$。其中，C_d 为电介质等效电容，C_g 为放电间隙等效电容。

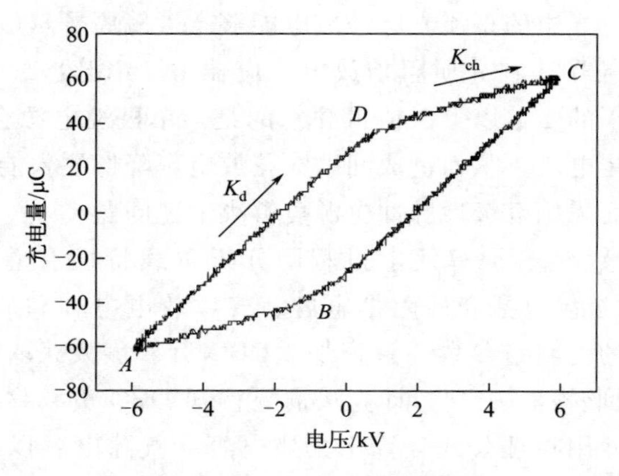

图 4-2　Lissajous 图形示意图

根据介质阻挡放电的特性，可知其放电过程分为两个阶段：第一阶段为充电阶段，当加载于放电间隙上的电压小于放电临界电压 U_a 时，放电间隙无放电产生；第二阶段为放电阶段，当加载于放电间隙上的电压大于放电临界电压 U_a 时，放电间隙有放电产生，此时放电间隙电压保持不变，不随外加交变电压升高而升高，稳定在临界电压 U_D 上，如图 4-2 所示。从该平行四边形两条边的斜率即可分别求得绝缘介质电容 C_d 和放电间隙电容 C_g。因此，通过 Q-U 闭合 Lissajous 曲线的计算可得到负载有关数据，如 C_d、C_g、放电临界电压 U_a 以及放电过程的功率消耗 P 等。

当放电间隙、介质厚度、介质种类、介质相对位置等反应器条件发生变化时，Lissajous 图形均会随之变化；此外，电压、电源种类等电源条件的变化也会对 Lissajous 图形产生显著影响。对实际应用而言，DBD 反应器放电功率是最为关键的运行参数之一。但由于 DBD 放电电流是由丝状微放电所组成的，电压和电流间相位变化无规律，使功率的测量和计算都比较复杂。根据 DBD 放电反应器的工作机理，在供电电压没有达到使气隙击穿的临界电压时，可以将其等效为介质电容 C_d 和气隙电容 C_g 两个电容器的串联；当放电发生后，放电间隙呈现导电性质，此时放电气隙两端的电压基本保持不变，因此可将放电时的气隙等效为有一定固定压降的器件。

设供电电压为 $U=U_0\sin(2\pi ft)$，放电气隙的电压为 U_s，并在放电期间保持不变，介质层上的电压 U_a 为：

$$U_a=U_0\sin(2\pi ft)-U_s \tag{4-12}$$

则介质层上储存电荷量 Q 为：

$$Q=C_dU_a=C_d[U_0\sin(2\pi ft)-U_s] \tag{4-13}$$

在 DBD 电路中，气隙和介质层是串联的，因此气隙中的瞬时放电电流和流过 C_d 的位移电流相等，有：

$$I_g=I_d=\frac{dQ}{dt}=2\pi fC_dU_0\cos(2\pi ft) \tag{4-14}$$

瞬时放电功率 P_t 为：

$$P_t=U_sI_g=2\pi fC_dU_sU_0\cos(2\pi ft) \tag{4-15}$$

设发生放电时的起始电压为 $U_{cs}=U_s(C_d+C_g)/C_d$，对该式积分，并且根据每周期内发生两次放电（正、负半周各一次），有：

$$P=4fC_dU_s(U_0-U_{cs})=4fC_dU_s\left(U_0-\frac{U_s(C_d+C_g)}{C_d}\right) \tag{4-16}$$

尽管以上讨论是基于正弦波形的情况，但是上式对其他波形也是适用的。由式（4-16）可以看出，放电功率的大小和供电电压、频率有关，而且受到介质层性质的影响。对于一定几何形状、气隙宽度、运行压力的 DBD 反应器而言，提高放电效率的办法包括提高供电频率、增大供电电压、选用高介电常数介质层和降低介质层厚度等。选择介质层的厚度应考虑机械强度、介电强度和散热等要求。此外，过高的运行电压会缩短介质层寿命，过大的放电功率也会因为严重发热而损坏介质层。在 DBD 反应器的设计中，放电功率则主要通过调整输入电压和频率来调节，合理的运行电压、脉冲频率、放电功率等电气参数，需要进行相应的实验研究，兼顾冷却和介质层寿命与可靠性，以形成切实可行的技术方案。

4.1.1.3　气源

DBD 反应器载气中的水分会促进臭氧和活性基团的分解，从而降低放电效率，因此各种气源都须经过净化干燥。DBD 反应器的气源一般为干燥空气、纯氧气、氧气和氮气混合物[15]。采用空气源时需要结合净化装置和干燥装置，现场制备出干燥洁净的空气；使用氧气源可以现场制备氧气，也可以使用液氧罐；使用氧气和氮气的混合物时，需要把氧气和氮气按照一定比例混合均匀后供气。

气源中的氢气或者碳氢化合物均不利于臭氧发生。大型 DBD 反应器多采用纯氧或氧气与氮气（体积分数为 1%）的混合气作为气源，掺入的氮气可以提高臭氧发生率。一般认为，当 N_2 体积分数为 20%～30%时，产生的臭氧浓度最大[16]。臭氧产生量与氧气体积分数的开方成正比，空气源与氧气源的臭氧生成效率有这样的关系：$\eta_{O_2} \approx 2.2\eta_{air}$。前者能耗为 7.5～10kW · h/kg$O_3$，后者则为 20kW · h/kg$O_3$。空气源产物还有众多氮氧化物，如 N_2O、NO、NO_2、NO_3、N_2O_5。有水分存在时，还有 HNO_2 和 HNO_3 生成。Braun 等认为 N_2O_5、NO_2、NO_3 对臭氧的生成有重要的影响，它们之间存在关系：$NO_2 + NO_3 \rightleftharpoons N_2O_5$。在低压或高温条件下，反应向左进行，而 NO_2 和 NO_3 会加剧臭氧的分解[17]。Crutzen 和 Johnston 提出，类似的反应会间接影响到平流层臭氧浓度[18]。

空气源或氧气源下均应保持较低的露点，这样可以把水蒸气的含量限制为百万分之几。气源中的水分对 DBD 发生有两个不利的影响：一方面它增加了电介质的表面电导率，导致更强烈的微放电；另一方面，在 · OH 和 HO_2 自由基的形成过程中，· OH 自由基会与 NO 和 NO_2 分子迅速反应，分别转化为 HNO_2 和 HNO_3，会大量消耗活性基团，降低低温等离子体反应效率[19]。

在一定的 NO/NO_2 下，减小空气体积流量或注入过多能量均会彻底破坏活性基团的形成过程，即放电中毒。此时氧原子消耗快于臭氧形成速度，气相产物以 NO、NO_2 和 N_2O 为主。NO_x 对 DBD 反应器效率的影响很大，当存在 NO 和 NO_2 时，其参与反应的速率极快，因此即使 NO_x 体积分数仅有 0.1%时也会强烈影响臭氧和活性基团的形成，在臭氧发生器中注入示踪 NO 和 NO_2，可以明显观察到臭氧的生成受到抑制。

在 DBD 反应器运行的初始阶段，活性基团发生效率会逐渐提高，而长时间运行后会出现“臭氧零现象”。即使 DBD 的 Lissajous 图形和放电发射光谱等放电特征未发生显著变化，也会出现这样的情况[20]。产生这种现象的原因可能是不锈钢电极表面被改变了，不锈钢电极表面暴露在荷电粒子、臭氧、氧原子以及高能光子中，这些活性粒子与不锈钢电极相互作用，腐蚀了不锈钢电极表面。当使用不锈钢电极作为阴极时，如果放电电压不发生周期性变化，在臭氧零现象下，不锈钢电极会随着放电时间发生持续损耗。采用纯氧气源时，这种现象会加剧。添加 NO 或者 N_2 能有效抑制臭氧零现象。在气源中加入 H_2 或者碳氢化合物会对臭氧的生成有抑制作用，有机物与氧原子反应，消耗氧原子，从而减少臭氧的产生。当气源中碳氢化合物体积分数大于 1%时，对臭氧的产生有着强烈的抑制，这时在产物中几乎检测不到臭氧[21]。

4.1.1.4 冷却系统

输入 DBD 反应器的能量中，只有 4%～12%可用于臭氧合成、活性基团生成和等离子体过程，其余能量大多会转化为热量。放电间隙的温度升高时，会导致放电效率降低。例如，当放电间隙的温度高于 30℃时，臭氧浓度急剧下降，因此 DBD 反应器需要有效冷却。

常见的 DBD 反应器多采用风冷、水冷（液冷）或双液冷（如油-水冷）等冷却系统。小型 DBD 反应器多采用结构简单、造价低廉的风冷方式；大型 DBD 反应器则多采用水冷或双液冷系统。冷却液温度一般小于 30℃。改善冷却效果的方法有二：一是降低冷却介质的初始温度，降低工作气体温度和增加冷却介质的流量；二是强化冷却介质扰动效果，增加发生器侧的传热系数。

DBD 反应器放电间隙的温度计算可参照式（4-17）。

$$T_{avg}=\frac{1}{l}\int_{0}^{l}T(x)\mathrm{d}x=\frac{W/S}{3k}l+T_{wall} \tag{4-17}$$

式中，T_{avg} 是放电间隙平均温度，℃；S 是放电面积，m^2；l 是放电间隙长度，m；k 是放电区气体的热导率；T_{wall} 是冷却电极表面温度，℃；W 是用于臭氧分解的能量，J。从该式可以看出，当能量输入增加、放电间隙增大或冷却电极表面温度升高时，放电间隙的温度都会随之升高，增大热传导系数和放电面积则会降低放电间隙温度。

影响放电间隙温度的一个重要因素是 DBD 注入能量密度。提高注入能量、增加放电间隙或升高电极温度都会升高放电间隙的温度，而增大放电面积和热导率则可降低放电间隙的温度。Suehiro 等[22] 采用深冷技术，使 DBD 反应器的电极和放电室温度保持在 170K，制得质量浓度为 $146g/m^3$ 的臭氧，产生效率为 212.5g/(kW·h)。放电间隙的温度升高是臭氧浓度降低甚至完全消失的重要原因。放电间隙的温度高于 30℃时，臭氧浓度会随着温度的继续升高急剧下降；空气源 DBD 反应器在 800℃的高温下，产物主要为氮氧化物。

4.1.2 常用的介质阻挡放电成套设备

放电反应器是 DBD 成套设备的最核心部分，从结构上主要可以分为板式和管式两类。管式 DBD 包括卧管和立管两种，工业 DBD 反应器多采用圆筒状卧式放电管，直径一般为 20～50mm，长度一般为 1～3m，放电管表面覆盖绝缘介质，与接地极之间形成环状的 0.5～1mm 宽的放电间隙。典型的 DBD 反应器都有接地外电极，该外电极内部有水或者气体流过，作为热交换器实现放电管的冷却，外电极与覆盖着介质层的内电极共同组成放电反应器。板式DBD反应器对放电间隙的控制则更为方便。此外还有其他类型的DBD反应器，比如填充床式、金属网格式、管式和板式的组合式等，如图 4-3 所示。

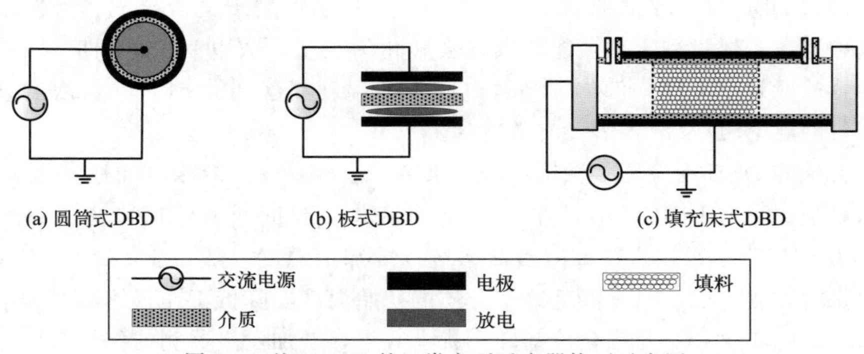

图 4-3　基于 DBD 的三类主要反应器构型示意图

填充床式 DBD 反应器的放电原理为：当交流高压加载在反应器两极上时，绝缘介质的颗粒开始极化，并在颗粒的接触点周围产生强电场，这些强电场进一步导致微放电的发生。所选用的填充介质颗粒的介电常数较高（一般在1000 以上），典型的填充介质有 Al_2O_3 和 $BaCO_3$ 等。这种反应器构型虽然对污染物有较好的降解效果，但是由于反应器内的放电区域中充满了介质颗粒，其处理相同流量下的气体所需的总体尺寸比其他构型的尺寸要大，并且气体在反应器中受到的阻力较大，压力损失较高，从而对系统的风力设备要求较高，因此，填充床式反应器不适宜处理大风量废气。

在同样的体积下，板式反应器和列管式反应器比填充床反应器的孔隙更大，且易于改变气体通过的间隙，因此具备处理大风量工业有机废气的潜力。由图 4-3 可见，列管式反应器的放大是通过将一系列管式反应器阵列组合而得，而平板式反应器的放大通过层层叠放的介质层与电极层的简单叠加即可。由于平板本身具备二维结构，所以在放大过程中比仅具备一维线性结构的管式反应器要更简易、更经济。

4.1.2.1　放电电极和绝缘介质材料

由于 DBD 的放电产物如臭氧、氧原子等活性基团具有强氧化能力，因此，必须选择耐氧化能力强的电极材料，一般采用不锈钢乃至特种不锈钢等。介质材料则决定了 DBD 反应器的活性基团产量和放电处理效率，需要在一定的温度和压力下保持足够的物理强度、稳定性，良好的导热性、阻燃性和绝缘性。最重要的介质特性是其相对介电常数，一般而言，介电常数值越高越有利于

DBD的稳定发生。常用的介质材料包括云母类、玻璃类、陶瓷类和树脂类，详见表4-2。

表 4-2　常用介质材料

材料	介质损耗因数 tgδ	相对介电常数 ε	耐压值 /(kV/mm)	体积电阻率 /(Ω·cm)
滑石瓷	0.0008～0.0035	5.9～6.1	7.9～13.8	10^{17}
镁橄榄石瓷	0.003～0.007	4.1～5.4	5.1～9.1	10^{16}
Al_2O_3 瓷	0.0003～0.002	8.2～10.2	9.9～15.8	10^{16}
尖晶石瓷	0.0004	7.5	11.9	10^{14}
莫来石瓷	0.004～0.005	6.2～6.8	7.8	10^{14}
MgO 瓷	0.001	8.2	8.5～11.0	10^{14}
BeO 瓷	0.001	5.8	9.5～13.8	10^{16}
ZrO_2 瓷	0.01	12.0	5.0	10^{9}
ThO_2 瓷	0.0003	13.5	5.3	10^{10}
CeO_2 瓷	0.0007	15	—	10_9
热导 SiC 瓷	0.05	40	0.07	10^{13}
热导 AlN 瓷	0.001	8.8	14～17	10^{14}
BN 瓷	0.001	4.2	35.6～55.4	10^{14}
Si_3N_4 瓷	0.0001	6.1	15.8～19.8	10^{14}
石英玻璃	0.0003	3.8～5.4	15～25	10^{15}

玻璃因其易于加工、价格低廉的特性被广泛用作DBD反应器的介质材料，尤其是用于小型的DBD反应器。目前常规玻璃介质材料精度偏低，大长度的玻璃管制造工艺缺乏，采用玻璃作为放电介质还存在着相对介电常数较低、受压易碎、受热不均易爆裂等问题。相比玻璃而言，搪瓷的相对介电常数较高、耐腐蚀性能较好，且其负载工艺较为简易，也是一种常用的介质材料。陶瓷材料热导率性能好，且耐腐蚀，是一种较为理想的介质材料，无论是从电气强度还是相对介电常数方面，陶瓷材料都要优于玻璃和搪瓷。

把平行的薄电极带沉积在陶瓷管上，这种构型主要应用在小型的臭氧发生器上。这种电极结构最早由S. Masuda和他的合作者于1988年提出[23]，该结构对臭氧发生的影响很小，但是在其他领域有着广泛应用，如等离子体改性以及等离子体显示领域。由于国内陶瓷制造和加工技术的快速进步，以陶瓷作为介质的DBD反应器已经开始进行工业示范应用。闫克平等提出了以特种陶瓷为介质阻挡材料的脉冲放电（ceramic dielectric barrier pulse discharge，CPD），可适应各种工况的工业应用，如图 4-4 所示，用于废气处理时，处理风量可达 180000m^3/h[4]。一些组合材料也被应用于 DBD 反应器，如云母片组合材料，适用于高度潮湿的条件。近年来，有机高分子材料作为一种新型的介质材料受到广泛研究，其在绝缘和耐腐蚀方面有着优异性能，另外还有阻燃、轻质、无毒、卫生等优点。

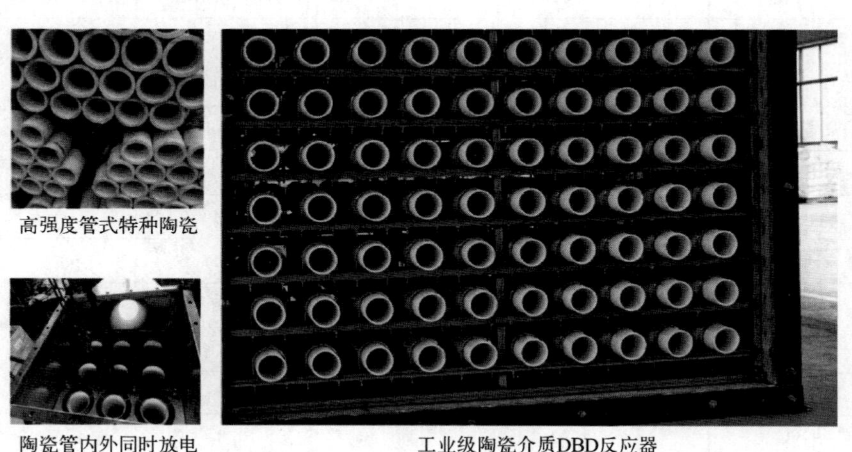

图 4-4　用于工业示范的 CPD 反应器[4]（见彩插）

目前工业 DBD 反应器常采用非玻璃介质喷涂在不锈钢管壁的构型。一些介质层喷涂附着在电极上，这些覆盖着涂层的不锈钢管比起传统的玻璃管更结实。放电管用保险丝保护起来，当介质故障时保险丝熔断从而隔离故障模块，其他的放电管可以正常工作。大型的臭氧发生器将成百上千个放电管放置在不锈钢容器内部，为大规模臭氧制造提供所需的放电区域。不锈钢管的外部焊接组成两个平行的法兰终端，从而构成一个密闭的冷却单元，这是一种传统的热交换器结构，可以通过横向的水流冷却。

此外，Itoh 等人采用 $Pb(Zr,Ti)O_3$ 作为压电材料做成压电变压器用于 DBD 反应器，这种 DBD 反应器结构紧凑，电极面积很小，已经被广泛地用于液晶显示器的背景灯转换领域[24]。压电变压器既是高压发生源，同时也是放电电极，可显著优化等离子体发生源体积。Teranishi 等[25] 把压电变压器用于臭氧发生时，发现绝缘电极材料对臭氧合成有很大影响。基于单个压电变压器的 DBD 反应器，在室温条件下得到的臭氧能效为 223g/(kW・h)，尽管能量效率得到提高，但处理效率受到了反应器体积的制约，需要通过增加压电变压器的数量来提高臭氧浓度。

放电电极的几何结构可以采用网状、丝状、刷状、线状、弹簧状、螺旋状、空心电极以及水电极等，以增强电场强度，降低所需放电电压，提高等离子体发生效率或降低能耗。电极结构还可以采用复合形式，如无声放电和沿面放电的复合、电晕放电和沿面放电的复合、无声放电和辉光放电的复合等[26]。臭氧浓度和发生效率是表征DBD发生方法与装置的两个重要参数，臭氧的理论产量可以采用热平衡法计算。氧气和臭氧的发生关系为：$3O_2 \longrightarrow 2O_3$。在臭氧的发生过程中吸收热量值为$\Delta H=+144.8\mathrm{kJ/mol}$，根据式（4-18）可以得出单位能量下臭氧产量为1.2kg，即臭氧的能量效率为1.2kg/(kW・h)。

$$\frac{3600\mathrm{s}\times 1000\mathrm{W}}{144.8\mathrm{kJ/mol}}\times 48\mathrm{g/mol}\approx 1200\mathrm{g} \tag{4-18}$$

DBD反应器的理论臭氧产率为1200g/(kW・h)，但在实际应用中远远达不到该数值，输入其中的能量绝大部分都转化成了热能，只有4%～12%的能量用于活性基团产生和等离子体反应过程。

Nomoto等人利用无声放电和沿面放电的复合，采用O_2（80%）$+N_2$（20%）的混合气源，得到DBD反应器的臭氧能效为110g/(kW・h)，约为纯DBD的2倍；采用氧气源时得到的臭氧能效最大为274g/(kW・h)，约为无声放电的2.5倍[27]。Okita提出了一种板-板式电极结构的DBD反应器，当气源是纯氧气，没有添加氮气时，这种DBD反应器也可以运行，因此，得到的含臭氧尾气中不含NO_x，基于这个原因，这种DBD反应器被用于半导体制作工艺[28]。Gnapowski采用旋转电极，发现其与静止电极相比可减少15%的能耗，电极旋转时反应效率会增加，约为不旋转时的2倍，且发现转速为1200r/min时，臭氧产量达到最高[29]。

4.1.2.2　放电间隙和介质层厚度

现有研究表明，减小放电间隙可以提高活性基团浓度和产率，同时可以降低对电源电压的要求，易于实现DBD反应器的高效紧凑化。电场强度与放电间隙成反比关系，减小放电间隙可以增大电场强度，从而得到较高浓度的臭氧，板式反应器比管式反应器更容易得到较小的放电间隙。

放电间隙和介质层厚度的减小都可以增加放电功率和介质等效电容，从而改变放电特性，有利于活性基团的产生。保持较小的放电间隙和介质层厚度可以实现较为均匀的丝状DBD放电，促进活性基团的稳定生成。Kitayama等[10]提出窄放电间隙有利于提高折合电场强度（E/N），同时在放电的过程中放电间隙升温幅度极小，氧原子的浓度高，可有效遏制低能电子导致的活性基团消耗。板式DBD反应器的放电间隙可以做到很小（<0.5mm），但是窄间隙加强了气体分子、原子以及电极间的相互碰撞，如何控制O自由基和O_3

在材料表面的损耗是实现高效等离子体发生的主要技术难点之一。

图 4-5(a) 为 DBD 反应器在不同放电间隙下，放电功率随放电电压的变化图，可以看出放电功率随电压的变化趋势分为两个阶段：阶段一，当电压增大到一定值时，气隙被击穿，气隙内产生丝状放电通道，随着电压的增大，气隙内部的丝状放电通道数目增多，放电功率随着电场强度的增大和丝状放电通道的增多而缓慢增大；阶段二，当电压增大到某一值时，放电细丝基本上覆盖整个介质表面，此时随着电压的增大，放电功率随着电场强度的增大而快速增大。从图 4-5(a) 可知，在相同的电压下，增大放电间隙会导致放电功率降低。在一定的放电间隙下，介质等效电容随放电电压的增大先增大后渐趋稳定，如图 4-5(b) 所示。在放电初始阶段，介质表面局部放电，放电空间内丝状通道的数目随着电压的增大逐渐增加，DBD 放电逐渐变强，C_d 逐渐增大；当电压增大到一定值，介质表面才完全放电，放电细丝基本上覆盖整个介质表面，C_d 趋于稳定。因此，在同样的电压下，放电间隙 L_g 增大时，C_d 随之变小。

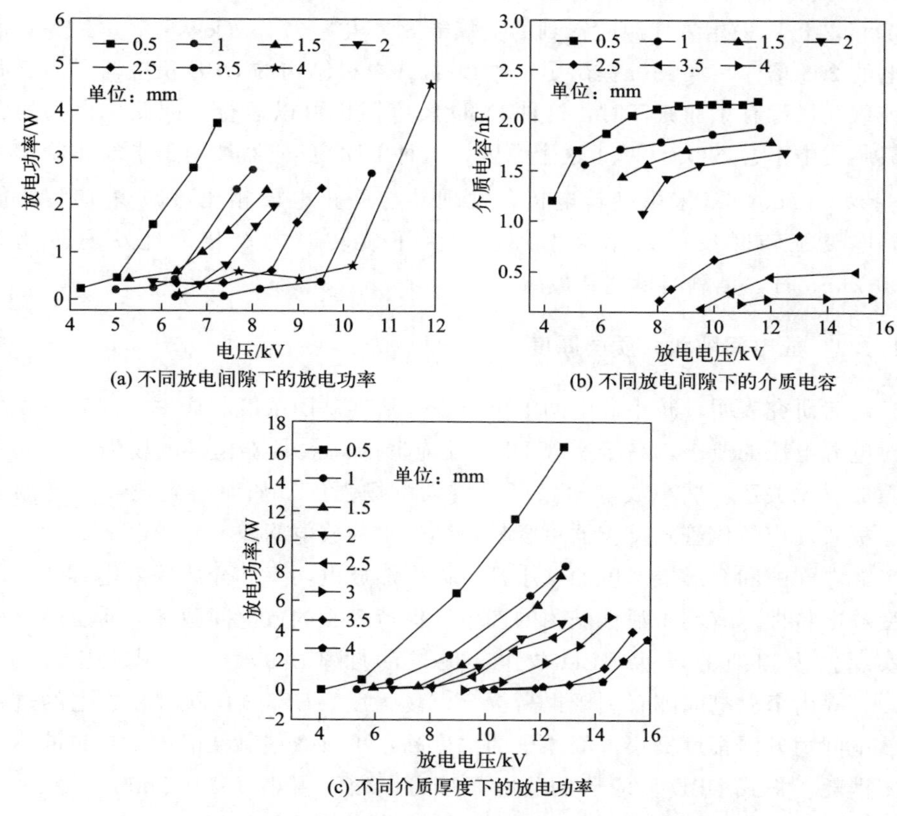

图 4-5 DBD 反应器特性参数随气隙和电压的变化

介质厚度也会影响放电特性。从图 4-5(c) 可以看出，在相同运行电压下，随着介质厚度增大，放电功率变小；介质等效电容随介质厚度增大而减小，放电间隙等效电容 C_g 的值在 190～230pF 之间波动，并无明显变化。因此，当介质厚度较小时，更容易得到较大的放电功率，有利于能量注入。

如图 4-6(a) 所示，在板式介质阻挡放电中，介质的位置可以覆盖在高压极上 [图 4-6(a) 中 A]、接地极上 [图 4-6(a) 中 B]、悬挂在高压极和接地极中间 [图 4-6(a) 中 C]、同时覆盖高压极和接地极 [图 4-6(a) 中 D]。在相同电压下，不同介质布置构型对应的放电功率迥异，从图 4-6(b) 可以看出大小顺序为 B＞A＞C＞D。其中 A 与 B 相近，C 与 D 相近。四者放电间隙电容相近，而 A、B、C 三种构型的介质等效电容相似，均远远大于 D 构型。由于 A 构型结构安全性能好，加工容易，工业上介质阻挡放电反应器常采用 A 构型；如果为了获得较大放电功率，则可以采用 B 结构；C 结构虽然得到的放电功率偏小，但是可以保护极板，防止腐蚀。在上述实验中，A、B、C 三种情况介质厚度均为 1mm，D 中的介质厚度为 0.5mm，高压极和接地极之间的间距均为 3mm，这样四种情况下的介质总厚度均为 1mm，气隙总厚度均为 2mm。

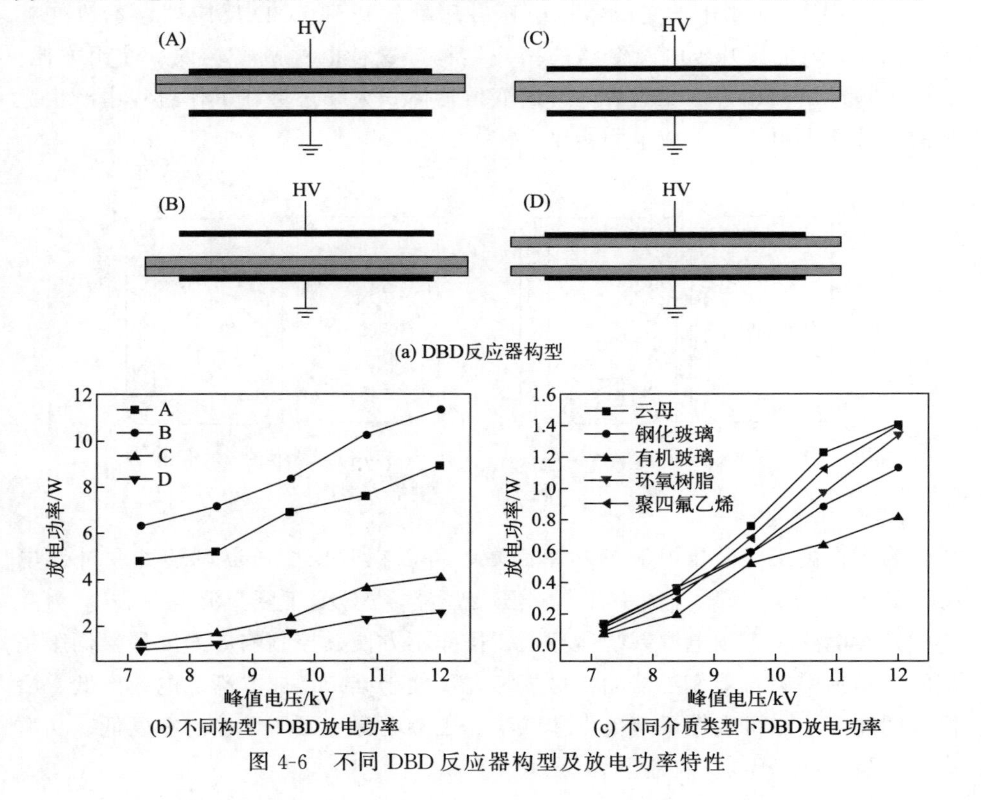

图 4-6　不同 DBD 反应器构型及放电功率特性

绝缘介质的介电常数、耐腐蚀性能、散热性能、物理强度等都对DBD放电有着重要的影响。如图4-6(c)所示，分别采用云母、钢化玻璃、有机玻璃、环氧树脂、聚四氟乙烯等介质制备了DBD放电反应器，探讨不同介质下DBD放电功率的变化。实验中，介质厚度均为5mm，放电间隙为1mm，介质覆盖在接地极上。研究结果表明采用云母介质功率最高，采用有机玻璃的放电功率最低，环氧树脂和聚四氟乙烯相似，均大于钢化玻璃。除有机玻璃外，其他几种介质在同样电压下的放电功率大小和介质等效电容大小与介电常数相关。选用介电常数较大的介质，可以实现更高的放电功率和介质等效电容。

4.1.2.3 电源

DBD工业化应用离不开供电电源的发展，随着电力电子技术、材料技术和控制技术等相关学科与技术的发展，大功率DBD反应器电源经历了低频（50～60Hz)、中频（几百～几千Hz）和高频（>10kHz）三个阶段[30]。早期的电源常采用固定低频和固定中频可变电压电源，固定低频可变电压电源的频率在50～60Hz（有时也称为工频)。早期的介质阻挡放电装置广泛采用工频升压电源[31]，通过升压变压器把电压升压后输送到DBD反应器，不改变频率。图4-7为工频升压电源电路的拓扑结构，这种电源成本较低、使用方便，至今仍被广泛使用，但是这种电源的变压器体积大，还会在工作过程中产生大量的谐波注入电网，造成电力污染。

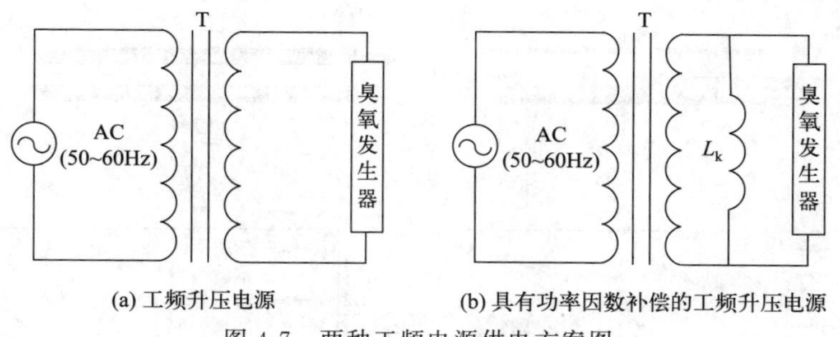

图4-7 两种工频电源供电方案图

为了提高工频升压电源的功率因数，可以在升压变压器副边并联补偿电感，如图4-7(b)所示。图中T为升压变压器，AC为工频交流电源、L_k为并联的补偿电感。工频电源系统体积大、操作不方便、控制响应速度慢，伺服系统的运动易引起自藕变压器的机械损坏，不便于维护、成本高、电效率低、活性基团产量小、可线性调节范围非常窄。工频电源主要用于控制精度低、功率小、产量小的DBD反应器。

当DBD反应器所需的放电电压较高时，工频升压电源的变压器负荷增大，变压器的设计和制造难以满足实际运行的需求，变压器的成本也会增高，而高频放电更有利于DBD反应器产生活性基团和维持反应，因此在工业应用中，中高频供电电源已经逐渐取代了工频升压电源[32]。中频可变电压电源的频率在400～600Hz。这类电源造价低，但效率也低。随着半导体技术的发展，中高频变频技术得到极大的发展，中高频变频的制作工艺得到优化，制作成本进一步降低。采用中高频供电发生臭氧有很多优点，可以在保证能量输入的情况下降低DBD反应器的所需电压，提高DBD反应器运行的安全性和稳定性，也可以使等离子体发生装置更加紧凑。因此，DBD反应器供电电源的高频化研究是能量注入效率的重要方向之一[33]。

(1) 负载谐振电源

介质阻挡放电式（DBD）反应器的负载为容性负载，为了减少电源提供的无功功率，提高其功率因数，需要在负载回路并联或串联补偿电感进行补偿[34]，并用频率跟踪的方法，使工作频率接近于负载回路的谐振频率。如图4-8所示，C_c、L_c分别为滤波电容和电感，Q_1～Q_4为全控型器件、D_1～D_4为与Q_1～Q_4反向并联的二极管，C为电容，L_0为补偿电感，T为升压变压器。三相电经过L_c和C_c整流滤波后，变为直流电压，该直流电压通过由Q_1～Q_4和D_1～D_4组成的逆变桥后，其频率得到改变。

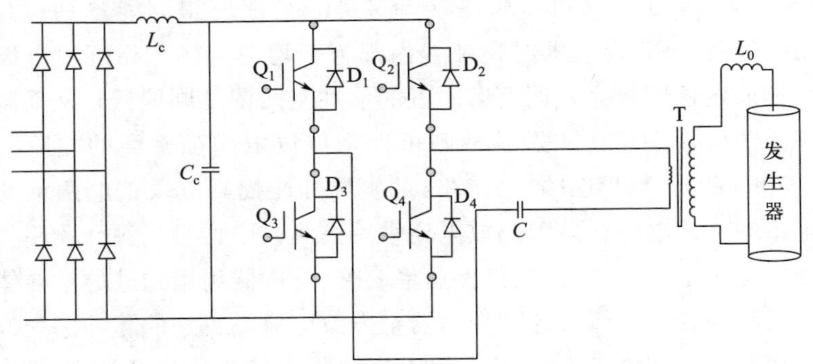

图4-8 串联负载谐振逆变电源拓扑结构图

发生器负载与补偿电感并联时，电源的输出电压波形为准正弦波，输出电流波形为对称方波。与串联负载谐振逆变电路相比，并联负载谐振逆变电路（图4-9）具有较强的抑制短路的能力[35]，这种电路的功率开关管因承受的电压高于直流电源电压，必须具备较高的耐压水准，这势必增大高压自关断元件的制造成本。因此目前工业上应用的DBD电源主要为串联负载谐振逆变电源。

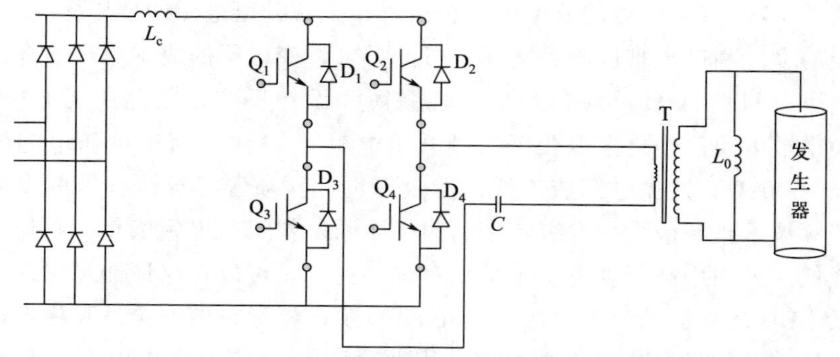

图 4-9 并联负载谐振逆变电源拓扑结构图

（2）脉冲电源

脉冲放电的电压电流波形为非连续的，有利于等离子体化学反应，已经应用在脱硫脱硝等领域，并取得了较好的研究成果。采用纳秒级脉宽的脉冲电源产生 DBD 具有极大的优势，发热量低、活性基团产量高。但纳秒级窄脉冲高压电源仍存在运行寿命与制造成本问题，提高能量注入效率也亟待深入研究。

短脉冲的电压波形陡峭、电压峰值高、脉宽窄，在脉冲出现时，发生器中电场强度瞬间增大，可为活性基团产生提供充足的能量密度；同时，由于脉冲出现的时间短，不会引起显著发热。因此，脉冲 DBD 发生器既能提供足够的能量来产生活性基团，又可以省去冷却装置，还能够提高能量利用效率[36]。例如采用线筒式 DBD 反应器时，装置内部为不均匀电场，靠近线电极区域的电场强度和放电密度较高，而筒壁附近的活性基团浓度则偏低，从而降低了整体活性基团产生效率。注入短脉冲则可以降低放电间隙密度的差距。实验表明，20～50ns 的短脉冲比 100～150ns 的宽脉冲能提高电晕放电两倍的自由基产额，采用短脉冲电源介质阻挡放电比采用高频或中低频电源介质阻挡放电能提高四倍的自由基产额[37]。现代大功率 DBD 反应器利用先进的半导体功率调节技术，以晶闸管或晶体管控制变频器把方波电流或特殊的脉冲序列改变为中频范围，频率一般在 0.5～5kHz。利用这种技术，操作电压降低到 5kV，能够消除介质层被损坏的风险。对大型 DBD 反应器来说，电极区域能量密度一般为 1～10kW/m^2，大型的 DBD 发生装置输入功率可达几个 MW。

随着工业技术的发展，传统的 DBD 反应器的组成及结构也在不断进步。电源、反应器、冷却系统和供气系统均有明显改进。尤其是中高频中压电源（0.4～20kHz，3～20kV）的推广应用，降低了设备能耗，提高了活性基团发生效率，降低了 DBD 设备的运行成本。基于上述的总结，DBD 成套设备仍可从以下几方面进一步改进：①探索新型电极形状和布置方式等以提高 DBD 活性基团发生效率；②采用新型介质材料，深入研究介质材料负载工艺，增加绝缘介质的物理性能，提高系统运行稳定性；③增加系统运行的安全性，对每根放电管增设单独的保护电路，确保一根或多根放电管损坏后，整个发生器仍能平稳工作；④采用中高频电源或脉冲电源，进一步提高电压波形上升沿的陡峭程度，从而降低能耗，提高 DBD 反应器效率，减小设备体积；⑤改进 DBD 反应器的冷却系统，采用双路冷却方式，同时冷却放电极和接地极，提升冷却效率。

4.2　流光电晕放电成套设备

4.2.1　基本设计原则

电晕放电包括流光电晕放电（以下简称流光电晕）和辉光电晕放电（以下简称辉光电晕）两种，如图 4-10 所示。流光电晕氧化性高于辉光。辉光电晕以离子电流为主，放电区域局限在高压电极附近，自由基产量低，且容易随极距变化而转变为其他放电形态。在能量密度 1.35W·h/m^3 的条件下，辉光电晕几乎不能将 NO 氧化为 NO_2；而在同样能量密度条件下，一次流光电晕放电对 NO 的转化效率可达 60%[38]。

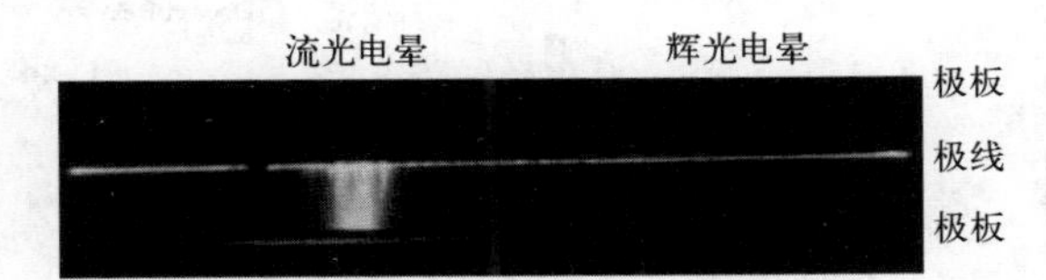

图 4-10　流光电晕放电与辉光电晕放电对比图[40]（见彩插）

在成套放电设备中，产生稳定的流光电晕放电，并保持其不向辉光电晕放电发展并非易事。直流高压系统中电压变化速率低，峰值电场强度也不足以维持流光通道。因此正极性直流电源仅能作为离子源而非自由基发生源，难以控制其放电规模并产生大面积流光电晕。但当电压扰动速率超过 0.2kV/μs 时，辉光电晕开始向流光电晕转变[39]。脉冲电源和直流叠加交流（AC/DC）电源都能产生足够的电压扰动，从而保持电晕放电。脉冲电源多用于气相放电氧化过程，而 AC/DC 电源则多用于液相氧化。AC/DC 电源在直流电压上叠加交流电压（频率为 10～100Hz），此时流光电晕能够持续发生，且维持电压范围扩大，受电极间距的影响也不明显。

基于这种脉冲或交直流叠加电源的流光电晕放电反应器研究和应用进展迅速，作为大气污染治理设备使用时，能量密度和处理风量不断提高，如图

4-11 所示。20 世纪 80 年代初，意大利国家电力公司（Ente Nazionale per l'EnergiaeLettrica，ENEL）在燃煤电厂电除尘器上进行脉冲放电研究，能量密度为 12～14W·h/m^3[40]。1999 年，Nam 等使用磁压缩技术产生的高压脉冲处理烟气（标况下体积流量 5000m^3/h），脉冲峰值电压为 110kV，脉宽小于 1μs，总能耗为 4.0W·h/m^3[41]。1999 年，中国工程物理研究院环保中心建成高压脉冲等离子体中试脱硫装置（体积流量为 12000～20000m^3/h）。2003 年，Lee 等在工业焚烧炉电厂（体积流量为 42000m^3/h）中通过脉冲放电（脉冲峰值电压为 150kV，脉冲频率为 300Hz，脉冲宽度为 500ns）脱硫脱硝，在 1.4W·h/m^3 的能量密度下脱除 99%的 SO_2 和 70%的 NO_x[42]。同年，Chang 等利用直流等离子体喷头来脱硫脱硝，烟气体积流量为 1500m^3/h。脱除能耗分别为 0.11kW·h/kgSO_2 和 8kW·h/kgNO[43]。2006 年，中国工程物理研究院将原中试装置处理体积流量扩大至 40000～50000m^3/h，能量密度小于 3W·h/m^3[44]。

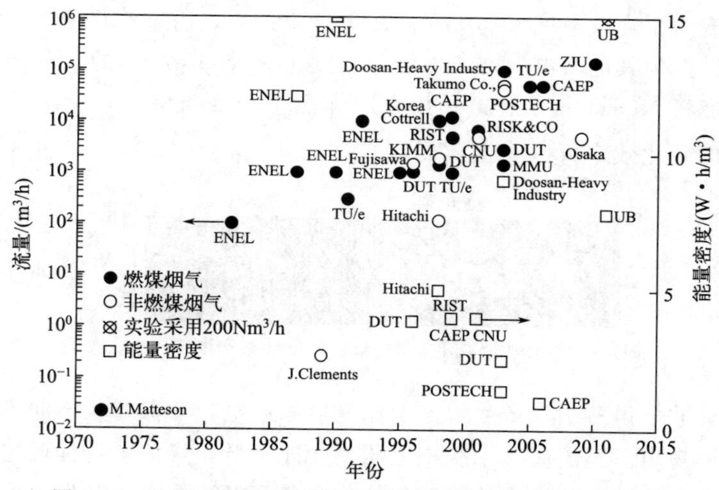

图 4-11 流光电晕放电设备处理流量和能量密度发展图[45]

一般认为，脉冲放电能量效率高于直流或交流放电，且电子获得的能量也高于后两者。大量流注在放电过程中传播延伸，高电场强度的流光头产生与等离子体反应相关的自由基。单个脉冲持续时间短，使得注入能量不会浪费在加热空气的离子运动上。ENEL 中试实验表明脉冲放电可用于脱硫脱硝，影响其进一步工业化的原因有二：①缺乏高功率可靠运行的纳秒脉冲电源；②能量转化效率较低。磁开关和传输线变压器（TLT）是解决上述问题的关键。磁开关是非线性电感，可以陡化电压、减少上升时间。目前采用磁开关技术的脉冲电源峰值电压为 119kV，峰值功率为 596MW，上升时间约为 68ns，但电源效率仅约为 50%。脉冲电源放电时，负载的阻抗在时刻变化。脉冲电压提高则负载阻抗将降低至接近输出电源的阻抗。TLT 通常包括一系列串联或并联的传输线，导线间的分布电感整体均匀，可以用于阻抗匹配、能量反射的吸收或输出电压电流的提高。目前基于 TLT 和火花开关的脉冲电源可以实现上升时间<10ns，峰值电压>70kV，平均功率>30kW，电源效率>90%[46]。

在实际应用中，流光电晕放电设备设计的核心在于提高能量密度。如表 4-3 所示，为了便于设计和计算，我们将设备能量密度转化为单位长度极线能量密度（能量密度/总极线长度）。而高压电源研发的目的即是提高能量密度，即提高单位极线长度对应的注入能量密度。由表可见，在将脉冲电源应用于大体积流量烟气时，单根极线上对应的能量密度仍远低于低体积流量，甚至与直流放电接近。大体积流量下脉冲电源仍需改进匹配形式，以提高能量转换效率。

表 4-3　单位极线长度对应的能量密度变化表

年份	单位长度极线能量密度/($W \cdot h/m^4$)	风量/(m^3/h)
1990	0.31	500
1999	0.011	5000
2003	0.0029	42000
2003	0.0037	1500
2019	8×10^{-5}	2178000

4.2.2　常用的流光电晕放电成套设备

流光电晕放电设备工业应用的关键在于高压电源与反应装置的匹配，例如，通过改变负载电容可以将能量转化效率从 54%提高至 89%。目前流光电晕放电设备主要采用脉冲电源和交直流叠加电源。二者各适用于气相和异相氧化，特性比较见 3.3.2 节表 3-1。

流光电晕放电设备的氧化性能一般用羟基自由基产生效率来评价。如图 4-12 所示，整理现有放电产生羟基自由基的浓度与单脉冲能量的对应关系，单脉冲能够产生的平衡羟基自由基浓度与单脉冲能量呈正相关，本文采用文献数值的整理值进行计算。正极性放电能量与羟基自由基浓度关系为 $c_{\cdot OH}=1$，负极性放电则为 $c_{\cdot OH}=10^{(1.94\lg E+11.86)}$。式中，$c_{\cdot OH}$ 为羟基浓度；E 为单次注入能量，J。

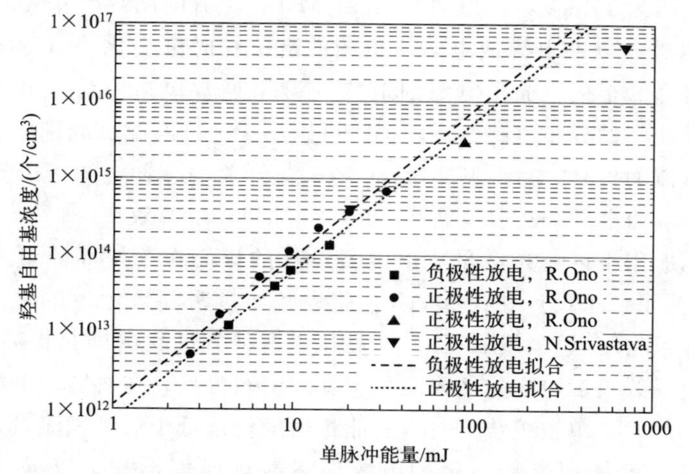

图 4-12　单脉冲能量与产生羟基自由基浓度的关系

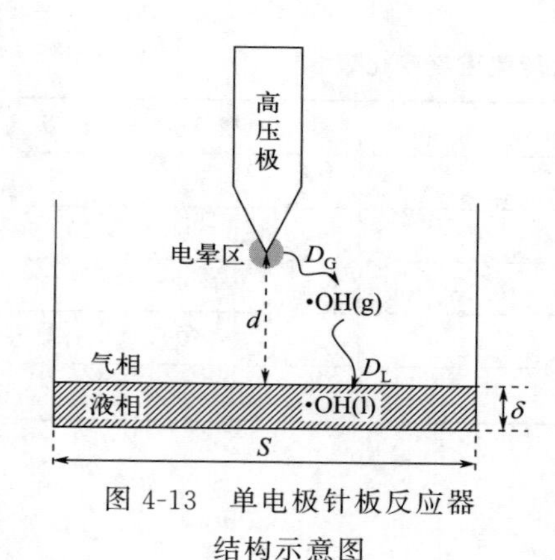

图 4-13　单电极针板反应器结构示意图

如图 4-12 所示，计算可得正、负极性流光电晕放电的羟基产率 $G(\cdot OH)$ 在 $4\times10^{-9}\sim2\times10^{-7}$ mol/J 之间。在文献报道中羟基自由基分布于电极附近的 5～6mm 的圆球内。对于常用反应装置而言，通常可以视作仅在电极尖端部位产生高浓度的羟基自由基，如图 4-13 所示。对于单个针板电极而言，高压放电极距液面距离为 d，液面面积为 S，液膜厚度为 δ。·OH 在气相和液相中的扩散系数分别为 D_G 和 D_L，假设羟基自由基只在电晕区产生，并自电晕区扩散至气相，再至液相。

可以做出如下假设：①放电产生的·OH 初始均分布于电极尖端；②与电极和电极间隙相比，·OH 分布的体积可以忽略不计；③·OH 进入液相的过程仅包括气相扩散、液膜扩散和液相扩散三个过程。·OH 在传播过程中会出现湮灭，即发生二级复合反应。则·OH 的瞬时浓度 c 可以下式表示：$c_{\cdot OH}=\dfrac{c_0}{1+kc_0t}$。式中，$c_0$ 为初始浓度；k 为衰减常数，取 4.5×10^{-11}；t 为·OH 在气相中的寿命，可取 10^{-3}s。单位时间注入单位液面的·OH 数量为 $\dfrac{G(\cdot OH)E\sqrt{\theta D\tau}}{lV}$。式中，$G(\cdot OH)$ 为·OH 产率，取 2×10^{-7} mol/J；E

为放电功率，W；θ 为对流因数；D 为羟基自由基扩散系数，m^2/s，τ 为羟基自由基寿命，s；l 为液膜厚度，m；V 为反应器体积，m^3。对实测液相羟基自由基产生量进行模拟，如图 4-14 所示，在模拟条件下，·OH 产生量随注入能量直线上升，高于实测值。由于放电产生的·OH 仅有部分向液面扩散，因此，G 值约取理论值的 3/5，修正后模拟值满足实测结果。该方法模拟液相羟基自由基产生量仅能用于电晕放电的两相扩散过程，不能用于火花放电。

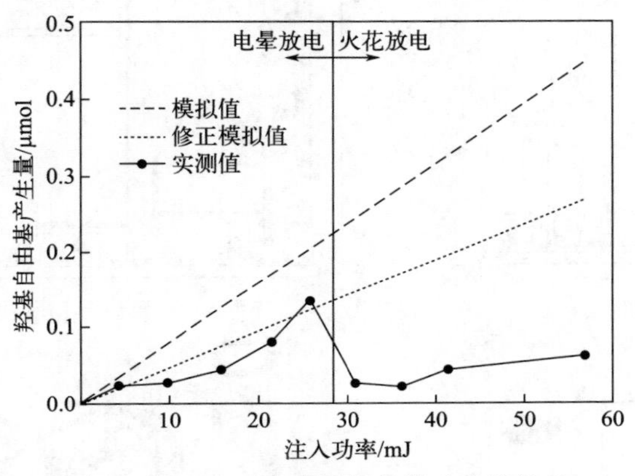

图 4-14　·OH 产生量与单脉冲能量关系

基于这种·OH 浓度和氧化性能的关系，笔者团队设计了用于废气处理的流光电晕放电小试装置[45]。如图 4-15 和图 4-16 所示，该装置为线板式结构，在反应区域侧面有循环风道。放电极单根长度 2.45m，放电极上放电尖端同侧间距 50mm，异侧间距 25mm。单根放电极上共有 95 个放电尖端（一侧 48 个，另一侧 47 个）。反应器中共 9 根放电极，放电极间距 75mm。接地极板长度 2.87m，宽度 0.996m，单个极板总面积 $2.86m^2$，极板共 2 块，总面积 $5.72m^2$。其中放电极线采取芒刺线形式，芒刺间隔 25mm，芒刺高度和极线宽度均为 10mm。固定高压极线的绝缘子在反应器内外不同，装置外绝缘子半径较大、厚度小，装置内部则反之，这种设计是为了节省空间和提高爬电距离。

目前流光电晕放电设备大多采用线-板式结构，一般将一排带尖刺的放电极置于两块平行的极板之间。极板接地，而放电极与高压电源连接，电势远高于极板。电极尖刺产生的电晕能够引发自极线流向极板的离子流。当流光电晕放电设备中无气流和颗粒物时，可以用麦克斯韦方程和连续性方程获得其中的数学表达式：$\nabla^2 u = -4\pi\tilde{\rho}$；$\nabla \cdot j = 0$ （$j = -K\tilde{\rho}\nabla u$）。式中，$u$ 是电势；$\tilde{\rho}$ 是离子空间电荷密度；j 为电流密度；K 为离子迁移率。其中，在放电极线处

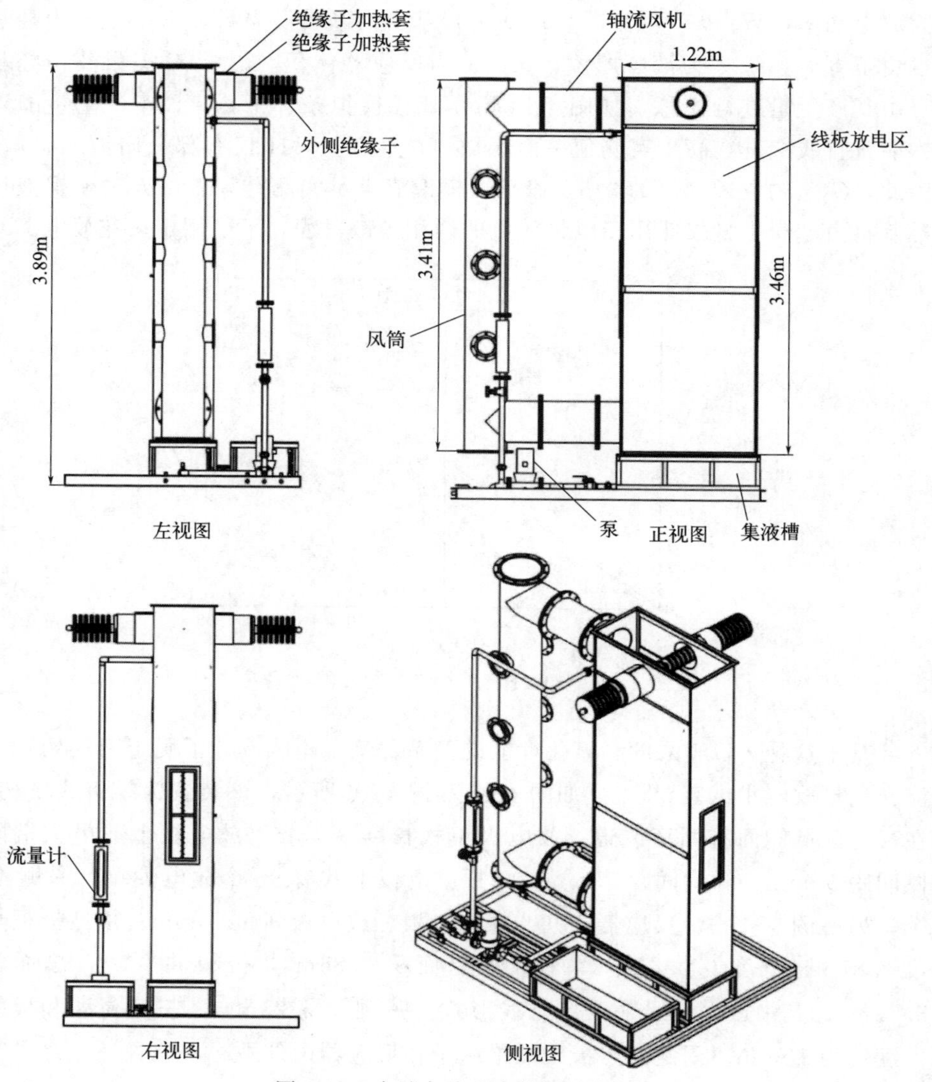

图 4-15 小试实验反应装置示意图

$u=U_0 u=U_0$，在极板处 $u=0$。

在电流密度较低时，由上述方程可以导出流光电晕放电设备的伏安特性计算方程：

$$j=sU(U-U_0)=\frac{\pi\varepsilon_0 K}{cb^2\ln(d/a)}U(U-U_0) \tag{4-19}$$

式中，s 为常数，与电除尘器几何结构相关；a 为极线半径，m；b 为线板间距，m；c 为放电极线间距的一半，m；d 为等效圆柱半径，m；U 为所

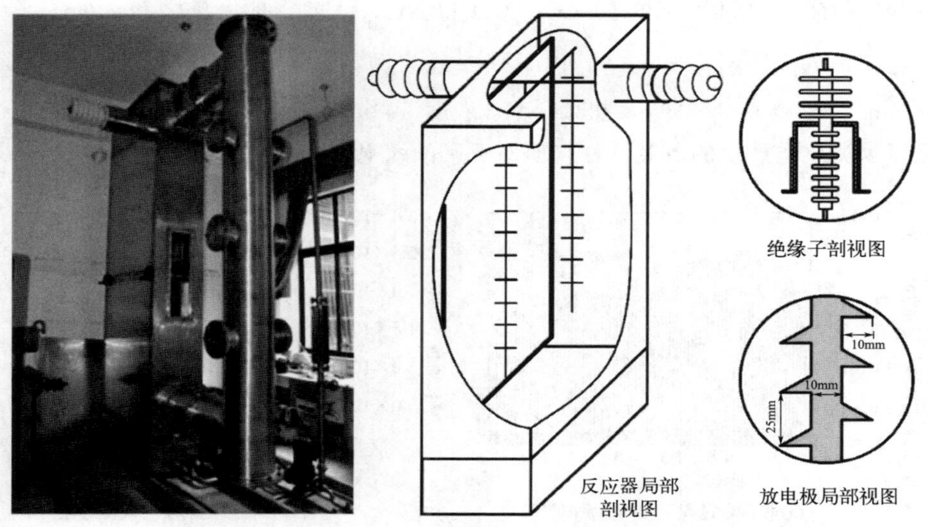

图 4-16　小试反应装置照片（左）、剖视图（中）及绝缘子和放电极视图（右）

施加的电压，V；U_0 为起晕电压，V；ε_0 为空间内的介电常数（通常为 8.85×10^{-12}F/m）。如图 4-17 所示，式（4-19）可用于流光电晕放电反应器的电极单位长度功率与输出电压的关系预测。

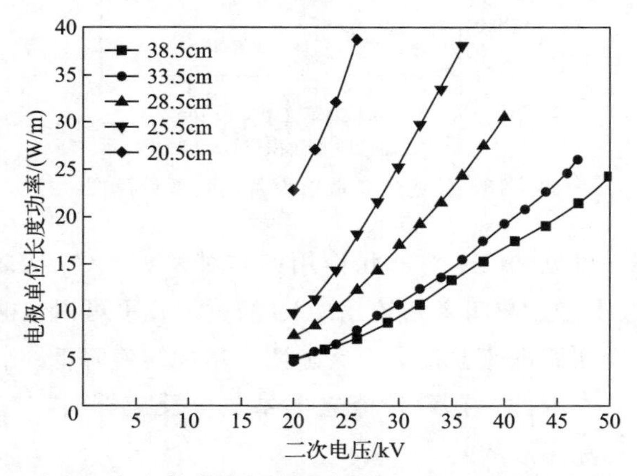

图 4-17　二次电压与电极单位长度功率关系（温度 26℃，相对湿度 75%）

上述模型建立和实验测试，都是为进一步放大流光电晕放电反应器和建立示范工艺流程铺垫基础。以下以亚硫酸铵氧化为例，进行流光电晕放电设备的设计。设计一台湿式降膜流光电晕放电反应器，反应器为线板式结构，降膜溶液为亚硫酸铵溶液，放电形式为正极性放电，反应器中有含 NO_x 的气体流经，可以计算反应器中亚硫酸铵的氧化速率以及 NO_x 浓度的变化速率。即亚硫酸铵的氧化总量为·OH、O_2、NO和NO_2引起的氧化量之和：$N_{SO_3^{2-}}=N_{\cdot OH}+N_{O_2}+N_{NO}+N_{NO_2}$。以下列参数为例，反应器体积2.5$m^3$，极板面积8$m^2$，放电功率8kW，初始$NO_2$浓度500mg/kg，NO浓度1000mg/kg，可以预测放电产生的各类活性物质对亚硫酸铵氧化的贡献，如图4-18所示。

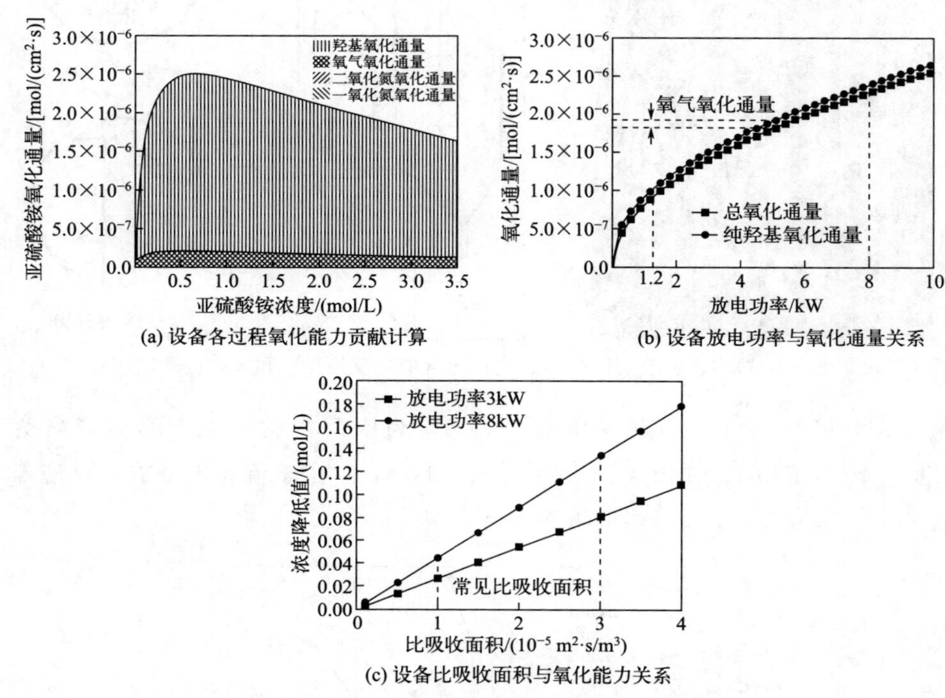

图4-18 流光电晕放电设备的效率计算例

从图4-18(a)可见·OH对氧化作用的贡献最大，O_2次之，·OH约为O_2氧化通量的数十倍。与两者相较，NO_x的贡献几乎可以忽略不计。整体氧化通量先随浓度增加而迅速上升，而后随浓度增加缓慢降低。临界浓度出现在0.6～0.8mol/L处。因此，在设计流光电晕放电反应器时，应考虑选取氧化通量最高点处的目标溶液浓度。

当亚硫酸铵浓度为1mol/L时，放电功率与氧化通量的关系如图4-18(b)所示，氧化速率随功率的上升而增加。图中氧气造成的氧化通量保持不变，定为1.01×10^{-7}mol/(cm^2·s)。注入功率为1.2kW时，总氧化通量约8×10^{-7}mol/(cm^2·s)，是氧气氧化通量的8倍；当放电功率增至8kW时，总氧化通量增加至2.4×10^{-6}mol/(cm^2·s)，是氧气氧化通量的25倍。这种氧化通量将作为后续设备电极面积选取的重要依据。

反应器液相比吸收面积是指反应器总吸收面积与液相总流量的比值。不同比吸收面积与流光电晕放电设备氧化能力（以亚硫酸铵浓度降低值为例）的关系如图 4-18(c) 所示，亚硫酸铵浓度的降低值随比吸收面积的增加而增长。在常见比吸收面积为 $1\sim3\times10^5\,m^2\cdot s/m^3$ 条件下，放电功率为 3kW 和 8kW 条件下的硫酸铵浓度下降值在 0.02～0.13mol/L 之间。

用于烟气处理的流光电晕放电反应器可以置于脱硫吸收塔前，目的在于提高氮氧化物的吸收效率；也可以置于脱硫吸收塔后，目的在于利用流光电晕放电去除脱硫产生的气溶胶。根据上述原则改进的技术路线，见图 4-19。

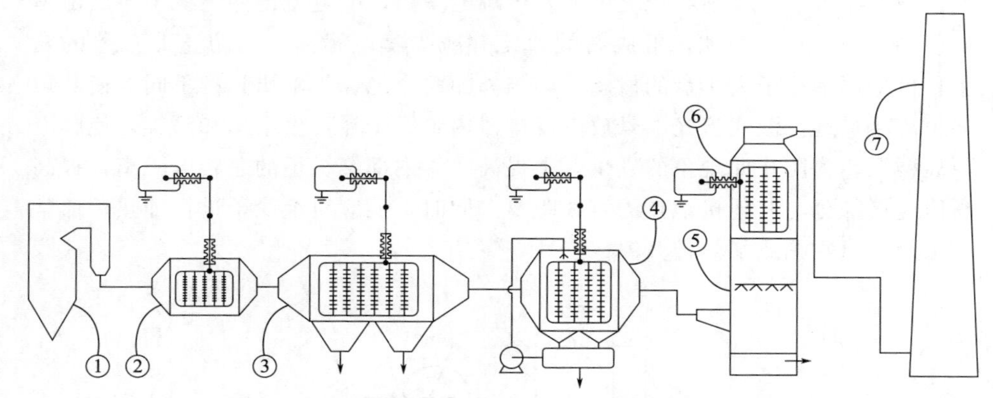

图 4-19　改进的低温等离子体燃煤烟气复合污染控制技术路线图

1—锅炉；2—干式等离子体预氧化装置；3—电除尘器；4—流光电晕放电反应器；5—氨法吸收塔；6—塔上流光电晕放电反应器；7—烟囱

在设计用于烟气处理的流光电晕放电反应器时，应先确定烟气流量、氮氧化物浓度和亚硫酸盐浓度，并进一步根据排放浓度标准或去除率要求，扣减其他净化设备对去除率的贡献，计算需要在湿式放电反应器中实现的吸收去除量。之后，可以根据前述吸收通量模型，计算反应器的吸收面积，确立比吸收面积。而后通过电气绝缘参数等计算电极间距，确定反应器尺寸。即设计过程应遵循以下步骤：

① 确定烟气流量 Q、NO_2 浓度 c_1 和 NO 初始浓度 c_2；

② 确定 NO_2 和 NO 的排放浓度 c_3 和 c_4；

③ 根据 c_1 和 c_2 查询 NO_2 和 NO 的吸收通量 N_1 和 N_2；

④ 计算吸收面积 S，取 $S=\dfrac{(c_1-c_3)}{N_1Q}$ 与 $S=\dfrac{(c_2-c_4)}{N_2Q}$ 中较大者。

如反应器中放电通道有 n 个，同极距为 d，则反应器总反应体积为 $\dfrac{Sd}{2}$，每个放电通道体积为$\frac{Sd}{2n}$。上述计算步骤在计算时须统一量纲。

流光电晕放电反应器各项参数确定后，须在此基础上注意以下几点：绝缘距离；绝缘子吹扫；降膜均匀性；放电间隙（指带电体和非带电体在空气中的直线距离）；爬电距离（一般指带电导体沿绝缘子表面到非带电体的最短距离）。伞形绝缘子的爬电距离通常为多个伞裙长度及其直线距离之和，即绝缘子表面所有弧段和直线线段长度之和。如图 4-20 所示，绝缘子距离 l 应为：$l=[2\times(a+b+c)+\pi(r_1+r_2)]\times n$。式中，$n$ 为大小盘个数。值得注意的是，当电压较高时，绝缘子上可能发生跳电现象，即电流击穿绝缘子各凸出伞裙顶端之间的空气间隙，形成新的通路并减少爬电距离。为防止此现象的发生，可采用绝缘子大小盘的概念，即相邻的两个绝缘子伞裙长度不同，使其顶端距离尽量远。湿式流光电晕放电反应器内绝缘子易发生结露和污染，使爬电距离缩短。为防止此现象的发生，须提高装置内部绝缘子的总爬电距离，提高高压连接部分与其他接地点的直线距离。同时，还应对绝缘子进行加热，通常可采用热风吹扫或加热带升温。

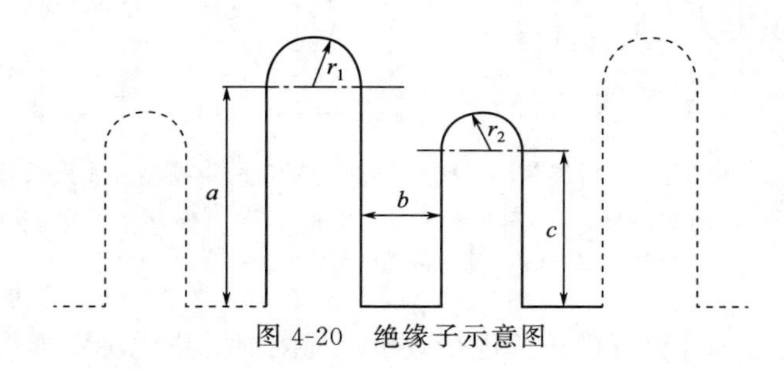

图 4-20　绝缘子示意图

4.3　等离子体射流成套设备

4.3.1　设备设计的基本原则

传统的放电方式仅能在放电间隙产生等离子体，而大气压低温等离子体射流则可在开放空间产生，既避免了复杂昂贵的真空系统，又无高压触电和高温灼伤的风险，这一显著优点使该技术广泛用于化生污染物洗消、口腔医学、癌症治疗、伤口愈合、医疗器械灭菌等领域。等离子体射流的电子温度一般在2～10eV，远高于重粒子温度，具有显著的非平衡效应。在这个能量水平，电子可以催化诸多化学反应，从而使等离子体含有种类丰富、浓度相对较高的化学活性粒子，并进一步引发其与目标间的生物、化学反应，如图 4-21 所示。

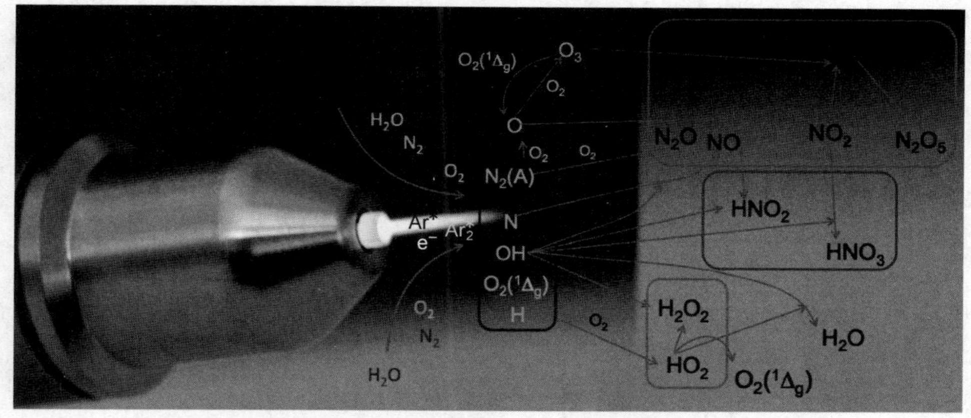

图 4-21　大气压等离子体射流中的非平衡化学反应[47]

常见的活性粒子有活性氧（reactive oxygen species，ROS）和活性氮（reactive nitrogen species，RNS）等，表 4-4 列出了低温等离子体中常见的活性物质。研究表明，低温等离子体可与细胞的遗传物质、蛋白质、脂质等发生相互作用，其中含有的大量活性粒子会引起 DNA 断裂、真核细胞 DNA 损伤应答（DDR）、原核细胞 SOS 响应，进而导致细胞死亡或亚死亡[48]。当 DNA 上的糖苷键受到攻击或脱氧核糖发生脱氢反应时，DNA 上会产生单链断裂；当不同链上的断链位置相近时，DNA 会形成双链断裂。裸露的 DNA 片段和质粒经等离子体处理后，会在短时间内出现双链断裂和完全裂解的现象。对于细胞，等离子体首先作用于细胞膜上的膜蛋白、脂质、磷脂层等，以改变细胞膜的通透性。在膜结构被破坏之后，等离子体中的活性粒子会与水分子或胞内生物分子进一步反应生成新的活性物质，进而引发 DNA 易错性修复机制[49]。具有不同膜结构的细胞对等离子体的耐受能力不同，当照射强度过高时，细胞会死亡；当强度适中时，细胞则会产生基因突变，成为突变体[50]。

表 4-4　等离子体射流中常见的活性物质

	自由基	非自由基
活性氧(ROS)	超氧阴离子 $O_2^-\cdot$ 羟基自由基 $\cdot OH$ 氢过氧自由基 $HO_2\cdot$ 碳酸根自由基 $CO_3^-\cdot$ 烷氧基 $RO\cdot$ 烷过氧基 $RO_2\cdot$ 二氧化碳自由基阴离子 $CO_2^-\cdot$	过氧化氢 H_2O_2 臭氧 O_3 单线态氧 $^1O_2$ 有机过氧化物 ROOH 过氧亚硝基 $ONOO^-$ 亚硝基过氧碳酸酯 $ONOOCO_2$

续表

	自由基	非自由基
活性氮(RNS)	一氧化氮自由基 NO· 二氧化氮自由基 NO_2·	亚硝酸 HNO_2 过氧亚硝基 $ONOO^-$ 过氧亚硝酸 ONOOH 烷基过氧亚硝基 ROONO 烷基过氧硝基 RO_2ONO

4.3.2 常用的等离子体射流成套设备

根据其激励电源形式不同，常用的等离子体射流设备可以分为直流等离子体射流、脉冲直流等离子体射流、交流等离子体射流、射频等离子体射流、微波等离子体射流等。其中，在直流电源的驱动下，通常会产生高强度的电弧放电或电晕放电，使得直流等离子体射流的温度过高且放电极不稳定。想要获得直流电源驱动下的低温等离子体，关键在于改变装置及电路构造。与直流等离子体射流相比，脉冲直流等离子体射流有两种触发方式，一是由脉冲高压信号驱动，二是连接直流高压源时使用自脉冲工作模式。但对于某些设备来说，直流等离子体射流和脉冲等离子体射流的区别取决于操作参数，因此难以区分。Deng 等研究了大气压直流等离子体射流在氮气和干燥空气中活性物质的产生和余辉特性，放电可在两种模式下持续，低电流下的自脉冲状态和高电流下的辉光状态[51]。交流电源驱动下的等离子体射流通常以电弧放电、电晕放电或低气压下的辉光放电形式存在。Hong 等采用 60Hz 正弦交流电源驱动，以空气作为工作气体产生等离子体射流[52]；Xu 等在氩气氛围中使用 34kHz 正弦电源驱动介质阻挡放电产生低温等离子体射流，但该装置的高压电极处于裸露状态，存在一定的安全隐患[53]。射频指兆赫兹级别的工作频率，最常用的频率为 13.56MHz，通过电容耦合可产生稳定且均匀的辉光放电。微波诱导等离子体有多种产生形式，如微波持续气流反应器、表面波持续等离子体、轴向气体注入等离子体炬、微波等离子体炬以及微波腔等离子体等。微波等离子体的温度通常较高，常用频率为 2.45GHz。Bussiahn 等使用集成微波大气等离子体源与微波谐振器协同工作，产生高温核心等离子体（$T>1000$K），但使用氩气时，温度可在出口轴向 5mm 处降至 35℃，因此可用于热敏性物体的表面洗消[54]。

根据射流反应器的结构形式，可以将射流等离子体设备分为以下几类：

（1）针式或针-板式等离子体射流

这类装置通常由一个接地金属筒电极和其内部的一个高压针电极构成。为获得操作安全、化学活性高、气体温度低的等离子体射流，研究人员研制出多种形式的针式或针-板式等离子体射流装置，其典型结构如图 4-22(a) 所示，由介质管内的一个高压针式电极构成，有时针式电极表面包裹一层介质。在单针电极结构基础上，加入接地金属极板，便构成传统的针-板电极结构，如图 4-22(b) 所示。

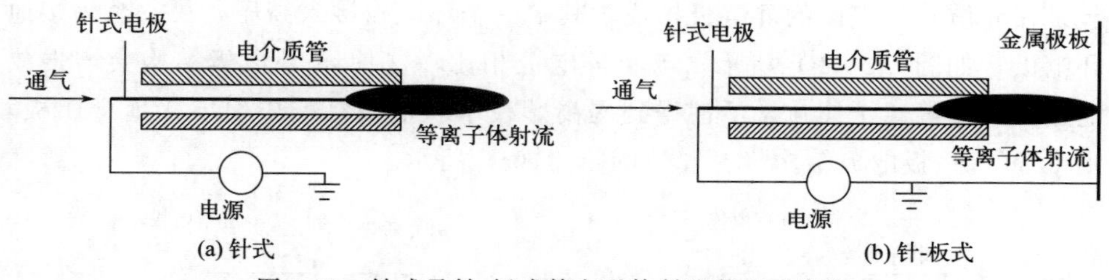

图 4-22 针式及针-板式等离子体射流装置示意图

(2) 针-环式等离子体射流

Koinuma 等[55] 研制了针-筒电极结构的大气压低温等离子体射流装置，该装置由介质管内的高压针电极和包裹在介质管外表面的接地筒电极构成。该装置放电稳定性不高，且射流气体温度较高，对介质有一定的损伤。为此，研究人员用环电极代替筒电极缠绕在介质管外表面，形成典型的针-环电极结构[56-58]，如图 4-23(a) 所示。为提高放电稳定性，可将实心针电极改为中空长细管[59-61]，如图 4-23(b) 所示，这样的构造可将主要工作气体和杂质气体分开输运。此外，为降低射流气体温度，抑制电弧产生，也会在高压针电极表面包裹一层介质[62]，如图 4-23(c) 所示。

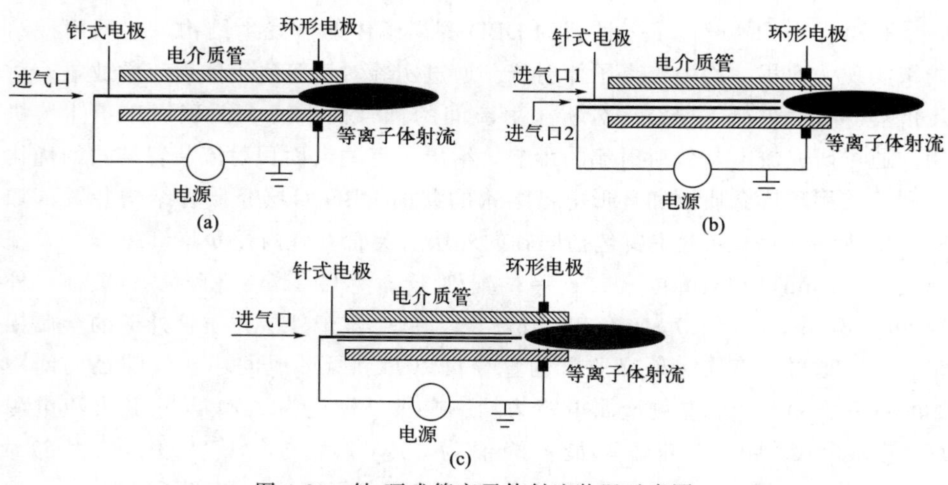

图 4-23 针-环式等离子体射流装置示意图

(3) 单环式、环-环式、环-板式等离子体射流

Hubicka[63] 成功研制了单环电极结构的等离子体射流装置，用于克服传统射频等离子体炬的缺陷。如图 4-24(a) 所示，该电极结构非常简单，由一个包裹在介质管外表面的单环电极构成[64-66]。随后，研究人员在该装置的基础上进行开发和改进，又形成了环-环电极结构的射流装置[67-69]，该装置由两个包裹在介质管外表面的环电极构成，其中一个环电极接入高压，另一个为接地环电极，如图 4-24(b) 所示。与单环电极相比，这种环-环电极结构会增强放电过程，使等离子体化学活性得到提高。在单环电极结构中引入接地金属板，则形成了环-板电极结构[70-72]，如图 4-24(c) 所示。

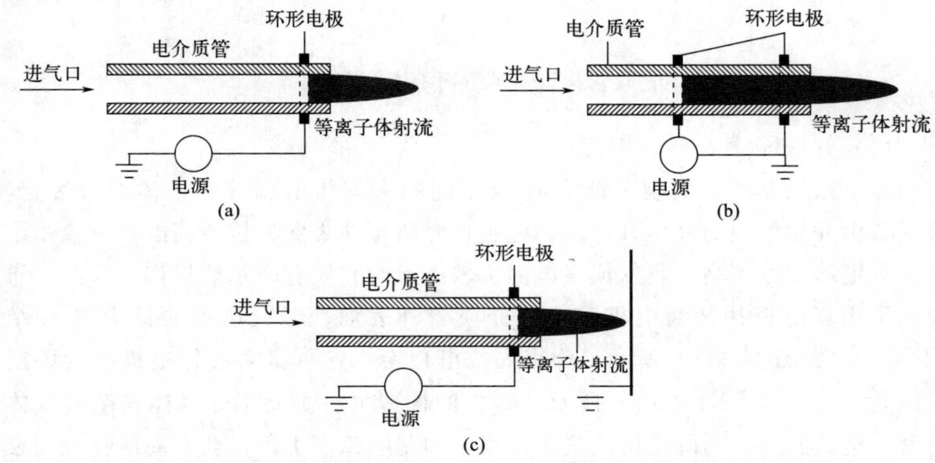

图 4-24 单环式、环-环式、环-板式等离子体射流装置示意图

孔得霖等[73] 设计了一种新的 DBD 等离子体射流发生结构，并利用该结构来实现大面积、均匀等离子体射流。通过实验对该等离子体射流的放电、射流传播等特性进行了研究，分析了射流间的耦合而形成大面积等离子体的机制。通过研究放电参数对射流的影响，给出了有关大面积射流装置结构的优化原则。采用环形介质管和环形电极结构的共面 DBD 双层介质管结构装置（如图 4-25 所示），该装置主要包括同轴的外层石英管（管内径 $\Phi_1=12$mm，管壁厚度 $h=1$mm，相对介电常数 $\varepsilon_r=3.7$，管长 $L=300$mm）和内层石英柱（外径 $\Phi_2=8$mm，$\varepsilon_r=3.7$，$L=300$mm）以及两个置于外层介质管外壁的金属铝箔电极。通过改变内、外介质管的直径可以调节所形成的环形气隙径向间距 $\Delta\Phi=(\Phi_1-\Phi_2)/2$。左侧金属电极为功率电极（标记为 A），与正弦交流电源（CTP-2000K，频率 30kHz，最大峰值为 15kV）相连，其宽度 w_p 固定为 3mm。右侧电极（标记为 C）通过 2kΩ 的采样电阻接地，其宽度记为 w_g。功

率电极与接地电极内边缘的间距为1cm。两介质材料间的气隙中通有高纯氦气，气体流速 Q 用流量控制器调节。基于环形共面DBD装置，获得了均匀的大面积射流，如图4-26所示。图4-26(a）为大面积DBD等离子射流的侧视图，从该图可以看出，接地电极外（右侧）射流放电分布均匀，由于介质管为环形结构，上边沿和下边沿射流稍亮。图4-26(b）为大面积射流的端面图像，这一结果进一步表明整个气体间隙内等离子体射流分布较为均匀，DBD射流等离子体区域的环周长约为30mm，厚度为2mm，面积达到60mm^2。图4-27给出了接地电极宽度 w_g 对大面积DBD等离子体射流的影响。保持 U_s=7kV、Q=500m^3/min（标准状态下）及气隙等参数不变，随着接地电极宽度的增加，接地电极外射流长度逐渐减小，如图4-27(a）所示。随着 w_g 从1mm增加至7mm，等离子体射流的长度 L_{jet} 从（11.0±0.2）cm降低至（0.5±0.3）cm。

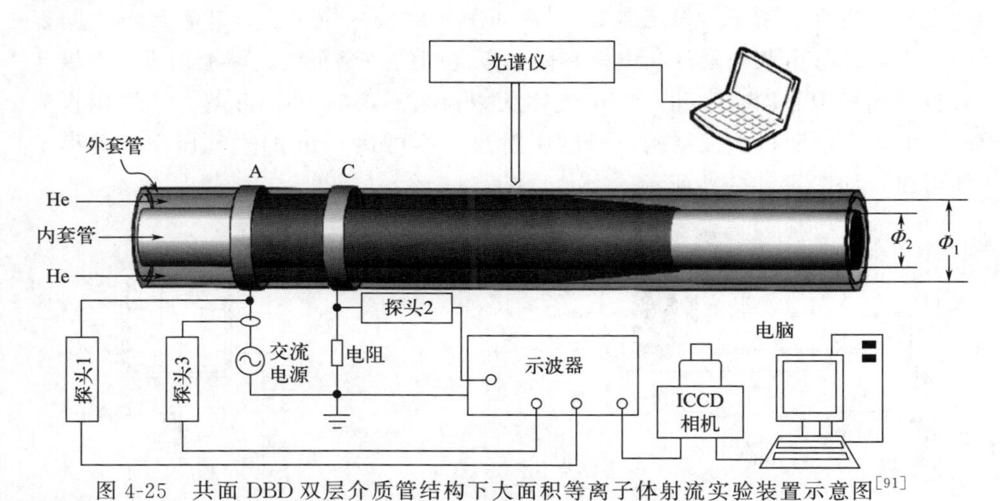

图4-25　共面DBD双层介质管结构下大面积等离子体射流实验装置示意图[91]

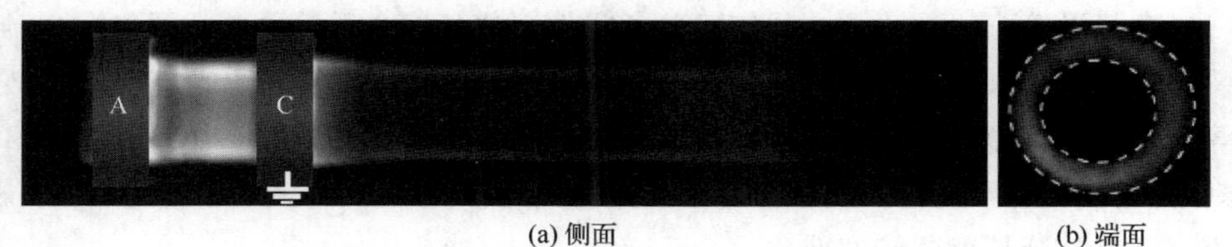

图4-26　大面积DBD离子体射流的图像[91]（见彩插）

（4）微腔等离子体射流

微腔电极结构产生的等离子体射流气体温度较高，与上述三类电极结构相比，易导致电极损坏，放电不稳定[74]。为此，研究人员将工作气体的气流速

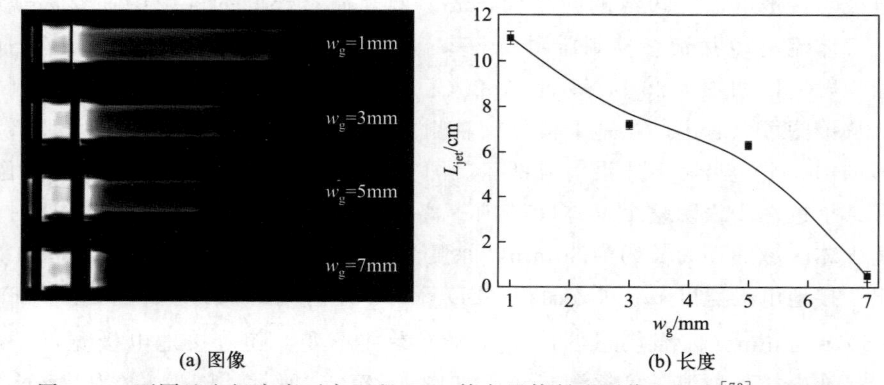

图 4-27　不同地电极宽度下大面积 DBD 等离子体射流图像和长度[73]（见彩插）

度调快，从而降低了放电产生的热量。Hong 等成功研制了基于微腔电极结构的大气压空气等离子体射流装置[75]，如图 4-28(a) 所示。该装置放电空间很小，主体部分由两个圆柱状电极和两电极之间的一个石英玻璃板构成，电极与石英玻璃板中心均有小孔，工作气体从中流入。随后，Kolb 等[76] 采用直流驱动的微空心阴极电极结构，研制了射流长度可达 2cm 的大气压空气等离子体射流，如图 4-28(b) 所示。

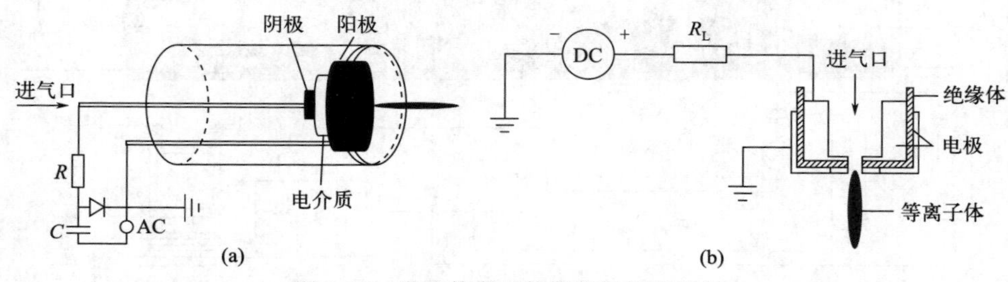

图 4-28　微腔等离子体射流装置示意图

余德平等[77] 设计了一种依靠单一零件定位各层介质管的分体式微腔射流装置，如图 4-29 所示，并研究了射流管内等离子体的传热与流动特性，发现等离子体的环形加热和流体淤塞回流现象是导致射流管在使用后出现热损伤和刻蚀损伤的主要原因，选用陶瓷材料作为内管和中层管并调整感应线圈的位置，可有效延长射流管的使用寿命。

周本宽[78] 采用电晕放电和火花放电，分别研制出了便携式电晕放电装置和便携式火花放电装置，其中，火花空气放电装置与电晕空气放电装置相比，具有等离子体射流臭氧含量很少而射流强度显著增强的优势，且发现火花放电装置在放电的过程中会释放出较强焦耳热，放电装置腔体内部的等离子体气体温度很高（约 8286℃），在这高温下臭氧被快速分解。另外，他发现激波效应使得喷出的等离子体射流气体温度从约 44℃迅速降至室温，因而对人体没有热损害。同时还重点对便携式火花放电装置的等离子体射流特性做了研究，研究结果表明，随着电压值的变化，等离子体射流长度呈正比例变化；放电间距对等离子体激波射流的长度影响较大；得出最佳放电条件为 5000V 和 2mm。通过研究证实强高能光子能够活化组织细胞、杀菌消炎，进而促进伤口愈合。其等离子体射流装置原理图及射流效果如图 4-30 所示。

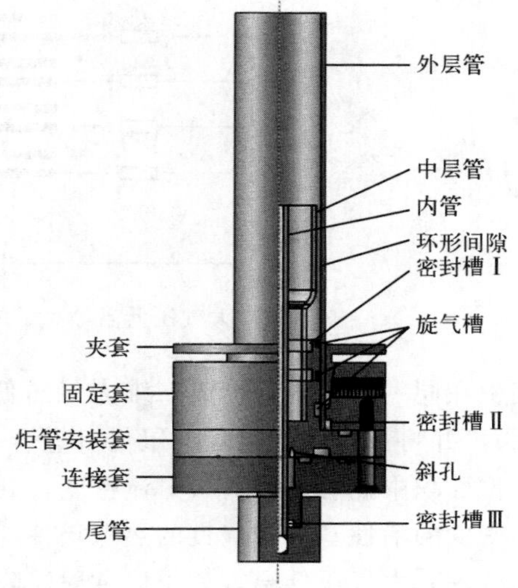

图 4-29　分体式微腔等离子体射流装置示意图[77]

（5）阵列式等离子体射流

大气压低温等离子体微射流虽然具有许多的优点，但因自身结构限制，仅能对样品进行单点处理，无法对样品中多个区域进行同时加工或是进行大面积处理，因此处理效率不足成为制约其进一步发展的关键因素之一。针对该问题，已有部分研究者采用不同方法制作一维、二维微射流阵列，并利用其进行样品的加工与处理[79,80]。

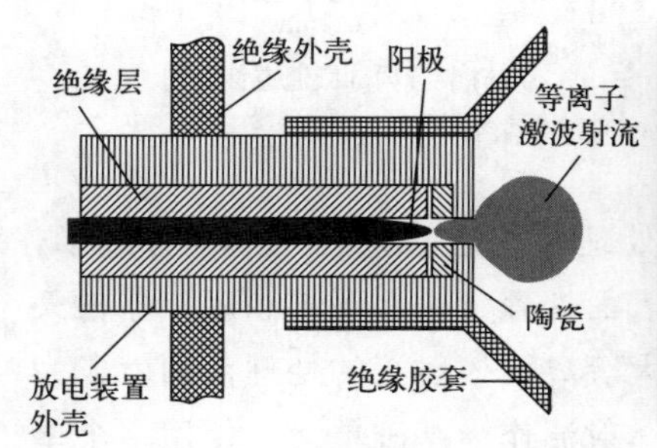

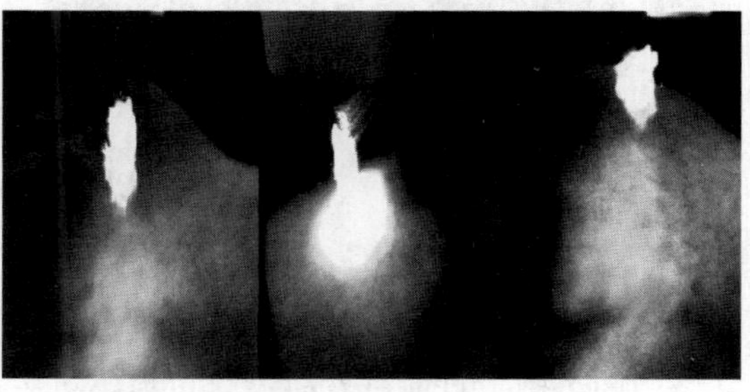

图 4-30　火花放电等离子体射流装置原理及射流效果[78]（见彩插）

Sankaran 等将大气压低温等离子体微射流产生装置按照一定规律排列，形成一维或是二维的微射流阵列[81]，如图 4-31 所示。该种方式可以实现多根微射流同时处理，装置的处理效率得到明显提高，但装置整体尺寸会有较为明显的增加，并且微射流间的间距调节也是难点之一。

Eden 教授课题组[82] 借助加工技术，将多根大气压低温等离子体微射流

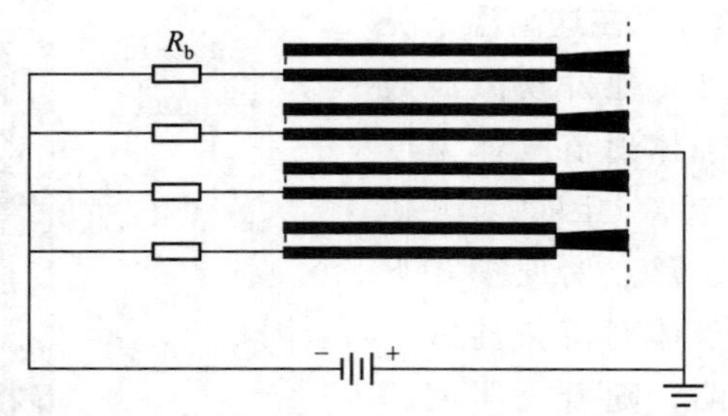

图 4-31　大气压低温等离子体微射流阵列的原理示意图[81]

集中在同一装置内，形成二维大气压低温等离子体微射流阵列（如图 4-32 所示），并将其应用在治疗小鼠伤口愈合的过程中。该方式得到的微射流阵列在单位面积中拥有更高的微射流密度，处理效率高。大气压等离子体微射流拥有高密度的活性基团和优良的热稳定性，因而，相较于传统的大面积低温等离子体处理，大气压低温等离子体微射流阵列可拥有更加优良的处理效果。

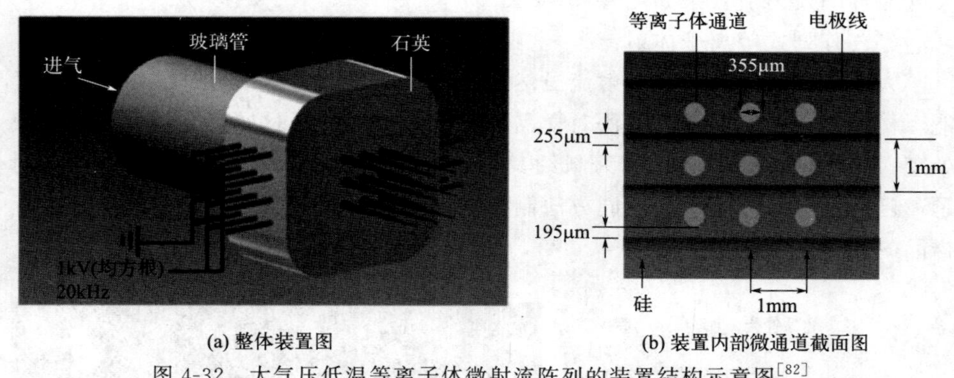

(a) 整体装置图　　(b) 装置内部微通道截面图

图 4-32　大气压低温等离子体微射流阵列的装置结构示意图[82]

在目前的研究中，单根等离子体射流的处理面积通常只有几个平方毫米，过小的处理范围严重限制了等离子体射流在表面处理、生物医学和医疗器械灭菌等领域的应用。因此，如何均匀稳定地扩大等离子体射流的处理范围就成为其应用的关键。目前已有研究将单根等离子体射流作为基础单元，使用多个单元在一维或二维空间上进行组装扩展，形成类似于阵列的结构，称之为等离子体射流阵列。中国科技大学的郭飞等[83] 通过优化装置和工作参数的调控，采用多个微射流组成微射流阵列产生装置（见图 4-33），并对微射流及微射流阵列的放电特性开展了研究。此外，采用高速纹影摄影装置对等离子体微射流和微射流阵列进行流场分析，分析了放电电压对于微射流的流场特性的影响，以及气体流速和激励电压对微射流阵列的空间均匀性的影响。

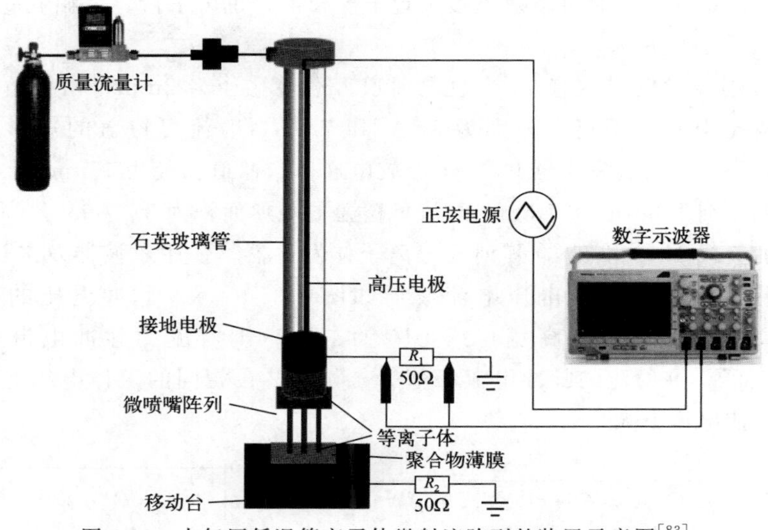

图 4-33　大气压低温等离子体微射流阵列的装置示意图[83]

早期的等离子体射流阵列在放电上不够稳定，设备结构也较为复杂，因此，防化研究院与浙江大学合作，开发出了更为稳定的阵列形式，即仅使用一个反应器，同时产生多个独立的等离子体射流。其中，采用单极性微秒脉冲电源，反应器为 4×4 和 9×9 两种形式，如图 4-34 所示。二者结构相似，以 9×9 阵列式射流喷头为例：射流喷头的主体材料为有机玻璃，绝缘介质为聚四氟乙烯，内部绕有两段漆包线，穿线孔垂直于射流通道，其中两层穿有直径 2mm 的高压电缆，另外两层穿有 1mm 的低压线，高低压错层分布，穿线方向互相垂直；气体由发生器前端的气动接口进入，流经圆锥形放大管道和两层分布器（4×4 射流喷头为一层），以均匀的流速分布进入绝缘射流通道，进行

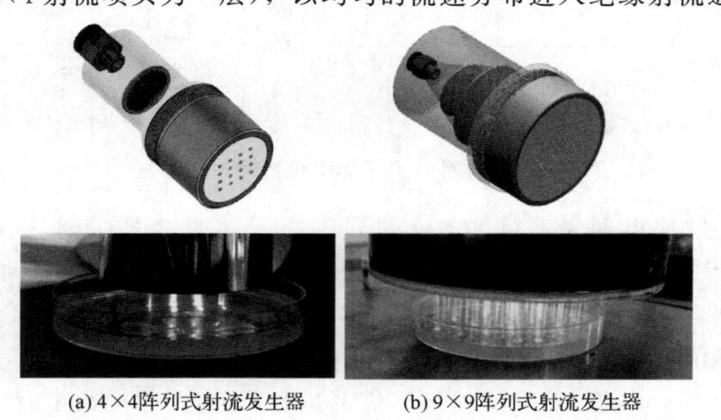

(a) 4×4阵列式射流发生器　(b) 9×9阵列式射流发生器

图 4-34　阵列式等离子体射流发生器结构示意图（见彩插）

放电反应。系统工作时可将射流喷头置于支架上，也可手持，无触电危险，放电状态如图 4-34 所示。

4×4 射流发生器共有 16 个放电通道，通道孔径为 2mm，相邻通道的间距（指两孔中心的距离）分别为 8mm 和 7mm，射流可覆盖的矩形面积为 5.98cm^2。9×9 射流发生器共有 81 个放电通道，通道孔径为 1.5mm，相邻通道的间距分别为 8mm 和 7mm，射流可覆盖的矩形面积为 37.7cm^2。高压脉冲电源分别负载 4×4 和 9×9 阵列式等离子体发生器，使用示波器及电压探头、电流传感器测得典型的电压电流波形如图 4-35 所示。脉冲电压的峰值为 20.0kV，脉冲宽度（半高宽）约为 0.1μs，4×4 射流的脉冲电流峰值为 0.60A，而 9×9 射流的脉冲电流峰值为 1.49A。在相同的工作电压下，9×9 射流的工作电流更大。

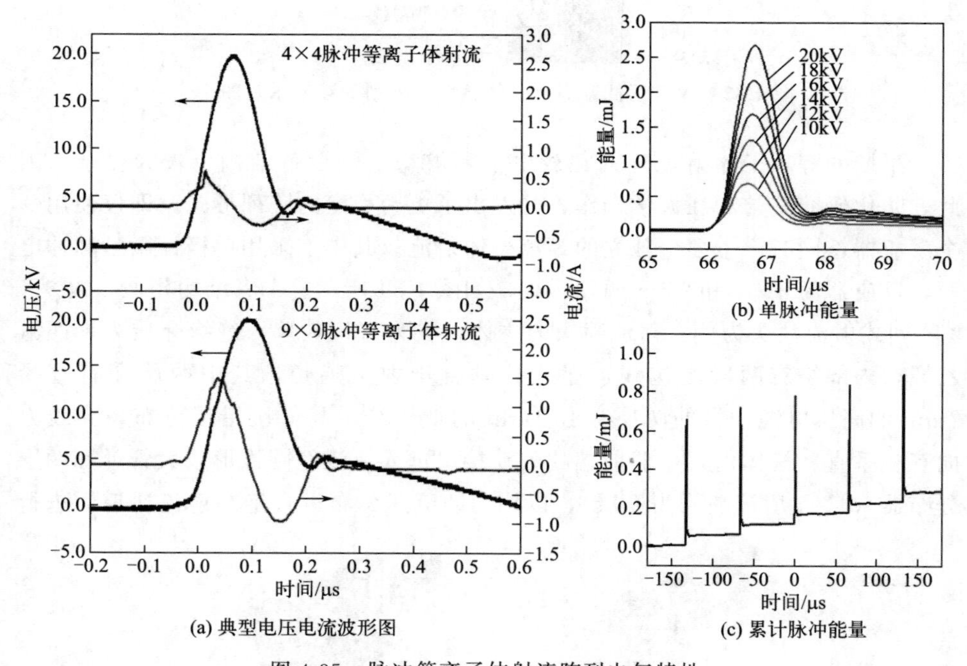

图 4-35　脉冲等离子体射流阵列电气特性

以高压脉冲电源负载 4×4 阵列式等离子体发生器为例，在脉冲频率 15kHz、氦气流量 10L/min 的条件下监测其瞬时电压和瞬时电流［图 4-35(a)］，计算响应放电能量。如图 4-35(b) 所示，当工作电压为 10kV 时，单脉冲能量的峰值为 0.67mJ，随着电压的增大，单脉冲能量峰值均匀上升，当工作电压达到 20kV 时，单脉冲能量峰值可达 2.67mJ，脉冲结束时能量则稳定在 0.20mJ。单脉冲能量的峰值代表脉冲电源输出的可供利用的能量，电压越高，电源供给的能量越多；脉冲结束后的能量代表用于产生等离子体的能量，相较于电源供给能量，注入等离子体的能量随电压增幅较小。当放电电压由 10kV 增至 20kV 时，电源供给的能量增加了 2.00mJ，而注入等离子体的能量仅增加 0.12mJ，表明系统用于产生等离子体的能量是一个相对稳定的数值。未注入等离子体的能量则流回电路中，供下次脉冲使用。如图 4-35(c) 所示，系统整体能量随脉冲注入不断呈阶梯状累加。

阵列式等离子体射流形貌受到诸多因素影响，如工作电压、脉冲频率、气体流量、气体组成、脉冲宽度等。如图 4-36 所示，高压脉冲电源负载 4×4 阵列式等离子体发生器，在脉冲频率为 15kHz、氦气流量为 10L/min 的条件下，考察不同电压对等离子体能量注入效率的影响。随着工作电压的增大，能量注入效率在电压 12kV 时出现峰值 12.5%，随后持续下滑，这是由于系统产生的能量随着电压增加显著增大，但注入反应器的能量增长幅度较小，增量基本保持在 0.01mJ/kV，因此在高电压下出现能量注入效率较低的情况。当工作电压达到 20kV 时，能量注入效率仅为 7.5%。

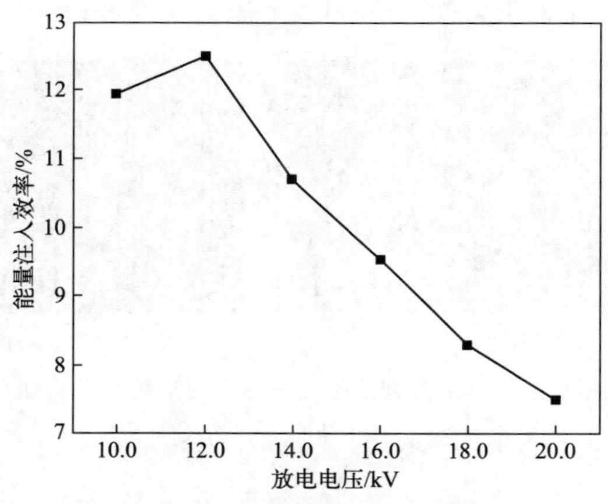

图 4-36　脉冲等离子体射流的能量注入效率

工作电压对等离子体射流形貌的影响如图 4-37 所示，测试过程中脉冲频率为 10kHz，氦气流量为 15L/min，工作电压由 6kV 逐渐升高至 15kV。当电压小于 6kV 时，射流通道外部无法观察到明显的等离子体射流，此时工作电压尚未达到发生器的起始电压。当电压为 6kV 时，可观察到若干个通道有射流喷出，长度约为 1cm，故发生器的起始电压在 6kV 左右。当电压升至 7kV 时，射流数量增多，继续升至 7.5kV 时，所有通道均激发产生射流，且长度与亮度都较为均匀。随着工作电压的提高，射流长度不断增加，最终维持在 5cm 左右，继续增大电压对射流长度无明显影响。

图 4-37　不同工作电压下的氦气等离子体射流形貌（见彩插）

相比于 4×4 阵列式射流，9×9 阵列式射流在规模上得到了放大，且放电仍保持稳定均匀，其形貌如图 4-38 所示。由于放电通道增多，所需工作电压相应增大；同时为保持一定的气体流速，气体的体积流量也有较大幅度的提高。总体来看，射流长度与工作电压、气体流量呈正相关，射流亮度与脉冲频率呈正相关，其规律与 4×4 阵列式射流类似。在电压 20kV、频率 15kHz、氦气流量 50L/min 的条件下，9×9 阵列式射流的长度可达 6cm。

(a) 仰视图　　(b) 平视图

图 4-38　9×9 阵列式等离子体射流形貌（见彩插）

4.4 其他低温等离子体成套设备

4.4.1 流光放电除尘器

静电除尘器（ESP）是一种常用于气体中颗粒物分离和捕集的设备。传统 ESP 设备为了提高运行电压，避免频繁的火花放电，多采用负极性供电。因此，传统的电除尘 ESP 应用是基于负极性的类辉光放电，电除尘电极之间分为两大区域，一是靠近负高压电极，很小的辉光放电负离子发射区，其余则是颗粒物荷电迁移区。ESP 的主要功能是使颗粒物带电并在静电场的作用下收集。闫克平等在传统 ESP 基础上提出流光放电除尘（SDP 电除尘，streamer discharge precipitation）技术，其原理是基于正极性的流光放电（streamer discharge），电极之间也可分为两大区域，一是从高压电极向地电极延伸产生的流光放电多通道区，二是离子及自由基扩散荷电和化学氧化区。SDP 不仅可实现颗粒物的高效荷电及收集，而且对复合污染物可实现同步氧化净化处理，在宽负荷超低排放运行、非电行业复合多污染控制方面都有广泛的应用前景。目前燃煤电厂宽负荷超低排放运行的主要困难是低负荷下选择性催化还原法（selective catalytic reduction，SCR）效率低、氨逃逸严重、排烟拖尾，造成空预器堵塞、电除尘清灰困难、袋除尘阻力增加等。通过对在役电除尘、电袋除尘或袋除尘开展 SDP 技术改造可彻底避免以上问题，同时可延长 SCR 催化剂使用寿命、节约氨耗，控制脱硫塔入口烟尘（5～10mg/m^3），提高石膏品质，为宽负荷超低排放运行和石膏资源化提供了一种全新的技术路线，如表 4-5 所示。

表 4-5　SDP 技术改造路线

序号	常规污染物处理技术路线		SDP 改造位置
1	SCR＋ESP＋FGD	4 电场 ESP	SCR＋**SDP**＋FGD
		5 电场 ESP	SCR＋ESP＋**SDP**＋FGD
2	SCR＋ESP & FF＋FGD	1 电 3 袋	SCR＋**SDP**＋FGD
		2 电 3 袋	SCR＋ESP＋**SDP**＋FGD
3	SCR＋FF＋FGD		SCR＋**SDP**＋FGD

注：SCR 为选择性催化还原设备，FGD 为烟气脱硫设备，FF 为袋式除尘设备。

无论是传统 ESP，还是 SDP 设备中，在电极尖端都会发生电晕放电，从而产生低温等离子体。这种低温等离子体将产生离子风（指高压放电极产生的离子推动周边空气分子而产生的气流运动），改变设备内的流场分布。电除尘器收尘效率依赖于颗粒物在电场力作用下向收尘极板的迁移能力，电晕放电产生的离子风则会影响电除尘器的内部流场形态，易将均匀的层流分布转变为复杂的湍流。

曾宇翾等利用二维激光粒子成像测速（PIV）技术发现输入功率对离子风的影响大于电极间距，离子风速度与运行电压呈线性关系[84]；在实验装置中施加 8kV 的电压即可产生速度达 0.5m/s 的离子风。沈欣军等进一步发现正、负电晕放电产生的离子风都会严重干扰电除尘器内部一次气流分布，最高气流增速可达 0.7m/s；当收尘极板间布置有 1 对放电极时，会产生 4 个对称的涡流，不利于细颗粒物的收集[85]。在此基础上，宁致远测试了宽电极间距（指电除尘器同极距大于常规的 400mm）电除尘器内离子风对气流分布的影响[86]。与沈欣军结论相同，此种电除尘器中放电极会产生多个涡流，挤压原有气流并形成“窄管效应”，反而使大量颗粒物以高于平均载气流速的速度从电除尘器中部流出。为了消除窄管效应，在同极距为400mm的极板间布置4根放电极，沿气流方向同极距250mm，每根放电极距最近的极板100mm。图4-39为此布置条件下的流场分布，图中空心白圈为电极位置，流场位置为电除尘器中轴下半侧，两侧对称。横纵坐标轴为空间尺度，单位为mm。在两电极原有涡流间产生了新的涡流，有效地延长了颗粒物停留时间。继而研发了5电极布置形式（即在4电极中心增设1根高压放电线），有效破坏原有4涡流场和高速通道，加强了中部新生涡流的强度，不仅可使收尘效率比常规电除尘器提高近15%，而且可使放电能耗降至常规的13%。电除尘器内部流场的湍动能与收尘效率呈正相关，表明对离子风的优化利用是在目前低排放基础上进一步提高细颗粒物捕集的重要手段。

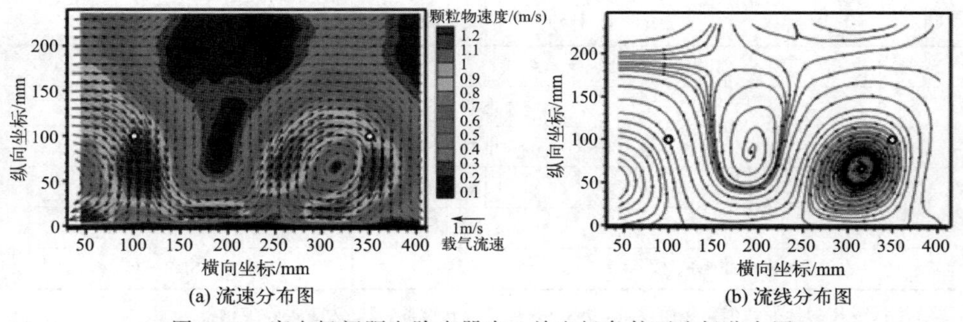

图4-39 宽电极间距电除尘器内4放电极条件下流场分布图

4.4.2 低气压等离子体成套设备

不同于在接近大气压的高气压下，低气压下的放电容易呈现弥散、均匀的形式，有利于产生更多量的等离子体；同时，在低气压气体介质放电生成的等离子中，电子温度远高于气体温度，因此可以在低的介质温度下实现一些高能量的反应过程；此外，在真空条件下，还可以控制反应介质更为纯净。正是上述这些特点，使得低气压低温等离子体拥有广阔的应用前景。其中，材料的表面改性（包括刻蚀、薄膜沉积等）、低气压消毒灭菌以及催化剂的制备和活化，一直是研究和应用的热门。在微电子行业，具有微米甚至亚微米级特征的集成电路板，其生产过程中某些最重要的工艺就需要等离子体的协助。

形成低气压的真空系统主要由真空反应器、真空泵、真空测量设备、连接管件和阀门构成。各部件均需要有足够的机械强度和良好的密封性能，允许反应器通入不同的气体介质，并能够稳定工作在所需的气压范围内。可将真空反应器设计成能够支持多种电极结构的形式，同时可以为各种测试设备提供接入端口。反应器中的工作介质既可为空气，也可为惰性气体，当气压下降到100Pa 以下，极板间电压在 1000～2000V（取决于具体的极板间距和气压）时，可以观察到气体介质开始发生大面积的均匀放电。随着气压的进一步降低，放电的均匀性和稳定性变得更好。

如图 4-40(a) 所示，低气压等离子体成套设备系统主要由自行设计加工的真空反应器、真空泵、真空测量设备以及连接管件和阀门构成。各部件均需要有足够的机械强度和良好的密封性能，允许反应器通入不同的气体介质，并能够稳定工作在所需的气压范围。一般真空反应器根据应用需要自行设计加工，能够支持多种电极结构布置，同时可以为各种测试设备提供接入端口。图 4-40(b) 所示的反应器直径为 40cm，高为 40cm，体积约为 50L。材料采用有机玻璃，筒壁厚 5mm，端盖厚 20mm 并有加强筋，保证能够耐受 1 个大气压的负压，非金属材质也不会影响各种电极布置形式下的电场分布，同时整体透明便于全方位观察放电现象。上下端盖共设置 6 个接口，能够提供 6 个独立运行的电路或气路接入。在反应器侧壁上有 3 个石英视窗，为光谱诊断和光电倍增模块提供测试端口。图 4-40(c) 为不同气压空气介质中的放电图像，此时极板直径 30cm，间距 30cm，峰值电压 1800V，脉冲重复频率 500Hz（拍摄条件：ISO＝800，f/8，焦距 28mm，曝光时间 1s)。

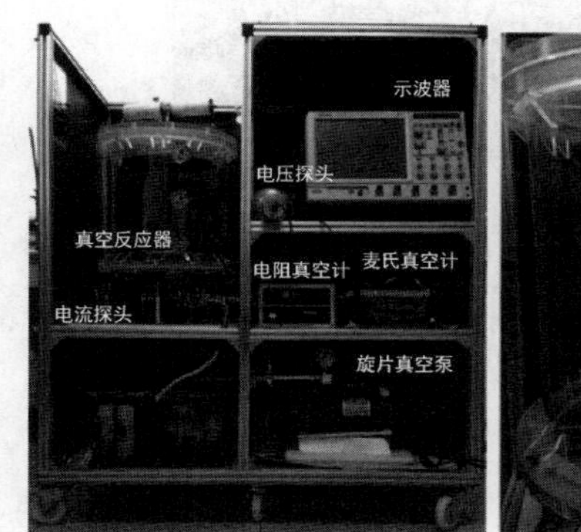

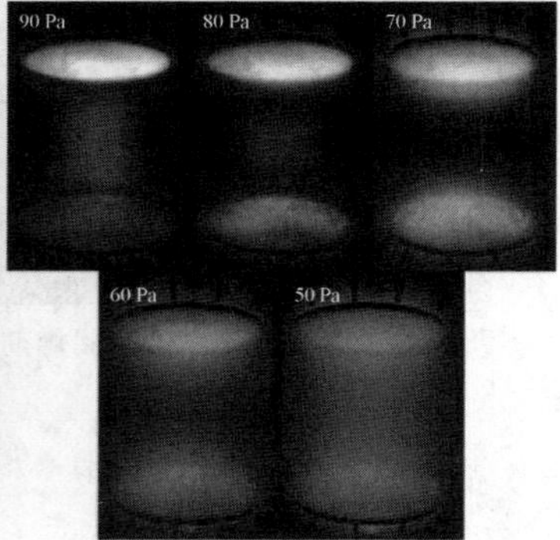

(a) 系统组成　(b) 板-板式低气压等离子体反应器　(c) 空气中不同真空度下的放电图像[87]

图 4-40　低气压等离子体成套设备（见彩插）

4.4.3　反电晕等离子体成套设备

冯发达等[88] 采用直流电源激励蜂窝催化剂产生反电晕放电等离子体，并基于此提出了介质阻挡放电单元＋催化剂反电晕单元＋后置催化剂单元的挥发性有机化合物（VOCs）处理工艺系统。基于电晕放电的反电晕放电原理，可以在蜂窝催化剂上发生反电晕放电，在蜂窝催化剂上产生等离子体。对比典型的针-板放电结构［图 4-41(a)］产生的负电晕放电，蜂窝催化剂反电晕放电产生的等离子体体积明显增大。单针-蜂窝催化剂-网放电结构可在蜂窝催化剂中心附近产生反电晕放电［图 4-41(b)］；采用多针-蜂窝催化剂-网放电结构可以在整块蜂窝催化剂上产生反电晕放电［图 4-41(c)］；在针-蜂窝催化剂之间采用辅助网电极，可以将网和催化剂中间的电场重新均匀分布，使得蜂窝催化剂上发生均匀的反电晕放电［图 4-41(d)］。在蜂窝催化剂中产生的反电晕放电不仅沿其外表面产生等离子体，还在微细的内部通道内产生均匀等离子体。通过插入辅助电极限制电流发展，可进一步促进反电晕等离子体的均匀分布。臭氧分析结果表明，反电晕放电通过收集气溶胶，从而使下游的 Ag-Mn-O 催化剂免受气溶胶污染，增强了臭氧分解。

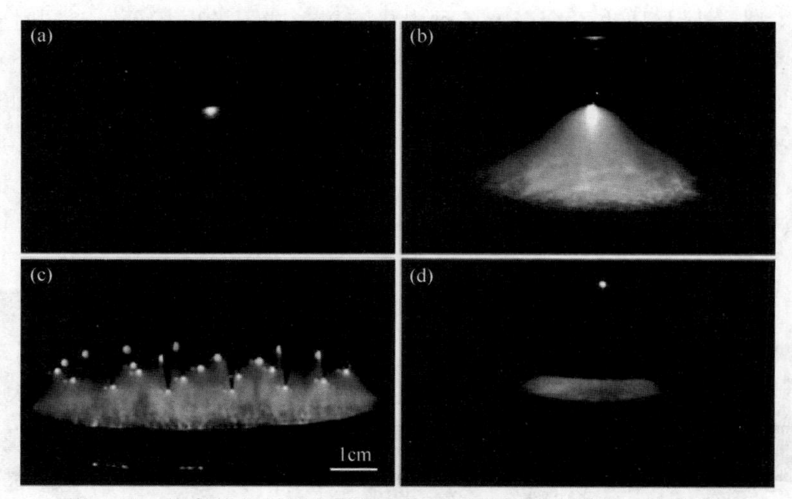

图 4-41　蜂窝催化剂反电晕放电产生等离子体的图像（见彩插）

参考文献

[1]　邵涛，严萍．大气压气体放电及其等离子体应用［M］．北京：科学出版社，2015.

[2]　Portafaix T，Morel B，Bencherif H，et al. Fine-scale study of a thick stratospheric ozone lamina at the edge of the southern subtropical barrier［J］. Journal of Geophysical Research：Atmos-

pheres, 2003, 108 (D6): 1-10.

[3] Plank T, JalakasA, AintsM, et al. Ozone generation efficiency as a function of electric field strength in air [J]. Journal of Physics D: Applied Physics, 2014, 47 (33): 335205.

[4] 闫克平，李树然，冯卫强，等. 高电压环境工程应用研究关键技术问题分析及展望 [J]. 高电压技术，2015, 41 (8): 2528-2544.

[5] Yao S, Wu Z, Han J, et al. Study of ozone generation in an atmospheric dielectric barrier discharge reactor [J]. Journal of Electrostatics, 2015, 75: 35-42.

[6] Li S, Dang X, Yu X, et al. The application of dielectric barrier discharge non-thermal plasma in VOCs abatement: A review [J]. Chemical Engineering Journal, 2020, 388: 124275.

[7] 马天鹏，钟方川. 估算线筒式介质阻挡放电场强和电子平均动能的方法 [J]. 核聚变与等离子体物理，2017, 37 (4): 399.

[8] Ueno H, Kawahara S, Nakayama H. Fundamental study of barrier discharge and ozone generation characteristics for multiple needles to plane configuration [J]. Ozone: science & engineering, 2011, 33 (2): 98-105.

[9] Kogelschatz U, Eliasson B, Egli W. Dielectric-barrier discharges. Principle and applications [J]. Le Journal de Physique Ⅳ, 1997, 7 (C4): 47-66.

[10] Kitayama J, Kuzumoto M. Analysis of ozone generation from air in silent discharge [J]. Journal of Physics D: Applied Physics, 1999, 32 (23): 3032.

[11] Coral LA, Zamyadi A, Barbeau B, et al. Oxidation of Microcystis aeruginosa and Anabaena flos-aquae by ozone: Impacts on cell integrity and chlorination by-product formation [J]. Water Research, 2013, 47 (9): 2983-2994.

[12] Peyton G R, Glaze W H. Destruction of pollutants in water with ozone in combination with ultraviolet radiation. 3. Photolysis of aqueous ozone [J]. Environmental Science & Technology, 1988, 22 (7): 761-767.

[13] 孙琪，牛金海，宋志民. 温度对等离子体与催化剂结合脱除 NO_x 的影响 [J]. 环境化学，2007, 26 (5): 569-573.

[14] Madronich S, Shao M, Wilson SR, et al. Changes in air quality and tropospheric composition due to depletion of stratospheric ozone and interactions with changing climate: implications for human and environmental health [J]. Photochemical & Photobiological Sciences, 2015, 14 (1): 149-169.

[15] Eliasson B, Kogelschatz U. Nonequilibrium volume plasma chemical processing [J]. IEEE Transactions on Plasma Science, 1991, 19 (6): 1063-1077.

[16] Reich P B. Quantifying plant response to ozone: a unifying theory [J]. Tree physiology, 1987, 3 (1): 63-91.

[17] Fuhrer J, Skärby L, Ashmore M R. Critical levels for ozone effects on vegetation in Europe [J]. Environmental Pollution, 1997, 97 (1-2): 91-106.

[18] Lelieveld JOS, Crutzen P J, Dentener F J. Changing concentration, lifetime and climate forcing of atmospheric methane [J]. Tellus B, 1998, 50 (2): 128-150.

[19] Kumar P, Barrett D M, Delwiche M J, et al. Methods for pretreatment of lignocellulosic biomass for efficient hydrolysis and biofuel production [J]. Industrial & engineering chemistry re-

search, 2009, 48 (8) : 3713-3729.

[20] Taguchi M, Yamashiro K, Takano T, et al. Extreme decrease of ozone product using high pure oxygen [J]. Plasma Processes and Polymers, 2007, 4 (7-8) : 719-727.

[21] Trainer M, Hsie EY, McKeen SA, et al. Impact of natural hydrocarbons on hydroxyl and peroxy radicals at a remote site [J]. Journal of Geophysical Research: Atmospheres, 1987, 92 (D10) : 11879-11894.

[22] Suehiro J, Takahashi M, Nishi Y, et al. Improvement of the ozone generation efficiency by silent discharge at cryogenic temperature [J]. IEEJ Transactions on Fundamentals and Materials, 2004, 124 (9) : 791-796.

[23] Masuda S, Koizumi S, Inoue J, et al. Production of ozone by surface and glow discharge at cryogenic temperatures [C] //1986 Annual Meeting Industry Applications Society. IEEE, 1988, 24 (5) : 1235-1240.

[24] Itoh T, Lee C, Suga T. Deflection detection and feedback actuation using a self-excited piezoelectric Pb (Zr, Ti) O_3 microcantilever for dynamic scanning force microscopy [J]. Applied Physics Letters, 1996, 69 (14) : 2036-2038.

[25] Teranishi K, Shimomura N, Suzuki S, et al. Development of dielectric barrier discharge-type ozone generator constructed with piezoelectric transformers: effect of dielectric electrode materials on ozone generation [J]. Plasma Sources Science and Technology, 2009, 18 (4) : 045011.

[26] Zaslowsky J A, Urbach H B, Leighton F, et al. The kinetics of the homogeneous gas phase thermal decomposition of ozonel [J]. Journal of the American Chemical Society, 1960, 82 (11) : 2682-2686.

[27] Nomoto Y, Ohkubo T, Kanazawa S, et al. Improvement of ozone yield by a silent-surface hybrid discharge ozonizer [J]. IEEE Transactions on Industry Applications, 1995, 31 (6) : 1458-1462.

[28] Murata T, Okita Y, Noguchi M, et al. Basic parameters of coplanar discharge ozone generator [J]. Ozone: Science and Engineering, 2004, 26 (5) : 429-442.

[29] Gnapowski E, Gnapowski S, Pytka J. The impact of dielectrics on the electrical capacity, concentration, efficiency ozone generation for the plasma reactor with mesh electrodes [J]. Plasma Science and Technology, 2018, 20 (8) : 085505.

[30] Huang Y, Zhang L, Zhang X, et al. The plasma-containing bubble behavior under pulsed discharge of different polarities [J]. IEEE Transactions on Plasma Science, 2015, 43 (2) : 567-571.

[31] Wang T, Qu G, Sun Q, et al. Evaluation of the potential of *p*-nitrophenol degradation in dredged sediment by pulsed discharge plasma [J]. Water Research, 2015, 84: 18-24.

[32] Shao T, Zhang C, Wang R, et al. Atmospheric-pressure pulsed gas discharge and pulsed plasma application [J]. High Voltage Engineering, 2016, 42 (3) : 685-705.

[33] Yulianto E, Restiwijaya M, Sasmita E, et al. Power analysis of ozone generator for high capacity production [C] //Journal of Physics: Conference Series:IOP Publishing,2019,1170:012013.

[34] Fang Z, Qiu Y, Sun Y, et al. Experimental study on discharge characteristics and ozone generation of dielectric barrier discharge in a cylinder-cylinder reactor and a wire-cylinder reactor [J].

Journal of Electrostatics, 2008, 66 (7-8): 421-426.

[35] Lu N, Feng Y, Li J, et al. Electrical characteristics of pulsed-discharge plasma for decoloration of dyes in water [J]. IEEE Transactions on Plasma Science, 2015, 43 (2): 580-586.

[36] Alonso J M, Ordiz C, Dalla C M A, et al. High-voltage power supply for ozone generation based on piezoelectric transformer [J]. IEEE Transactions on Industry Applications, 2009, 45 (4): 1513-1523.

[37] Amjad M, Salam Z, Fatca M, et al. Analysis and implementation of transformerless LCL resonant power supply for ozone generation [J]. IEEE Transactions on Power Electronics, 2012, 28 (2): 650-660.

[38] Yan K, Yamamoto T, Kanazawa S, et al. Control of flow stabilized positive corona discharge modes and NO removal characteristics in dry air by CO_2 injections [J]. Journal of Electrostatics, 1999, 46 (2-3): 207-219.

[39] Yan K. Corona plasma generation [D]. Eindhoven: Eindhoven University of Technology, 2003.

[40] Dinelli G, Civitano L, Rea M. Industrial experiments on pulse corona simultaneous removal of NO_x and SO_2 from flue gas [C] //Conference Record of the 1988 IEEE Industry Applications Society Annual Meeting. IEEE, 1988:1620-1627.

[41] Mok Y S, Nam I-S. Positive pulsed corona discharge process for simultaneous removal of SO_2 and NO_x from iron-ore sintering flue gas [J]. IEEE Transactions on Plasma Science, 1999, 27 (4): 1188-1196.

[42] Lee Y, Jung W, Choi Y, et al. Application of pulsed corona induced plasma chemical process to an industrial incinerator [J]. Environmental science & technology, 2003, 37 (11): 2563-2567.

[43] Chang J S, Urashima K, Tong Y X, et al. Simultaneous removal of NO_x and SO_2 from coal boiler flue gases by DC corona discharge ammonia radical shower systems: pilot plant tests [J]. Journal of Electrostatics, 2003, 57 (3-4): 313-323.

[44] 陈伟华，任先文，王保健，等．脉冲放电等离子体烟气脱硫脱硝工业试验 [J]．能源环境保护，2006，20 (1)：17-22.

[45] 李树然．湿式高压放电装置中脱硫脱硝除雾及氮氧化物发生 [D]．杭州：浙江大学，2015.

[46] Winands GJJ, Yan K, Pemen AJM, et al. An industrial streamer corona plasma system for gas cleaning [J]. IEEE Transactions on Plasma Science, 2006, 34 (5): 2426-2433.

[47] Reuter S, Von Woedtke T, Weltmann K-D. The kINPen——A review on physics and chemistry of the atmospheric pressure plasma jet and its applications [J]. Journal of Physics D: Applied Physics, 2018, 51 (23): 233001.

[48] Arjunan K P, Sharma V K, Ptasinska S. Effects of atmospheric pressure plasmas on isolated and cellular DNA——a review [J]. International Journal of Molecular Sciences, 2015, 16 (2): 2971-3016.

[49] Kalghatgi S, Kelly C M, Cerchar E, et al. Effects of non-thermal plasma on mammalian cells [J]. PloS one, 2011, 6 (1): e16270.

[50] Lu H, Patil Sonal, Keener Kevin M, et al. Bacterial inactivation by high-voltage atmospheric

cold plasma: influence of process parameters and effects on cell leakage and DNA [J]. Journal of Applied Microbiology, 2014, 116 (4): 784-794.

[51] Deng X L, Nikiforov A Y, Vanraes P, et al. Direct current plasma jet at atmospheric pressure operating in nitrogen and air [J]. Journal of Applied Physics, 2013, 113 (2): 023305.

[52] Hong Y C, Kang W S, Hong Y B, et al. Atmospheric pressure air-plasma jet evolved from microdischarges: Eradication of E. coli with the jet [J]. Physics of Plasmas, 2009, 16 (12): 123502.

[53] Xu G M, Ma Y, Zhang G J. DBD plasma jet in atmospheric pressure argon [J]. IEEE Transactions on Plasma Science, 2008, 36 (4): 1352-1353.

[54] Bussiahn R, Gesche R, Kühn S, et al. Integrated microwave atmospheric plasma source (IMAPlaS): thermal and spectroscopic properties and antimicrobial effect on B. atrophaeus spores [J]. Plasma Sources Science and Technology, 2012, 21 (6): 065011.

[55] Koinuma H, Ohkubo H, Hashimoto T, et al. Development and application of a microbeam plasma generator [J]. Applied Physics Letters, 1992, 60 (7): 816-817.

[56] Walsh J L, Kong M G. Contrasting characteristics of linear-field and cross-field atmospheric plasma jets [J]. Applied Physics Letters, 2008, 93 (11): 111501.

[57] Bussiahn R, Kindel E, Lange H, et al. Spatially and temporally resolved measurements of argon metastable atoms in the effluent of a cold atmospheric pressure plasma jet [J]. Journal of Physics D: Applied Physics. 2010, 43 (16): 165201.

[58] 张冠军，詹江杨，邵先军，等．大气压氩气等离子体射流长度的影响因素 [J]．高电压技术，2011, 37 (6): 1432-1438.

[59] Kuwabara A, Kuroda S, Kubota H. Development of atmospheric pressure low temperature surface discharge plasma torch and application to polypropylene surface treatment [J]. Plasma Chemistry and Plasma Processing, 2008, 28 (2): 263-271.

[60] Georgescu N, Lupu A R. Tumoral and normal cells treatment with high-voltage pulsed cold atmospheric plasma jets [J]. IEEE Transactions on Plasma Science, 2010, 38 (8): 1949-1955.

[61] Hong Y, Pan J, Lu N, et al. Low temperature air plasma jet generated by syringe needle-ring electrodes dielectric barrier discharge at atmospheric pressure [J]. Thin Solid Films, 2013, 548 (12): 470-474.

[62] Shashurin A, Shneider M N, Dogariu A. Temporal behavior of cold atmospheric plasma jet [J]. Applied Physics Letters, 2009, 94 (23): 231504.

[63] Hubicka Z, Cada M, Sícha M, et al. Barrier-torch discharge plasma source for surface treatment technology at atmospheric pressure [J]. Plasma Sources Science and Technology, 2002, 11 (2): 195-202.

[64] Li Q, Li J T, Zhu W C, et al. Effects of gas flow rate on the length of atmospheric pressure nonequilibrium plasma jets [J]. Applied Physics Letters, 2009, 95 (14): 141502.

[65] Li Q, Zhu X M, Li J T, et al. Role of metastable atoms in the propagation of atmospheric pressure dielectric barrier discharge jets [J]. Journal Applied Physics, 2010, 107 (4): 043304.

[66] 郭世杰，夏俊明，霍文青，等．轴对称等离子体射流的实验研究 [J]．科学技术与工程，2013, 13 (24): 6975-6978.

[67] 江南，曹则贤．一种大气压放电氦等离子体射流的实验研究［J］．物理学报，2010，59（5）：3324-3330.

[68] Sakiyama Y，Graves D B，Jarrige J，et al. Finite element analysis of ring-shaped emission profile in plasma bullet［J］. Applied Physics Letters，2010，96（4）：041501.

[69] Lin L，Keidar M. Cold atmospheric plasma jet in an axial DC electric field［J］. Physics of Plasmas，2016，23（8）：083529.

[70] Nie Q Y，Ren C S，Wang D Z，et al. Self-organized pattern formation of an atmospheric pressure plasma jet in a dielectric barrier discharge configuration［J］. Applied Physics Letters，2007，90（22）：221504.

[71] Feng Y，Ren C S，Nie Q Y，et al. Study on the self-organized pattern in an atmospheric pressure dielectric barrier discharge plasma jet［J］. IEEE Transactions on Plasma Science，2010，38（5）：1061-1065.

[72] Walsh J L，Iza Janson N B，Lwa V J，et al. Three distinct modes in a cold atmospheric pressure plasma jet［J］. Journal of Physics D: Applied Physics，2010，43（7）：075201.

[73] 孔得霖，何锋，朱平，等．基于 DBD 的均匀大面积等离子体射流研究［J］．中国科学：物理学 力学 天文学，2020，50（9）：152-161.

[74] Ni T L，Ding F，Zhu X D，et al. Cold microplasma plume produced by a compact and flexible generator at atmospheric pressure［J］. Applied Physics Letters，2008，92（24）：241503.

[75] Hong Y C，Uhm H S. Air plasma jet with hollow electrodes at atmospheric pressure［J］. Physics of Plasmas，2007，14（5）：053503.

[76] Kolb J F，Mohamed A，Price R O，et al. Cold atmospheric pressure air plasma jet for medical application［J］. Applied Physics Letters，2008，92（24）：241501.

[77] 余德平，吴杰，涂军，等．大气感应耦合等离子体炬管的设计与仿真实验［J］．哈尔滨工业大学学报，2020，52（7）：82-88.

[78] 周本宽．大气压便携式电晕和电火花空气等离子体射流的装置研究［D］．合肥：安徽工业大学，2019.

[79] Zhang X，Liu D，Song Y，et al. Atmospheric-pressure air microplasma jets in aqueous media for the inactivation of pseudomonas fluorescens cells［J］. Physics of Plasma，2013，20（5）：053501.

[80] Park H J，Kim S H，Ju H W，et al. Microplasma jet arrays as a therapeutic choice for fungal keratitis［J］. Scientific Reports，2018，8（1）：2422.

[81] Sankaran R M，Giapis K P. Hollow cathode sustained plasma microjets: Characterization and application to diamond deposition［J］. Journal of Applied Physics，2002，92（5）：2406-2411.

[82] Lee O J，Ju H W，Khang G，et al. An experimental burn wound-healing study of non-thermal atmospheric pressure microplasma jet arrays［J］. Journal of Tissue Engineering and Regenerative Medicine，2016，10（4）：348-357.

[83] 郭飞．大气压等离子体微射流及其阵列的放电特性研究［D］．合肥：中国科学技术大学，2019.

[84] 曾宇翾，沈欣军，章旭明，等．电除尘器中离子风的实验研究［J］．浙江大学学报（工学版），2013，（12）：2208-2211.

[85] 沈欣军，曾宇翾，郑钦臻，等．基于粒子成像测速法的正、负电晕放电下线-板式电除尘器内流场测试 [J]．高电压技术，2014，40 (9)：2757-2763.

[86] Ning Z, Cheng L, Shen X, et al. Electrode configurations inside an electrostatic precipitator and their impact on collection efficiency and flow pattern [J]. The European Physical Journal D, 2016, 70: 1-10.

[87] 王秉哲，刘振，黄逸凡，等．低气压大体积等离子体发生及其电参数特性研究 [J]．高电压技术，2014，40 (7)：2150-2155.

[88] Feng F, Zheng Y, Shen X, et al. Characteristics of back corona discharge in a honeycomb catalyst and its application for treatment of volatile organic compounds [J]. Environmental Science & Technology, 2015, 49 (11): 6831-6837.

第 5 章

低温等离子体在洗消领域的研究和应用

在现代战争、恐怖袭击、突发生产事故或地震等重大灾害情况下，发生化学、生物、核及放射性污染的风险增加[1]。一旦发生此类事件，对灾害现场人员、设备、物资及环境等进行高效节水洗消就成为一个重大而现实的问题。通过洗消作业，可及时有效地保护现场人员、控制污染扩散，为后续救援的开展奠定基础[2,3]。

广义而言，洗消（decontamination）是指将人员、装备、设施、道路表面或环境介质（空气、水、土壤）中的有毒有害物质进行清除的过程；狭义而言，洗消仅指对核生化受染对象表面采取消毒、消除沾染和灭菌的措施[4]，使受沾染的人员避免或减轻伤害，使受染的装备、物资等可正常使用。确切地说，洗消是在发生核生化污染时，针对染有有毒化合物、病原微生物、放射性物质的人员、装备、物资、道路、地域、设施等对象，采用机械、物理或化学作用将有毒化合物转化成无毒产物、将病原微生物灭活或将放射性物质从沾染对象表面移除的过程[5]。进入 20 世纪以来，洗消的任务已从战场洗消拓展到反恐、应急救援、抢险救灾等多个领域，洗消对象也从单纯的化学毒剂、生物制剂、放射性落下灰等拓展到有毒化学品、病原菌及危险废物等。

洗消的方法多种多样，当前最为常见的是水基洗消，即采用含消毒活性成分的水溶液喷洒至被消对象表面，通过氯化、氧化或碱性水解反应过程或通过单纯的转移过程实现有毒有害物质的去除。通常需要根据受染对象的性质、天气、洗消装备或器材等情况选择洗消方法。洗消装备及器材包括各种洗消车辆、洗消器及消毒盒等，也可就便使用其他器材，如喷壶等。水基洗消方法存在着耗水量大、后勤负担重、对金属腐蚀性强以及可能存在二次污染等问题，使用后的废水需要额外的净化处理过程，因此在野外或突发事件及缺水条件下的应急洗消存在诸多局限性。未来，洗消技术应具备高效、广谱、低腐蚀、环境友好、环境适应性强等特点[6]。

等离子体中包括大量的电子、离子、激发态原子和自由基，具有很高的化学活性和动能，研究表明，无论是热等离子体还是低温等离子体，均可以实现化学毒剂的降解和病原菌的灭活，具有用于化学及生物洗消的可行性。但高温等离子体容易造成被洗消对象的热损伤，因此通常只将高温等离子体作为化学武器销毁的可替代技术[7]，而在人员、装备、物资等的洗消方面，更适合使用低温等离子体技术。低温等离子体可以在温和的条件下实现化学毒剂分子的有效降解，无二次污染问题，是一种极具前景的化学毒剂洗消技术。美国的埃奇伍德化生中心认为低温等离子体洗消技术在外部设备（战场和固定地点）、大面积地域、敏感设备、内部装备、皮肤和个人装备等的洗消方面，具有广阔的应用前景，尤其适用于敏感设备洗消和密闭空间内部洗消[8]。本书第 6 章和第 7 章将分别阐述等离子体用于空气污染洗消（净化）和水污染洗消（净化）的研究及应用情况，本章则针对狭义洗消概念，即仅考虑表面沾染物的洗消。

5.1 等离子体洗消技术研究和应用现状

最早将等离子体用于毒剂洗消的研究者是美国洛斯·阿拉莫斯国家实验室的 Park 等[9]，采用的是等离子体射流洗消技术。此后，同一团队的 Herrmann 等[10-13] 在此领域做了大量研究工作，先后在美国达格威陆军试验场和埃奇伍德化生中心进行了消毒实验。研究结果表明，等离子体射流可以对表面沾染的芥子气（HD）、梭曼（GD）、维埃克斯（VX）等化学毒剂实施有效消毒。另外通过对电极的主动冷却，等离子体射流在 75℃ 下仍然能获得较好的洗消效果，使得对人员的洗消也成为可能。为进一步降低氦气的使用量，并提高洗消速率，Herrmann 等[13] 又开发了等离子体洗消室，用于研究化学和生物战剂的洗消，见图 5-1。该等离子体洗消室共有 12 个大气压等离子体射流放电通道，分别由射频电源驱动，通过增加等离子体放电面积，可提高洗消效率。采用此洗消室对神经毒剂 VX 的模拟剂马拉硫磷（1mg/mL）进行降解处理，当工作气体为 He/O_2（10%）/H_2（10%）复合气时，处理 16min 后马拉硫磷的降解率为 99.9%；而 HD 的模拟物 2-氯乙基苯基硫化物（CEPS）在处理 2min 后的降解效率也可达到 99.9%。该技术主要针对敏感电子设备的洗消，通过将放电时产生的活性粒子吹到敏感设备上而实现洗消。运行时风机推动载气在封闭系统中循环使用，从而减少了氦气的消耗。洗消室可提供真空、加热以及强制对流的实验环境，能够加速化学毒剂从污染表面蒸发。化学毒剂及其副产物一旦蒸发，直接进入气相循环而被等离子体氧化分解。该团队随后在美国陆军达格威试验场对该技术开展了实毒洗消研究，结果表明，所有化学毒剂经洗消后的浓度都在检测限以下。系统采用的压力为 30Torr（约 4×10^3 Pa），温度为 70℃，等离子体与样品的距离为 10cm，在氦气载气中加入了

10%的氧气或氢气。针对的洗消对象是VX、GD等神经毒剂、HD起疱剂以及增稠模拟剂。将实验对象涂布在铝基样片上，再用等离子体射流进行处理，检测限为初始染毒水平（约$1mg/cm^2$）的0.1%。VX毒剂在与等离子体射流接触8～16min内即可实现洗消，而对于挥发性更强的GD和HD的洗消则只需2min。蒸发以及随后发生的等离子体气相化学分解是毒剂的主要洗消机制。但是，该方法仅能适用于小型装备的洗消。

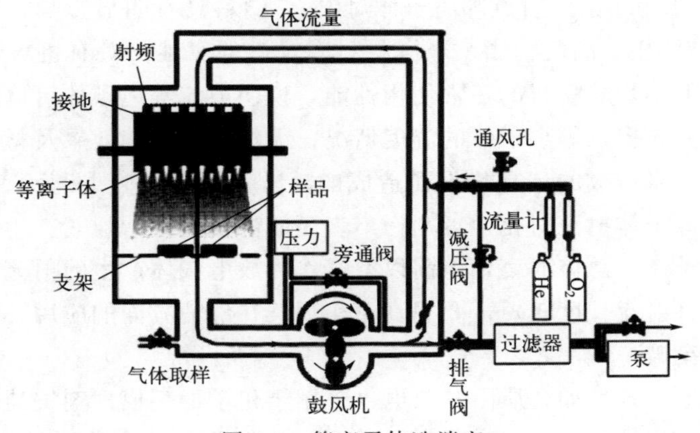

图5-1 等离子体洗消室

美国InnovaTek公司[14] 利用非平衡电晕放电等离子体对铝表面的沙林模拟剂甲基磷酸二甲酯（DMMP）进行处理，发现可在10min内将目标物破坏99.99%，降解产物中不含有毒物质，适于表面洗消。Moeller等[14] 设计的等离子体射流净化系统利用电容放电降解铝表面的DMMP，结果表明，DMMP的降解不仅仅是简单的蒸发，还涉及DMMP的化学改性；处理60s后，可从铝表面去除76%的神经毒剂VX（$11.5g/m^3$）和100%的神经毒剂沙林（$11.2g/m^3$）。检测到的降解产物是含磷化合物，大部分碳被氧化成无害的聚合物和其他非挥发形式的物质。

Jarrige等[15] 采用介质阻挡放电等离子体洗消不锈钢表面沾染的VX模拟剂马拉硫磷，发现在表面沉积能量为$1000J/cm^2$时，洗消率可达99.7%，但是由于中间副产物马拉唑酮的形成，完全洗消所需能量为$4500J/cm^2$。该研究同样表明高活性粒子氧自由基在降解机理中起着关键作用。Zhu等[16] 研究了大气压射频等离子体对神经毒剂模拟剂马拉硫磷的降解效果，在放电功率为300W、放电时间为4min时，马拉硫磷的去除率达到93.2%，研究表明，等离子体主要通过破坏S—C键、P—S键以及P═S键来降解马拉硫磷。

等离子体射流系统通常以He、Ar等惰性气体为工作气体，这在一定程度上限制了其应用。开发空气射流放电对拓展其实际应用具有重要意义[17]。李颖[18] 等采用以高频交流电源供电、以空气为工作气体的常压空气射流等离子体发生装置，在最大功率为194W、空气流速为12m/s时，产生了射流长度为1～2cm、直径为1～2mm的等离子体射流，处理不锈钢、铝、PVC等材料表面沾染的HD、GD、VX一段时间后，均达到了安全允许残余密度要求。其中，放电6～8min时VX洗消率达99.9%，放电1～2.5min时HD和GD的洗消率均达到99.9%。射流等离子体对PVC塑料没有明显影响，对氯丁橡胶影响较小，对PE、酚醛树脂、金属材料有轻微的腐蚀，对有机玻璃有加速老化的作用，但不影响材料的正常使用性能，说明射流等离子体可以用于表面洗消。但该研究未提供等离子体的温度情况，无法判断洗消效果及材料性能变化是等离子体本身造成的还是热损伤造成的。O'Hair 等[19] 探索了氮气等离子体和空气等离子体射流对化学毒剂污染表面的洗消效果，但其产生的等离子体属于热等离子体。总体而言，当前以空气作为放电气体产生的射流等离子体的温度较高，且射流长度较短，要想真正实现其在洗消方面的应用，仍有许多关键技术需要突破。

其他放电方式，如介质阻挡放电也曾用于化学毒剂模拟剂洗消研究，但总体而言研究数量较少，如Kim等[20] 以He为工作气体，采用射频DBD放电洗消置于铝极板上的DMMP液滴，当He流量为6L/min、功率为100W时，2min内就可使染毒密度为10g/m^{3}铝表面上的DMMP达到99.9%的洗消效果，洗消能力为5×10^{-3}kg/h，DMMP的分解主要与羟基和氧自由基有关。该等离子体温度低于75℃，可直接用于人皮肤以及染毒设备表面的消毒处理。表5-1总结了等离子体洗消化学毒剂及模拟剂的相关研究情况。

表 5-1 等离子体洗消化学毒剂及其模拟物的研究[17]

放电形式	洗消对象	反应条件	放电时间	降解效率	参考文献
等离子体射流（APPJ）	磷酸三乙酯（TEP）	放电电压5kV 放电功率2.4kW 溶液体积500mL	6h	降解效率34%， 总有机碳（TOC） 减少59%	[21]
	铝表面VX	放电功率200W 浓度11.5g/m^3	60s	降解效率76%	[14]
	铝表面GB	放电功率200W 浓度11.2g/m^3	60s	降解效率100%	[14]
	不锈钢表面芥子气（HD）	放电功率194W 空气流量12m/s	1～2.5min	降解效率99.9%	[18]
	马拉硫磷	12个APPJ放电通道 浓度1mg/mL	16min	降解效率99.9%	[13]

续表

放电形式	洗消对象	反应条件	放电时间	降解效率	参考文献
介质阻挡放电(DBD)	铝表面DMMP	放电功率100W 铝表面DMMP密度$10g/m^3$	2min	降解效率99.9%	[20]
	不锈钢表面马拉硫磷	表面沉积能$1000J/cm^2$	—	降解效率99.7%	[15]

对病原微生物的洗消实际上与常规意义的医疗灭菌操作并无严格区别，但洗消更强调应急场合的处理。将等离子体用于病原微生物洗消（灭菌）首先出现于医疗领域，常用于医疗器械或者皮肤的杀毒灭菌，其原理是利用等离子体强氧化性活性基团、紫外线作用等将细菌灭活。典型代表为美国强生公司的等离子体灭菌器STERRAD®，其放电气体为H_2O_2，采用13.56MHz的射频电源，等离子体射流灭菌温度在50℃以下，过程为间歇式批次操作，时间约为1h，但其操作条件较严格，需要物品完全干燥，且不能含有强吸附H_2O_2的材料，物体的摆放也有限制，尤其是金属物品不能与腔室的金属壁接触。20世纪90年代，Herrmann等[13]发现等离子体射流可在4.5s内杀死炭疽杆菌模拟剂枯草芽孢杆菌孢子。Birmingham[22]利用一种微机械等离子体放电洗消污染物表面，发现孢子和细胞在几秒钟内就会被杀死，这一速度远远超过热空气本身，化学洗消效率与单独加热的洗消效率相似。

早期的H_2O_2等离子体射流灭菌器存在使用方便性不足、操作时间偏长的缺点，因此研究人员先后开发了基于惰性气体、氧气、空气或氮气等的低气压等离子体灭菌器。2006年，由德国波鸿鲁尔大学和意大利、法国的研究团队共同发起了一个利用低气压等离子体处理医疗器械的欧盟研究项目BIODECON，该项目除了考察等离子体的杀菌效果外，还研究了等离子体对生物大分子如蛋白质的灭活作用，以消除诸如朊病毒、生物毒素等的危害[23]。放电气体为H_2、O_2、N_2、Ar中的一种或几种，当放电气体为10Pa的Ar、功率为150W时，处理10s后即可杀灭4.5个对数值的枯草芽孢杆菌孢子，具有高效灭菌能力。

低气压等离子体由于需要昂贵复杂的真空系统，限制了其应用，因此大量研究人员转向研究常压低温等离子体灭菌器。美国欧道明大学的Laroussi率先于1996年开始研究常压等离子体灭菌技术，先后尝试过介质阻挡放电和等离子体射流[24-26]。介质阻挡放电在两块平板电极之间产生，其中一块平板电极上覆有一层绝缘介质，以阻止电极间气体的击穿并形成均匀的放电。这种放电结构在实际应用中受到很多限制，如板电极之间的空间限制等。2005年起，

Laroussi 开始研究等离子体射流的杀菌作用。放电反应器为管式，管内依次分布一定间距的环状高压电极和接地极，一定流速的惰性气体从管的一端进入，经过电极时电离成等离子体并从另一端喷出，形成长度为数毫米到数厘米的等离子体焰。该等离子体射流可直接作用于皮肤从而对皮肤进行消毒灭菌。

英国拉夫堡大学的 Kong[27,28] 也报道了利用等离子体射流对医疗器械进行消毒灭菌的装置，并通过并联多个等离子体反应器得到大面积的等离子体射流，处理效率大大提高。美国的南加州大学和爱荷华大学、德国的莱布尼茨等离子体科学与技术研究所和格赖夫斯瓦尔德大学、日本的丰桥技术科学大学和日本东北大学、中国的华中科技大学和清华大学等也报道了类似的研究工作[29-31]。

Müller[32] 和 Thomas 等[33,34] 采用低温等离子体射流技术替代美国航空航天局所采用的干热（温度为 110℃，30h）洗消技术来对宇航探测器和更多的通用空间设备进行灭菌，结果表明，该技术可以在几分钟内灭活钢铁、聚四氟乙烯纤维和石英等材料上的细菌和孢子。该技术被认为是很有前途的空间设备洗消的新方法。

相对于化学毒剂，等离子体技术对生物制剂的洗消速度更快。目前，多种等离子体洗消装置已被开发出来，如美国 Atmospheric Glow Technologies 公司推出了常压等离子体洗消装置，可以消除芽孢杆菌、梭菌孢子、革兰氏阳性/阴性（G+/G−）细菌等，但对化学战剂作用不大[35]。PlasmaSol Corporation 公司发明了一种手持式等离子体洗消设备（图 5-2），该设备设计灵巧、操作简单，主要针对常规病毒和细菌的消毒处理，也可以用于生化战剂的洗消[8]。

图 5-2　手持式等离子体洗消设备

除了化生污染物洗消之外，韩国首尔大学的 Kim 等[36] 还将射流等离子体用于金属表面放射性元素的消除，他们在 He 等离子体中加入少量 CF_4 和 O_2 作为添加剂，形成大气压射流等离子体，对金属表面含钴氧化物进行洗消，结果表明，放电功率为 400W 时，处理 10min 即可获得 95%的消除率。该法提供了一种放射性物质消除的新途径，将不易转移的放射性元素通过等离子体化学反应而实现快速、安全转移。虽然从目前开展的等离子体洗消研究现状来看，等离子体对核、生、化物质均有一定的洗消效果，但大量研究对象还是集中于生、化两类物质，而在核及放射性物质洗消方面，现有的等离子体技术相比其他技术并无明显优势。

如前所述，等离子体的发生方式多种多样，但从研究和应用情况来看，用于表面洗消的大多是等离子体射流技术，因为要想实现表面沾染物的洗消，需要将等离子体的活性物质引导至被消对象表面，使这些活性物质可以充分与沾染的化合物或微生物接触并发生反应，关于这一点，射流态等离子体具有其独特的优势。大气压等离子射流技术自问世以来就以其洗消效果好、适用面广、操作简单而受到洗消研究者的广泛关注，取得了快速发展[37]。但目前该类技术还存在着洗消面积小、有效洗消距离短等不足，在实施大面积洗消作业时还存在洗消效率较低的问题，因此，提高等离子体射流的覆盖面积、延长等离子体射流的有效距离，将更有利于满足实际洗消作业的需要。

面对众多洗消任务需求，特别是针对缺水及高原高寒条件下的洗消任务需求，笔者团队研发了阵列式等离子体洗消装置，并将其用于表面沾染的化生毒剂/毒物的洗消。本章简要介绍该成果，以使读者对等离子体射流洗消技术有更为深入的了解。

5.2　阵列式等离子体洗消系统

阵列式等离子体射流洗消系统及洗消流程如图 5-3 所示。

该洗消系统主要包括电源和等离子体反应器两部分。其中，电源主要由主电路、控制电路、变压器、风扇和通风口等组成，等离子体反应器为 9×9 阵列喷枪，由纳秒脉冲电源驱动放电。为了考察放电过程中电源内部是否存在热损坏风险，采用一个红外热像仪对电源进行监控。在 20kV、15kHz 的工况下连续运行，并同步进行热成像观察。当环境温度为 23.5℃左右时实施等离子体射流洗消作业，运行 10min 以后，电源红外热成像结果如图 5-4 所示。主电路上的高温点主要集中在两个脉冲开关上，温度稳定在 48.7℃；控制电路的高温点分布在芯片和供电器上，但温度始终不超过 45℃；变压器中心最高温度未超过 40℃，表明该系统长时间运行情况下不会因发热而出现损坏。

该系统中，研制了两种规格的阵列式反应器，见图 5-5。一个是 4×4 阵列喷枪，拥有 16 个直径为 2mm 的射流孔道，相邻孔道间距为 8mm，射流覆盖面积为 5.76cm^2；另一个是 9×9 阵列喷枪，拥有 81 个直径为 2mm 的射流孔道，相邻孔道间距为 8mm，射流覆盖面积为 42.25cm^2。所有孔道均可产生射流等离子体，射流长度可达 6cm 以上，孔道的绝缘介质为聚四氟乙烯，内部绕有两段漆包线，高低压交错分布，用作放电电极。阵列式喷枪需要重点关注气体流动和等离子体射流的均匀性，不同规格的阵列喷枪，其内部气体流场不

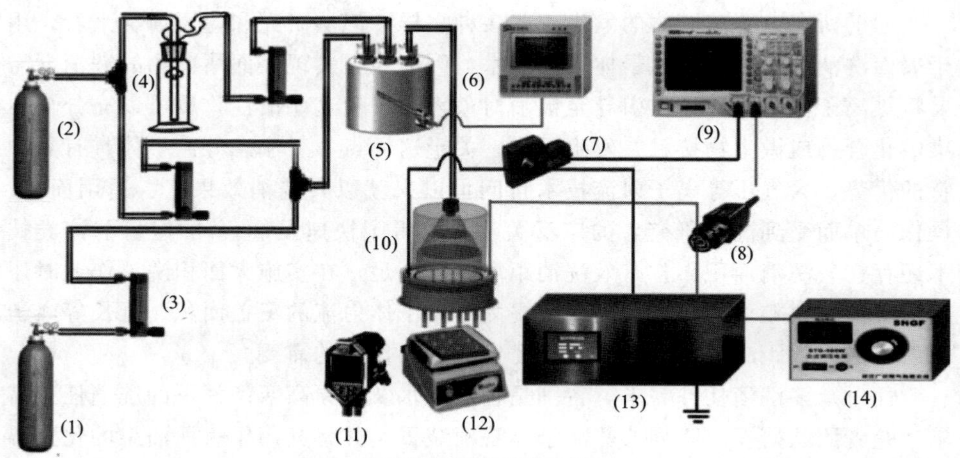

(a) 射流洗消系统组成示意图

(1)—He钢瓶；(2)—O_2钢瓶；(3)—转子流量计；(4)—鼓泡器；(5)—混合罐；(6)—湿度计；(7)—电流探头；(8)—电压探头；(9)—示波器；(10)—阵列式等离子体射流反应器；(11)—红外热像仪；(12)—反应样品；(13)—等离子体激发电源；(14)—交流调压电源

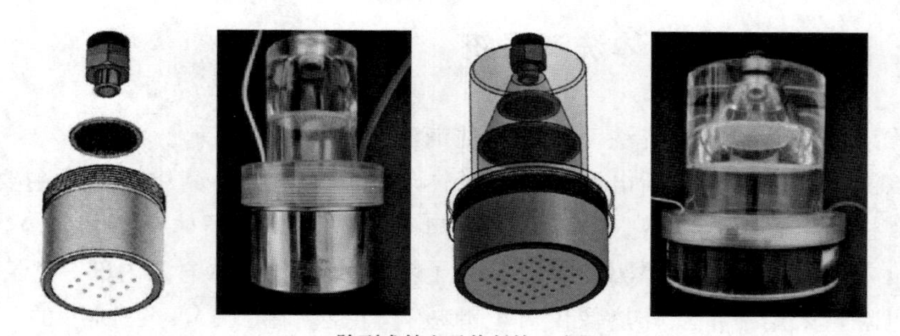

(b) 阵列式等离子体射流反应器

图 5-3 阵列式等离子体射流洗消系统

(a) 脉冲电源主板

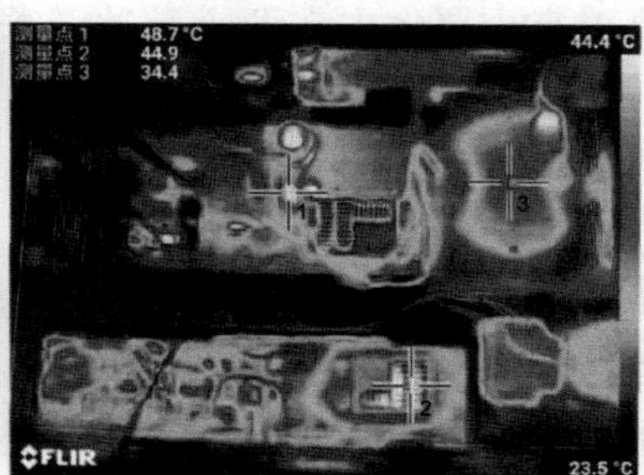

(b) 主板红外热成像

图 5-4 高压电源运行过程中的红外图像

同，因此应根据实际需要设计合适的气体分配器，对于小型阵列喷枪，一般使用一个气体分配器即可，但对于较大体积的阵列喷枪（如此处的 9×9 阵列喷枪），通常需要两个甚至更多的气体分配器。

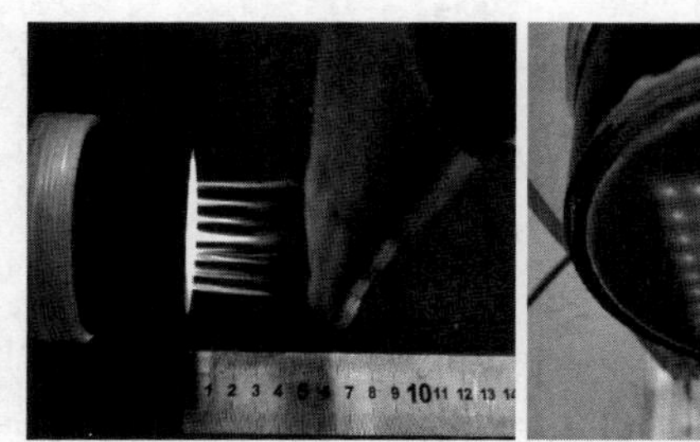

图 5-5　阵列等离子体射流照片（见彩插）

5.3　等离子体射流的形貌及活性基团产生情况

5.3.1　等离子体射流的形貌及影响因素

等离子体射流的形貌受到放电电压、频率、放电气体流量、气体组成等多种因素的影响。

（1）放电电压和频率的影响

通常情况下，随着放电电压和频率的升高，等离子体射流的长度也会相应增加（见图 5-6），但是不同类型的喷枪受影响的程度不同。在外观上，等离

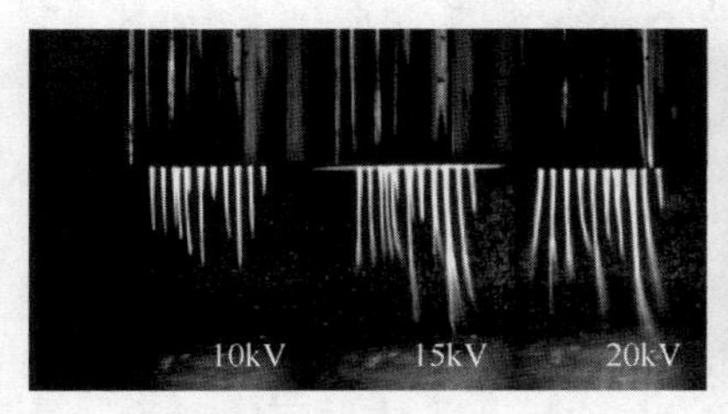

4×4阵列喷枪：15 kHz，He，10 L/min

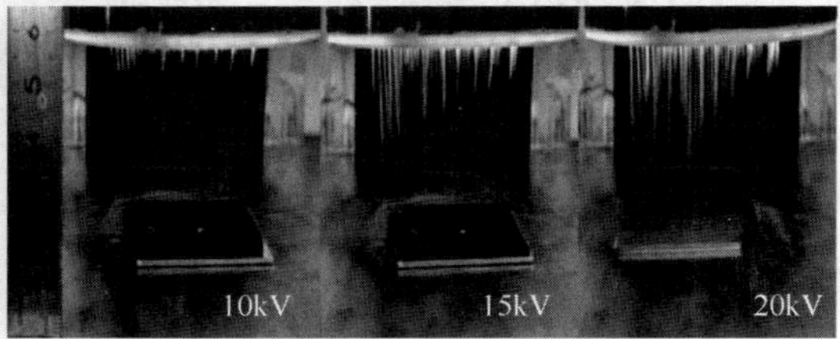

9×9阵列喷枪：15 kHz，He，50 L/min

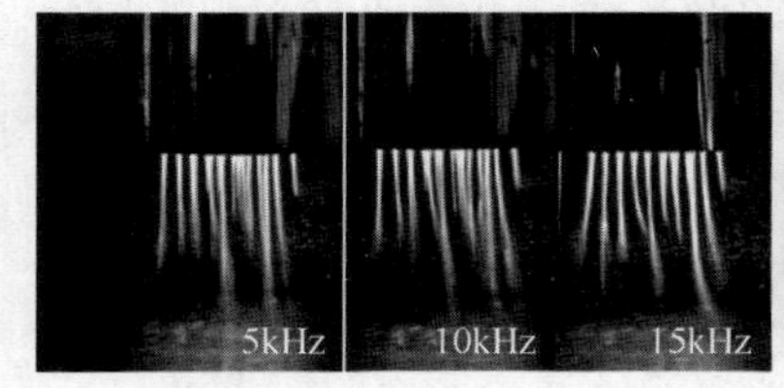

4×4阵列喷枪：20 kV，He，10 L/min

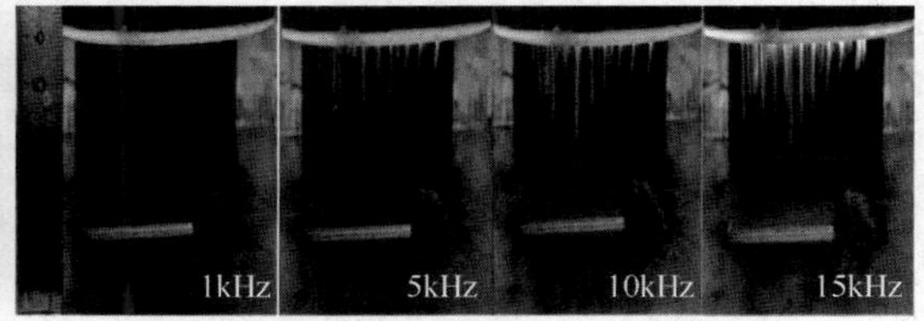

9×9阵列喷枪：20 kV，He，50 L/min

图 5-6　不同放电电压和频率条件下氦气射流形貌（见彩插）

子体射流长度和形态均为单个线状，由于等离子体中的活性基团并非肉眼可见，可以推测在喷枪出口小孔覆盖范围内应该充斥着等离子体活性基团。当放电电压和频率升高时，等离子体射流的明亮度也随之增强。

(2) 放电气体流量的影响

如图 5-7 所示，放电气体流量对射流形貌的影响比较复杂，当气体流量在一定范围时，等离子体射流长度会随着气体流量的升高而升高，且当气体流速较小时（如图中 4×4 阵列喷枪的气体流量为 4～8L/min 时，对应流速为 1.33～2.65m/s），等离子体射流长度较短且边缘射流有外翻现象，表明射流末端被外部气流吹散（该装置是放在通风柜中使用的，可能受到了通风气流的影响）。故实际应用中，等离子体的放电气体流量不宜太小，以免受到洗消作业环境风场的影响。当气流逐渐增大后，射流形状也逐渐变得稳定，能清楚地看见每个喷孔射流出的等离子体呈直线状，末端较为平整；继续增大气流，等离子体射流的线型基本未变，但亮度有所降低，可能是等离子体被“稀释”，活性成分浓度下降。

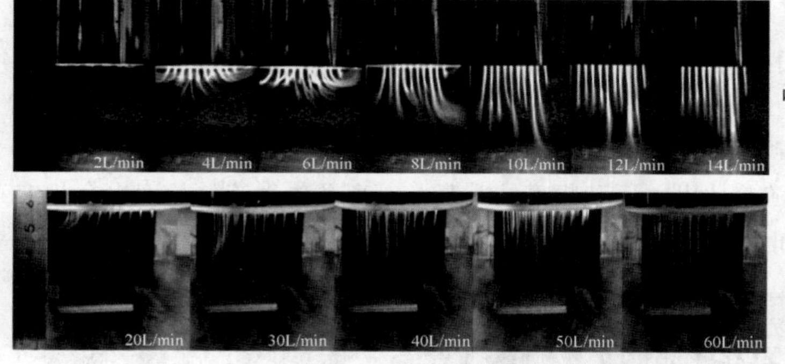

4×4阵列喷枪

He，15 kHz，20 kV
喷孔平均流速(m/s)分别为
0.66、1.33、1.99、
2.65、3.32、3.98、4.64

9×9阵列喷枪

He，20 kV，15 kHz
喷孔平均流速(m/s)分别为
1.31、1.97、2.62、
3.28、3.93

图 5-7　不同气体流量下氦气射流形貌

(3) 掺杂气体含量的影响

等离子体洗消中，有时会掺杂水蒸气或氧气，其目的是提高射流中羟基自由基或活性氧的含量。图 5-8 是掺杂水蒸气和氧气时等离子体射流的形貌，可以看出，等离子体放电强度随着水蒸气掺杂量的升高而略有减弱（表现为射流长度变短），但总体而言，1%～6%的水蒸气掺杂量对射流长度和明亮度没有显著影响。等离子体放电强度随着 O_2 掺杂量的升高而明显减弱，当 O_2 掺杂量为 0.5%或 1%时，射流呈现明亮的蓝紫色；当 O_2 掺杂量提高到 2%之后，射流呈现出较暗的蓝紫色，且射流长度也有所变短；当 O_2 掺杂量增至 6%时，放电产生的射流变得非常微弱，且长度仅为 1cm 左右，已不具备实际应用于表面洗消的可行性。

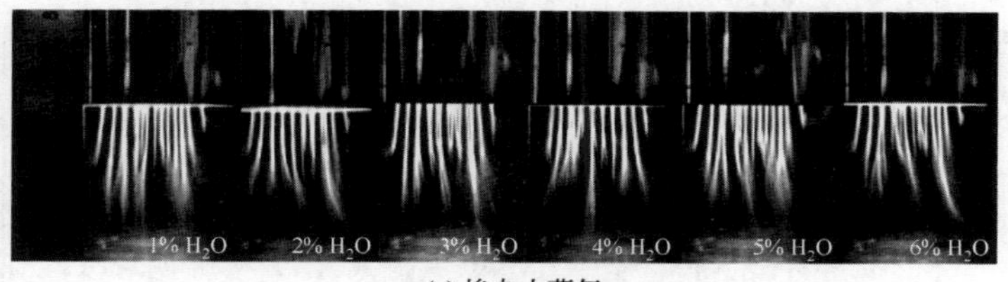

(a) 掺杂水蒸气

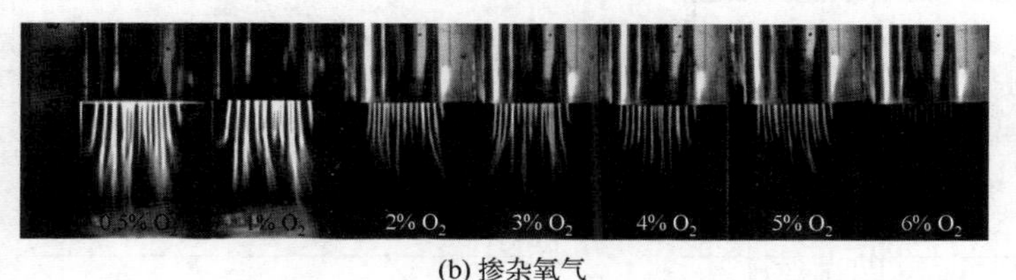

(b) 掺杂氧气

图 5-8　掺杂气体对等离子体射流形貌的影响

5.3.2　活性基团的产生情况

（1）发射光谱

根据 2.4 节所讲述的方法，利用多通道光纤光谱仪检测等离子体中活性基团的发射光谱，间接分析了活性基团的产生情况。放电电压和频率的升高（实际上是体系输入能量升高）会促使低温等离子体射流产生更多活性基团，如图 5-9 所示。即使采用纯氦气放电，射流中的活性基团也包括·OH、N_2^+、He Ⅰ、N Ⅰ、O Ⅰ、O Ⅱ等，说明喷口附近的环境气体（氮气、氧气和水蒸气）也会受到等离子体的激发。

（2）O_3 和·OH

活性基团的产生量不仅和放电参数有关，更与放电气体种类直接相关。等离子体中，O_3 和·OH 是实现洗消作用的两种重要活性基团，也是受放电气体组成影响较大的两类物质。当放电气体中含有 O_2 时，通常会产生一定量的 O_3。O_3 具有强氧化性，是实现化合物降解或微生物灭活的重要成分。与其他活性基团的产生相似，O_3 的产生量也随着电压、频率的升高（即体系输入能量越多）而升高，见图 5-10。O_2 的掺杂可显著增加射流产生的 O_3 含量，掺杂水蒸气对 O_3 产生量的影响不大，见图 5-11(a)。除了采用发射光谱法实现·OH 的检测外，有时还可采用水杨酸溶液法[38]来粗略定量·OH。图 5-11(b) 即是采用这种方法测定的·OH 产生量。可以看出，在纯氦气放电条件下，亦会生成一定的·OH，这可能是放电产生的高能电子与空气中水分子相互碰撞，导致水分子裂解而产生的，见式（5-1）。在放电气体掺杂少量

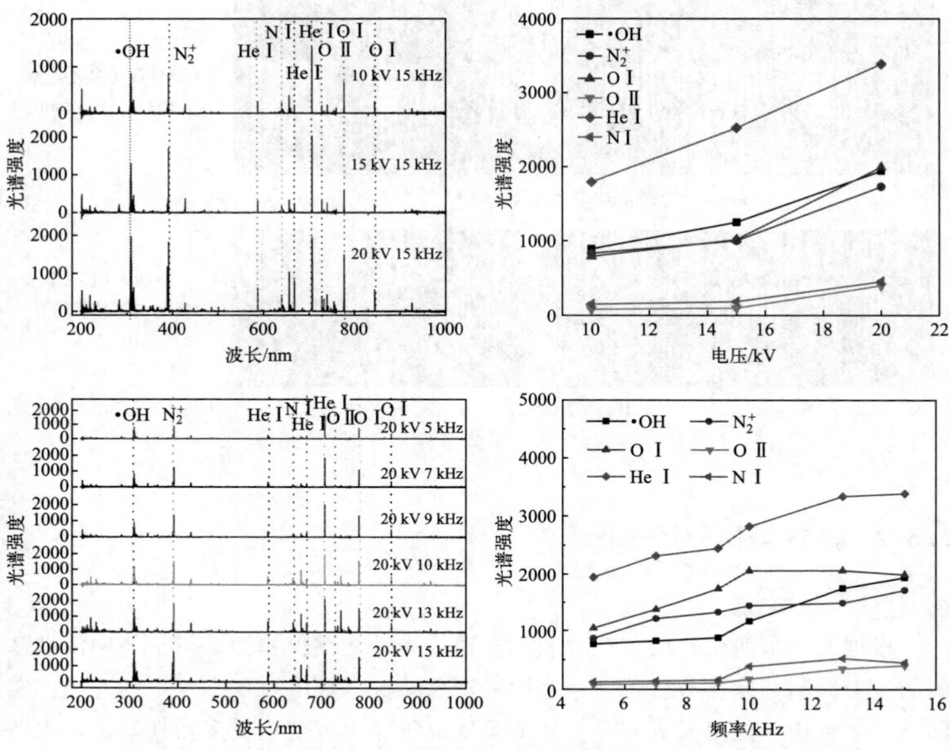

图 5-9　放电电压和频率对等离子体射流中活性基团产生量的影响

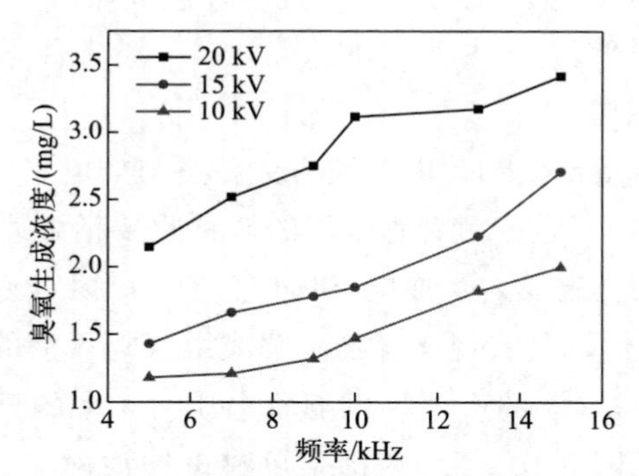

图 5-10　不同放电电压及频率下的 O_3 生成情况

H_2O 后，·OH 的产生量明显增加，表明在放电气体中掺杂少量水蒸气有利于提高·OH 的产生量。但是在放电气体中掺杂少量 O_2 时，·OH 的产生量则没有明显改变。

$$H_2O+e^- \longrightarrow \cdot OH+H+e^- \tag{5-1}$$

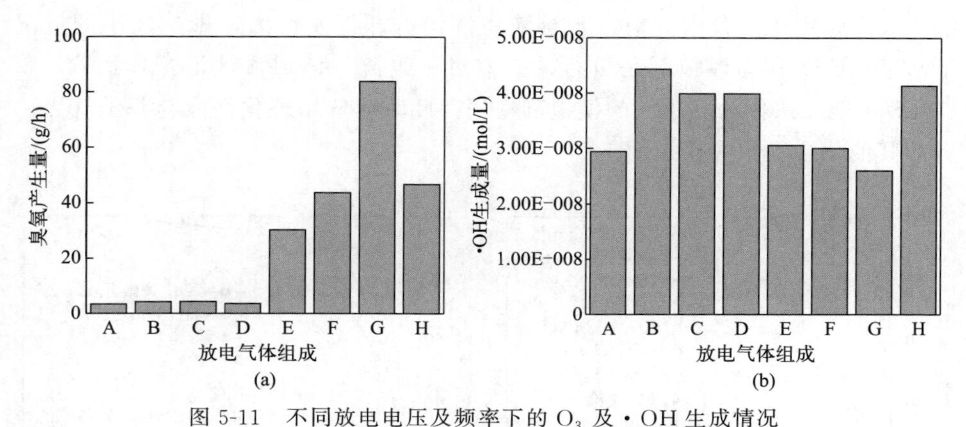

图 5-11　不同放电电压及频率下的 O_3 及 ·OH 生成情况

A—He；B—He+H_2O（3%RH）；C—He+H_2O（5%RH）；D—He+H_2O（7%RH）；E—He+O_2（0.5%，体积比）；F—He+O_2（1%，体积比）；G—He+O_2（2%，体积比）；H—He+O_2（1%，体积比）+H_2O（3% RH）

5.4 有毒化合物洗消

5.4.1 洗消效果

等离子体对有毒化合物有较好的洗消效果。此处列出了 7 种有毒化合物经等离子体射流处理后的洗消效果［见图 5-12（a）］，分别是苯胺、HD 及其模拟剂 2-氯乙基乙基硫醚（2-chloroethyl ehtyl sulfide，2-CEES）、VX 及其模拟剂马拉硫磷、GD 及其模拟剂 DMMP。它们具有相似的洗消规律，洗消率均随着洗消时间的延长而上升，但不同化合物的洗消速率不同，这与化合物的结构稳定性有很大关系。从该图还可以看出，在同样等离子体射流操作条件下，GD 与其模拟剂 DMMP 的洗消结果比较接近，且 GD 的洗消效果优于 DMMP；VX 与其模拟剂马拉硫磷的洗消效果虽有较大差异，但 VX 的洗消效果优于马拉硫磷。因此，从安全实用的角度来说，DMMP 和马拉硫磷可以作为 GD 和 VX 的模拟剂用于等离子体射流洗消评价测试，如果模拟剂的洗消效果达到了相关标准要求，则实际毒剂的洗消效果也能达到标准要求。芥子气与其模拟剂 2-CEES 的洗消效果差异较大，且 2-CEES 的洗消效果明显优于芥子气，这可能是因为 2-CEES 的挥发性较强，在射流气体吹扫作用下挥发作用导致的洗消效果较明显。由此引出一个令人关注的问题，2-CEES 可否作为芥子气的模拟剂用于等离子体射流洗消测试？实际上，2-CEES 作为芥子气模拟剂用于洗消测试的做法已经应用多年，但之前很少有研究考虑其挥发性对于洗消测试的影响，如果是用于试管内洗消或水溶液中洗消（即挥发性因素影响较小的情况下），2-CEES 作为模拟剂是可行的，但对于等离子体射流洗消操作而言，2-CEES 可能无法作为芥子气的模拟剂使用，此时应选用理化性能与芥子气更接近的其他化合物作为模拟剂。

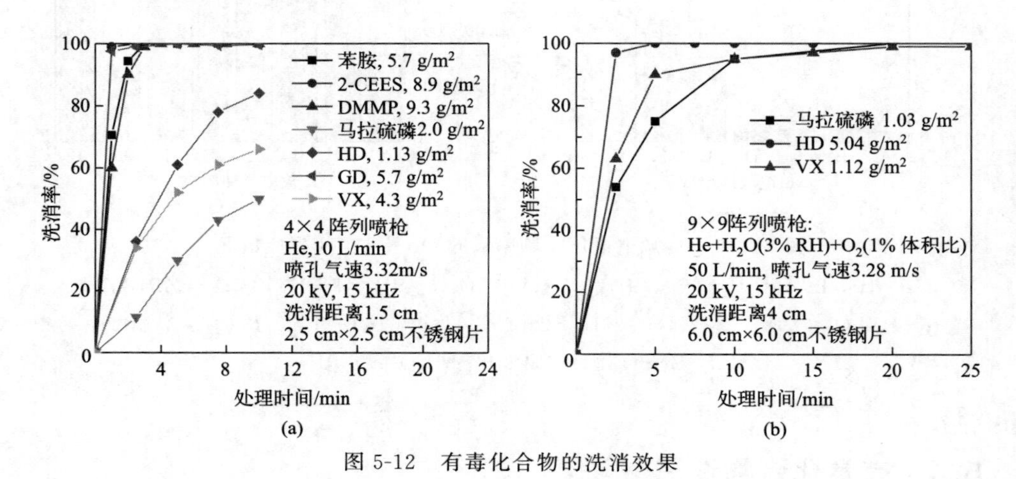

图 5-12 有毒化合物的洗消效果

这 7 种化合物中，马拉硫磷、芥子气和 VX 的洗消速率相对较低。在实际应用中，可以通过调整等离子体放电参数或其他手段进一步提高等离子体洗消效率。图 5-12(b) 是采用 9×9 阵列喷枪针对上述 3 种难洗消化合物开展的洗消操作结果，其中，除了采用了更大规格的喷枪外，还采用复合气体作为放电气氛来提高洗消效果（复合气体对洗消效果的影响见 5.3.2 节），并将洗消距离加大到 4cm 便于实际洗消操作。可见，经过适当的参数调整，即使在增加洗消距离的情况下，大阵列喷枪也能获得更佳的洗消效果。

5.4.2 洗消效果的主要影响因素

5.4.2.1 气流吹扫作用

无论是易挥发还是难挥发化合物，在采用等离子体射流洗消时通常会存在两种作用：一是等离子体中活性物质对化合物的降解（破坏）作用；二是等离子体射流的气流吹扫作用，可促使化合物从洗消对象表面挥发，见图 5-13。即使在喷枪出口流速较低的情况下，仍会存在一定的挥发现象。

一般而言，单一吹扫作用远远不足以将化合物快速洗消，等离子体与化合物之间的作用仍是实现高效洗消的关键。在开展等离子体洗消研究时，为了准

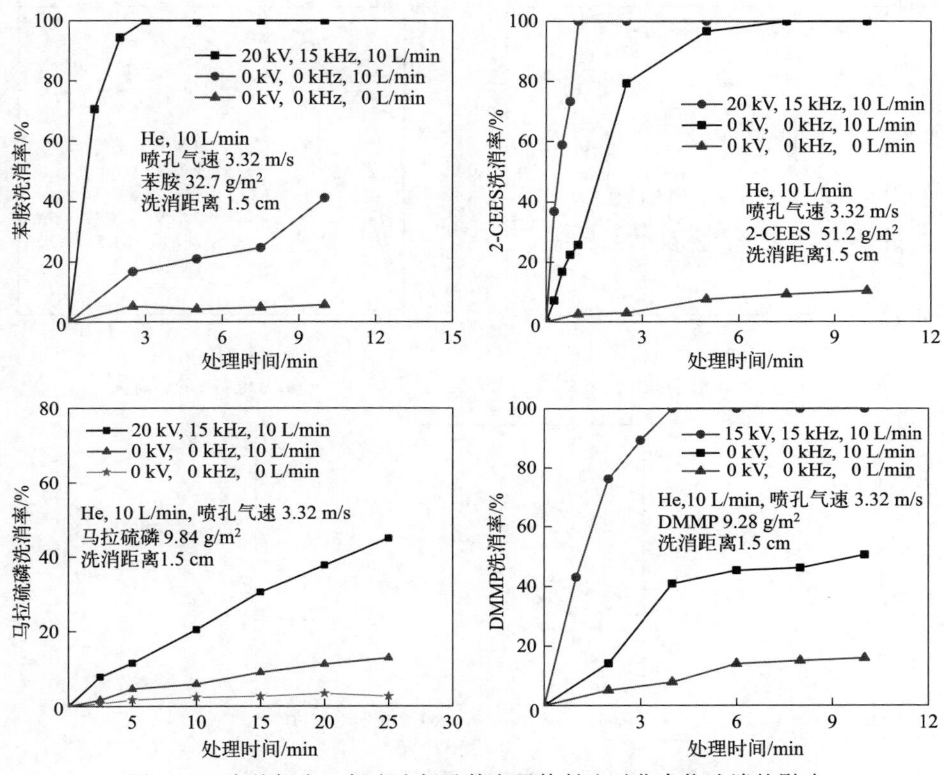

图 5-13　自然挥发、气流吹扫及等离子体射流对化合物洗消的影响

确判断等离子体中活性物质在洗消过程中所起的作用，应当区分等离子体降解和气流吹扫所发挥的作用，尤其是当喷枪出口流速较大、化合物易挥发时，吹扫作用导致的洗消率甚至可能会超过等离子体的降解作用。

5.4.2.2　输入能量的影响

5.3 节已经分析过，活性基团随放电电压和频率升高而增多，从而可获得更好的洗消效果。图 5-14 所示的苯胺洗消结果可以证实这一点。可以看出，电压对苯胺的洗消率影响不如放电频率明显。将不同电压和频率下的输出能量进行了测试和计算，发现苯胺洗消效果与输入能量之间成正比例关系，如图 5-14(c) 所示，单位能耗下的苯胺洗消量约为 2.98g/(kW・h)。需要注意的是，不同化合物具有不同的化学键能，因此受电压和电流的影响程度不同。通常情况下，化学键易被破坏的物质，其等离子体洗消率受电压和频率的影响更为明显。

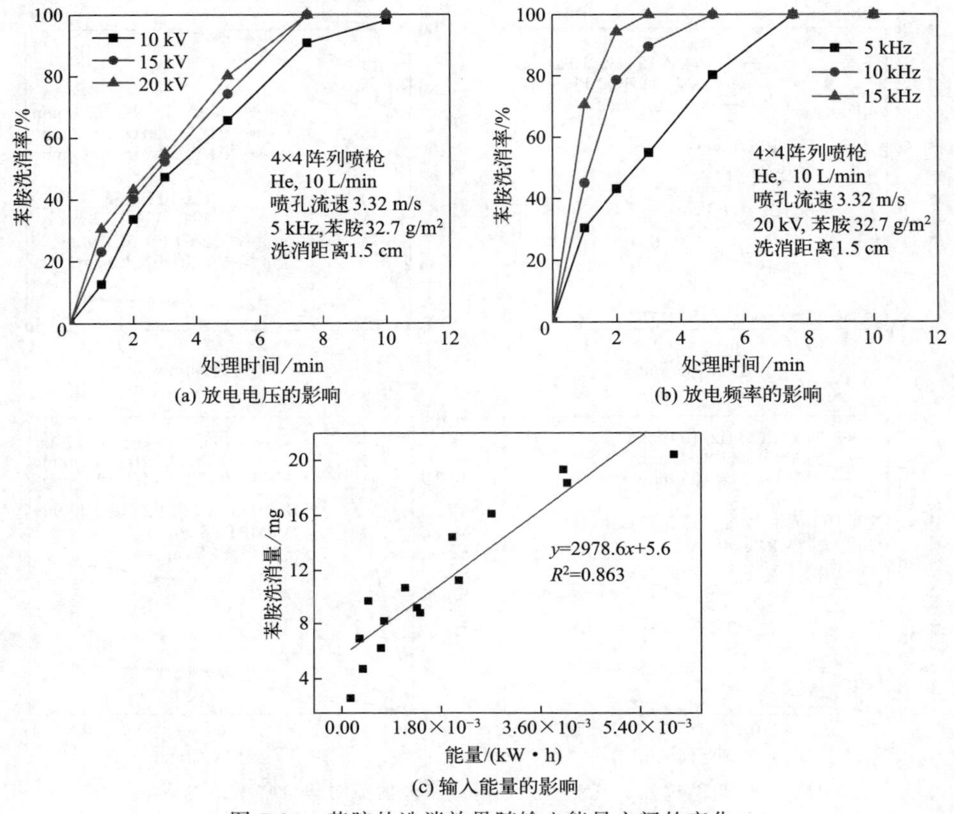

图 5-14 苯胺的洗消效果随输入能量之间的变化

5. 4. 2. 3 气体流量和洗消距离的影响

放电气体流量对化合物的洗消效果有明显影响。气体流量越大，对洗消对象表面的吹扫作用越明显，同时也会将更多的等离子体活性物质输送到洗消对象表面与待洗消的化合物接触，从而提高洗消效果，见图 5-15(a)。在放电产生等离子体射流的情况下，苯胺洗消率随气体流量的升高而增高。当流量从 6L/min 升高到 8L/min 时，苯胺洗消率大幅升高；当流量从 8L/min 继续升高到 10L/min 时，苯胺洗消率只有小幅升高。将该图与图 5-13 比较后可以认为，等离子体射流洗消化合物的两个因素（气流吹扫、等离子体降解）中，等离子体中活性基团对苯胺的降解是实现洗消的主要过程。

洗消距离是指射流喷枪出口离被消对象的远近程度，是反映等离子体射流洗消操作灵活度的指标之一。洗消距离越大，等离子体中活性物质到达洗消对象表面之前经历的时间也越长，发生活性猝灭的概率也越大，容易导致洗消效

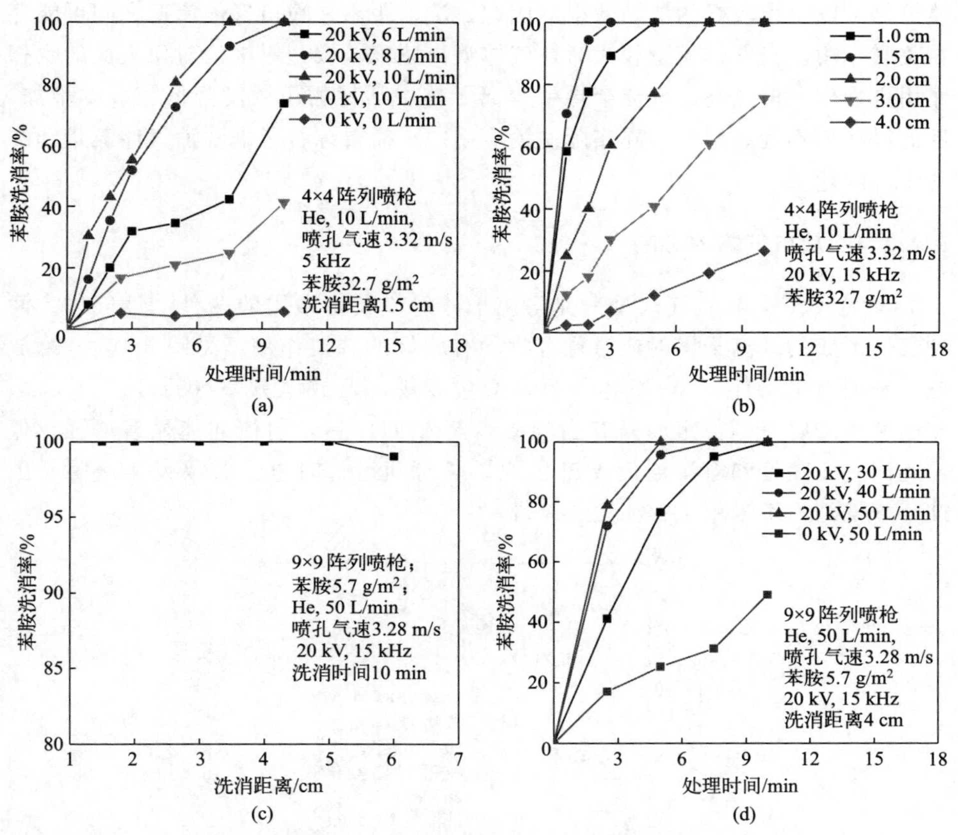

图 5-15　不同气体流量和洗消距离条件下苯胺的洗消效果

果下降。因此，如要想在较大洗消距离下实现较好的洗消效果，需要延长洗消时间。如图 5-15(b) 所示，当洗消距离小于 2cm 时，苯胺可在 7.5min 内实现 100%洗消；但当洗消距离大于 3cm 时，10min 后苯胺的洗消率仍未达到 80%。

不同喷枪形式及射流速度可能会有不同的最佳气体流量和洗消距离，如对于 9×9 阵列喷枪，当洗消距离由 4cm 增加到 6cm 时，洗消率仍能达到 100% [图 5-15(c)]，表明大阵列喷枪在较大洗消距离条件下也能获得较好的洗消效果，这一结论对于等离子体射流洗消技术的实际应用具有重要意义。同样喷出速度条件下（当小阵列喷枪的气体流量为 10L/min 时，其出口气速约为 3.32m/s；当大阵列喷枪的气体流量为 50L/min 时，其出口气速约为 3.28m/s)，大阵列喷枪的吹扫洗消效果优于小阵列喷枪，如图 5-15(d) 所示。从该图也可以看出，当染毒密度较低时，同样处理时间下，即使洗消距离较大，大阵列喷枪仍可以获得较好的洗消效果。因此，洗消距离、喷口气体流速之间可能存在关联作用。当气体流量较大时，气体喷出速度较快，对洗消对象表面的吹扫作用更强烈。但过高的气流会导致等离子体中活性物质浓度降低、成本增加，反而对洗消不利，因此，在实际洗消应用中，需要综合考虑洗消气体流量和洗消距离问题。

5.4.2.4 放电气体的影响

氦气（He）和氩气（Ar）是等离子体射流技术常用的两种惰性气体。两种气体形成的等离子体射流对化合物均有较好的洗消作用，见图 5-16。He 放电的洗消效果略优于 Ar 放电，且研究中发现，低放电频率（5kHz）下，Ar 放电产生的射流不稳定，只有当频率增至 10kHz 后，射流才能显著增强。但与此同时，喷枪和电源温度上升较快，长时间运行时电源容易发生故障。因此，该洗消系统采用 He 射流更有利。

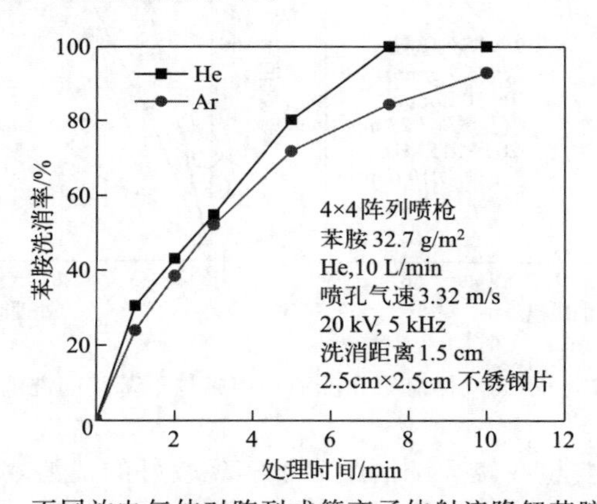

图 5-16 不同放电气体对阵列式等离子体射流降解苯胺的影响

5.4.2.5 等离子体覆盖范围的影响

当等离子体射流可以完全覆盖被洗消对象时，等离子体中的活性物质可以充分与被洗消对象接触，只要洗消时间足够，就可以实现 100%的洗消率。那么，当等离子体射流不能完全覆盖被洗消对象时，它的洗消率会是怎样的？为解决该疑问，使用 4×4 阵列喷枪，分别以 2.5cm×2.5cm 及 6cm×6cm 不锈钢片作为布样介质，采用同样的苯胺量进行布样、等离子体处理以及采样分析。其中，当采用 2.5cm×2.5cm 不锈钢片时，等离子体射流可以完全覆盖其表面，而采用 6cm×6cm 规格的不锈钢片时，等离子体射流仅能覆盖其部分表面（表观覆盖面积约 2.5cm×2.5cm），洗消处理结果如图 5-17 所示。

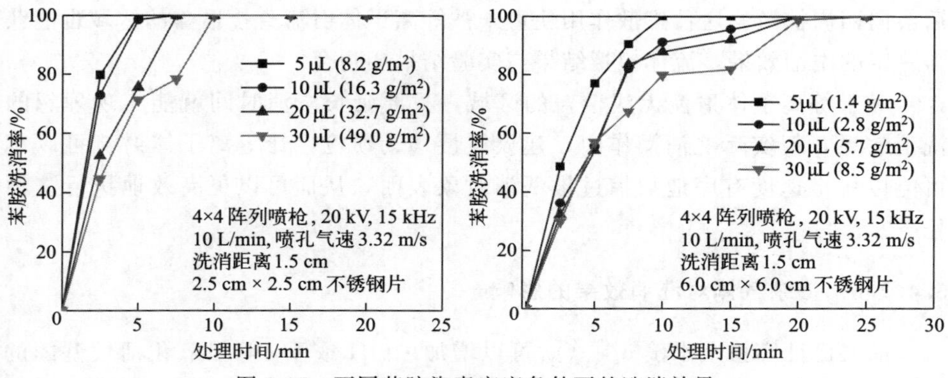

图 5-17　不同苯胺染毒密度条件下的洗消效果

根据图 5-17，当等离子体射流可以完全覆盖待处理表面时，即使染毒密度较高，也可以实现苯胺快速洗消。当布样量为 5μL（染毒密度为 8.2g/m^2）时，苯胺经等离子体射流处理 5min 后即可实现 100%洗消。随着染毒密度增高，实现完全洗消的时间也相应延长。当处理时间为 10min 时，即使染毒密度高达 49g/m^2，苯胺的洗消率亦可达到 100%。当等离子体射流无法完全覆盖待处理表面时，同样布样量下，苯胺的洗消速度有所降低，达到完全洗消的处理时间几乎是前述情况的 2 倍。但只要处理时间足够，即便是等离子体射流未直接覆盖的区域也能实现苯胺的完全洗消。根据该现象可以推断，等离子体射流作用范围比预期的要大，虽然肉眼可见部分只局限于喷射孔覆盖范围之内，但在该范围之外仍有较多活性物质。这些物质可能是等离子体射流抵达不锈钢片表面后，沿着表面向四周扩散，在扩散过程中实现了外围苯胺的洗消。采用 COMSOL Multiphysics 软件对等离子体射流洗消进行了流体动力学模拟。如图 5-18 所示，当喷枪出口正对不锈钢片时，射流抵达不锈钢片表面之

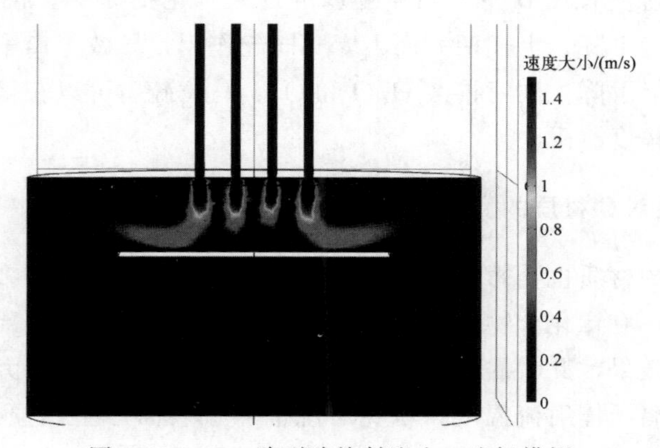

图 5-18　4×4 阵列喷枪射流出口流场模拟

后会向四周扩散。这种扩散作用使得未被等离子体射流直接覆盖的区域也能获得一定的洗消效果，流体模拟结果与实验结果相吻合。

对于等离子体射流无法覆盖的区域，只要延长洗消时间就能实现理想的洗消效果，但实际洗消操作中，建议缓慢移动喷枪，让等离子体射流可以尽可能以一定速度有序地扫掠过被洗消对象表面，从而可以更高效地执行洗消任务。

5.4.2.6 掺杂气体对洗消效果的影响

前文已证实掺杂水蒸气或 O_2 可以增加 ·OH 或 O_3 等强氧化活性基团的产生量，而这些强氧化活性基团是实现洗消的关键物质，掺杂少量 H_2O 和 O_2 后放电形成的等离子体射流可以比单独惰性气体放电获得更好的洗消效果。如图 5-19 所示，在放电气体中掺入少量 H_2O 时可以提高马拉硫磷的洗消率，当 H_2O 掺杂量从 0%提高到 3%时，马拉硫磷洗消率可以从 44%提高到 69%；但是当 H_2O 掺杂量从 3%提高到 5%时，其洗消率反而有所下降；当 H_2O 掺杂量继续升高到 7%后，马拉硫磷的洗消率继续下降。该现象证实，等离子体射流洗消马拉硫磷的过程中，·OH 的强氧化作用是一个主要因素。当掺杂 O_2 放电后，马拉硫磷的洗消效果也可得到一定程度的改善。随着 O_2 掺杂量的升高，马拉硫磷的洗消效率先升高后下降。前文已经分析过，掺杂 O_2 放电后，可以明显提高 O_3 的产生量，结合此处的结果，可以认为 O_3 是马拉硫磷降解的主要因素之一。其中，当 O_2 掺杂量为 1%（此时 O_3 产生浓度为 45mg/kg）时，等离子体射流对马拉硫磷的洗消效果最佳；O_2 掺杂量升高至 2%（O_3 产生浓度为 85mg/kg）之后，等离子体射流对马拉硫磷的洗消效果反而下降，这可能是因为，O_2 掺杂量升高后，虽然 O_3 产生量相应升高，但结合等离子体射流长度和亮度明显变弱的现象（见图 5-8），说明其他活性基团的产量有可能下降，上述两方面因素共同起作用，导致等离子体射流对马拉硫磷的洗消性能下降。同时掺杂 H_2O 和 O_2，马拉硫磷可以获得更好的洗消效果，但提高的幅度有限。

5.4.2.7 洗消对象材质的影响

洗消对象的材质也会影响洗消效果。当洗消对象材质疏松多孔或与化合物存在相容性时，有毒化合物易渗入材料内部，从而导致洗消效果下降。为了达到理想的洗消效果，此时需要延长洗消时间，必要时还需要加大洗消功率，但要注意控制等离子体射流温度，以免对洗消对象表面产生热损伤。图 5-20 是以挥发性低、渗透性较强的毒剂模拟剂马拉硫磷为对象，针对不锈钢、木板、

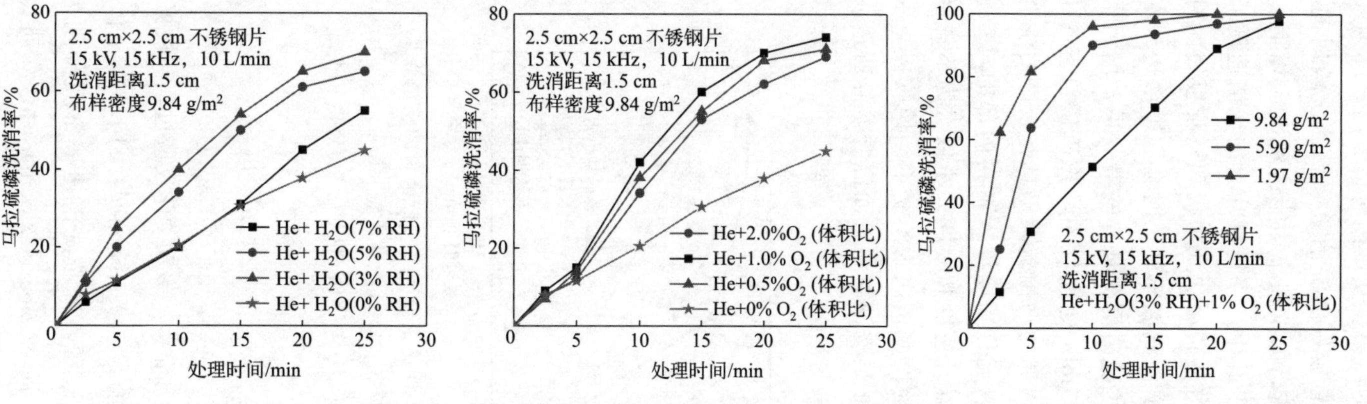

图 5-19　掺杂气体对洗消效果的影响（以马拉硫磷洗消为例）

橡胶板等不同材料实施洗消的结果。从该图可以看出，阵列式等离子体射流对三种材质表面的马拉硫磷均有较好的洗消效果，当洗消时间为 25min 时，染毒密度为 1.97g/m^2 的马拉硫磷的洗消率均能达到80%以上，但是各材料上洗消速度的差异性也比较明显。其中，不锈钢片上的洗消速度最快，其次是橡胶板，相对较慢的是木板。马拉硫磷滴加到木板和橡胶板表面时，会渗透到介质内部。特别是木板，马拉硫磷液滴滴于其上时会立即渗透到木纤维中。为证明射流对渗透到木板内部的马拉硫磷同样具有洗消效果，增大木板上马拉硫磷的染毒密度至 9.84g/m^2，经 25min 处理后，马拉硫磷洗消率仍能达到 70%左右，表明射流对渗透到介质内部的马拉硫磷仍具有较好的洗消性能（注：检测时，采用溶剂浸泡萃取法，以充分提取渗入材料内部的马拉硫磷）。在等离子体洗消过程中，洗消对象的温升速度和幅度大小依次为不锈钢>木板>橡胶板（见 5.6.1 节），而此处洗消速度则依次为不锈钢>橡胶板>木板。由此证明不同材料上洗消效果的差异并非是洗消材料表面温升差异所造成的，而应该是材料本身的理化性质差异导致的。

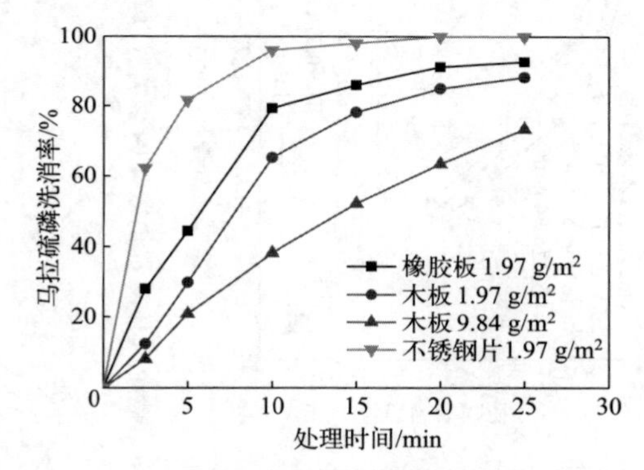

图 5-20 不同洗消介质上马拉硫磷的洗消效果

［电压 20kV，频率 15kHz，气体流量 10L/min，He 放电，掺杂 3%的 H_2O（RH）和 1% O_2（体积比）］

5.4.3 化合物的洗消动力学

等离子体射流洗消化合物通常为一级动力学反应过程。根据图 5-21，$\ln(c_0/c)$ 与反应时间 t 之间呈现良好的线性关系，说明采用等离子体射流洗消苯胺和马拉硫磷为一级动力学反应过程，苯胺洗消速率常数分别为 0.274min^{-1} 和 0.183min^{-1}。当洗消面积较小（2.5cm×2.5cm）时，阵列式等离子体射流洗消速率相对更高。这是因为增大洗消面积后，射流无法完全覆盖待洗消表面，此时未被射流覆盖表面的洗消仅能通过扩散至外围的等离子体活性基团来实现。对于不同染毒密度的马拉硫磷，其洗消速率常数分别为 0.139min^{-1}、0.187min^{-1}和 0.262min^{-1}。

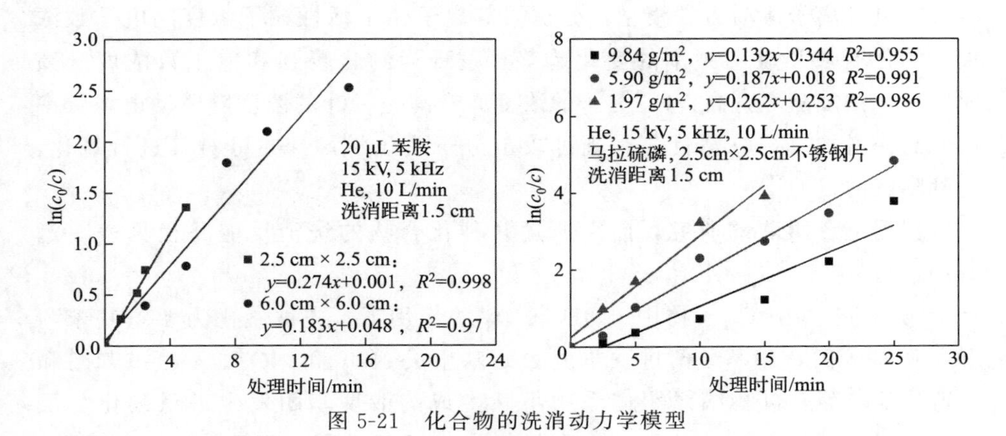

图 5-21 化合物的洗消动力学模型

5.4.4 化合物洗消机理

尽管等离子体洗消机理尚未完全清晰，但目前已基本证实等离子体中的活性粒子对化学毒剂的降解起着至关重要的作用。这些活性粒子主要包括高能电子、·O、·OH、NO、NO_2、H_2O_2、O_3 等，其中·OH 和·O 对化学毒剂的洗消作用尤其显著。

空气中存在水分子，导致在氩气放电中存在较强的·OH 发射光谱带。对于激发态自由基·OH，存在以下反应：

$$e^- + H_2O \longrightarrow e^- + H + \cdot OH \qquad 2.6\times10^{-12}\,cm^3/s \qquad (5\text{-}2)$$

$$e^- + H_2O \longrightarrow H^- + \cdot OH \qquad 2.6\times10^{-12}\,cm^3/s \qquad (5\text{-}3)$$

$$e^- + H_2O \longrightarrow 2e^- + H^+ + \cdot OH \qquad 4.4\times10^{-16}\,cm^3/s \qquad (5\text{-}4)$$

$$e^- + H_2O^+ \longrightarrow H + \cdot OH \qquad 3.8\times10^{-7}\,cm^3/s \qquad (5\text{-}5)$$

$$O(^1D) + H_2O \longrightarrow 2\cdot OH \qquad 2.3\times10^{-10}\,cm^3/s \qquad (5\text{-}6)$$

研究发现，·OH 活性极高，可以无选择性攻击分子中的化学键，实现化合物降解。以等离子体洗消 DMMP 为例，吴春笃等[39] 通过检测中间产物，推测洗消过程主要有以下几条反应路径：①由 DMMP 的水合作用引起并最终在·OH 的作用下被氧化成二氧化碳和水；②由·OH 无选择性攻击 DMMP 中的 CH_3—P 键、P—OCH_3 键、O—CH_3 键等，使其断裂并最终被氧化成磷酸根离子、二氧化碳和水；③由反应过程中产生的烷基自由基与 DMMP 加成，生成中间产物。

·O 主要是自由电子与 O_2 分子碰撞解离所产生的。杜宏亮等[40] 建立了空气放电等离子体动力学模型，分析了等离子体中活性粒子浓度随电子数浓度、约化场强和放电频率的变化趋势，发现当约化场强和电子数浓度升高时，·O 浓度随之升高，O_3 分子的浓度亦升高；·O 的浓度随驱动电压频率的升高而增加。·O 活性高，既可攻击分子式化学键，亦可对其进行氧化，达到降解的目的[41]。

根据笔者团队的研究，前文所述几种化合物的洗消反应路径见表 5-2。其中：

① 苯胺　在等离子体中·OH 和 O_3 的作用下，先被氧化为 4-氨基苯酚和 4-硝基苯酚，硝基苯酚进一步脱去硝基生成 NO_2 和 NO_x。4-氨基苯酚和 4-硝基苯酚等有机物继续跟体系中不断生成的活性基团发生一系列化学反应，被氧化成更简单的分子结构有机物如 4-羟基丁酮、丁酸乙酯、乙二酸、丙酮等，直至被矿化为 NO_x、NO_2、CO_2 和水，中间产物矿化反应速率较快。

② 2-CEES　·OH 攻击 Cl 原子而发生脱氯反应，生成中间产物 2-羟乙基乙基硫醚，此作用已被文献报道所证实[42]，同时，S 原子被氧化生成 2-氯乙基乙基亚砜和 2-氯乙基乙基砜。处理 2min 后，发现 2-CEES 和 2-羟乙基乙基硫醚含量进一步减少，而 2-氯乙基乙基亚砜含量有所增加，另外由于亚砜的进一步氧化，生成信号强度很低的少量 2-氯乙基乙基砜。处理 5min 后，2-CEES、2-羟乙基乙基硫醚完全消失，2-氯乙基乙基亚砜的含量较 2min 时有所降解，2-氯乙基乙基砜由于亚砜的转化进一步增加。处理 8min 后，亚砜和砜完全消失，最终氧化成小分子化合物，直至矿化为 CO_2 和 H_2O。

③ 马拉硫磷　部分马拉硫磷中的 P═S 键先被氧化为 P═O，生成马拉氧磷，同时，另一部分马拉硫磷中的 C—S 断裂生成丁烯二酸二乙酯和 O,O,S-三甲基二硫代磷酸酯。这些中间产物在等离子体活性基团的进一步作用下被降解为二氧化碳、硫氧化物、磷氧化物和水。

④ HD　在等离子体中·OH 和 O_3 的作用下，HD 先被氧化为 2,2-二氯二乙亚砜、2,2-二氯二乙砜等小分子中间产物，随后这些中间产物被进一步矿化为 CO_2。最后一步反应速率较快。

⑤ VX　VX 在·OH 和 O_3 的氧化作用下，S—P 键断裂生成甲基磷酸乙酯和 2-(二异丙基氨基)乙烷-1-硫醇。2-(二异丙基氨基) 乙烷-1-硫醇被氧化为

表 5-2 等离子体射流洗消化合物的反应历程

化合物	反应历程
苯胺	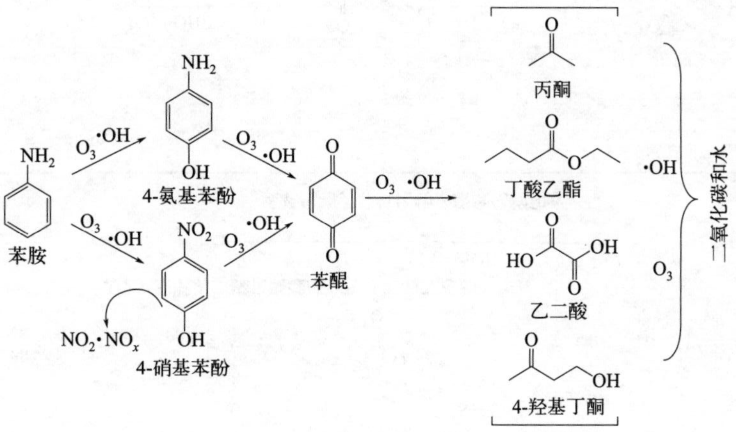 NH_2 苯胺 —O_3 ·OH→ NH_2 OH 4-氨基苯酚 —O_3 ·OH→ O O 苯醌；苯胺 —O_3 ·OH→ NO_2 OH 4-硝基苯酚（→ NO_2·NO_x）—·OH O_3→ 苯醌；苯醌 —O_3 ·OH→ [O 丙酮；O O 丁酸乙酯；O HO OH O 乙二酸；O OH 4-羟基丁酮] ·OH O_3 → 二氧化碳和水
2-CEES	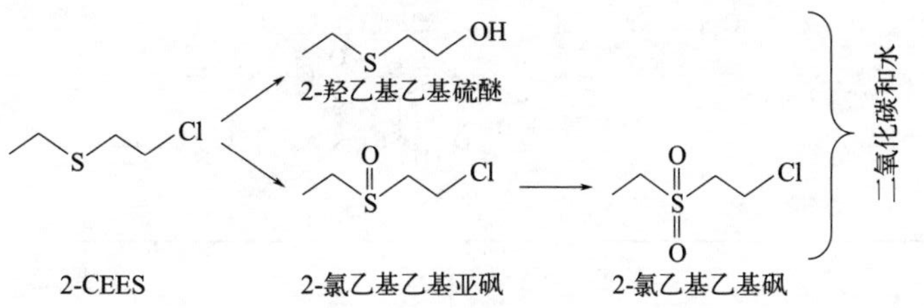 S Cl 2-CEES → S OH 2-羟乙基乙基硫醚；2-CEES → O S Cl 2-氯乙基乙基亚砜 → O S O Cl 2-氯乙基乙基砜；→ 二氧化碳和水

续表

化合物	反应历程
马拉硫磷	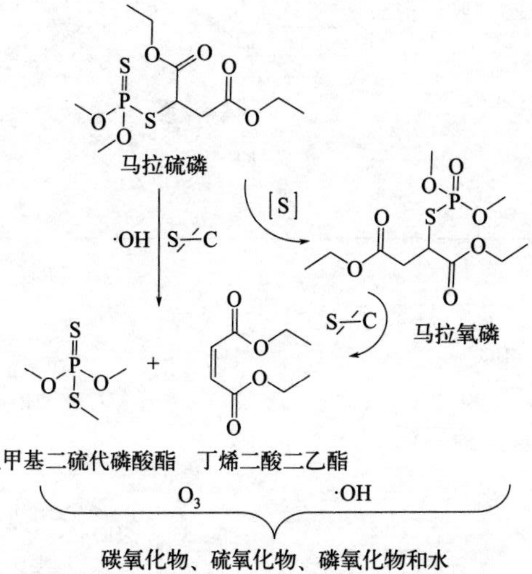 马拉硫磷 —[S]→ 马拉氧磷；马拉硫磷 —·OH, S—C→ O,O,S-三甲基二硫代磷酸酯 + 丁烯二酸二乙酯；马拉氧磷 —S—C→ 丁烯二酸二乙酯；O_3, ·OH → 碳氧化物、硫氧化物、磷氧化物和水
HD	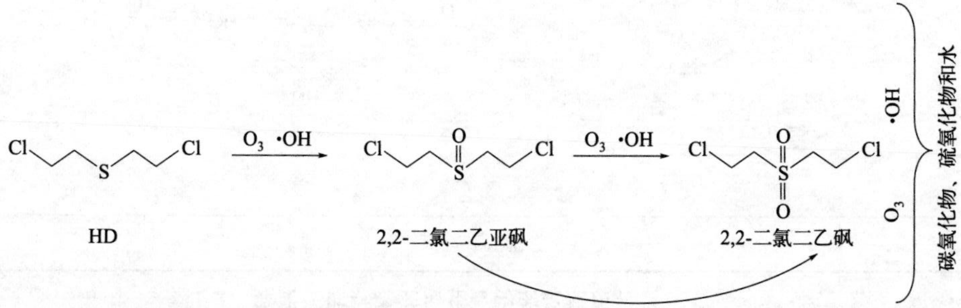 HD —O_3 ·OH→ 2,2-二氯二乙亚砜 —O_3 ·OH→ 2,2-二氯二乙砜；O_3, ·OH → 碳氧化物、硫氧化物和水

续表

化合物	反应历程
VX	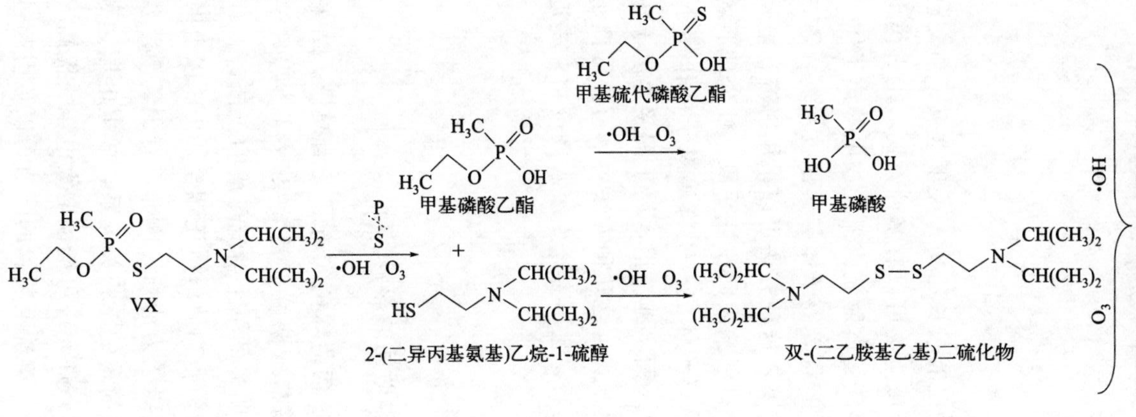 VX $\xrightarrow[\cdot OH\ \ O_3]{P-S}$ 甲基磷酸乙酯 + 2-(二异丙基氨基)乙烷-1-硫醇；甲基磷酸乙酯、甲基硫代磷酸乙酯 $\xrightarrow{\cdot OH\ \ O_3}$ 甲基磷酸；2-(二异丙基氨基)乙烷-1-硫醇 $\xrightarrow{\cdot OH\ \ O_3}$ 双-(二乙胺基乙基)二硫化物；$\cdot OH$、O_3 → 碳氧化物、硫氧化物、磷氧化物和水

双(二乙胺基乙基)二硫化物。甲基磷酸乙酯在·OH和O_3的作用下可继续转化为甲基硫代磷酸乙酯和甲基磷酸。各组产物最终被矿化为二氧化碳、磷氧化物、硫氧化物和水。

5.5 病原微生物洗消

采用等离子洗消病原微生物已有较长历史，关于这点，前文已有阐述，此处不再赘述。等离子体洗消病原微生物可以有多种方式：①直接将等离子体作用于洗消对象表面，一般采用等离子体射流或弧光放电等离子体，其中等离子体射流温度较低，相对更实用；②将等离子体与其他技术复合，如将等离子体与光催化技术复合以提高灭菌效率，这种方法可以采用射流、电晕放电或流光放电等形式；③将等离子体作为材料的表面改性手段，使处理后的材料具有抑菌或灭菌性能，这是一种间接等离子体法；④将等离子体作用于水溶液形成“活化水”，之后喷淋于洗消对象表面实施洗消，属于间接等离子体法，可以采用介质阻挡放电作为活化的处理方式。这几种方法中，直接等离子体法相比间接法的能量利用率高，应用更灵活，且不会产生废水或废物，是近些年等离子体洗消技术的研究重点。

5.5.1 金黄色葡萄球菌洗消

5.5.1.1 放电电压、频率和处理时间的影响

采用4×4阵列喷枪对金黄色葡萄球菌实施了洗消操作。结果表明，随放电电压和频率的升高，金黄色葡萄球菌的灭活效果增强，见图5-22。当放电电压小于10kV时，可以观察到明显的单个射流形成的灭菌斑，且各个小灭菌斑排列较为整齐，大小也较为均匀。当放电电压调至10kV以上时，琼脂平板上可形成连续大块的灭菌斑，边缘较为清晰，内部仅有少量菌落残留。故在此条件下，灭菌效果和放电电压成简单的正相关关系，放电电压达到10kV以上可获得较为良好的灭菌效果。如条件允许可继续增大电压，提高灭菌效率，但要注意电压值不宜超过等离子体射流洗消装置的限值，以免引起过载。当放电频率为5kHz时，单个射流处理所形成的灭菌斑较小，无法形成连续的矩形灭菌斑。当放电频率增加至7.5kHz时，圆角矩形灭菌斑基本形成，但内部仍有少量菌落未被杀灭。当放电频率达到10kHz时，灭菌斑形状基本稳定，边缘清晰，内部菌落基本被清除。继续增加放电频率至12.5kHz，灭菌斑面积略有增大，灭菌效果保持稳定。当放电频率增至15kHz时，灭菌斑面积仍有略

微增大，但边缘菌落数增加，边缘处灭菌效果下降。故在此条件下，放电频率维持在 10～15kHz 内可有较为良好的灭菌效果。从图 5-22(c) 可以看出随着洗消时间增加，灭菌效果增强。这是由于随着洗消时间的增加，等离子体的强度提升，抵达平板表面的活性粒子数量增大，灭菌效果提升。即等离子体灭菌存在明显的剂量效应。洗消时间达到 4min 后，灭菌斑的面积基本保持稳定，菌斑边缘更加清晰，这是由于随着放电的进行，平板上的细菌数量减少，等离子体与细菌的接触概率降低。在实验过程中，为了保证稳定的灭菌效果，射流灭菌的洗消时间应达到 5min 以上。

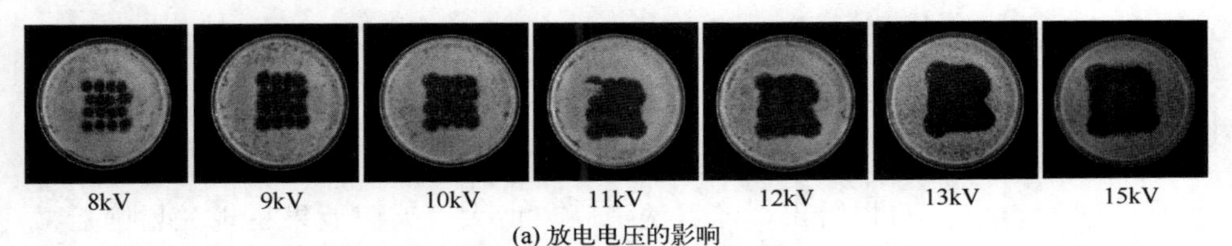

(a) 放电电压的影响
(放电频率 15 kHz，He放电，流量 10 L/min，处理时间5 min，洗消距离 2 cm)

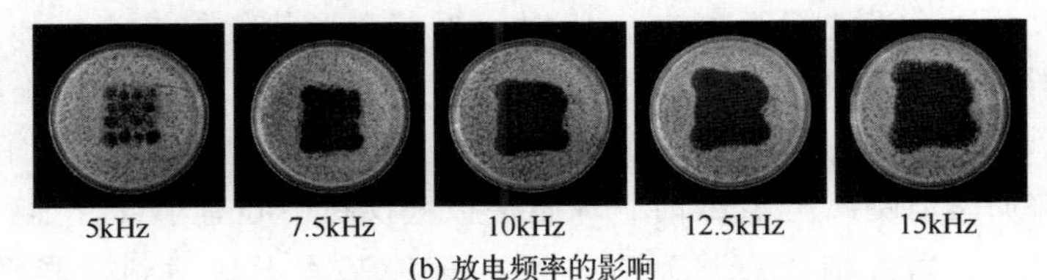

(b) 放电频率的影响
(放电电压 20 kV，He放电，流量 10 L/min，处理时间5 min，洗消距离 2 cm)

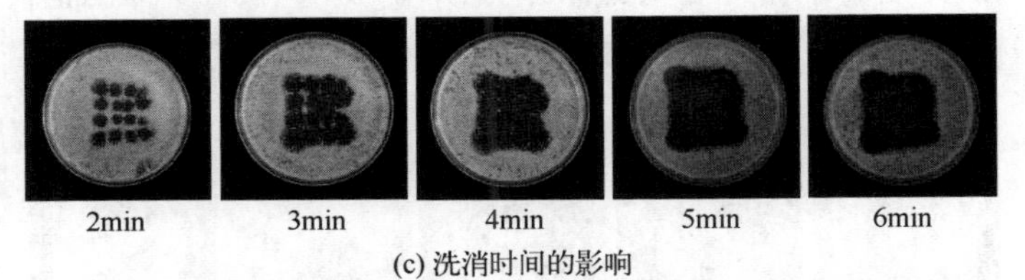

(c) 洗消时间的影响
(放电电压 20 kV，放电频率 15 kHz，He放电，流量 10 L/min，洗消距离 2 cm)

图 5-22　放电电压、频率和处理时间对金黄色葡萄球菌洗消效果的影响

5.5.1.2　气体流量的影响

调节 He 的体积流量，观察阵列式等离子体射流的灭菌效果，结果如图 5-23 所示，其中放电频率为 15kHz，放电电压为 13kV，处理时间为 5min，洗消距离为 2cm。可以看出，随着 He 流量的增大，灭菌斑的面积逐渐增大，最后趋于稳定的圆角矩形。当 He 流量提高至 10L/min 时，可形成连续稳定的灭菌斑。继续增大 He 流量至 12L/min，射流由紫色变为白色，放电剧烈，有细微亮眼闪光和放电声，所形成的灭菌斑呈现出规则的圆角矩形状。再将 He 流

量增加至 14L/min，灭菌效果无明显加强，但放电更加剧烈，有安全隐患。故在此条件下，He 流量维持在 10L/min 左右即可得到较好的灭菌效果。

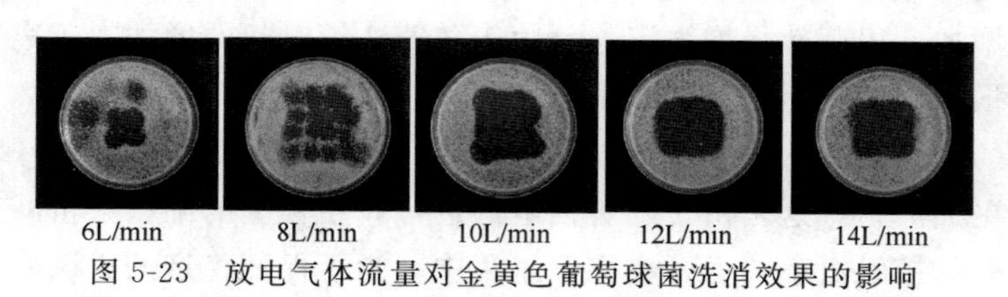

图 5-23 放电气体流量对金黄色葡萄球菌洗消效果的影响

5.5.1.3 洗消距离的影响

调节射流出口与琼脂平板上表面间的距离，观察灭菌效果，结果如图 5-24 所示，其中放电频率为 15kHz，He 流量为 10L/min，放电电压为 13kV，处理时间为 5min。可以看出，随着洗消距离增大，灭菌效果呈现先增强后减弱的趋势。当洗消距离为 1cm 时，阵列式射流可在琼脂平板表面形成一个较小的矩形灭菌斑。当洗消距离为 2cm 时，灭菌斑形状仍保持为矩形，面积有所增大。当洗消距离增加至 3cm 时，单个射流形成的灭菌斑呈现出松散的分布，且每个小灭菌斑的灭菌效果都欠佳，边缘模糊，但整体的作用面积有所增大。继续增加洗消距离至 4cm 时，琼脂平板上仅在中心有小部分细菌被消灭，灭菌效果极差。当洗消距离达到 5cm 时，射流基本无法达到琼脂平板表面，几乎没有灭菌作用。根据上述实验结果，采用 4×4 阵列喷枪洗消时，洗消距离维持在 2cm 左右可以得到较为稳定的灭菌效果。

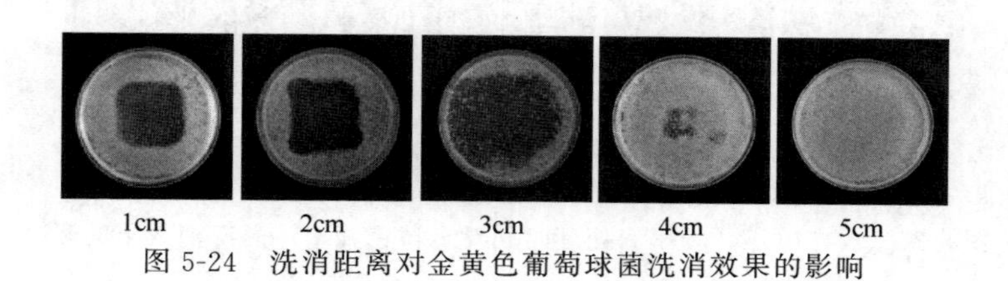

图 5-24 洗消距离对金黄色葡萄球菌洗消效果的影响

5.5.2 芽孢杆菌洗消

炭疽杆菌隶属于需氧芽孢杆菌属，在人和动物体内能形成荚膜，可引起牛、羊、马等动物的烈性传染病——炭疽。人可通过皮肤接触或食用受污染的肉而感染[43-45]。由于炭疽芽孢杆菌及其孢子的危害性较大，直接以其开展洗消研究风险较高，因此通常使用其他芽孢杆菌，如枯草芽孢杆菌或萎缩芽孢杆菌等作为其模拟剂来开展洗消验证实验。

芽孢具有极强的抗逆性，其抵御外界极端条件的机制尚未明确，目前研究表明，其可能的原因主要有以下三点：①芽孢具有多层生物膜保护，且具有紧密复杂的芽孢衣、皮层、芽孢壁等多层膜结构[46]；②芽孢内部含水量较低，原生质体脱水矿化产生吡啶二羧酸钙盐，使芽孢内环境的 pH 保持在 6.30～6.40 范围内，防止蛋白质解折叠、质子化和去质子化，从而形成稳定结构[47]；③芽孢内部含有耐热小分子酶和酸溶蛋白，耐热小分子酶在高温情况下仍能保持一定的活性以抵抗外界环境的影响，酸溶蛋白可与双链 DNA 结合，从而起到保护 DNA 的作用[48,49]。

芽孢极强的抗逆性使其在极端环境下也能继续存活，比营养细胞更能抵抗外界的不良环境因子，因此给消毒灭菌领域带来极大挑战，而传统灭菌方法在灭活芽孢上都存在不足之处。如热力灭菌会对物品造成损坏，水基洗消会产生大量废水，紫外线灭菌在透射性上有一定限制，而 X 射线、Y 射线和电子束灭菌则需要投入较高的成本[50]。不同等离子体对枯草芽孢杆菌的灭活处理见表 5-3。

表 5-3　等离子体对枯草芽孢杆菌的灭活处理

等离子体类型	处理条件	灭活效果	参考文献
低压双电感耦合等离子体	N_2 和 O_2，$P=500W$，$p=5Pa$，$t=15s$	>5 个对数值	[51]
空气介质阻挡放电	空气，$U=80kV$，$d=10mm$，$t=5min$	3.44 个对数值	[52]
射频等离子体	O_2，$B=14T$，$f=13.56MHz$，$t=120min$，$P=100W$	4.3 个对数值	[53]
介质阻挡放电	空气，$U=14kV$（AC），$f=60Hz$，$t=3min$	>5 个对数值	[54]
表面介质等离子体	气体组成：空气、N_2、O_2、CO_2	灭活强弱顺序： N_2（减少 5.1 个对数值）>CO_2>O_2>空气	[55]
微波联合	气体组成：Ar、Ar+N_2、Ar+O_2、N_2+O_2	N_2+O_2 灭菌效果最强	[56]
射频等离子体	气体组成：Ar、Ar+0.14% O_2、Ar+0.14%O_2+0.20% N_2	灭活强弱顺序： Ar>Ar+0.14% O_2+0.20% N_2>Ar+0.14% O_2	[57]
大气压氧气-氦气等离子体	电压 $U=3.50kV$、4.65kV、5.50kV、6.50kV，$t=10min$	6.5kV 时，减少 4.0 个对数值	[58]
等离子体射流	电压 $U=15kV$、30kV，$t=3min$、5min	30kV，5min 时，减少 1.63 个对数值	[59]

5.5.2.1 放电气体组成的影响

放电气体组成会影响放电的效果及等离子体中活性基团的组成情况，但这是一个复杂的影响因素，目前还没有明确的规律性。常用于电离的气体有空气、N_2、O_2、CO_2、惰性气体等，其产生的活性氧物质如 O_3、$O(^1D)$ 等对芽孢衣、芽孢膜有刻蚀作用；活性氮物质如 N_2、N^+ 等能够通过激发紫外线产生光子造成芽孢内 DNA 的损伤[60]。在用干燥空气、N_2、O_2 和 CO_2 灭活萎缩芽孢杆菌实验中，用光学发射光谱法研究四种激发气体，发现 N_2 等离子体具有最高的发射强度，且产生紫外线的强度都高于其他三种气体，可以使芽孢减少 5.10 个对数值[55]。使用 N_2/O_2 混合的表面微波等离子体处理嗜热脂肪芽孢杆菌[61]，当气体混合比例为 10% N_2+90% O_2 时，氧原子密度达到最大，扫描电镜图下观察到芽孢膜刻蚀程度最高。在 100% N_2 条件下，等离子体所激发的紫外线强度达到最大，但紫外线强度随着氧气比例的增加而减少。而当混合气体中 O_2 所占比例在 30%～80%之间时，氧原子的刻蚀作用协同氮原子产生的紫外线对芽孢进行杀灭，此时灭活效率最高。

使用四组气体（Ar、Ar+N_2、Ar+O_2 和 N_2+O_2）处理枯草芽孢杆菌，通过扫描电镜可以观察到芽孢长度逐渐减小，且在 N_2+O_2 条件下，芽孢的长度减小得最快，速率可达到 3.25nm/s。处理 240s 后，Ar、Ar+N_2、Ar+O_2 三组气体对芽孢的灭活速率几乎相同，而 N_2+O_2 对芽孢的灭活速率是其他三组的 2 倍[56]。Reineke 等[57] 使用三组气体（Ar、Ar+0.14% O_2、Ar+0.14% O_2+0.20% N_2）灭活枯草芽孢杆菌，并对整个过程进行了三个阶段的检测。发现不同阶段气体灭活效率不同，而纯 Ar 的灭活效果最强。虽然发射光谱显示在 Ar+0.13% O_2+0.20% N_2 条件下，激发的紫外线光子是纯 Ar 的 4 倍，但此时灭活效果低于纯 Ar。Hertwig[62] 等使用同样三组气体测得结果也为 Ar 灭活芽孢效果最强。由此可见，芽孢灭活程度与气体组成和比例有很大关系，在使用低温等离子体处理芽孢类微生物时，还需根据自身处理装置和处理对象选择合适的气体进行实验。

当采用惰性气体（如 He）作为放电主体时，常以 O_2、H_2O 等作为掺杂气体。通常而言，O_2 的掺杂可促进惰性气体的彭宁电离，即 He 的亚稳态与杂质气体发生碰撞，从而提供更多的·O[63]，可对芽孢的生物膜结构进行刻蚀；但是，当 O_2 浓度过高时，其电负性又倾向于吸收气体中激发出的高能电子，导致电子密度下降，同时，O_2 还会与放电产生的 O、O_3 发生反应而使其猝灭，因此过高浓度的 O_2 有可能会削弱等离子体的灭菌能力[64]。提高气体湿度可以提升等离子体中·OH的浓度，·OH可以氧化多聚糖和磷脂双分子层，从而破坏细胞壁和细胞膜，使细胞失去活性[65]；但引入H_2O后，如果掺杂量过高，则可能导致起晕电压升高，或导致等离子体放电能量利用率降低，从而导致灭菌效果下降。在实际洗消时，是否掺杂其他气体，以及如何选择掺杂量，则需根据洗消装置本身的操作性能以及洗消对象的性质来确定。

图5-25是不同放电气体组成对枯草芽孢杆菌芽孢洗消效果的影响，其中采用9×9阵列喷枪，掺杂O_2（体积分数为1%）和H_2O（混合气的相对湿度为3%），工作电压峰值为20kV，脉冲频率为15kHz，气体总流量为40L/min。不同的载气组成表现出不同的灭菌效果，灭菌率最高的是纯He放电，达到94.0%；He+H_2O混合气体次之，灭菌率为90.9%；接下来分别是灭菌率为88.4%的He+O_2混合气体和灭菌率为85.1%的纯Ar气体；He+O_2+H_2O混合气体的灭菌率最低，仅为80.0%，与其他气体的灭菌率差距较大。延长等离子体射流的处理时间，各组气体的灭菌率都逐步提高，当处理时间达到4min时，所有载气的灭菌率都达到98.0%以上，5min时灭菌率可提高至99.0%，表明不同载气组成会在灭菌前期表现出不同的灭菌效果，但当处理时间足够时，各组载气均能达到较好的灭菌效果。总体而言，He的灭菌效果好于Ar，He在3min时即可将芽孢基本杀灭，而Ar要5min以上才能达到同样的效果。在He中掺杂1%的O_2后，灭菌效果略有下降，但5min时仍可将射流范围内的芽孢全部杀灭。在He中掺杂H_2O（混合气的相对湿度为3%）后，灭菌效果较纯He没有明显变化，仅在1min内略低于纯He。在He中同时掺杂1%的O_2和3%的水汽后，灭菌效果没有提升，在1min时相较于前三组实验的灭菌效果是最差的，但5min时可达到前三组的同等水平。由此可见，对杀灭芽孢而言，O_3与·OH的作用并不大，该实验结果与Kogelheide等[66]的研究差异结论迥异，他发现湿度条件的变化对芽孢的灭活效果影响更大，其主要原因是放电空气中水分子含量的提高增加了活性物种类型及含量，这些增加的活性物种具有较强的氧化性能并能直接攻击芽孢细胞膜上的多聚不饱和脂肪酸，破坏了细胞结构，导致芽孢死亡。之所以会出现这种差异性，原因可能如下：①Kogelheide等所采用的等离子体射流温度较高，在复合水汽放电时，一方面会产生强氧化性物质，如·OH和O_3等，另一方面水汽被加热至高温，湿热空气本身就有较好的灭菌效果，因此湿度对芽孢的灭活效果影响更大。但对于温度较低的等离子体射流而言，掺杂水汽放电不可能形成高温水蒸气。②3%的水汽掺杂量可能偏高，此时放电过程中有较多的能量是用于水分子裂解产生·OH，而根据我们之前的分析，·OH对于灭菌并无明显促进作用，因而在掺杂O_2和水汽放电时，灭菌效果并无明显提升。

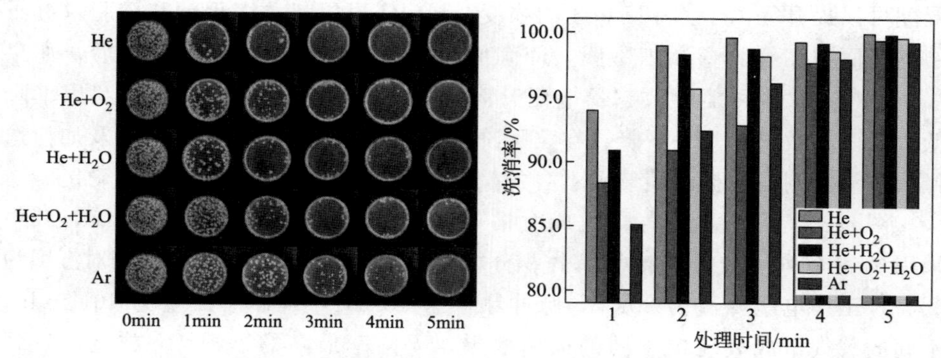

图 5-25 放电气体组成对芽孢洗消效果的影响

5.5.2.2 放电电压、频率及洗消时间的影响

放电电压、频率及洗消时间均关系到等离子体放电体系中输入能量的大小，与前面化学物质洗消类似，在一定条件下，低温等离子体发生装置功率越大，在单位时间内输入体系的能量越多，等离子体中电子密度和能量越强，随之产生的等离子体浓度越高，活性物质越多，对芽孢内外结构的改变将会更显著，从而会有相对更好的洗消效果，即芽孢存活率越低[58,59,61,67,68]。洗消时间并不会影响单位时间内等离子体的产生数量，但洗消时间越长，输入体系的能量也越多，产生的等离子体活性物质的数量越多，与被消对象发生反应的活性物质也越多，因此也会获得越好的洗消效果。

以前文所述的 9×9 阵列喷枪针对枯草芽孢杆菌的芽孢实施了洗消操作，结果如图 5-26 所示。其中，芽孢载体为直径 90mm 的琼脂平板，琼脂厚 5mm，洗消距离为 2cm。根据该图，洗消效果随放电电压、脉冲频率的升高以及洗消处理时间的延长而增强。其中，处理时间对灭菌效果有较大的影响，当处理时间达到 5min 时，射流覆盖范围内的芽孢基本全部灭活。

Yang[61] 等人发现，在使用微波等离子体激发纯 N_2 处理嗜热脂肪芽孢杆菌时，随等离子体装置功率的增加，芽孢长度缩减得越显著。当功率为 800W 时，芽孢数量减少值最大可达到 6 个对数值，且在 6min、800W 的处理条件下，芽孢平均长度从 1.80μm 减小到 1.30μm。Deng 等[58] 在不同电压下（3.50kV、4.65kV、5.50kV、6.50kV）使用大气压 $He+O_2$ 混合等离子体处理枯草芽孢杆菌 10min，随着电压的升高，芽孢数量的减少量从 1.80 个对数值增加到 4.0 个对数值。Kovalova 等[68] 研究表明，高压供电的类型也会对灭活效果产生影响，在用电晕放电处理蜡样芽孢杆菌时，脉冲电源比直流电源效果更好。但是由于需要考虑能量的损耗，目前很难直接比较两种电源处理下

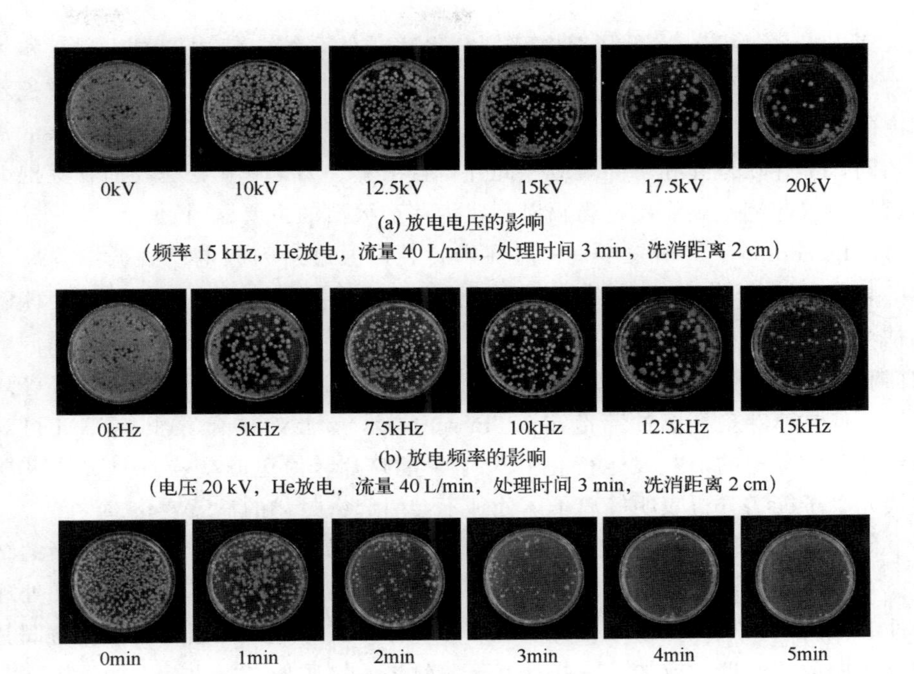

(a) 放电电压的影响
（频率 15 kHz，He放电，流量 40 L/min，处理时间 3 min，洗消距离 2 cm）

(b) 放电频率的影响
（电压 20 kV，He放电，流量 40 L/min，处理时间 3 min，洗消距离 2 cm）

(c) 处理时间的影响
（电压 20 kV，频率 15 kHz，He放电，流量 40 L/min，洗消距离 2 cm）

图 5-26　放电电压、频率及处理时间对芽孢洗消效果的影响

对芽孢灭活率的影响。

5.5.2.3　处理方式的影响

不同的处理方式在一定程度上也影响着等离子体处理后芽孢的存活率。激发气体产生的低温等离子体直接接触样品处理通常比间接接触效果好，采用介质阻挡放电直接或间接处理萎缩芽孢杆菌，使用空气放电时，间接处理薄膜包裹下的细菌芽孢样品 30s 和 60s 后，灭活效率较低且相差不大；而直接处理 60s 后，芽孢存活率显著降低。同时，65% O_2+30% CO_2+5% N_2 直接接触处理 60s 后获得最高灭活率，芽孢至少减少 6 个对数值[69]。此外，研究发现，加入其他物质与样品细菌协同处理能提高芽孢的灭活率。金属氧化物二氧化钛具有微生物灭活和分解化学物质的能力，将二氧化钛与带有芽孢的细菌混合，联合射频等离子体进行灭活处理，能产生更多的活性氧，灭活效果相比于射频等离子体单独处理时明显增强[70]。光谱分析表明，由于二氧化钛内部氧缺陷能级能量较低，二氧化钛颗粒更易被活化，所以能产生更多的活性氧自由基，从而增大了对芽孢膜的破坏能力，提高了芽孢灭活率。

Fiebrandt 等[51] 在低压双电感耦合等离子体系统中使用氩气、氮气和氧气对枯草芽孢杆菌的芽孢进行灭活实验，利用滤光器选定波长，评估各波长范围内的芽孢灭活效率。结果表明，等离子体的宽带光与单色光对芽孢的灭活常数相同，不存在差异和协同效应。此外，自由基、离子和亚稳态物质在芽孢灭活过程中仅起到次要作用，光辐射则成为芽孢灭活的主要原因。

Belgacem 等[53] 研发了一种可在密封袋内通过射频放电产生低温等离子体的装置，评估了 O_2、N_2 和 Ar 等离子体对铜绿假单胞菌、金黄色葡萄球菌和枯草芽孢杆菌芽孢灭活的有效性。结果表明，所有气体放电均可使铜绿假单胞菌和金黄色葡萄球菌分别在 45min 和 120min 内减少 6 个对数值；O_2 等离子体可使枯草芽孢杆菌的芽孢在 120min 内减少 4 个对数值。通过 SEM 可观察到细菌和芽孢的形貌发生变化并产生大量碎片，傅里叶变换红外光谱和 X 射线光电子能谱分析表明等离子体处理不会引起密封袋的显著变化。

低温等离子体灭活芽孢类微生物的内在机制仍存在争议，尚未有清晰的结论。对于影响灭活效果的内外界因素的研究较为明确，但由于使用装置和处理条件的不同，很难设立最适合灭活的条件和标准。另外，低温等离子体协同其他技术如微波处理，或加入一些具有灭菌效果的物质如二氧化钛，能够提高芽孢灭活率。此外，芽孢的生长速率往往不同，不同发育阶段的芽孢接受低温等离子体处理时可能也会有不同的效果[71]。

5.5.3 病原微生物洗消效果的影响因素

5.5.3.1 紫外线的影响

等离子体发生过程中伴随着光辐射，包括紫外线与可见光，其发射光谱与气体介质成分及其电离后的活性粒子种类密切相关。紫外线对 DNA 的破坏作用被认为是引起杀菌的重要原因。紫外线中的杀菌波段集中在 UVC（200～280nm），其中 DNA 的吸收峰在 260nm 左右。DNA 的另一个吸收峰在 185nm 左右，位于真空紫外（VUV）区。VUV 在低气压等离子体杀菌过程中起着一定的作用，但在常压空气和水中很容易被介质吸收，故作用有限。

Fozza[72] 报道了低气压下 H_2、O_2 以及 Ar 的真空紫外到可见区发射光谱，结果显示纯的 O_2 或 H_2 在真空紫外有强辐射，而在杀菌 UVC 波段基本没有光辐射。加入 Ar 后真空紫外辐射加强，但依然没有 UVC 波段的辐射。可见单一纯气体的杀菌并非由 UVC 引起的。

Moisan 的团队[73] 多年来研究低气压等离子体的发射光谱，指出 O_2 和 N_2 共存时生成的 NO 活性粒子有强烈的紫外辐射，主要包括 NO_β（270～

380nm）和 NO_γ（220～290nm），其中 NO_γ 起主要的杀菌作用。气体压力及 O_2 和 N_2 的比例都显著影响紫外线辐射的强度和相应的杀菌效率。

对于常压下的等离子体射流，Kong 等[74] 证实了使用 He 或 Ar 时，发射光谱中检测不到 200～300nm 的紫外辐射，同时紫外线并不起着主要的杀菌作用。使用空气为放电介质时，发射光谱中可检测到 UVC，此时紫外线的杀菌作用不可忽略。

在等离子体水处理过程中，Ching 等[75] 指出紫外线起着重要的杀菌作用。然而，水下放电的发射光谱表明，水下电晕或火花放电时并无强烈的 UVC 紫外辐射。水下放电的过程中，电极附近的局部液态水首先被加热形成水蒸气，然后水蒸气电离形成等离子体通道。等离子体通道内含大量的 H 和 O 自由基，发射光谱集中在 300～900nm 波段。这些矛盾的现象使水下放电时紫外线的杀菌作用存在争议，对 UVC 进行准确的诊断是阐述其作用的关键。

5.5.3.2 带电粒子的影响

低气压下，电离后的带电离子和电子在电场的作用下得到加速，由于互相之间碰撞较少从而获得很高的能量，轰击在细胞表面时产生巨大的刻蚀作用，刻蚀强度与粒子能量有关。与低气压下相比，在常压下由于带电离子和电子的能量较低，并且容易相互碰撞而损失能量，所以对细胞的撞击刻蚀作用相对较小，所起的杀菌作用也有限。另有报道称带电粒子在细胞表面积累后形成的局部高场强可能将细胞击穿，从而杀死细胞[76]。

5.5.3.3 活性基团的影响

气体电离过程会产生大量具有强化学反应活性的自由基和臭氧等活性基团，能与细胞表面的生物大分子发生化学反应，有的还能穿过细胞膜破坏细胞内部的生物大分子，从而使细胞致死。

Hury[77] 报道了基于 2.45GHz 低气压微波等离子体处理芽孢杆菌孢子的过程，结果显示纯 Ar 的杀菌效率最低，而 O_2、H_2O_2、CO_2 的杀菌效率依次提高。H_2O 和 H_2O_2 产生的等离子体有着类似的杀菌效率。

Kelly-Wintenberg 等[78] 指出，活性氧粒子对脂类、多糖、蛋白质和核酸等生物大分子的氧化是杀菌的主要原因。膜脂对等离子体的氧化作用最敏感，革兰氏阴性菌由于细胞壁的构造比革兰氏阳性菌更薄从而更敏感，短时间作用之后就观察到细胞内物质的外漏。革兰氏阳性菌如金黄色葡萄球菌有厚的多聚糖细胞壁，对等离子体的氧化有一定的抗性，但活性氧粒子依然能透过细胞壁对细胞内物质造成氧化，从而杀死细胞。从电镜观察结果来看，金黄色葡萄球菌细胞在等离子体处理后基本完整，而大肠杆菌破损较严重，伴随着细胞碎片。孢子和酵母菌对等离子体的抗性最强，与其具有较厚的多聚糖细胞壁有关。

Laroussi 等[79] 发现在惰性气体等纯气体中加入适量 O_2 能显著改善杀菌效果，同时气体的电离度和活性粒子的绝对浓度对杀菌结果影响很大。Kong 等[58] 利用变异大肠杆菌菌株研究了 $He+O_2$ 等离子体射流杀菌的机理，发现缺失了 DNA 修复功能的大肠杆菌突变株的杀菌曲线和野生菌的杀菌曲线一样，说明 He 等离子体对 DNA 的损伤很有限，紫外线并非杀菌的主要原因。而缺失了清除活性氧粒子功能的大肠杆菌突变株对等离子体非常敏感，说明活性氧粒子在等离子体杀菌过程中起着重要的作用。Yasuda 等[31] 利用空气 DBD 等离子体处理噬菌体的蛋白质和 DNA，发现等离子体对蛋白质的破坏更容易导致噬菌体的失活，而蛋白质的破坏与活性粒子有关，与紫外线无关。

Dobrynin 等[76] 总结了低温等离子体与生物组织之间的作用过程，指出：①原核生物和真核生物与活性氧粒子之间的作用机制有差异，真核生物具有更多的自我保护作用，原核生物则没有这种保护机制，或者抗性比真核生物低很多；②高等生物进化了更多应对外界有害刺激的抗性机制，多细胞的组织器官与单细胞的细菌之间的差异更显著；③细菌细胞的尺寸小于真核细胞，意味着具有高的比表面积，从而与真核生物相比，低剂量的外界刺激就能使其致死；④带电粒子是等离子体与组织之间作用的重要因素。

5.5.3.4 热效应的影响

在气相中，低温等离子体的作用温度一般为常温或小于 50℃，很多研究证实了其相对较弱的热效应无法起到杀菌作用。等离子体水处理过程中，水温的变化与注入的能量密度有关，通常水温温升很小，热效应引起的杀菌作用也基本可以忽略。

5.5.3.5 电磁场的影响

电磁场的杀菌作用与电场强度、处理时间和引起的电穿孔相关，场强高于某一临界值时表现出强的杀菌作用。在多个领域，尤其是食品工业中，利用脉冲电场处理液相中的微生物已有多年应用历史，一般，所采用的电场强度在 20～90kV/cm 范围内。Abou-Ghazala 等[80] 考察了类似条件的脉冲等离子体水处理和脉冲电场水处理，结果都表明等离子体的杀菌效率和能量效率均高于脉冲电场。但等离子体水处理过程中电场强度的具体杀菌贡献目前还不明确，不同的处理体系差异较大。

5.5.3.6　冲击波的影响

水下或水面脉冲放电时伴随着冲击波的产生，冲击波的强度与单脉冲能量的大小相关。据 Bogomaz 等[81] 报道，单脉冲能量为 1000J 以上时，脉冲放电冲击波起着重要的杀菌作用。Lee 等[82] 报道了水中电晕放电杀灭噬菌体的过程。杀菌作用受电导率、pH 值、温度和紫外吸收剂的影响较小，与注入的能量有关，冲击波是杀菌的主要动力。在大多数的等离子体杀菌工艺中，冲击波对杀菌的贡献目前还不明确。

5.5.3.7　pH 的影响

Tang 等[83] 报道了等离子体杀藻过程中 pH 值和酸度对细胞形态的破坏作用，发现空气电离后产生的 NO_x 溶解在水中生成硝酸引起 pH 随时间显著下降，640s 后 pH 值下降到 2 以下，细胞被杀灭的同时形态也被破坏裂解。将细胞置于同样低 pH 值的溶液中，也观察到类似的细胞形态变化。Oehmigen 等[84] 也研究了空气等离子体处理水样时酸度的杀菌作用，分析测试显示 pH 值下降是由硝酸造成的。然而单独的硝酸无杀菌效应，杀菌过程应该是由活性氧和活性氮粒子实现的。利用空气等离子体进行水处理时，由于氮气和氧气的存在以及 NO_x 的生成，在水中形成微量的硝酸并导致 pH 值下降。然而，大部分细菌能在较宽的 pH 值范围内存活，只有 pH 值下降到很低时才能体现出杀菌作用。

5.5.4　病原微生物洗消机理

目前已有不少学者开展了等离子体灭菌（洗消）机理研究，如，Govaert 等[85,86] 采用低温等离子体灭活单核细胞增生李斯特菌（革兰氏阳性菌）和鼠伤寒沙门菌（革兰氏阴性菌）两种细菌生物膜，发现低温等离子体放电过程中产生的活性氮氧基团和少部分的紫外光子可渗透到细菌生物膜的里层结构，增加了细胞膜表面孔隙度。活性物种损坏细菌生物膜进入胞内进一步造成细菌 DNA 的氧化损伤，最终导致细菌完全灭活。笔者团队针对等离子体洗消病原微生物开展了一系列研究，发现经过等离子体射流洗消处理后，金黄色葡萄球菌和枯草芽孢杆菌的形貌发生了很大变化，如图 5-27 和图 5-28 所示。在等离子体处理前，金黄色葡萄球菌细菌表面光滑，边界完整，形态饱满（对照组）。经等离子体处理后，可见细菌胞壁和胞膜破裂，胞质外溢，细胞皱缩，失去原有形态，有的仅残存一些细胞碎片（处理组）。

图 5-27　经等离子体射流处理前后的金黄色葡萄球菌形态

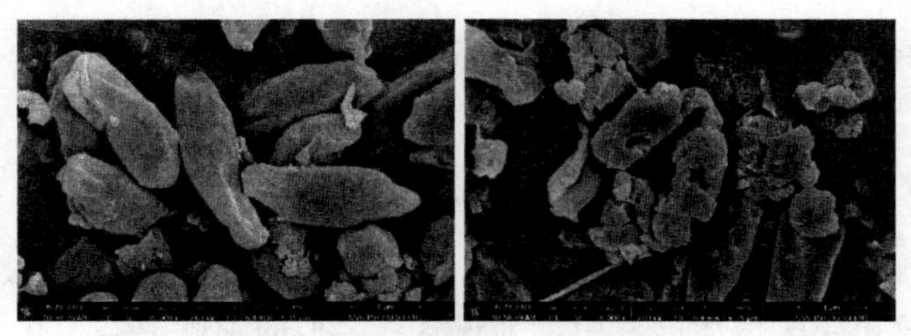

图 5-28　经等离子体射流处理前后的枯草杆菌芽孢形态

图 5-29 是经等离子体射流处理前后的金黄色葡萄球菌形态的透射电镜观察结果。正常的金黄色葡萄球菌呈球形，细胞壁及细胞膜结构完整，细胞壁结构极明显，密度较高，胞浆内密度均一；经等离子体射流处理后，细胞整体比较干瘪，细胞内部结构出现明显空缺。这可能是低温等离子体产生的高能带电粒子作用于微生物表面，改变甚至破坏细胞膜上的负离子通道和闭合的蛋白质的三维结构，造成细胞膜局部腐蚀及磷脂等物质化学键的破坏。同时 ROS 和 RNS 与构成细胞膜的磷脂双分子层和蛋白质发生氧化反应，破坏这些分子中的 C—C 键、C—O 键和 C—N 键，发挥协同作用，造成细菌细胞膜表面穿孔，通透性发生改变，甚至导致细胞壁和细胞膜破裂和分解，蛋白质流出，最终使得细菌死亡。

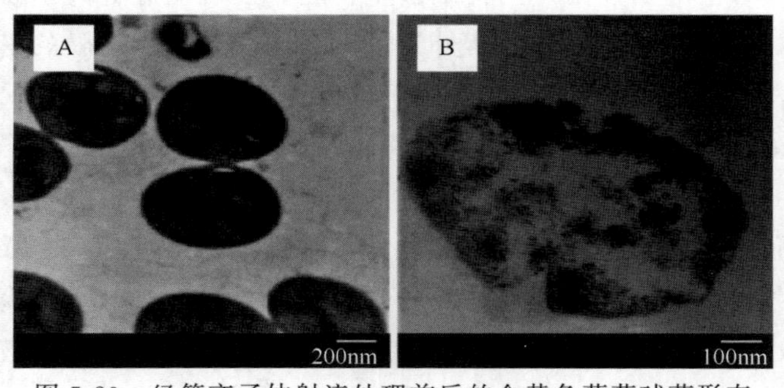

图 5-29　经等离子体射流处理前后的金黄色葡萄球菌形态

等离子体对枯草杆菌芽孢的影响不如金黄色葡萄球菌那么明显（见图 5-28），但是仍可以发现等离子体对芽孢的细胞结构有所破坏。在等离子体处理前，芽孢形状规则、表面光滑、边界完整。经等离子体处理后，可见细菌外壳发生褶皱甚至破裂，芽孢整体形态变得不规则，也不如处理前饱满。芽孢属于比较难以洗消的微生物，主要是因为其外表有一层相对坚固的外壳，这层外壳可以保护细胞内容物。通过低温等离子体处理，可以在一定程度上实现对芽孢外部膜结构、膜蛋白以及内部酶活性、DNA 双螺旋结构的改变，从而灭活芽孢[71]。

低温等离子体对芽孢外部结构的影响主要表现为改变芽孢形态、等离子体中活性物质对芽孢外层膜的刻蚀作用以及改变膜组成成分等。研究表明，等离子体处理枯草芽孢杆菌后，芽孢长度逐渐减小[56]，芽孢皮层出现可见孔洞[87]，芽孢皮层蛋白质发生聚集[88,89]，缺失特定的蛋白[90]，芽孢膜中的脂质物质发生改变[91,92]。

低温等离子体对芽孢内部结构的影响主要表现为细胞质中吡啶二羧酸钙盐的含量降低[47]、芽孢内酶活性改变以及对芽孢内 DNA 的损伤[93]。低温等离子体能造成芽孢内的 DNA 损伤，且主要与激发气体产生的紫外线有关。但目前对芽孢内外结构特别是 DNA 损伤机制的研究仍较少。总体而言，目前关于低温等离子体灭活芽孢的机理主要有以下三点：一是等离子体中的活性氧和活性氮对芽孢衣蛋白和肽聚糖皮脂层有刻蚀作用，提升了膜的穿透性[94]；二是激发气体所产生的紫外线对芽孢衣蛋白有光子氧化作用，对芽孢内部 DNA 分子双螺旋结构有破坏作用[73,95]；三是活性氧、活性氮通过扩散作用进入芽孢内部，对细胞质膜、蛋白质和 DNA 产生不可逆的改变[96]。上述三种方式联合作用于芽孢，最终使芽孢破裂而失活。

5.6 洗消安全性评估

洗消过程必须确保洗消对象的安全性，例如，洗消装置本身不应发生漏电或其他操作风险，洗消对象的材质不应因为热效应或氧化作用发生本质上的改变。如果出现安全性方面的问题，则有可能导致洗消对象受到损伤。

5.6.1 洗消对象温度变化

（1）动物皮肤表面温度变化

前文灭菌实验可知，在放电电压为 20kV、频率为 15kHz、气体流速为

3.28m/s 时，等离子体射流对所处理区域的细菌具有较好的灭杀效果。在上述运行条件下，以动物皮肤（鼠皮）为实验对象，固定电压频率不变，洗消距离为 2cm、处理时间为 3min 的条件下，利用红外热像仪作为测量手段，考察等离子体射流处理后皮肤表面温度的变化，实验结果如图 5-30 所示。在处理动物皮肤 3min 后，其表面温度从约 25.8℃升高到了 31.2℃，此运行温度不会对动物皮肤组织造成损伤。

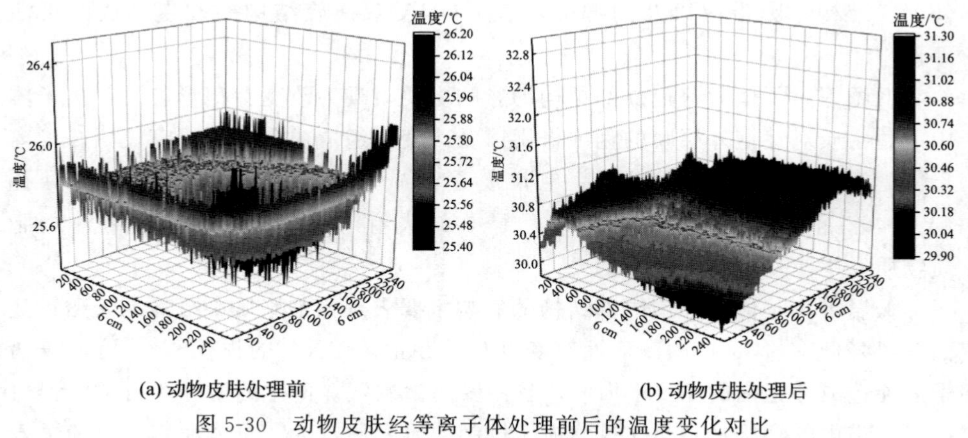

图 5-30 动物皮肤经等离子体处理前后的温度变化对比

（2）非动物皮肤材料的温度变化

以不锈钢片为处理对象，分别使用 4×4 阵列喷枪和 9×9 阵列喷枪产生等离子体射流，利用红外热像仪，在不同放电电压和频率条件下测量了洗消过程中被消对象表面温度的变化情况，其中，采用 He 为放电气体，放电时间为 3min，两个喷枪的气体流量分别为 10L/min（流速为 3.32m/s）和 50L/min（流速为 3.28m/s），测量结果如图 5-31 所示。随着放电电压和放电频率的升高，洗消对象表面的温度也随之升高，这是因为输入能量越高，用于载气升温的能量也相应越高，从而导致洗消对象温度上升。使用 9×9 阵列喷枪处理不锈钢片时的温升速度低于 4×4 阵列式喷枪。总体而言，在用不同规格等离子体射流阵列处理 3min 后，不锈钢片表面温度均未超过 50℃。

为了进一步了解等离子体射流是否会对被洗消介质产生热损伤，分别采用不锈钢片、木板及橡胶板三种材料开展了等离子体处理实验。采用升温速度相对更快的 4×4 喷枪操作，放电电压为 20kV，频率为 15kHz，气体流量为 10L/min，处理时间最长为 25min，实验结果如图 5-32 所示。洗消对象表面温度随处理时间的延长先快速上升，而后逐渐趋于稳定。其中，不锈钢片的最终温度最高，木板次之，橡胶板的温度最低。这与三种材料的导热性能有关，材

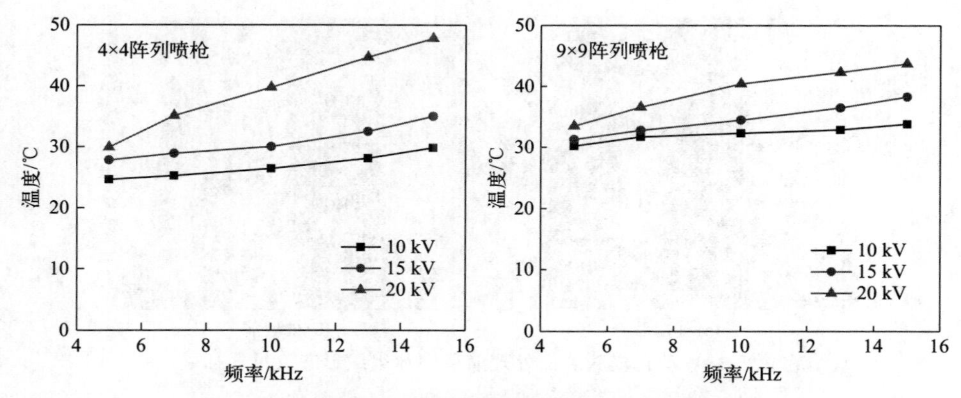

图 5-31　不锈钢片表面温度随放电电压和频率的变化

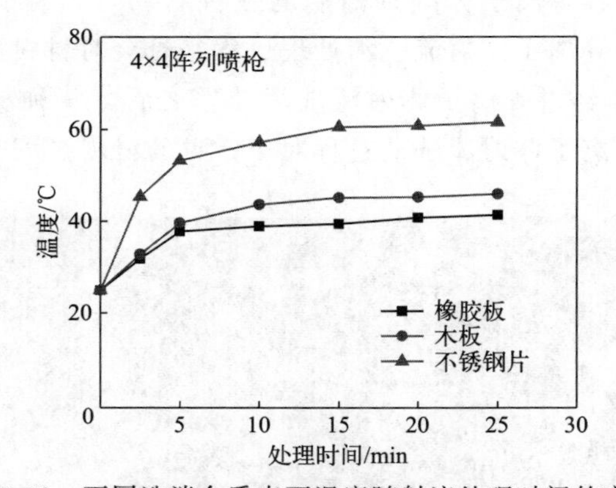

图 5-32　不同洗消介质表面温度随射流处理时间的变化

料的热导率越高，温升越快。但即使是导热性良好的不锈钢片，在经过 25min 的处理后，其表面温度也仅在 60℃。此温度低于大多数装备的储存温度，说明采用阵列式等离子体射流洗消时，不会对洗消对象造成热损伤。

5.6.2　洗消对象的材料变化

（1）动物皮肤组织的变化

将等离子体射流处理前及处理后的动物皮肤（鼠皮）组织进行切片显微观察，获得如图 5-33 所示结果（苏木精-伊红染色，标尺：250μm）。经等离子体处理后，皮肤各层次结构完整，真皮及皮肤附属器均未见明显病变（毛囊、毛发结构差异主要由切面位置造成的），证明了该等离子体射流对皮肤表面处理的安全性。

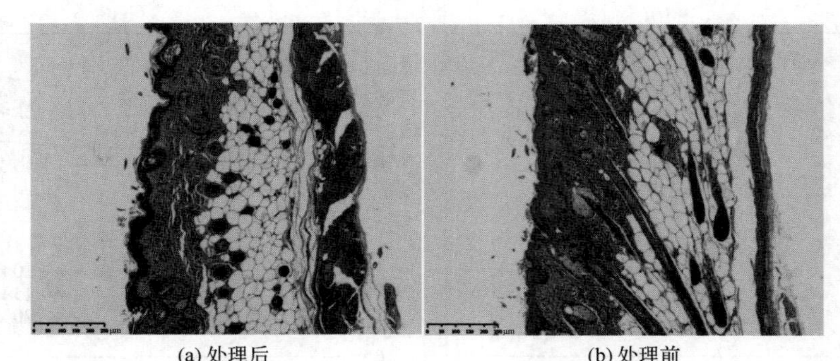

图 5-33 动物皮肤表面处理前后切片组织形态（见彩插）

（2）其他材料的表观变化

采用显微镜观察等离子体处理前后的三种材料（木板、橡胶板、不锈钢片）表面，以分析等离子体射流洗消处理过程是否会对材料造成腐蚀损伤，结果如图 5-34 所示。经过等离子体射流洗消处理之后，三种材料表面均未发生腐蚀损伤，证明等离子体射流洗消过程对于常见的材料是安全可靠的。

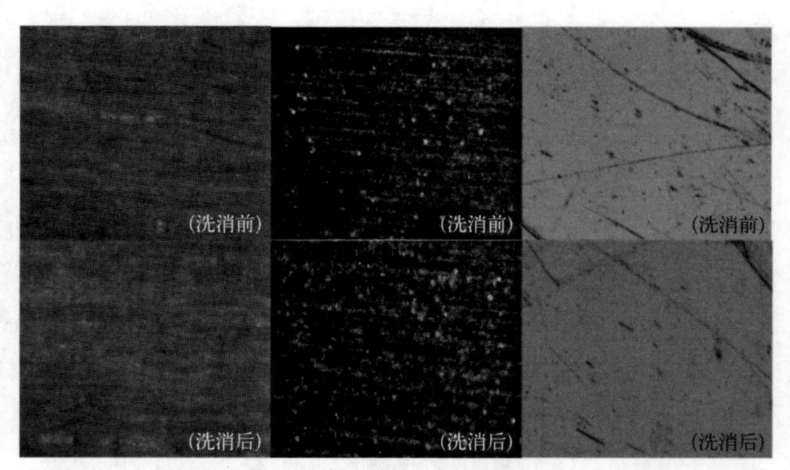

图 5-34 不同材料经等离子体洗消前后的表观变化（放大倍数：40 倍）

（3）电子产品性能变化

以智能手机为洗消对象，采用 9×9 阵列喷枪等离子体射流进行了洗消处理，观察等离子洗消是否会对电子设备产生不良影响。放电电压为 20kV，频率为 15kHz，气体流量为 50L/min，洗消距离为 2.5cm。手机经等离子体处理 5min 后，表面无任何损伤，且手机仍可以正常操作使用，表明等离子体洗消过程不会影响电子设备的性能，见图 5-35。

图 5-35 电子设备经等离子体处理前后性能对比（见彩插）

总体而言，等离子体技术（特别是等离子体射流）用于表面洗消具有理论和实际可行性。但就当前的研发和应用现状来看，需要解决以下几点关键问题。一是需要进一步提高等离子体射流的洗消效率。等离子体射流对受染对象实施洗消时，需要将产生的等离子体喷射到受沾染对象表面。而目前的大气压等离子体射流有效活性距离还相对较短（1～10cm），在装备洗消时仍有较大局限性，必须研究提高等离子体射流的有效洗消距离。二是需进一步提高等离子体射流的洗消面积。目前的等离子体射流受喷口直径限制，能达到的洗消面积仍较小（数十平方厘米），远远不能满足实战条件下的洗消需求。因此必须在现有技术的基础上，将等离子体射流设备进行改进，提高等离子体射流的覆盖范围，并通过寻找合适的载气体系提高洗消效率，研制出适合化生受染装备、设施等表面洗消的大面积等离子体射流洗消装置。三是进一步提高放电功率及能量利用率。放电能量大小直接决定着向反应系统输入的能量，即功率大，输入的能量多，产生的活性粒子密度大，洗消效率高。反之，功率小则洗消速度慢或效率低。但如果只是单纯地提高放电功率，而不提高放电能量利用率，会出现装置能耗高、电源重量及体积大、投资和运行成本高的问题，因此，需要在提高放电功率的基础上，进一步提高放电能量利用率，从而能够形成满足多样化洗消任务需求的等离子体射流装备。

此外，从等离子体的特点和洗消对象性质来看，低温等离子体在用于人员洗消和其他非生命体对象洗消时应有所区分。当人员疑似沾染化学毒剂液滴时，由于毒剂的毒害作用非常快，且易渗入皮肤内部，虽然等离子体具有消毒广谱的优势，但由于等离子体发挥效用（将毒剂全部洗消）的时间明显长于毒剂致伤致死（表现出人员中毒或死亡）时间，缺乏速度优势。因此在该情况下不宜单独采用等离子体处理，仍需采用应急洗消方式（消毒盒内的消毒粉或擦拭垫）尽快擦除毒剂液滴，并尽快采用医疗救治手段处理。对于非生命体对象而言，对洗消速度的要求没有人员洗消时高。此时，等离子体的消毒对象广谱适用，具有更明显的效率优势，等离子体处理能够获得较好的洗消效果。在缺水及高原高寒地区，此种优势将更为明显。对于病原微生物的洗消，由于病原微生物的致伤致死速度远比等离子体洗消速度慢得多，再加上等离子体的广谱性和无抗性特点，使其不论是在生命体（如人员、动物）洗消还是在非生命体（如装备、设施等）洗消方面均具有较好的实用性。

参考文献

[1] Singh VK, Garcia M, Wise SY, et al. Medical countermcasurcs for unwanted CBRN exposures: part I chemical and biological threats with review of recent countermeasure patents [J]. Expert Opinion on Therapeutic Patents, 2016, 26 (12): 1431-1447.

[2] Grundmann O. The current state of bioterrorist attack surveillance and preparedness in the US [J]. Risk Management and Healthcare Policy, 2014, 7: 177-187.

[3] 汪勇，隋韧，于乐成，等．超薄射流和低温等离子体协同膜组合系统对枯草芽孢杆菌沾染物的洗消效能研究 [J]. 传染病信息，2019, 32 (3): 220-225.

[4] GJB 188. 4—1990.

[5] Beer Singh G K, Prasad K S, Pandey R K, et al. Decontamination of chemical warfare agents [J]. Defence Science Journal, 2010, 60 (4): 428-441.

[6] 习海玲，朱安娜，韩世同．化学毒剂消毒技术研究进展 [J]. 防化研究，2022, 1 (1): 14-25.

[7] Pearson G S, Magee R S. Critical evaluation of proven chemical weapon destruction technologies (IUPAC Technical Report) [J]. Pure and Applied Chemistry, 2002, 74 (2): 187-316.

[8] 于开录，李培铭，李海平，等．敏感设备洗消技术进展 [J]. 舰船科学技术，2010, 32 (12): 11-14.

[9] Jeong J Y, Babayan S E, Tu V J, et al. Etching materials with an atmospheric-pressure plasma jet [J]. Plasma Sources Science and Technology, 1998, 7 (3): 282-285.

[10] Herrmann H W, Henins I, Park J, et al. Decontamination of chemical and biological warfare (CBW) agents using an atmospheric pressure plasma jet (APPJ) [J]. Physics of Plasmas, 1999, 6 (5): 2284-2289.

[11] Hermann H W, Selwyn C S, Henins I, et al. Atmospheric pressure plasma for decontamination of chem/bio warfare agents [C] //The 26th IEEE Internaiton Conference on Plasma Science. Monterey: IEEE, 1999: 210.

[12] Hermann H W, Selwyn C S, Henins I, et al. Atmospheric pressure plasma jet technology applied to chem/bio decontamination [C] //The 27th IEEE Internationl Conference on Plasma Science. LA: IEEE, 2000.

[13] Herrmann H W, Selwyn C S, Henins I, et al. Chemical warfare agent decontamination studies

in the plasma decon chamber [J]. IEEE Transactions on Plasma Science, 2002, 30 (4): 1460-1470.

[14] Moeller T M, Alexander M L, Engelhard M H, et al. Surface decontamination of simulated chemical warfare agents using a nonequilibrium plasma with off-gas monitoring [J]. IEEE Transactions on Plasma Science, 2002, 30 (4): 1454-1459.

[15] Jarrige J, Vervisch P. Destruction of simulated chemical warfare agents in non-thermal atmospheric-pressure air plasma [J]. Prague, Czech Republic, 2007, 56 (16): 1414-1416.

[16] Zhu W C, Wang B R, Xi H L, et al. Decontamination of VX surrogate malathion by atmospheric pressure radio-frequency plasma jet [J]. Plasma Chemistry and Plasma Processing, 2010, 30 (3): 381-389.

[17] 王瑞雪，李忠文，虎攀，等．低温等离子体化学毒剂洗消技术研究进展 [J]. 电工技术学报，2021, 36 (13): 2767-2781.

[18] 李颖，李战国，刘志农，等．常压空气射流等离子体在表面洗消中的应用研究 [J]. 公共安全中的化学问题研究进展，2011, 2 (1): 807-813.

[19] O' Hair E, Dickens J, Fralick J, et al. Plasma destruction of battlefield chemical and biological warfare agents [C] //The 25th IEEE International Conference on Plasma Science. Raleigh: IEEE, 1998.

[20] Kim D B, Gweon B, Moon S Y, et al. Decontamination of the chemical warfare agent simulant dimethyl methylphosphonate by means of large-area low-temperature atmospheric pressure plasma [J]. Current Applied Physics, 2009, 9 (5): 1093-1096.

[21] Pascal S, Moussa D, Hnatiuc E, et al. Plasma chemical degradation of phosphorous-containing warfare agents simulants [J]. Journal of Hazardous Materials, 2010, 175 (1-3): 1037-1041.

[22] Birmingham J. Chemical and bacterial decontamination using a micromachined plasma discharge [C] //The 27th IEEE International Conference on Plasma Science. LA: IEEE, 2000.

[23] Von Keudell A, Awakowicz P, Benedikt J, et al. Inactivation of bacteria and biomolecules by low-pressure plasma discharge [J]. Plasma Process and Polymers, 2010, 7: 328-352.

[24] Laroussi M. Sterilization of contaminated matter with an atmospheric pressure plasma [J]. IEEE Transcactions on Plasma Science, 1996, 24: 1188-1191.

[25] Laroussi M, Lu X. Room-temperature atmospheric pressure plasma plume for biomedical applications [J]. Applied Physical Letters, 2005, 87: 113902.

[26] Laroussi M, Hynes W, Akan T, et al. The plasma pencil: A source of hypersonic cold plasma bullets for biomedical applications [J]. IEEE Transactions on plasma science, 2008, 36: 1298-1299.

[27] Nie Q Y, Cao Z, Ren C S, et al. A two-dimensional cold atmospheric plasma jet array for uniform treatment of large-area surfaces for plasma medicine [J]. New Journal of Physics, 2009, 11: 115015.

[28] Walsh J L, Kon M G. Room-temperature atmospheric argon plasma jet sustained with submicrosecond high-voltage pulses [J]. Applied Physical Letters, 2007, 91: 221502.

[29] Jiang C, Chen M, Schaudinn C, et al. Pulsed atmospheric-pressure cold plasma for endodontic disinfection * [J]. IEEE Transactions on Plasma Science, 2009, 37: 1190-1195.

[30] Kong M G, Kroesen G, Morfill G, et al. Plasma medicine: an introductory review [J]. New Journal of Physics, 2009, 11: 115012.

[31] Yasuda H, Hashimoto M, Rahman M M, et al. States of biological components in bacteria and bacteriophages during inactivation by atmospheric dielectric barrier discharges [J]. Plasma Processes and Polymers, 2008, 5: 615-621.

[32] Müller M, Semenov I, Binder S, et al. Cold atmospheric plasma technology for decontamination of space equipment [C] //6th International Conference on Plasma Medicine (ICPM-6). Bratislava: [s. n.], 2016.

[33] Thomas H M, Shimizu S, Shimizu T, et al. Plasma decontamination of space equipment using cold atmospheric plasmas [C] //2012 Abstracts IEEE International Conference on Plasma Science. Edinburgh:IEEE,2012.

[34] Thomas H M, Simon B, Petra R, et al. Plasma decontamination of space equipment for planetary protection [J]. 40th COSPAR Scientific Assembly,2014, 40:3-2-14.

[35] Fatah AA, Arcilesir D, Judd AK, et al. Guide for the selection of biological, chemical, radiological, and nuclear decontamination equipment for emergency first responders [Z]. 2007.

[36] Kim Y H, Choi Y H, Kim J H, et al. Decontamination of radioactive metal surface by atmospheric pressure ejected plasma source [J]. Surface and Coatings Technology, 2003, 171 (1-3): 317-320.

[37] 李战国，胡真，孙小亮，等．等离子体技术在化学毒剂洗消中的研究进展 [J]. 化工进展，2007, 26 (2): 204-206, 220.

[38] Diez L, Livertoux M H, Stark A A, et al. High-performance liquid chromatographic assay of hydroxyl free radical using salicylic acid hydroxylation during in vitro experiments involving thiols [J]. Journal of Chromatography B: Biomedical Sciences and Applications,2001, 763 (1-2): 185-193.

[39] 吴春笃，周建军，储金宇，等．强电离放电等离子体洗消沙林模拟剂 DMMP 试验 [J]. 江苏大学学报（自然科学版），2009, 30 (6): 623-626.

[40] 杜宏亮，何立明，丁伟，等．空气放电等离子体中活性粒子数浓度演化规律分析 [J]. 高电压技术，2010, 36 (08): 2041-2046.

[41] 荣俊锋，李泰广，史同上，等．低温等离子体净化苯甲酸废水研究 [J]. 应用化工，2019,48 (7): 1592-1594.

[42] Mawhinney D B, Rossin J A, Gerhart K, et al. Infrared spectroscopic study of surface diffusion to surface hydroxyl groups on Al_2O_3: 2-chloroethylethyl sulfide adsorption site selection [J]. Langmuir, 2000, 16: 2237-2241.

[43] Bouzianas D G. Medical countermeasures to protect humans from anthrax bioterrorism [J]. Trends in Microbiology, 2009, 17 (11): 522-528.

[44] Weant K A, Bailey A M, Fleishaker E L, et al. Being prepared: bioterrorism and mass prophylaxis: part Ⅰ [J]. Advanced Emergency Nursing Journal, 2014, 36 (3): 226-238.

[45] Weant K A, Bailey A M, Fleishaker E L, et al. Being prepared: bioterrorism and mass prophylaxis: part Ⅱ [J]. Advanced Emergency Nursing Journal, 2014, 36 (4): 307-317.

[46] Reineke K, Mathys A. Endospore inactivation by emerging technologies: a review of target

structures and inactivation mechanisms [J]. Annual review of food science and technology, 2020, 11: 255-274.

[47] Driks A, Eichenberger P. The bacterial spore: from molecules to systems [M]. New York: John Wiley and Sons, 2016.

[48] Abhyankar W R, Wen J, Swarge B N, et al. Proteomics and microscopy tools for the study of antimicrobial resistance and germination mechanisms of bacterial spores [J]. Food Microbiology, 2019, 81: 89-96.

[49] Henkin T M. Classic spotlight: bacterial endospore resistance, structure, and genetics [J]. Journal of Bacteriology, 2016, 198 (14): 1904.

[50] Misra N N, SchliiTer O, Cullen F J. Cold plasma in food and andculture: fundamentals and applications [M]. Boston: Elsevier/AP, 2016.

[51] Fiebrandt M, Hillebrand B, Lackmann J W, et al. Inactivation of B. subtilis spores by low pressure plasma-influence of optical filters and photon/particle fluxes on the inactivation efficiency [J]. Journal of Physics D: Applied Physics, 2018, 51 (4): 045401.

[52] Los A, Ziuzina D, Boehm D, et al. The potential of atmospheric air cold plasma for control of bacterial contaminants relevant to cereal grain production [J]. Innovative Food Science & Emerging Technologies, 2017, 44: 36-45.

[53] Ben Belgacem Z, Carré G, Charpentier E, et al. Innovative non-thermal plasma disinfection process inside sealed bags: assessment of bactericidal and sporicidal effectiveness in regard to current sterilization norms [J]. Plos One, 2017, 12 (6): e0180183.

[54] Wang S W, Doona C J, Setlow P, et al. Use of Raman spectroscopy and phase-contrast microscopy to characterize cold atmospheric plasma inactivation of individual bacterial spores [J]. Applied and Environmental Microbiology, 2016, 82 (19): 5775-5784.

[55] Hertwig C, Reineke K, Rauh C, et al. Factors involved in Bacillus spore's resistance to cold atmospheric plasma [J]. Innovative Food Science & Emerging Technologies, 2017, 43: 173-181.

[56] Fiebrandt M, Roggendorf J, Moeller R, et al. Influence of spore size distribution, gas mixture, and process time on the removal rate of B. subtilis spores in low-pressure plasmas [J]. Journal of Physics D: Applied Physics, 2019, 52 (12): 125402.

[57] Reineke K, Langer K, Hertwig C, et al. The impact of different process gas compositions on the inactivation effect of an atmospheric pressure plasma jet on Bacillus spores [J]. Innovative Food Science & Emerging Technologies, 2015, 30: 112-118.

[58] Deng X, Shi J J, Kong M G. Physical mechanisms of inactivation of Bacillus subtilis spores using cold atmospheric plasmas [J]. IEEE Transactions on Plasma Science, 2006, 34 (4): 1310-1316.

[59] Charoux C M G, Free L, Hinds L M, et al. Effect of non-thermal plasma technology on microbial inactivation and total phenolic content of a model liquid food system and black pepper grains [J]. LWT, 2020, 118: 108716.

[60] Pina-Perez M C, Martinet D, Palacios-Gorba C, et al. Low-energy short-term cold atmospheric plasma: controlling the inactivation efficacy of bacterial spores in powders [J]. Food Research

International, 2020, 130: 108921.

[61] Yang X, Chang X, Tei R, et al. Effect of excited nitrogen atoms on inactivation of spore-forming microorganisms in low pressure N_2/O_2 surface-wave plasma [J]. Journal of Physics D: Applied Physics, 2016, 49 (23): 235205.

[62] Hertwig C, Steins V, Reineke K, et al. Impact of surface structure and feed gas composition on Bacillus subtilis endospore inactivation during direct plasma treatment [J]. Frontiers in Microbiology, 2015, 6: 774.

[63] 卢新培．等离子体射流及其医学应用 [J]．高电压技术，2011，37 (6)：1416-1425.

[64] Liao X, Muhammad A I, Chen S, et al. Bacterial spore inactivation induced by cold plasma [J]. Critical Reviews in Food Science and Nutrition, 2019, 59 (16): 2562-2572.

[65] 李和平，于达仁，孙文廷，等．大气压放电等离子体研究进展综述 [J]．高电压技术，2016，42 (12)：3697-3727.

[66] Kogelheide F, Voigt F, Hillebrand B, et al. The role of humidity and UV-C emission in the inactivation of B. subtilis spores during atmospheric-pressure dielectric barrier dishcharge treatment [J]. Journal of Physics D: Applied Physics, 2020, 53: 295201.

[67] Kim J E, Choi H S, Lee D U, et al. Effects of processing parameters on the inactivation of Bacillus cereus spores on red pepper (Capsicum annum L.) flakes by microwave-combined cold plasma treatment [J]. International Journal of Food Microbiology, 2017, 263: 61-66.

[68] Koval'ová Z, Tarabová K, Hensel K, et al. Decontamination of Streptococci biofilms and Bacillus cereus spores on plastic surfaces with DC and pulsed corona discharges [J]. European Physical Journal-Applied Physics, 2013, 61 (2): 24306.

[69] Patil S, Moiseev T, Misra N N, et al. Influence of high voltage atmospheric cold plasma process parameters and role of relative humidity on inactivation of Bacillus atrophaeus spores inside a sealed package [J]. Journal of Hospital Infection, 2014, 88 (3): 162-169.

[70] Jung H, Kim D B, Gweon B, et al. Enhanced inactivation of bacterial spores by atmospheric pressure plasma with catalyst TiO_2 [J]. Applied Catalysis B: Environmental, 2010, 93 (3-4): 212-216.

[71] 成军虎，张彦，韩忠．低温等离子体技术灭活细菌芽孢的研究进展 [J]．现代食品科技，2021,37 (4)：302-310.

[72] Fozza AC, Kruse A, Holläender A, et al. Vacuum ultraviolet to visible emission of some pure gases and their mixtures used for plasma processing [J]. Journal of Vacuum Science & Technology A: Vacuum, Surfaces, and Films, 1998, 16: 72-77.

[73] Boudam M K, Moisan M, Saoudi B, et al. Bacterial spore inactivation by atmospheric-pressure plasmas in the presence or absence of UV photons as obtained with the same gas mixture [J]. Journal of Physics D: Applied Physics, 2006, 39 (16): 3494.

[74] Deng X T, Shi J J, Kong M G. Protein destruction by a helium atmospheric pressure glow discharge: Capability and mechanisms [J]. Journal of Applied Physics, 2007, 101: 074701.

[75] Ching W K, Colussi A J, Hoffmann M R. Soluble sunscreens fully protect E. coli from disinfection by electrohydraulic discharges [J]. Environmental science & technology, 2003, 37 (21): 4901-4904.

[76] Dobrynin D, Fridman G, Friedman G, et al. Physical and biological mechanisms of direct plasma interaction with living tissue [J]. New Journal of Physics,2009, 11: 115020.

[77] Hury S, Vidal D R, Desor F, et al. A parametric study of the destruction efficiency of Bacillus spores in low pressure oxygen-based plasmas [J]. Letters in Applied Microbiology,1998, 26: 417-421.

[78] Kelly-Wintenberg K, Hodge A, Montie A, et al. Use of a one atmosphere uniform glow discharge plasma to kill a broad spectrum of microorganisms [J]. Journal of Vacuum Science & Technology A:Vacuum,Surfaces and Films,1999, 17 (4): 1539-1544.

[79] Laroussi M, Tendero C, Lu X, et al. Inactivation of bacteria by the plasma pencil [J]. Plasma Processes and Polymers,2006, 3 (6-7): 470-473.

[80] Abou-Ghazala A, Katsuki S, Schoenbach K H, et al. Bacterial decontamination of water by means of pulsed-corona discharges [J]. IEEE Transactions on Plasma Science,2002, 30: 1449-1453.

[81] Bogomaz A A, Goryachev V L, Remmenui A S, et al. Efficiency of pulsed electric discharges in water disinfection [J]. Journal of Experimental and Theoretical Physics Letters, 1991, 17: 65-68.

[82] Lee C, Kim J, Yoon J. Inactivation of MS2 bacteriophage by streamer corona discharge in water [J]. Chemosphere, 2011, 82 (8): 1135-1140.

[83] Tang Y Z, Lu X P, Laroussi M, et al. Sublethal and killing effects of atmospheric-pressure, nonthermal plasma on eukaryotic microalgae in aqueous media [J]. Plasma Processes and Polymers, 2008, 5: 552-558.

[84] Oehmigen K, Hähnel M, Brandenburg R, et al. The role of acidification for antimicrobial activity of atmospheric pressure plasma in liquids [J]. Plasma Processes and Polymers, 2010, 7: 250-257.

[85] Govaert M, Smet C, Walsh J L, et al. Influence of plasma characteristics on the inactivation mechanism of cold atmospheric plasma (CAP) for Listeria monocytogenes and Salmonella typhimurium biofilms [J]. Applied Sciences, 2020, 10 (9): 3198.

[86] Govaert M, Smet C, Vergauwen L. et al. Influence of plasma characteristics on the efficacy of cold atmospheric plasma (CAP) for inactivation of Listeria monocytogenes and Salmonella typhimurium biofilms [J]. Innovative Food Science & Emerging Technologies, 2019, 52: 376-386.

[87] Huang Y H, Ye X P, Doom C J, et al. An investigation of inactivation mechanisms of Bacillus amyloliquefaciens spores in non-thermal plasma of ambient air [J]. Journal of the Science of Food and Agriculture, 2019, 99 (1): 368-378.

[88] Helm D, Naumann D. Identification of some bacterial cell components by FT-IR spectroscopy [J]. FEMS Microbiology Letters, 1995, 126 (1): 75-79.

[89] Tremmel S, Beyermann M, Oschkinat H, et al. ^{13}C-labeled tyrosine residues as local IR probes for monitoring conformational changes in peptides and proteins [J]. Angewandte Chemie International Edition, 2005, 44 (29): 4631-4635.

[90] Shintani H. Inactivation of bacterial spore, endotoxin, lipid A, normal prion and abnormal prion by exposures to several sorts of gases plasma [J]. Biocontrol Science, 2016, 21 (1): 1-12.

[91] Slieman T A, Rebeil R, Nicholson W L. Spore photoproduct (SP) lyase from Bacillus subtilis specifically binds to and cleaves SP (5-thyminyl-5, 6-dihydrothymine) but not cyclobutane pyrimidine dimers in UV-irradiated DNA [J]. Journal of Bacteriology, 2000, 182 (22): 6412-6417.

[92] Cowan A E, Olivastro E M, Koppel D E, et al. Lipids in the inner membrane of dormant spores of Bacillus species are largely immobile [J]. Proceedings of the National Academy of Sciences, 2004, 101 (20): 7733-7738.

[93] Setlow P. Dynamics of the assembly of a complex macromolecular structure-the coat of spores of the bacterium Bacillus subtilis [J]. Molecular Microbiology, 2012, 83 (2): 241-244.

[94] Fiebrandt M, Lackmann J W, Stapelmann K. From patent to product? 50 years of low-pressure plasma sterilization [J]. Plasma Processes and Polymers, 2018, 15 (12): 1800139.

[95] Raguse M, Fiebrandt M, Denis B, et al. Understanding of the importance of the spore coat structure and pigmentation in the Bacillus subtilis spore resistance to low-pressure plasma sterilization [J]. Journal of Physics D: Applied Physics, 2016, 49 (28): 285401.

[96] Jeon J, Klaempfl T G, Zimmermann J L, et al. Sporicidal properties from surface micro-discharge plasma under different plasma conditions at different humidities [J]. New Journal of Physics, 2014, 16: 103007.

第6章

低温等离子体在大气污染治理中的研究和应用

低温等离子体技术可以用于大气污染治理，如烟气脱硫脱硝、除尘、有机废气处理等。本章梳理了高压放电等离子体技术在大气污染治理方面的应用，对其技术原理、发生装置、研究现状和发展问题进行介绍，以期相关行业工作者对该项技术有较为深入的认识和了解，并促进该技术的推广应用。

6.1 除尘

煤炭火力发电站、炼铁厂锅炉、废弃物燃烧炉等排放出的烟气中通常含有大量SO_2、NO_x和可吸入颗粒物，往往导致雾霾发生。人们很早就开始使用电除尘装置收集去除烟气中的颗粒物，基本原理是利用大气压下电晕放电生成的非热平衡等离子体使颗粒物荷电，并使带电颗粒物在电场力的驱动下向集尘板迁移，从而将微粒从气流中分离出来。例如，设置两块相距约30cm的接地平板（除尘板），在平板之间悬挂数根细放电线（直径约2mm）。当外加负的直流高压（约−45kV）时，一般在放电线上会有线密度为0.2mA/m左右的放电电流，并形成电晕放电等离子体。当含有颗粒物的气体从两块除尘板之间流过时，颗粒物表面会吸附放电产生的电子从而带负电荷。带电颗粒物在强电场作用下向除尘板迁移并沉积在其表面，而经过净化除尘的气体就可以排出。在应用中，电除尘装置的结构尺度可以根据应用场景灵活设置。如实际生产中，1000MW的火力发电站使用的静电除尘装置巨大，占地超过$2000m^2$；而空气清洁器等小型除尘设备则通常在家庭或医院使用，可用来清除香烟烟雾、灰尘、花粉等室内空气污染物。静电除尘器（简称电除尘器）具有除尘效率高、阻力小、能耗低、能处理高温和大流量气体、无二次污染等优点，因此是烟气除尘的主流设备之一[1,2]。

6.1.1 电除尘过程

在电除尘器中，使颗粒从气体中分离出来的基本作用力是直接作用在颗粒物上的电场力。这是电除尘器区别于其他除尘设备的最主要的特征，也使电除尘器具有处理烟气量大、压力损失小、能耗低的特点。电除尘器的基本除尘单元由数个阴极线和阳极板组成，阳极板接地作为低压端，又称收尘极或接地极；阴极线与电源高压输出端相连，又称放电极。阴极线放电部位一般为齿、针形式，局部电场强度极高，尖端释放出来的电子可在较短时间内被加速到极高的速度，从而使气体分子电离（即电晕放电过程）。阴极线附近使气体分子电离的区域被称作电晕区，电晕区的电荷在电场作用下向阳极板运动。颗粒物经过电场时便会俘获电荷（即颗粒物荷电过程），荷电后的颗粒物便在电场作用下被捕集到阳极板表面。随着电除尘器运行，当阳极板粉尘层积累到一定的厚度时，通常采用振打的方式，使粉尘层从阳极板脱落进入灰斗，完成阳极板清灰过程，确保电除尘器长期稳定高效运行。

（1）电晕放电

电除尘器电晕放电通常采用的是负高压直流电晕。与正高压放电相比，负高压放电的击穿电压较高，因而可以在较高的工作电压下运行，进而提高电除尘效率。在阴极线上施加负高压电势，阴极线表面将释放出电子，在电场力作用下以较高速度向阳极板运动。在高速运动过程中与气体分子发生碰撞并使之离子化，结果又进一步产生了大量电子，该过程通常被称作电子雪崩。电子运动速度主要由电场强度决定，由于阴极线和阳极板的曲率半径相差极大，随着电子向阳极板运动距离增加，电场强度迅速减弱，使电子运动速度逐渐降低到使气体分子离子化所需要的最小速度。电场中存在大量的电负性气体，比如氧气、水蒸气和二氧化硫等，电晕放电产生的自由电子被这些气体分子俘获并产生负离子，在电场作用下继续向阳极板运动。这些负离子是颗粒物荷电的电荷来源。

（2）粉尘荷电

在常规电除尘器中，粉尘颗粒物荷电主要是通过俘获负离子和电子。颗粒物荷电过程时间极短，因此也可以将电晕放电和颗粒物荷电作为一个连续过程进行讨论。发生电晕放电的电晕区一般非常狭小，因此颗粒物荷电主要发生在非电晕区。颗粒物俘获电荷的过程同时也是能量传递的过程：离子虽然质量较小，但是在电场中获得较高的速度；而颗粒物质量相对较大，经过能量传递后，可以获得较小的速度。

通常认为颗粒物荷电存在两种机理，均与颗粒物的粒径密切相关。电晕放电产生的带电粒子以两种形式在电场中运动，一种是带电粒子在电场力的作用下向阳极板运动，此时颗粒物捕获带电粒子并携带电荷的过程，称作电场荷电；同时离子在势能作用下作扩散运动，在该运动过程中被颗粒物俘获电荷，称作扩散荷电。一般，对于粒径＞0.5μm 的颗粒物，电场荷电方式为主导作用；对粒径＜0.2μm 的颗粒物，扩散荷电方式占主导地位；而对粒径介于0.2～0.5μm 的颗粒物，则同时发生两种荷电作用。

（3）粉尘捕集

粉尘捕集主要是指荷电的颗粒物迁移到阳极板（收尘极板）的过程。颗粒物的荷电过程除了俘获离子电荷，同时也获得部分离子的动能，从而获得一定的向阳极板方向运动的速度，促进阳极板对颗粒物的捕集。被捕集到阳极板表面的粉尘颗粒物，其电荷将通过阳极板返回电路循环；随着颗粒物不断被捕集，阳极板表面会形成一定厚度的粉尘层。当粉尘比电阻较高或粉尘层厚度较大时，其电荷无法及时传递至阳极板，从而使粉尘层之间产生电势差。若粉尘层之间的电场强度超过击穿场强，便会发生击穿放电，被称作反电晕。反电晕会导致阳极板表面的粉尘重新进入放电间隙。此外，除尘器内部的气流会对粉尘层形成冲刷作用，进而造成二次扬尘。因此颗粒物的捕集过程，实际上是边捕集边扬尘的综合过程，提高电除尘效率的基本原则是尽量提高颗粒物的一次捕集量，同时尽量降低二次扬尘量。

（4）清灰过程

粉尘被捕集到阳极板之后，需要对阳极板积累的粉尘进行及时清灰，否则随着粉尘在阳极板越积越多，将发生反电晕，降低除尘效率。电除尘器长时间工作后，放电极线也会积累粉尘，导致电晕线肥大，电除尘器工作电压降低，粉尘荷电困难，影响除尘效率，因此也需要及时对放电极线进行清灰。

电除尘器常用的清灰方式为振打清灰，主要有顶部电磁振打和侧部机械振打两种方式。顶部电磁振打充分利用电除尘器顶部空间，安装方便，但是振打强度相对较弱；侧部机械振打安装于电除尘器内部，占用空间较大，但是振打强度较大，清灰效果好。对于易于清灰的粉尘，可采用顶部电磁振打以节省本体空间；对于难以清灰的粉尘，尤其是高黏附性粉尘，宜采用侧部机械振打以获得较好的清灰效果。

6.1.2　电除尘效率的影响因素

目前工业电除尘器主要应用于燃煤锅炉的烟气净化，影响其电除尘效率的因素主要有：

（1）粉尘特性

主要包括粉尘比电阻、粒径分布以及黏附性等。粉尘比电阻是电除尘器除尘效率的重要影响因素之一，高比电阻粉尘的荷电能力强，被捕集到阳极板表面很难释放电荷，当阳极板表面的粉尘层积累到一定厚度时，粉尘层内部会发生反电晕放电。反电晕发生后，电场运行参数降低，除尘效率下降。同时，反电晕产生的离子风会破坏粉尘层，使粉尘重新进入到电场中形成二次扬尘，亦会降低除尘效果。

粉尘粒径分布对电除尘器性能也有较大影响。电除尘器对大粒径颗粒物具有极高的捕集效率，而对小粒径颗粒物的捕集效率相对较低，尤其是粒径介于0.1～1μm之间的颗粒物捕集效率最低。

粉尘的黏附性则会影响电除尘器阳极板清灰效果。黏附性越大，阳极板粉尘层越难以被振打清除，随着电除尘器长时间运行，阴极线放电针或齿将发生严重包灰，使起晕电压升高，二次电流降低，从而引起电除尘器性能下降。对于燃煤锅炉烟气而言，黏附性主要取决于煤种自身的特点。此外，气体温度越低，黏附性越高，锅炉混烧煤泥的比例越大，燃烧形成的烟尘黏附性越强。

（2）烟气工况

主要包括烟气温度、湿度、压强以及烟气成分等，一般取决于锅炉燃烧方式和燃烧煤种。粉尘比电阻对烟气温度最为敏感，因此，烟气温度对电除尘器性能影响最大。烟气温度与粉尘比电阻分布多呈倒U形，烟气温度为150～180℃时，粉尘比电阻最大，当温度高于200℃或者温度低于140℃时，烟尘比电阻分别降低。烟气温度还会显著改变烟气流量，烟气温度越高，烟气流量越大，所需的电除尘器尺寸就越大。早期电除尘器烟气温度通常高于200℃，甚至高达400℃，称为高温电除尘器。在该烟气温度条件下，烟尘比电阻明显降低。但此时烟气流量较大，电场风速较高，颗粒物尚未来得及被捕集就跟随气流逃逸出电除尘器，除尘效果较差。烟气湿度主要取决于煤种，湿度是电除尘器的有利因素。水分子为电负性气体，容易捕获电荷，还能降低粉尘的表面比电阻，因此增加湿度有利于提高电除尘器的效率。烟气成分对电除尘器性能影响较大的是三氧化硫，能够明显降低烟尘比电阻。

（3）高压电源性能

传统单相电源的纹波系数较大，平均电压与峰值电压的比值约为0.637，电源运行功率较低。而三相电源和高频电源是相对较为先进的电源技术，其纹波系数通常小于5%，平均电压与峰值电压极为接近，因此其平均运行功率较高。电源控制方式也会影响除尘性能，良好的控制电路应具备火花击穿跟踪能力，有效控制反电晕发生，从而优化电除尘器运行参数，提高电除尘器的除尘效率。

(4) 电除尘器本体结构

包括阴极线结构和数量、阳极板形式和数量、极间距、线间距、清灰方式、气流分布、灰斗等。目前电除尘器阴极线通常采用新型4齿RS芒刺线，这种阴极线放电点分布较多，放电电流密度大，能够提高电除尘器除尘效率。阳极板通常采用C480型，两边有防风槽，能有效抑制气流对阳极板粉尘层的冲刷，降低二次扬尘。阳极板数量越多，电除尘器比收尘面积越大，除尘效率越高。可考虑每块阳极板布置两根阴极线的形式，从而增加电除尘器运行的二次电流，同时提高电场分布均匀性，促进对荷电颗粒物的捕集。气流分布也是影响电除尘器性能的重要因素之一，如果电除尘器电场断面气流分布不均匀，会导致烟气流量大的电场通道风速高，对阳极板表面的粉尘颗粒物冲刷作用强，颗粒物容易二次扬尘逃逸，造成电除尘效率降低。电除尘器进口烟道和喇叭口是保证电场断面气流分布均匀的重要优化位置，可以在进口烟道增设气流导流板，在喇叭口内增设气流均布板等以实现电场内气流的均匀分布。灰斗设计时主要应考虑角度设计问题，尽可能让极板收集的灰尘能够在重力作用下落入灰斗底部。由于灰斗绕流带来二次扬尘量非常大，因此需在灰斗内增设挡风板，以防止灰斗内形成绕流。

(5) 电除尘器操作条件

主要指电除尘器每个电场运行参数的设置以及振打控制。电除尘器的第一、第二电场需要高电压、大电流运行，高电压提供较高的电场强度，大电流产生空间密度更大的电荷数，促进颗粒物的荷电，从而在第一、第二电场保证较高的除尘效率；在电除尘器末电场，粉尘浓度大幅度降低，没有被捕集的颗粒物自前级电场进入末电场时多已荷电，因此末电场不需要大电流运行以使颗粒物带电。同时，为了抑制放电离子风对阳极板的二次扬尘作用，多将电除尘器末电场在高电压、小电流的条件下运行。此外，第一、第二电场除尘效率高，捕集的灰量大，此处的电极振打频率须相应较高，以防止反电晕发生；末电场灰量小，振打周期可以相应延长，以防止频繁振打造成二次扬尘。

6.1.3 电除尘离子风

电晕放电会产生大量正、负电荷粒子。在电场作用下，荷正电粒子向放电极移动，荷负电粒子向接地极即收尘极移动。由于电晕区为放电极周围很小的空间，因此荷正电粒子运动空间极为狭小，运动时间极短；荷负电粒子在电场作用下从电晕区向收尘极运动，运动空间大、运动速度快（部分粒子在电场中

的运动速度可达 $10^4 m/s$)。荷负电粒子在向收尘极运动过程中会与中性气体分子发生碰撞和能量传递。此时,荷负电粒子运动速度降低,气体分子获得向收尘极运动的速度,于是由放电极指向收尘极的方向,存在荷负电粒子与气体分子的流动,该流动称作离子风。在常规电除尘器中,离子风的形成依赖于大量荷负电粒子和气体分子的相互作用。离子风的强弱取决于大量荷负电粒子的动能之和,因此电晕电流越大,产生的荷负电粒子数量越多,则形成的离子风越强。

电除尘过程需要关注离子风对颗粒物运动的影响。离子风与颗粒物之间的相互作用宏观表现为离子风对颗粒物的流场曳力作用,微观表现为离子和气体分子对颗粒物的碰撞而发生能量传递,这是气固两相流,从放电极指向收尘极的方向。颗粒物与离子风发生能量传递作用后具有三种可能的结果,一是颗粒物以较高的速度运动至阳极板表面;二是颗粒物以较低的速度运动至阳极板表面;三是颗粒物获得的动能不足以运动到阳极板表面。这三种结果取决于离子风动能的相对大小。在相同电晕电流条件下,离子风动能是相同的。因此在电除尘器的第一电场,颗粒物浓度高,经过离子风的动能传递后,每个颗粒物获得的动能可能不足以支撑其运动到阳极板表面;而在电除尘器的末电场,颗粒物经过前级电场的捕集作用后浓度大幅度降低,此时经过能量传递后,颗粒物运动到阳极板表面的速度依然较高,因此颗粒物有可能会在阳极板表面发生反弹,并重新进入电场空间。离子风的运动状态与上述过程相似,电除尘器第一电场颗粒物浓度高,经过能量传递后,离子风动能明显降低,很难运动到阳极板附近;在电除尘器末电场,颗粒物浓度低,即使经过能量传递,离子风仍可能具有较高的动能,运动至阳极后有可能将阳极板表面的大量粉尘颗粒物“吹”起来,形成二次扬尘。由此可见,电除尘过程中荷电颗粒物同时受到电场力作用和离子风的流场曳力作用。其中,离子风既能促进颗粒物的迁移捕集而提高电除尘效果,又可能造成二次扬尘而降低电除尘效果,这主要取决于离子风相对于颗粒物数量的强弱。我国电除尘器技术研发领域极少关注离子风在电除尘过程的影响,甚至大多数电除尘器设计厂家都认为电除尘器的每个电场都在最大功率下运行就可以获得最佳除尘效果。然而,离子风对末电场的颗粒物行为的影响非常大,末电场的二次电流应当依据颗粒物浓度进行设计优化。

对电除尘器离子风的研究方法主要有计算机数值模拟法和粒子图像测速(particle imagine velocity,PIV)法。无论采用何种模拟仿真软件,计算机数值模拟法均是对离子风进行流体化定量表达,需要定义离子产生源的边界条件以及初始条件,在模拟过程中不涉及电气参数的计算。目前尚无一种模拟仿真软件可以做到仅通过电气参数就可以仿真离子风的形成和运动。由于模拟条件假设太多，与实际离子风的参数相差较大，因此，通过计算机数值模拟法通常仅能定性，很难实现较为准确的定量表达。

PIV 技术是基于激光成像测速原理，采用具有流场跟随性良好的示踪粒子，通过该粒子的运动轨迹反映流场特性。利用高速相机对示踪粒子进行时间间隔极短的连续拍照，分析在一定时间间隔内颗粒物的位移，从而计算粒子的速度矢量，通过大量速度矢量计算，得到整个区域的流场分布。

一般将进入电场的含尘气流定义为一次流，将放电产生的离子风定义为二次流或者电流体。在 21 世纪初，波兰科学院 Mizeraczy 等[3-5] 即利用二维及三维 PIV 对不同电极结构条件下的一次流、二次流及其对颗粒物运动的影响进行了详细研究。一次流速度越小，颗粒物向阳极板运动的速度越大，阳极板表面附近，离子风和颗粒物的运动速度均较大，离子风对颗粒物具有促进向阳极板运动的作用。在相同电极结构条件下，正高压形成的离子风形态比较稳定和规律，而负高压形成的离子风形态变化较大。为了定量描述离子风的强弱，定义了电流体力学（EHD）参数，同时以雷诺数的平方（Re^2）表示一次流的强弱。当 EHD>Re^2 时，放电线周围可以形成强烈的涡流，对亚微米颗粒物的运动形态影响较大。丹麦 Ullum 等[6,7] 利用 PIV 技术对不同电极结构下的离子风也进行过类似的研究。值得说明的是，这些离子风研究主要基于实验室条件，工况与工业电除尘器运行工况差别较大。

国内较早利用 PIV 技术研究电除尘器离子风的是闫克平课题组，2006 年搭建了 2D-PIV 实验平台，获得了离子风的流场分布[8]。之后基于该实验平台研究了正负电晕放电条件下离子风的流场分布特点、离子风对 PM_{10} 和 $PM_{2.5}$ 捕集的影响特点[9] 以及湿式电除尘器的离子风流场分布[10]。

6.1.4　电除尘器的设计及应用

传统电除尘器的设计选型是根据 Deutsch 公式来完成的，如式（6-1）所示：

$$\eta=1-\exp\left(-\frac{A}{Q_v}\omega\right) \tag{6-1}$$

式中，η 为总除尘效率，是小于等于 1 的无量纲数；A 为收尘极板面积，m^2；Q_v 为烟气体积流量，m^3/s；ω 为颗粒物的驱进速度，m/s。

Deutsch 公式基于两点假设：①在电除尘器内的任意断面上，所有颗粒物均充分荷电并均匀分布；②所有颗粒物均具有相同的驱进速度。实际上，各级粒径的颗粒物驱进速度各不相同，因此 Deutsch 公式不适于分级除尘效率的计算。在电除尘中试实验基础上，闫克平等提出如式（6-2）所示的分级除尘效率计算方法。

$$\lg \frac{1-\eta(r)}{\beta(r)}=-\alpha(r)E_{a}E_{p}S \tag{6-2}$$

式中，r 为颗粒物的空气动力学半径，m；$\eta(r)$ 为颗粒物的分级除尘效率；$\alpha(r)$、$\beta(r)$ 为与颗粒物粒径有关的修正系数；E_a 为平均电场强度，V；E_p 为峰值电场强度，V；S 为比收尘面积（$S=A/Q_v$），s/m。

其中，将 E_aE_pS 定义为电除尘指数，其大小反映了单位烟气在电除尘器中静电储能的高低，储能越大则除尘效率越高，电除尘器排放浓度与电除尘指数的关系如图 6-1 所示[11]。实际运行中，烟气温度、湿度、粉尘比电阻、电极振打、电源等对电除尘效率的影响都可利用实时运行的电除尘指数来体现。

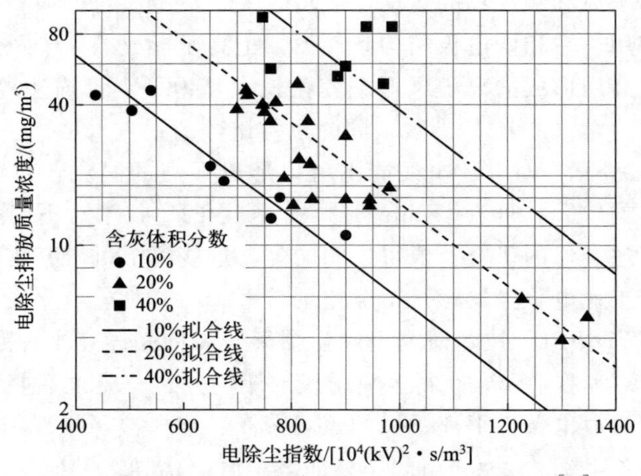

图 6-1　电除尘器排放浓度与电除尘指数的关系[11]

电除尘指数也可有效用于电除尘器的本体设计、选型和优化电源配置，从而提高电除尘器的除尘效率。以下是以燃煤电厂锅炉尾气电除尘装置的设计为例，说明电除尘器的设计及应用。

（1）电除尘选型条件

① 电除尘器对 PM_{10} 总颗粒物的捕集效率或排放满足以下关系：

$$\lg \frac{1-\eta}{\beta}=-\alpha E_{a}E_{p}S \tag{6-3}$$

当比收尘面积 $S<90$s/m 时，电除尘效率随比收尘面积的增加呈指数增加；当比收尘面积 $S>100$s/m 时，比收尘面积的变化对电除尘效率影响不大。电除尘器运行功率存在一个排放最低的最佳值，对于 90～100 s/m 范围内比收尘面积，电除尘器单电场平均运行的最佳功率为 65～70kW。

② 电除尘器极限排放浓度与电场风速有直接关系，电场风速越小，电除尘器极限排放浓度越低。

③ 烟气温度对电除尘效果有很大影响，其核心在于烟尘比电阻受烟气温度变化显著，进而影响电除尘器的运行功率。

④ 末电场板电流密度需根据颗粒物浓度限制在0.1～0.3mA/m^2，通过合理的优化末电场二次电流，可使PM_{10}排放浓度降低62.78%～67.02%，$PM_{2.5}$排放浓度降低62.09%～68.91%。

⑤ 每一个电场合理的振打周期应为：该电场阳极板所积累的粉尘层厚度达到临界厚度（在某些工况下设置为1.28mm）所需的时间。

（2）电除尘运行条件

根据笔者团队的研究，电除尘器实际应用时，其运行条件对除尘效果有如下影响。

① 电除尘器运行功率对$PM_{0.5}$的捕集影响不大，$PM_{0.5\sim10}$的捕集效率随运行功率的增加呈指数增加，其中0.5～2μm粒径范围颗粒物的捕集效率最高，与电除尘器运行功率关系最为显著；关闭一个电场，或比收尘面积降低20%，电除尘器的除尘效率随之降低，出口$PM_{0.5\sim1}$排放浓度将提高200%～300%。

② 在相同机组和电除尘器本体条件下，单相电源功率转换系数为61%，高频电源为53%，脉冲电源为71%，三相电源为94%，三相电源二次输出功率比单相电源高34%，比高频电源高30%，比脉冲电源高28%。将单相电源改造为三相电源后，电除尘器出口总烟尘颗粒物PM、PM_{10}和$PM_{2.5}$排放质量浓度的下降比例分别为84.38%、80.47%和90.67%；将高频电源改造为三相电源，下降比例分别为83.71%、79.63%和65.53%；将脉冲电源改造为三相电源，下降比例分别为81.18%、76.48%和85.30%。三相电源对粒径大于0.2μm的颗粒物捕集效率均明显高于单相电源和高频电源。单相电源电除尘器出口质量浓度峰值粒径为0.5μm，高频电源和脉冲电源峰值粒径为0.32μm，三相电源峰值粒径为0.2μm。

③ 降低烟气温度对提高电除尘器PM_{10}的除尘作用显著。当烟气温度由160℃降低至110℃时，电除尘器出口处$PM_{2.5}$和PM_{10}排放量可分别降低46%～85%和67%～75%，但此时电除尘器运行总功率需提高93%。当烟气温度小于110℃时，烟气温度变化对电除尘器总排放浓度影响不明显。同时，烟气温度对工业锅炉电除尘器排放颗粒物粒径分布影响较大：烟气温度为140～150℃条件下，电除尘器出口$PM_{2.5}$与PM_{10}质量浓度之比为31.96%；烟气温度降至110℃时，该比值降至13.07%。

④ 电除尘器内不同电场对颗粒物排放的影响各不相同，第一电场、第二

电场和末电场对 PM_{10} 的总排放影响最大；第一电场和末电场对 $PM_{2.5}$ 的总排放影响最大。分别关闭第一电场、末电场，电除尘器出口 PM_{10} 和 $PM_{2.5}$ 排放质量浓度分别提高了 1.86 倍、1.3 倍和 18.8 倍、9.5 倍，而且烟气温度越低，影响越显著。当第一电场发生反电晕时，电除尘器出口 PM_{10} 排放量提高 155%，$PM_{2.5}$ 排放量会提高 125%。

⑤ 锅炉容量越大，电除尘器出口 $PM_{2.5}$ 与 PM_{10} 质量浓度之比越低。基于电厂的测试数据，常规循环流化床锅炉（CFB）工业电除尘出口 $PM_{2.5}$ 与 PM_{10} 质量浓度比为 31.96%，对于 300MW 亚临界锅炉和 600MW 超临界锅炉，该比例分别为 20.11%和 13.18%。

⑥ 电除尘器出口粒径大于 1μm 的颗粒物质量浓度分布随粒径的增大呈增加趋势；电除尘器出口 PM_1 质量浓度呈单峰分布，峰值粒径为 0.2～0.3μm。

⑦ 振打第一电场阳极板时，电除尘器出口排放的 PM_{10} 和 $PM_{2.5}$ 质量浓度会分别增加 184%和 124%；振打第一电场阴极会导致 PM_{10} 和 $PM_{2.5}$ 的排放量分别增加 40.6%和 47.1%。

6.1.5 电除尘存在的问题

电除尘器的优点已为世界各国所认知。我国电除尘技术的应用起步较晚，但是发展迅速。目前，我国电除尘器的加工、生产和使用的数量均为世界第一位。燃煤电厂是我国电除尘器第一大用户，600～1000MW 机组燃煤锅炉所使用的电除尘器占全国电除尘器 70%以上[12]。为有效控制 $PM_{2.5}$ 的排放，实现烟尘排放质量浓度小于 $30mg/m^3$ 甚至 $20mg/m^3$，应当对电除尘器进行合理的本体选型、工程优化和电气设备设计与匹配。目前电除尘器研究亟待解决的问题主要有以下几个方面[11-14]。

（1）提高本体设计合理性

传统电除尘器的设计选型主要依据 Deutsch 公式，即电除尘器的排放浓度取决于粉尘的入口浓度、驱进速度和电除尘器的比收尘面积。传统提高除尘效率的方式是增加收尘面积，但该方法对细颗粒物缺乏针对性。此外，传统电除尘器本体采用大分区制造，分区较少也导致了放电不均匀、运行电压低、电流小、对煤种变化敏感等问题。因此应依据颗粒物的分级和总除尘效率需求对电除尘器进行合理的选型设计。此外，应合理控制各电场的振打强度和时序，合理抑制二次扬尘。

（2）研发新型高压电源技术

目前普遍采用的单相高压电源，运行电压低、纹波系数大，与电除尘器本体的电气匹配难。同时，单相高压电源峰值电流较大，不利于快速关断火花放电以恢复电压。当第一电场中粉尘负荷过大时，传统高压电源技术容易导致电晕放电受到抑制，除尘效率降低，从而提高了后续电场的除尘负荷。同时，由于燃煤的种类复杂、变化快，应提高对电除尘器内电晕放电过程的控制，以避免高比电阻粉尘造成的反电晕现象。

(3) 深化细颗粒物的收尘机理研究

大颗粒物主要在电除尘器前端电场实现捕集，其收尘效率由静电力和斯托克斯（Stocks）阻力决定；细颗粒物捕集则主要在末端电场中实现，其效率不仅受荷电量影响，还与气流分布和离子风强度有关[15]。图 6-2 为利用 2D-PIV 技术测得的线板式电除尘器流场分布。离子风引起了流场中的涡旋，严重降低了细颗粒物的捕集[16]。在电除尘器中，应设置合理的气流分布，使颗粒物在远离收尘极区域的速度较高，从而能够快速地到达收尘极；而在收尘极附近区域时，气流速度应趋近于零，使颗粒物沉积到极板后不再被气流剥离，避免二次扬尘。

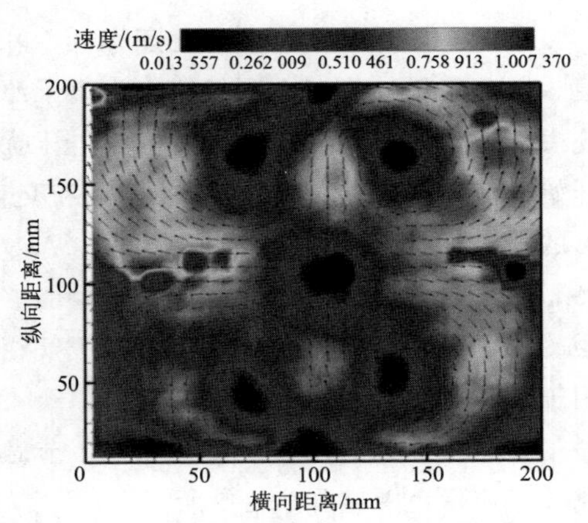

图 6-2　线板式电除尘器内流场的分布

6.2 脱硫脱硝

6.2.1 低温等离子体气相脱硫脱硝

在气相中，通过高能电子激发，高压放电能够引发复杂的化学反应，包括自由基反应、离子-分子反应、受激粒子反应和自发化学反应等。借助上述反应过程，高压放电能够改变二氧化硫（SO_2）和氮氧化物（NO_x）的价态，进而实现脱硫脱硝。Veldhuizen 等[17] 详细描述了气相中脱硫脱硝的反应机制。SO_2 的脱除途径有 4 种，其中，利用羟基自由基氧化 SO_2 的能耗代价极高，每分子能耗约为 40eV。NO_x 的脱除则主要依靠自由基和热化学反应，众多逆向反应都会降低转化效率，增加能耗[18]。

等离子体氧化多采用电晕放电，它包括流光电晕放电（以下简称流光电晕）和辉光电晕放电（以下简称辉光电晕）这 2 种形态[18]。一般认为流光电晕的氧化性高于辉光电晕。辉光电晕以离子电流为主，放电区域局限在高压电极附近，自由基产量低，且容易随极距变化而转变为其他放电形态，不利于气态污染物的氧化。在能量密度为 1.35W·h/m^3 的条件下，辉光电晕几乎不能将 NO 氧化为 NO_2；而在同样能量密度的条件下，一次流光电晕对 NO 的氧化效率可达 60%[18]。因此，在工业应用中，只有产生稳定大面积的流光电晕，才能有效处理 SO_2、NO_x 等气态污染物。

直流高压系统中电压变化速率低，峰值电场强度也不足以维持流光电晕通道。因此正极性直流电源仅能作为离子源而非自由基发生源，难以控制其放电规模并产生大面积流光电晕。但当电压扰动速率大于 0.2kV/μs 时，辉光电晕开始向流光电晕转变[19]。脉冲电源和交直流叠加（AC/DC）电源都能产生足够的电压扰动，从而保持电晕放电。AC/DC 电源在直流基压上叠加交流电压（频率为 10～100Hz），此时流光电晕能够持续发生，维持电压范围扩大，受间距的影响也不明显。脉冲电源多用于气相放电氧化过程，而 AC/DC 电源则多用于液相氧化。

具体研究和应用进展已在 4.2.1 节做详细介绍，此处不再赘述。现有的研究和工业示范总结如表 6-1 所示。

脉冲放电能量效率高于直流或交流放电，且电子获得的能量也高于后二者。大量流注在放电过程中传播延伸，高电场强度的流光头产生与脱硫脱硝相关的自由基。单个脉冲持续时间短，使得注入能量不会浪费在加热空气的离子运动上。

ENEL 中试实验表明脉冲放电可用于脱硫脱硝，影响其进一步工业化的原因有两个：①缺乏高功率可靠运行的纳秒脉冲电源；②能量转化效率较低。磁开关和传输线变压器（transmission line transformer，TLT）是解决上述问题的关键。磁开关是非线性电感，可以陡化电压、减少上升时间。

脉冲电源放电时，负载的阻抗在时刻变化。如果提高脉冲电压，则负载阻抗将降低至接近输出电源的阻抗。TLT 通常包括一系列串联或并联的传输线，导线间的分布电感整体均匀，可以用于阻抗匹配、吸收反射能量或提高输出电压电流。目前基于 TLT 和火花开关的脉冲电源可以实现上升时间小于 10ns，峰值电压大于 70kV，平均功率大于 30kW，电源效率大于 90%[25]。

高压电源研发的实质是提高能量密度，即提高单位极线长度对应的注入能量密度。相比于小体积流量烟气处理，将脉冲电源应用于大体积流量烟气时，单根极线上对应的能量密度会小得多，甚至与直流放电接近。大体积流量下脉冲电源仍需改进匹配形式，以提高能量转换效率。

表 6-1 高压放电脱硫脱硝工业示范运行参数

案例	烟气体积流量 /(m^3/h)	峰值电压/kV	峰值电流/kA	脉冲宽度/μs	频率 /Hz	能量密度 /(W·h/m^3)	脱硫能耗 /(W·h/g)	脱硫率 /%	SO_2 初始体积分数 /$\times10^{-6}$	脱硝能耗 /(W·h/g)	脱硝率 /%	NO 初始体积分数/$\times10^{-6}$	是否添加 NH_3
Dinelli,1990[20]	470～600	150	5	0.2	300	12.5		14	360		15	420	无
						12.5		75	360	40	33	420	有
								55	360				有
Mok,1999[21]	5000	110	3	1	20～200	4.0		10	150		30	150	无
								90	150		35	150	有
Lee,2003[22]	42000	150	5.01	0.5	300	1.4	6.22	10～25	200		5	75	无
								99	200	53.4	26	75	有
Chang,2003[23]	1500	24*	35mA			0.6	0.11	99	800	8	75	93	有
陈伟华 2006[24]	50000	120	3	0.8	600	2		90	800		40	100	有

注：带 * 的数值为计算值。

6.2.2 低温等离子体异相脱硫脱硝

早期低温等离子体脱硫研究多集中于气相反应。1988年，Paur[26] 发现电子束辐射法的脱硫率随烟气水蒸气含量的增加而显著提高，表明此过程存在两种反应机制。1990年，Jordan[27] 认为70%～90%的SO_2脱除发生在反应器及沉积层表面。

1996年，闫克平等[28] 利用Huie链机制来模拟高压放电脱硫过程中的异相氧化过程，并用实验证明高压放电异相脱硫率大于85%。其中80%的脱硫过程由羟基自由基完成；当等离子体伴随NH_3注入时，能量密度应小于等于2W·h/m^3；当不加入中和剂时，能量密度应小于等于4W·h/m^3。

在气相反应中，NH_3与SO_2的热化学反应程度远高于自由基反应。当反应体系中无NH_3时，SO_2仅有10%～25%［体积分数为（100～200）$\times10^{-6}$］能够被高压放电脱除，在加入体积分数为370$\times10^{-6}$的NH_3后，脱硫率上升至99%[22]。气相放电等离子体过程对SO_2氧化和吸收热化学反应均无促进作用，但能够氧化液相亚硫酸钠[29]。AC/DC电源氧化效率为直流电源的1.7倍，为空气氧化的2.8倍[30]。AC/DC电源用于氧化液相亚硫酸铵时，溶液有两种进样形式：喷雾[31] 和降膜[32-34]。前者利用空压机和水泵将亚硫酸铵溶液喷雾进样；后者则仅利用水泵使溶液自极板溢流而下，避免了空压机带来的额外能耗（通常与放电功耗相近）。不同进样形式与氧化效率的关系如表6-2所示。二者在氧化速率和能耗上各有优劣，但降膜溢流更易工业化。

表6-2 不同进样形式与氧化参数表

参数	喷雾进样形式	降膜进样形式
浓度/(mol/m^3)	0.14～2.89	0.65～2.10
直流基压/kV	10～35	27
交流电压/kV	20	10
交流频率/Hz	10～35	70
氧化速率/[mol/(m^2·h)]	0.72～2.33	0.28～0.62
能耗/(W·h/mol)	24～217	20～33
每分子折合能耗/eV	1.9	0.9

AC/DC电源工业应用关键在于电源与反应装置的匹配，改变负载电容，可以将能量转化效率从54%提高至89%[34]。在异相氧化亚硫酸盐的过程中，NO_x自身也可以被还原为NO_2^-。体积流量为410m^3/h时，体积分数为40×

10^{-6} 的 NO_2 可被亚硫酸钠溶液完全吸收（溶液质量流量为4kg/h，质量浓度为126g/L）[35]。

6.2.3　低温等离子体脱硫脱硝的工业应用和发展

低温等离子体脱硫脱硝的实质是通过放电改变S(Ⅳ)和N(Ⅱ)的价态，使之转化为易于被捕集吸收的形态。在气相中，流光电晕放电和介质阻挡放电均可高效氧化N(Ⅱ)，二者氧化S(Ⅳ)时则效率低、能耗高。因此，放电氧化S(Ⅳ)的主要途径是异相氧化，通过放电引发液相链反应或 NO_2 与 SO_3^{2-} 的反应将S(Ⅳ)转化为S(Ⅵ)[36]。

基于气相氧化N(Ⅱ)和异相氧化S(Ⅳ)的原理，高压放电脱硫脱硝的工艺流程应为气相放电结合吸收剂添加和异相氧化，吸收剂可在放电装置上游或下游投加，例如，可在脉冲放电上游投加 NH_3 吸收剂，也可在湿式高压放电反应器中循环亚硫酸盐溶液等形式。

除选择正确的工艺外，高压放电脱硫脱硝应提高能量效率和降低能耗。短脉冲电源、交直流叠加电源以及电源与负载的匹配，是高效产生流光电晕或臭氧的主要途径。如上所述，目前用于低温等离子体脱硫脱硝的电源主要为脉冲电源和交直流叠加（AC/DC）电源[37]。两种电源的特性已在4.2.2节进行了比较。采用高压放电技术脱硫脱硝，其工艺流程有4种形式，如图6-3所示。高压放电脱硫脱硝装置多涉及添加剂投放，因此其工艺流程可根据投放位置分为三类：在等离子体反应装置上游投放、下游投放，以及等离子体反应装置活化添加剂后再与烟气混合，分别如图6-3(a)、图6-3(b)、图6-3(c)所示。

气相脱硫脱硝以图6-3(a)的形式为主，在高压放电反应装置上游烟道添加吸收剂（如 NH_3 等），使气态污染物与吸收剂混合均匀，随后在高压放电反应装置中充分氧化吸收。NO_x 在装置中气相氧化后被 NH_3 吸收，SO_2 则相反，先被 NH_3 吸收，而后被异相氧化[20-22]。

在图6-3(b)所示的工艺流程中，烟气先经等离子体处理，再与添加剂混合反应。如Fujishima等[35]将烟气与臭氧混合，氧化NO后流入填充床，被添加的亚硫酸盐和碱液吸收或还原。

图6-3(c)所示的工艺流程，可以视为低温等离子体辅助燃煤烟气净化的方法之一。辅助净化即等离子体不直接处理烟气，而是通过活化添加剂等提高脱硫脱硝的效率。如将碳氢化合物（hydrocarbon）放电活化，形成部分氧化的 HC^* 中间体。活化后的 HC^* 与烟气混合流经催化剂时，将 NO_x 还原为 N_2[38]。等离子体还可以用于活化氨，向其中添加氨不会明显影响放电特性。

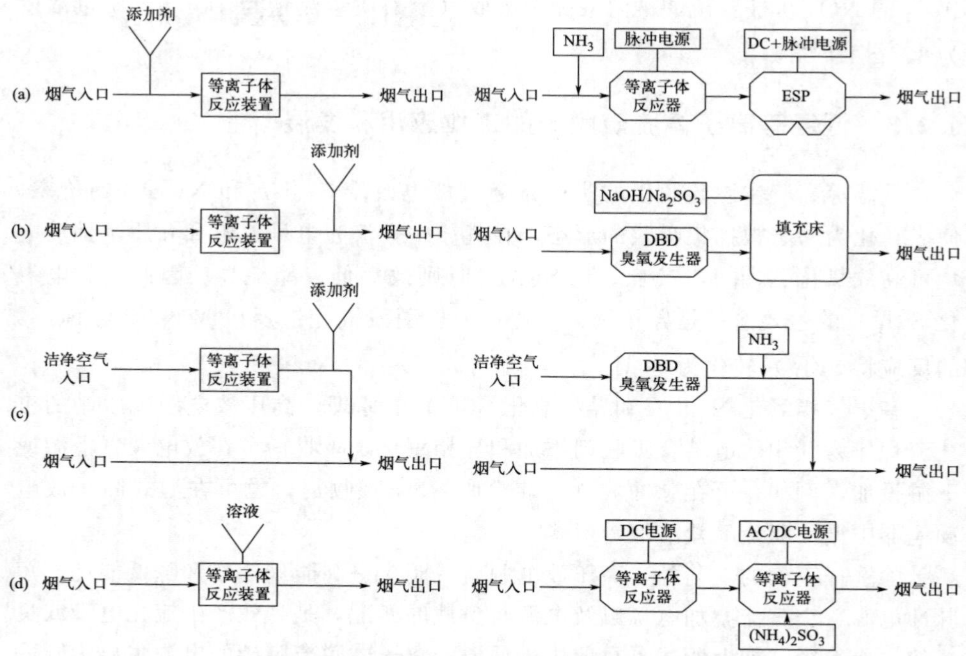

图 6-3　各种低温等离子体脱硫脱硝的工艺流程示意图

在稳定放电条件下，70%的 NH_3 可以分解为 NH、NH_2 等自由基[39]。活化后的氨用于脱硫，可提高氨法脱硫效率 5%～15%，直流放电和介质阻挡放电均可实现活化。应当注意，在放电活化效果评价应包含产生臭氧的影响[40]。水电离分解时可以产生·OH、HO_2 等自由基，利用电晕放电活化水蒸气可提高约 10%的 SO_2 捕集效率[41]，亦能提高 NO_x 氧化效率。等离子体还可使烃类形成中间体，提高烃类在催化剂表面的活化效率，从而降低催化温度，提高催化效率[42]。

使用 AC/DC 电源的工艺多采用如图 6-3(d) 的流程，首先用放电或选择性催化还原法氧化 NO，随后在高压放电反应装置中循环亚硫酸铵（多来自氨法脱硫副产物），被处理后的烟气流入装置，使亚硫酸盐被氧化、NO_2 和 SO_2 得到强化吸收，属于低温等离子体直接用于异相氧化的过程[34]。

6.3　挥发性有机物（VOCs）处理

挥发性有机物（volatile organic compounds，VOCs）是指在常压下沸点为 50～260℃的各类有机化合物的统称。VOCs 不仅有害环境，而且会损害人类的神经及免疫系统。此外，VOCs还容易在空气中聚集生成气溶胶等二次污染物。随着VOCs造成的环境问题日益严重，有效控制VOCs排放已成为业内热点。

6.3.1 高压放电降解

高压放电法是一种十分有前景的VOCs处理技术。VOCs分子与放电产生的高能粒子碰撞，被分解为小分子，同时活性自由基（如·OH和·O）等进一步与VOCs分子及其初步分解产物反应，最终将VOCs完全降解为无害的CO_2和H_2O等。

（1）介质阻挡放电

Kim等[43]在常压下采用DBD处理流动态的含苯和二甲苯的气体，发现苯和二甲苯的降解率分别可达到90%和100%，产物包括CO、CO_2和H_2O等。DBD反应器类型会影响VOCs降解率。Koutsospyros等[44]用毛细管电极代替针电极，并将电解质覆于电极上制成毛细管等离子体电极（capillary plasma electrode，CPE）反应器，用于处理含有乙烯和庚烷的空气，降解率均高于95%；以CPE处理含有苯、甲苯、二甲苯和乙苯的混合污染物空气，二甲苯的降解率约为90%，乙苯和甲苯的降解率次之，而苯的降解率低于60%。

（2）电晕放电

电晕放电是当局部电场强度不均匀时，在气体介质中发生自持放电的一种放电方式。脉冲电晕放电能够提供较大的放电空间和充足的活性物种，是适合VOCs治理的电晕放电技术。聂勇等[45]在线板式反应器中利用脉冲放电降解低浓度甲苯，当峰值电场强度在0.9～1.2kV/cm范围内增加时，甲苯降解率有显著提高；当脉冲峰值电压为69kV时，甲苯降解率可达88%（初始质量浓度为1180mg/m^3，气体体积流量为4m^3/h），主要产物为CO_2和H_2O，还有少量CO。

Schiorlin等[46]利用各类电晕放电来处理甲苯，认为电晕放电降解甲苯的能力依次为脉冲电晕＞负电晕＞正电晕。处理甲苯气体（体积分数为500×10^{-6}）的电晕放电能量密度为1kJ/L（其中1kW·h＝3.6MJ）时，脉冲电晕下的甲苯降解率接近100%，而负、正电晕下的甲苯降解率分别为35%、10%。

脉冲电源相对复杂、成本高、能耗大、火花开关寿命较短，因此，脉冲电晕放电目前仍停留在实验研究阶段，需要更深入的探索和优化才能进一步工业化应用。

放电形式中，电晕放电包括直流电晕、脉冲电晕和交直流叠加电晕等；介质阻挡放电则包括沿面放电和填充床式放电等。几种形式均在放电区域产生高能量密度的流光电晕来处理废气。早期研究认为在相同实验条件下，各类放电形式在处理废气时的能效几乎相同，后来 Kim[43] 和 Futamura 等[47] 的研究证实，处理气体的类型决定了不同放电方式的效率：干燥条件下，填充床式放电、脉冲电晕和介质阻挡放电处理苯的降解率依次下降；有水蒸气时则脉冲电晕和介质阻挡放电优于填充床式放电。

6.3.2 等离子体催化技术

尽管单一等离子体技术具有一定优势，但在处理某些 VOCs 时，还存在能量利用效率低、最终产物种类复杂、易造成二次污染等问题[48]。将等离子体和催化剂结合，能够有效解决上述问题。

等离子体结合催化剂的方式有 2 种：①一段式（in-plasma catalysis, IPC），将催化剂置于等离子体区域内；②两段式（post-plasma catalysis, PPC），将催化剂置于等离子体区域的后段。IPC 中多将催化剂涂覆在反应器表面，作为填充材料或介质层置于电极之间。

在 IPC 中放电主要发生在催化剂的表面或微孔内。放电可以通过改变催化剂活性组分分布、金属氧化价态、扩大比表面积等来影响催化剂物化性质。在 PPC 中，放电产生的活性基团寿命短，主要的活性物质只有 O_3，但活性氧原子氧化甲苯的活性远高于臭氧。因此对于 PPC 的方式，在一定能耗条件下提高活性氧原子产率及利用率十分关键。

表 6-3 列举了常见的催化剂种类及对应体系内的活性组分和载体[13,49-51]。等离子体结合催化技术不仅能够高效降解 VOCs 气体，而且能抑制副产物的生成，具有良好的工业应用前景。

表 6-3 常用的催化剂体系

种类	活性组分	载体	污染物	参考文献
贵金属	Ag、Pd、Pt、Au	SiO_2、TiO_2、γ-Al_2O_3	三氯乙烯、苯	[49,52]
非贵金属	MnO_2、Co_3O_4、NiO、Fe_2O_3、Ag_2O、CeO_2 等	SiO_2、分子筛、γ-Al_2O_3		[50]
光催化剂	TiO_2	TiO_2、分子筛、γ-Al_2O_3	苯	[13,51]

6.4　微生物气溶胶消杀

微生物气溶胶是指悬浮于空气中的微生物所形成的胶体体系，包括病毒、细菌、真菌及其副产物[53]。其粒径通常在0.01～100μm之间，可通过呼吸道进入人体，甚至深入肺部、伤口、黏膜及消化道等，引起过敏、肺炎和感染等[54]。经气溶胶传播的致病菌至少有100种，全球呼吸道感染中因微生物气溶胶而引起的占20%[55]。

6.4.1　高压放电灭活微生物

高压放电时产生的带电粒子、紫外辐射以及活性氧组分（O、O_3、O^*）等可有效杀灭微生物[56,57]。此外，放电时的高能带电粒子可在细胞表面积聚电荷，使细胞膜破裂并造成微生物死亡[58,59]。放电时的活性粒子还可破坏蛋白质，并使噬菌体失活[60]。在微生物气溶胶经过高压放电区域后，微生物结构被破坏，能够实现带菌气体的消毒处理，图6-4为大肠杆菌气溶胶在电晕放电处理前、后的扫描电镜图片。在放电处理后，部分大肠杆菌菌体发生破裂。

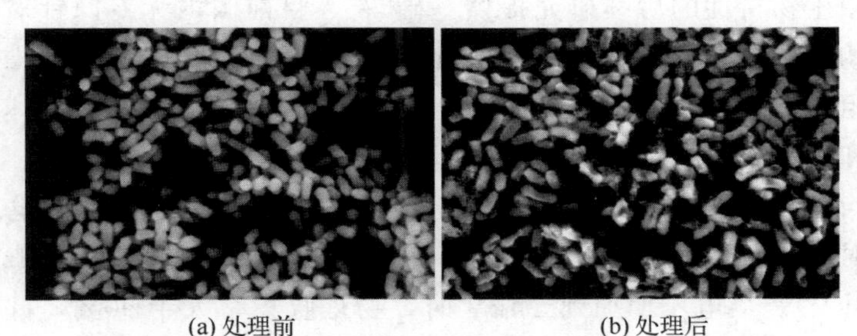

(a) 处理前　　(b) 处理后

图6-4　电晕放电处理微生物前、后的电镜图片

与常规技术相比，高压放电空气净化技术的灭活率高、灭活速度快、装置简单，能以之开发新型空气净化设备。Kelly-wintenberg 等[59] 将高压放电与高效滤网相结合，经过10min处理后，滤网上捕集的微生物灭活率大于99.99%。Gallagher 等[61] 设计了大体积流量的格栅介质阻挡放电（dielectric barrier grating discharge，DBGD）无过滤式通风体系，气样以25L/s的体积流量通过DBGD，无需滤网即可杀灭其中99.999%的大肠杆菌。Liang 等[62] 利用高压放电处理微生物气溶胶，在0.06s处理时间内即可灭活空气中96%的细菌和87%的真菌。

6.4.2 微生物静电收集处理技术

气相中微生物的收集方法有传统的滤膜法、自然沉降法、撞击法以及近年研发的静电采样法。评价微生物收集效果的指标有收集率和切割粒径，收集率包括生物收集率和物理收集率。生物收集率不仅体现了采样器对粒子的收集能力，而且反映了保持被收集微生物生物活性的能力。切割粒径指收集率为50%时被收集粒子的空气动力学直径。

滤膜法利用抽气泵将空气抽向滤膜而使微生物粒子阻留在滤膜上，收集效率高但不适宜不耐干的微生物收集，且滤膜容易阻塞；撞击法采用抽气泵通过狭小喷嘴使空气和微生物粒子形成高速气流并射向采集面，采样粒谱范围广、存活率高，但容量小、采样时间过长；自然沉降法利用微生物粒子自身重力使其沉降到有培养物质的平皿内，操作方便，但易受到外界干扰、难收集到小粒径颗粒[63-65]。

静电法则是利用微生物自身带电的特性，在电场力作用下使带电微生物运动轨迹发生偏转，从而被收集到采样基质上。粒子在采样基质上的垂直速度分量要比冲击法低 2～4 个数量级，因此能较好地保持微生物的形态和活性[66]。静电法采集的空气标本容量大、采样粒谱范围广、效率高，利于保持微生物活性，可为微生物特性的后续研究提供基础[67]。目前国内无专门针对在颗粒物表面负载的微生物健康风险评价[68]。目前大部分研究关注的是污染空气中的各种化学组分，很少关注微生物种群及其毒性和危害。静电收集技术仍是该评价的基础和关键。

1999 年，Mainelis 等[69] 设计了一种可先对微生物进行“充电”的静电采样器，对枯草芽孢杆菌的物理收集率为 80%（体积流量为 4L/min，收集电压为±1.3kV）。当电压增加到±4kV 时，物理收集率大于 90%，并发现静电采样器比撞击式采样器能更好地保持微生物体的完整性。2007 年，Sharma 等[70] 制造了一台大体积流量静电采样器，总收集面积为 1.6m^2，体积流量达 3500L/min，切割粒径为 4～5μm。但其冲击面过大，清洗较为烦琐。2008 年，Mainelis 等[71] 进一步设计了一种带有疏水薄膜的静电采样器，粒子在静电力的作用下收集到疏水薄膜上，用少量采集液就可以将薄膜上的粒子清洗下来，其中枯草芽孢杆菌的物理收集率最高可达 72%。此外在生物体存活率方面，静电采样器也优于撞击式采样器[72]。

目前静电收集微生物还难以实现大规模的工业应用，所存在的问题如下：

① 放电不稳定。电晕放电会产生紫外线、臭氧和氮氧化物，可能会使敏感微生物的结构遭到破坏或者丧失代谢功能，影响其活性。

② 使用维护和消毒不便。每次采样结束后都得需要清洗静电收集平板，再次使用还需消毒，操作和分析相对烦琐，其实用性受到一定限制。

③ 易受环境因素影响。微生物所带电荷量易受温度、湿度等影响，微生物粒子发生碰撞时也会改变其荷电量。

上述问题可以通过改善静电采样器的结构和调节电气参数解决。

参考文献

[1] 闫克平，李树然，冯卫强，等．高电压环境工程应用研究关键技术问题分析及展望 [J]．高电压技术，2015，41（8）：2528-2544.

[2] 我国电除尘行业 2012 年发展综述 [J]．中国环保产业，2013（6）：8-14.

[3] Mizeraczyk J，Dekowski J，Podlinski J，et al. Images of electrohydrodynamic flow velocity field in a DC positive polarity needle-to-plate nonthermal plasma reactor [J]．IEEE Trasactions on Plasma Science，2002，30（11）：164-165.

[4] Mizeraczyk J，Podlinski J，Dors M，et al. Electrohydrodynamic transport of ozone in a corona radical shower non-thermal plasma reactor [J]．Czechoslovak Journal of Physics，2002，52: 413-420.

[5] Mizeraczyk J，Podlinski J，Dors M. Flow velocity field in flow stabilized hollow needle-to-plate electrical discharge in atmospheric pressure air [J]．Czechoslovak Journal of Physics，2002，52（Suppl D）：D769-D776.

[6] Ullum T，Larsen P S，Özcan O. Three-dimensional flow and turbulence structure in electrostatic precipitator by stereo PIV [J]．Experiments in Fluids，2004，36（1）：91-99.

[7] Ullum T，Larsen P S. Swirling flow structures in electrostatic precipitator [J]．Flow，Turbulence and Combustion，2004，73（3-4）：259-275.

[8] 曾宇翾．起晕电压下 ESP 内离子风的产生、传播及其对颗粒物迁移规律的影响 [D]．杭州：浙江大学，2013.

[9] 沈欣军．电除尘器内细颗粒物的运动规律及其除尘效率研究 [D]．杭州：浙江大学，2015.

[10] 宁致远．电除尘器中带电粒子运动轨迹及流场分析 [D]．杭州：浙江大学，2016.

[11] 王仕龙，陈英，韩平，等．燃煤电厂电除尘 PM_{10} 和 $PM_{2.5}$ 的排放控制Ⅰ：电除尘选型及工业应用 [J]．科技导报，2014，32（33）：23-33.

[12] 我国电除尘行业 2006 年发展报告 [J]．中国环保产业，2007（9）：47-49.

[13] Kim H H，Oh S M，Ogata A，et al. Decomposition of gas-phase benzene using plasma-driven catalyst（PDC）reactor packed with Ag/TiO_2 catalyst [J]．Applied Catalysis B: Environmental，2005，56（3）：213-220.

[14] 王仕龙，陈英，韩平，等．燃煤电厂电除尘 PM_{10} 和 $PM_{2.5}$ 的排放控制Ⅲ：电除尘电源及小分区改造与 PM_{10} 和 $PM_{2.5}$ 的排放（以 44×330MW 机组为例）[J]．科技导报，2014，32（33）：39-42.

[15] 张宇，刘丽娟，欧阳吉庭．针水电极电晕放电中的离子风风压分布（英文）[J]．高电压技术，2013，39（9）：2187-2192.

[16] 沈欣军，曾宇翾，郑钦臻，等．基于粒子成像测速法的正、负电晕放电下线-板式电除尘器内流场测试[J]．高电压技术，2014，40（9）：2757-2763.

[17] Van Veldhuizen E M. Electrical discharges for environmental purposes: fundamentals and applications [M]. Huntington: Nova Science Publishers Inc, 2000.

[18] Yan K, Kanazawa S, Ohkubo T, et al. Evaluation of NO_x removal by corona induced non-thermal plasma [J]. IEEJ Transactions on Fundamentals and Materials, 1999, 119 (6): 731-737.

[19] Yan K. Corona plasma generation [D]. Eindhoven: Eindhoven University of Technology, 2003.

[20] Dinelli G, Civitano L, Rea M. Industrial experimants on pulse corona simultaneous removal of NO_x and SO_2 from flue-gas [J]. IEEE Transaction on Industry Applications, 1990, 26 (3): 535-541.

[21] Mok Y S, Nam I S. Positive pulsed corona discharge process for simultaneous removal of SO_2 and NO_x from iron-ore sintering flue gas [J]. IEEE Trasactions on Plasma Science. 1999, 27 (4): 1188-1196.

[22] Lee Y, Jung W, Choi Y, et al. Application of pulsed corona induced plasma chemical process to an industrial incinerator [J]. Environmental Science & Technology, 2003, 37 (11): 2563-2567.

[23] Chang J S, Urashima K, Tong Y X, et al. Simultaneous removal of NO_x and SO_2 from coal boiler flue gases by DC corona discharge ammonia radical shower systems: pilot plant tests [J]. Journal of Electrostatics, 2003, 57 (3-4): 313-323.

[24] 陈伟华，任先文，王保健，等．脉冲放电等离子体烟气脱硫脱硝工业试验[J]．能源环境保护，2006（01）：17-22.

[25] Winands G J J, Yan K, Pemen A J M, et al. An industrial streamer corona plasma system for gas cleaning [J]. IEEE Trasactions on Plasma Science, 2006, 34 (5): 2426-2433.

[26] Paur H R, Jordan S. Aerosol formation in the electron beam dry scrubbing process (ES-Verfahren) [J]. International Journal of Radiation Applications and Instrumentation Part C. Radiation Physics and Chemistry, 1988, 31 (1-3): 9-13.

[27] Jordan S. On the state-of-the-art of flue-gas cleaning by irradiation with fast electrons [J]. International Journal of Radiation Applications and Instrumentation Part C. Radiation Physics and Chemistry, 1990, 35 (1-3): 409-415.

[28] 李瑞年，闫克平，蒲以康，等．低温等离子体烟气脱硫的反应机制[J]．化工学报，1996（4）：481-487.

[29] 柳晶晶．大气压 He/H_2O 等离子体放射流作用下生理盐水中 H_2O_2 的生成（英文）[J]．高电压技术，2013，39（9）：2241-2247.

[30] 任家荣，刘霁欣，李瑞年，等．气体放电对 SO_2 和 SO_3^{2-} 氧化的影响[J]．物理化学学报，2004（9）：1078-1082.

[31] 李庆，李娇娇，李文昭，等．脱硫溶液性质对空腔雾化放电特性的影响[J]．高电压技术，

2014，40（1）：181-186.

[32] 李济吾，俞杰，樊磊．采用溴酚蓝定量检测高压电晕液膜放电产生的羟基自由基［J］．高电压技术，2012，38（7）：1576-1581.

[33] Hu X T，Zhu T，Jiang X，et al. A pilot investigation on oxidation of ammonium sulfite by streamer corona plasma［J］．Chemical Engineering Journal，2008，139（3）：469-474.

[34] 陈伟兰．低温等离子体氧化高浓度亚硫酸铵［D］．杭州：浙江大学，2010.

[35] Fujishima H，Kuroki T，Ito T，et al. Performance characteristics of pilot-Scale iindirectplasma and chemical system used for the removal of NOx from boiler emission［J］．IEEE Transactions on Industry Applications，2010，46（5）：1707-1714.

[36] Obradović B M，Sretenović G B，Kuraica M M. A dual-use of DBD plasma for simultaneous NO_x and SO_2 removal from coal-combustion flue gas［J］．Journal of Hazardous Materials，2011，185（2-3）：1280-1286.

[37] Winands H G J J，Yan K，Nair S A，et al. Evaluation of corona plasma techniques for industrial applications：HPPS and DC/AC systems［J］．Plasma Processes and Polymers，2005，2（3）：232-237.

[38] McAdams R，Beech P，Shawcross J T. Low temperature plasma assisted catalytic reduction of NO_x in simulated marine diesel exhaust［J］．Plasma Chemistry and Plasma Processing，2008，28（2）：159-171.

[39] Mizeraczyk J，Chang J S，Jogan K，et al. The effect of ammonia concentration on the reduction of NO_x in a dry combustion gas by a flow stabilized corona discharge reactor［J］．Acta Physico-Chimica Sinica，1994，35（1）：89-94.

[40] 廖敏夫，蒲路，李劲．氨活化在脉冲电晕脱硫技术中的应用［J］．电力环境保护，1999（3）：15-16.

[41] 李杰，吴彦，王宁会，等．脉冲放电等离子体烟气脱硫中水蒸气活化作用［J］．大连理工大学学报，2000（3）：267-270.

[42] Khacef A，Da Costa P，Djéga-Mariadassou G. Plasma assisted catalyst for NO_x remediation from lean gas exhaust［J］．Journal of Engineering and Technology Research，2013，1：112-122.

[43] Kim H H，Kobara H，Ogata A，et al. Comparative assessment of different nonthermal plasma reactors on energy efficiency and aerosol formation from the decomposition of gas-phase benzene［J］．IEEE Transactions on Industry Applications，2005，41（1）：206-214.

[44] Koutsospyros A D，Yin S M，Christodoulatos C，et al. Plasmochemical degradation of volatile organic compounds（VOC）in a capillary discharge plasma reactor［J］．IEEE Trasactions on Plasma Science，2005，33（1）：42-49.

[45] 聂勇，李伟，施耀，等．脉冲放电等离子体治理甲苯废气放大试验研究［J］．环境科学，2004（3）：30-34.

[46] Schiorlin M，Marotta E，Rea M，et al. Comparison of toluene removal in air at atmospheric conditions by different corona discharges［J］．Environmental Science & Technology，2009，43（24）：9386-9392.

[47] Futamura S，Einaga H，Zhang A. Comparison of reactor performance in the nonthermal plasma

chemical processing of hazardous air pollutants [J]. IEEE Transactions on Industry Applications, 2001, 37 (4): 978-985.

[48] Holzer F, Roland U, Kopinke F D. Combination of non-thermal plasma and heterogeneous catalysis for oxidation of volatile organic compounds: Part 1. Accessibility of the intra-particle volume [J]. Applied Catalysis B: Environmental, 2002, 38 (3): 163-181.

[49] Fan H Y, Shi C, Li X S, et al. High-efficiency plasma catalytic removal of dilute benzene from air [J]. Journal of Physics D: Applied Physics, 2009, 42 (22): 225105.

[50] Dhandapani B, Oyama S T. Gas phase ozone decomposition catalysts [J]. Applied Catalysis B: Environmental, 1997, 11 (2): 129-166.

[51] 杨学昌，周飞，高得力．等离子体放电催化降解甲醛的试验研究 [J]．高电压技术，2007 (06): 30-32.

[52] Magureanu M, Mandache N B, Hu J C, et al. Plasma-assisted catalysis total oxidation of trichloroethylene over gold nano-particles embedded in SBA-15 catalysts [J]. Applied Catalysis B: Environmental, 2007, 76 (3-4): 275-281.

[53] United E. Air quality criteria for particulate matter [J]. Citeseer, Princeton, 2004.

[54] Douwes J, Thorne P, Pearce N, et al. Bioaerosol health effects and exposure assessment: progress and prospects [J]. Annals of Occupational Hygiene, 2003, 47 (3): 187-200.

[55] 于玺华．现代空气微生物学 [M]．北京：人民军医出版社，2002：12-18.

[56] Laroussi M, Tendero C, Lu X, et al. Inactivation of bacteria by the plasma pencil [J]. Plasma Processes and Polymers, 2006, 3 (6-7): 470-473.

[57] Lerouge S, Wertheimer M R, Yahia L H. Plasma sterilization: a review of parameters, mechanisms, and limitations [J]. Plasmas and Polymers, 2001, 6 (3): 175-188.

[58] Kelly-Wintenberg K, Sherman D M, Tsai P P Y, et al. Air filter sterilization using a one atmosphere uniform glow discharge plasma (the volfilter) [J]. IEEE Transactions on Plasma Science, 2000, 28 (1): 64-71.

[59] Kelly-Wintenberg K, Hodge A, Montie T C, et al. Use of a one atmosphere uniform glow discharge plasma to kill a broad spectrum of microorganisms [J]. Journal of Vacuum Science & Technology A: Vacuum Surfaces and Films, 1999, 17 (4): 1539-1544.

[60] Yasuda H, Miura T, Kurita H, et al. Biological evaluation of DNA damage in bacteriophages inactivated by atmospheric pressure cold plasma [J]. Plasma Processes and Polymers, 2010, 7 (3-4): 301-308.

[61] Gallagher M J, Vaze N, Gangoli S, et al. Rapid inactivation of airborne bacteria using atmospheric pressure dielectric barrier grating discharge [J]. IEEE Transactions on Plasma Science, 2007, 35 (5): 1501-1510.

[62] Liang Y, Wu Y, Sun K, et al. Rapid inactivation of biological species in the air using atmospheric pressure nonthermal plasma [J]. Environmental Science & Technology, 2012, 46 (6): 3360-3368.

[63] 郁庆福．现代卫生微生物学 [M]．北京：人民卫生出版社，1995：34-98.

[64] 于玺华，车凤翔．现代空气微生物学及采检鉴技术 [M]．北京：军事医学科学出版社，1998：79-123.

[65] 钱乐，周明浩，甄世祺，等．常见空气微生物采样器研究［J］．江苏预防医学，2012，23（4）：49-51.

[66] 梁晓军，刘凡．低浓度空气微生物采样与效果评价技术研究进展［J］．环境与健康杂志，2011，28（3）：278-282.

[67] 徐羽贞，郑超，黄逸凡，等．正、负电晕对大肠杆菌气溶胶收集的影响［J］．高电压技术，2014，40（7）：2251-2256.

[68] 李慧君，李宏彬，王艳，等．大气颗粒物中微生物群落多样性及危害研究进展［J］．新乡医学院学报，2015，32（2）：107-110.

[69] Mainelis G. Collection of airborne microorganisms by electrostatic precipitation [J]. Aerosol Science and Technology, 1999, 30 (2): 127-144.

[70] Sharma A K, Wallin H, Jensen K A. High volume electrostatic field-sampler for collection of fine particle bulk samples [J]. Atmospheric Environment, 2007, 41 (2): 369-381.

[71] Han T, Mainelis G. Design and development of an electrostatic sampler for bioaerosols with high concentration rate [J]. Journal of Aerosol Science, 2008, 39 (12): 1066-1078.

[72] Yao M, Mainelis G, An H R. Inactivation of microorganisms using electrostatic fields [J]. Environmental Science & Technology, 2005, 39 (9): 3338-3344.

第 7 章

低温等离子体在水污染治理中的研究和应用

水资源对人类社会至关重要，直接关系到社会的可持续发展。如今，地球生态环境已被人类活动严重破坏，尤其是水污染问题尤为突出。为了确保人们生产生活的用水安全，水污染治理措施非常重要。

有研究表明，以羟基自由基为氧化剂的高级氧化技术（advanced oxidation process，AOPs）是去除难降解水中污染物，尤其是难降解有机污染物的有效手段。脉冲放电等离子体水处理技术几乎是各种高级氧化技术的天然组合，它集合了高能电子轰击、羟基自由基氧化、紫外线降解、臭氧氧化等多种效应于一体，对有机污染物的处理具有高效率、重复性好、无选择性等优点，且对有机污染物的降解具有广泛的适用性，因而吸引了越来越多的研究者关注，应用前景广阔。

最早将脉冲放电低温等离子体技术应用于水处理的是前苏联，主要用来实现水的消毒处理，后来美国将其应用于工业废水的处理[1]。脉冲放电等离子体应用于水中污染物质的去除和降解始于 Clements 的研究工作。1987 年 Clements 系统地报道了水中针-板电极的脉冲放电现象，获得了放电的发射光谱，详细研究了溶液的电导率、脉冲电压幅值和极性等对于放电等离子体通道长度的影响，并对放电过程中生成的臭氧及放电作用引起的染料脱色进行了研究[2]。此后，日本、俄罗斯、加拿大等多个国家的研究者也在此领域开展了大量研究，研究重点不仅涉及水中放电物理和化学反应机理，还涉及水下放电杀菌和水中化学污染物质降解的应用研究[3,4]。在我国，脉冲放电降解有机废水的研究工作始于 1996 年，主要将该技术用于处理有机废水[5]。

依据反应器结构，高压放电技术可以分为水下高压放电和沿面放电这两种方式，各有优劣[6]。水下放电可以使等离子体与水充分接触，促使更多活性基团进入水体，增强处理效果。但它所需的击穿电场强度高、处理区域局限于高压极附近，很难处理大量溶液。电极腐蚀也较严重，设备易损坏。气相放电所需的击穿场强较低、易于形成，反应器结构较简单[7]，但放电向水相传播受空间限制，水体下层的处理效果通常较差，导致处理效率低下、处理量有限，不利于工艺的放大以及连续运行[8]。当前，低温等离子体水处理技术的研究和应用主要包括有毒有害化合物降解、病原微生物灭活等方面。

7.1　水中有毒有害化合物降解

7.1.1　印染废水的处理

Clements 等[2] 利用针-板式反应器成功实现水中蒽醌染料降解，发现提高电压、增大脉冲宽度以及阳极极化可以增大流柱长度，脱色率在 80%以上。Sugiarto 等[9] 采用环筒式反应器对罗丹明 B、芝加哥天蓝和甲基橙混合水样进行了处理，发现水下放电可形成等离子体通道，其中双环放电反应器比单环放电反应器具有更高的效率，可使染料脱色率达 95%以上。Burlica 等[10] 使用两种不同电极结构的反应器对活性蓝 137 水溶液进行直流辉光放电，通过实验发现三电极的辉光放电比两电极结构拥有更快的染料去除速度，通入不同气体（O_2、N_2 和 Ar）对活性蓝 137 降解速度有一定影响，采用 O_2 和 Ar 曝气处理的效果明显好于 N_2。

在国内，李胜利等[5] 自 1996 年起开展了相关工作，他们以直接蓝 2B 和活性艳红 X-3B 配制的模拟印染废水为对象，研究了脉冲峰值电压、初始 pH 值等反应条件对水处理效果的影响，结果表明，当脉冲峰值电压达到 38kV 时，脱色率不受 pH 值的影响。处理 40s 后脱色率达到 95%以上，反应产物中检测到有机酸的生成，表明染料分子中的苯环或萘环被破坏。王晓艳等[11] 以酸性黄和弱酸红为对象，利用接触辉光放电降解水溶液中的染料，发现升高温度对降解率和脱色率有消极影响，在溶液中加入亚铁离子有非常明显的催化作用，脱色率和降解率都明显提高。朱承驻等[12,13] 选用纯甲基紫和茜素红作为研究对象，发现等离子体降解有机物是氧原子、电子、活性自由基和离子等共同作用的结果；碱性条件比酸性条件更利于降解；O_3 的作用不是主要的。杨世东等[14] 研究了针-板电极高压脉冲放电对靛蓝二磺酸钠的脱色效能，发现单纯高压脉冲放电对靛蓝二磺酸钠具有一定的氧化脱色效果，其脱色率随着电压上升、电极间距缩小、溶液电导率降低及 pH 降低而升高。Fe^{2+} 对该过程具有良好的催化效果，在 0.1mmol/L Fe^{2+} 的作用下，高压脉冲放电在 20min 内可将 5mg/L 靛蓝二磺酸钠脱色 98.6%，比相同条件下不加 Fe^{2+} 时的脱色率（11.9%）提高了 7 倍多。其中，脱色过程与该过程中产生的过氧化氢以及

Fe^{3+}有关，由于Fe^{2+}的投加，脱色过程中可能发生了芬顿（Fenton）反应。高锦章等[15] 用辉光放电等离子体技术对茜素红降解进行了研究，借助紫外光谱分析了其降解过程。结果表明，在 pH=7 时，茜素红处理 60min 后便可以完全降解，排放液接近无色，降解过程中溶液 pH 值降低，说明反应过程中可能有酸性物质生成。两电极间的距离与催化剂对降解率有显著影响，化学需氧量（COD_{Cr}）先升高后降低，若有Fe^{2+}存在时，反应只需 10min 即可完成，且COD_{Cr}值不断减小。

仇聪颖等[16] 设计了一种多针-网式反应器循环处理酸性红 73（AR73）模拟废水，采用自行设计的基于传输线变压器的高压重频纳秒脉冲电源驱动。电源峰值电压为 50kV，脉宽为 40ns，上升沿为 20ns，工作频率可达 500Hz。结果表明，在 AR73 初始浓度为 30mg/L、循环流量为 3.4L/min、放电间距为 30mm、峰值电压为 44.26kV、放电频率为 200Hz 条件下处理 30min，AR73 降解率可达 83.2%，单次脉冲注入能量为 11.73mJ，过氧化氢浓度为 47.36μmol/L，反应器脱色能效可达到 31.07g/(kW·h)。增大放电电压可以进一步提高 AR73 降解率，溶液中活性物质浓度提高，但是能量效率有所下降。刘丹等[17] 在不同条件下研究了双杆式介质阻挡放电对 AR73 的降解效果，发现增加能量密度可以提高 AR73 降解率，当能量密度为 265.8kJ/L 时，降解率为 70.0%，能量效率最高可达 2.84mg/(kW·h)。Chen 等[18] 采用气体流光电晕等离子体处理含罗丹明 B（RhB）废水，研究了直流放电、脉冲放电和直流/脉冲偏置放电三种放电方式，发现脉冲放电的降解速率最快，其能量效率与直流/脉冲偏置放电相近。在中等电压（17kV）和低重复频率（100Hz）下，直流/脉冲偏置放电的效率最好。曹力等[19] 使用常压空气 DBD 水处理反应器，采用 Box-Behnken 响应面法，研究了放电电压、空气体积流量、初始浓度、初始 pH、初始电导率对亚甲基蓝废水处理效果的影响，结果表明，该装置在最优条件下放电 15min，亚甲基蓝（MB）降解率为 95.39%，能量效率为 14.87g/(kW·h)，反应速率为常数 $0.2026min^{-1}$，溶液COD_{Cr}值降低了 62.63%。

7.1.2 苯酚废水的处理

Sharma 等[1] 研究了不同放电方式对苯酚降解的影响，认为等离子降解苯酚的主要机理是在放电过程中产生了大量·OH、·O 等强氧化性基团，与难降解苯酚发生加成反应从而使之降解。Sun[20] 通过研究认为放电形式对苯酚的降解影响很大，火花放电下苯酚的去除率最大，流柱放电次之，电晕放电下苯酚的去除率最差。Gymonore等[21] 研究发现电晕放电在活性炭微粒上可以诱发表面化学效应，从而可将苯酚的降解速率提高一倍。Kusic等[22] 研究了NH_4ZSM5、FeZSM5、HY三种沸石催化剂对气液两相放电降解苯酚的影响，发现加入沸石后苯酚的降解率可提高至89.4%～93.6%。Lukes等[23] 使用水下脉冲电晕放电与TiO_2联合处理苯酚，发现在TiO_2存在下能够提高高电导苯酚废水的等离子体处理速度，生成的主要中间产物1,4-苯醌和过氧化氢的数量较多，认为脉冲电晕放电产生的紫外线在TiO_2表面发生光催化作用，生成了大量的·OH而提高了苯酚的降解效率。沈拥军等[24] 的研究表明，苯酚降解率随脉冲峰值电压、脉冲频率增大而升高，随放电电极直径和放电距离的减小而增大，随苯酚入口质量浓度增大而增大。陈伟等[25] 在随后的实验中发现，初始质量浓度为100mg/L的废水处理120min后降解率达64%。

安徽理工大学的陈明功团队[26,27] 采用介质阻挡放电低温等离子体与填充料结合方法净化苯酚废水，放电时间130min，放电电压35kV，废水初始pH为5～6，4A分子筛投加量200～400g，循环水量200mL/min的条件下，苯酚降解率可达93%，COD_{Cr}最大去除率可达90%以上。

刘玲[28] 采用电弧放电等离子体考察了污染物浓度、电压、反应时间和溶液pH对苯酚去除的影响，结果表明，初始浓度为100mg/L、电压为8kV、放电处理时间为5min、pH为2～4时，苯酚的降解率达到最大。

林秋鸿等[29] 采用溶胶-凝胶法制备了Fe/TiO_2、Ag/TiO_2和Ag-Cu/TiO_2光催化剂，系统地研究对比了空气气氛下几种催化剂联合DBD等离子体对苯酚的降解效果。结果表明，Fe/TiO_2能将苯酚降解率提高10%。在DBD协同光催化处理苯酚废水时，Ag/TiO_2对苯酚降解效果不及Fe/TiO_2和TiO_2，甚至表现抑制作用；负载Ag和Cu双金属后催化剂具有比TiO_2和Ag/TiO_2更好的氧化降解苯酚性能。

7.1.3 硝基苯废水的处理

李劲等[30] 采用电流体直流放电降解水中硝基苯，电压为40kV，一次降解率约为50%，二次降解率为80%；生成物中含丙酮，表明苯环已开环。郭香会[31] 等通过实验发现，在中性硝基苯溶液中，24kV脉冲电压处理5s即可取得明显的降解效果，降解产物为毒性相对较小的丙酮；在酸性和碱性溶液中的处理效果好于中性溶液。高锦章等[32] 用接触辉光放电等离子体处理硝基苯废水，发现硝基苯的降解符合一级动力学反应特点，最终产物为CO_2；初始浓度越大，降解越快；Fe^{2+}对硝基苯的降解有显著的催化作用，

pH 对其影响不大。

7.1.4 苯胺废水的处理

桑稳姣等[33] 利用低温等离子体技术处理苯胺废水，选取介质阻挡放电形式设计组装等离子体反应器，考察了反应器输入电压、放电频率、溶液初始 pH 和初始浓度对苯胺降解效果的影响。结果表明，苯胺的去除率随输入电压的升高而增大，随放电频率的增大而减小，溶液初始 pH 对苯胺降解效果的影响较小，处理效果表现为酸性条件优于碱性条件，增大苯胺初始浓度时苯胺的去除率降低，但总去除量增加。当苯胺浓度为 100mg/L、输入电压为 65V、放电频率为 9.6kHz 时，降解 10min 后苯胺去除率可达 87.38%。结合气相色谱-质谱联用（GC-MS）检测分析，介质阻挡放电等离子体先与苯胺反应生成对苯酚、对苯醌等中间产物，再通过氧化作用将大分子物质降解为小分子有机物，达到去除废水中苯胺的目的。

笔者团队采用高压脉冲沿面流光放电等离子体处理苯胺废水[34,35]，发现沿面流光放电等离子体可以有效去除水中的苯胺。放电电压对苯胺降解效率的影响没有放电频率大；苯胺初始浓度越低，彻底去除苯胺的时间越短；放电电极数量对苯胺降解效果的影响不明显。曝气种类对降解产物和降解速率有一定影响，曝入氩气时降解率最慢，曝气种类不同，中间产物的种类和生成量及其比例也有明显不同。当不曝气放电时，初始浓度为 100mg/L 的苯胺溶液，在放电电压为 18kV、放电频率为 1000Hz、放电电极数量为 9 根、放电间距为 5mm 的条件下，放电 10min 即可实现 100%的去除率，此时能耗为 32.2kW·h/m^3。放电时间为 60min 时，常规脉冲放电对苯胺的降解率为 50%，窄前沿脉冲放电对苯胺的降解率可达 90%，由此可见，窄前沿脉冲放电可以获得更好的苯胺降解效果。窄前沿脉冲放电降解水中苯胺的能量利用率是常规脉冲放电的 2.06 倍，说明窄前沿脉冲放电能够更有效地将注入反应器的能量用于苯胺的降解。利用多通道光纤光谱仪在气相高压脉冲放电中检测到 O、O^+、N_2、N 和·OH 等活性物质，且窄前沿脉冲放电检测信号强于常规脉冲，说明较快的脉冲上升沿有利于气体电离，能够产生更多的活性物质用于水中苯胺降解。利用高效液相色谱法（HPLC）分析反应后的苯胺废水，发现了邻苯二酚、对苯二酚、间苯二酚、硝基苯、对苯醌、硝酸等降解产物，由此可推测低温等离子体降解苯胺的主要机理是：强氧化性活性基团对苯环上胺基和氢原子的取代或脱氢反应，或对不饱和键的攻击，使苯环实现开环。苯胺的降解反应为一级动力学反应，其中，反应速率常数 k 为 0.051min^{-1}。

7.1.5 氰化钾废水的处理

氰根离子（$C\equiv N^-$）是碳氮三键，非常稳定，需要很高的能量才能将其破坏，而低温等离子体技术可以在气液两相中产生多种高能活性粒子。因此，笔者团队以水中氰化钾为目标污染物，利用高压脉冲沿面放电等离子体技术进行处理，研究该技术对氰化钾水溶液的降解效果与规律。研究表明，沿面放电等离子体可以有效破坏水中的氰化物。从能量密度和降解效果的变化情况来看，电源频率对氰化钾降解效率的影响相比放电电压更大。对于 10mg/L 的氰化钾，频率为 1000Hz 时，各电压下都可以在 10min 内使氰化钾的降解率达到 100％，处理能耗为 24.34kW・h/m^3。根据机理分析，氰化钾降解过程是先分解为氰酸根和碳酸根，最终被完全矿化。

7.1.6 乐果废水的处理

乐果是一种常见的含磷农药杀虫剂，其在水中能够稳定存在，且自然水解速度较慢，目前已成为一种典型的水污染有机物。笔者团队研究了高压脉冲沿面放电等离子体对水中乐果的降解效果与规律。结果表明，初始乐果浓度、放电电压、频率对水中乐果的降解效果均有影响。随电源电压、频率的升高，降解率升高；随初始浓度的升高，降解率降低。相比放电电压，放电频率对乐果降解效果的影响较大。当放电电压为 18kV、放电间距为 5mm、放电电极数目为 9 根、放电频率为 1000Hz 时，初始浓度为 8.5～123.9mg/L 的乐果溶液处理 60min 后，乐果的去除率均可达 99％以上。加入亚铁离子可加速乐果的等离子体降解，当放电电压为 18kV、放电间距为 5mm、放电电极为 9 根、放电频率为 800Hz 时，10min 即可达到 85％以上的降解率，此时能耗为 32.4kW・h/m^3。乐果的降解为一级动力学反应，其中，平均反应速率常数 k 约为 $0.0705min^{-1}$。乐果的降解机理是，氧化性活性粒子会将乐果氧化为氧乐果，并进一步形成磷酸一甲酯、磷酸二甲酯、亚磷酸二甲酯、L-半胱氨酸亚磺酸等物质，并最终形成磷酸和硫酸等无机酸。

7.1.7 化学毒剂模拟剂废水的处理

美国佛罗里达州立大学化学与生物医学系 Mayank 等[36] 研究了气液脉冲流光放电降解 G 类毒剂模拟剂氯磷酸二苯酯（diphenyl chlorophosphate，DPCP）和芥子气模拟剂 2-氯乙基苯基硫醚（2-chloroethyl phenyl sulfide，CEPS）的效果，比较了三种反应器（具有不同电极配置形式和放电方式，见

图 7-1）对上述两种模拟剂的降解效率。结果表明，CEPS 及其部分水解产物在放电 60min 后完全降解，而向反应器中投加硫酸亚铁则降解速度更快（只要 30min），离子色谱的检测结果表明约有 30%的硫键断裂，通过 HPLC 检测发现，高极性副产物生成率随处理时间的增加而增加。三种反应器对 CEPS 的处理能耗分别为 0.275g/(kW·h)、0.833g/(kW·h) 和 0.661g/(kW·h)，当加入铁盐后则每千瓦时电能处理的 CEPS 分别上升至 0.712g、1.660g 和 1.480g。对于 DPCP，经过 60min 处理后，75%的 DPCP 水解产物降解，加入铁盐以后处理速度可大幅提高，即便是在参照反应器中经过 50min 的处理也能够完全降解。

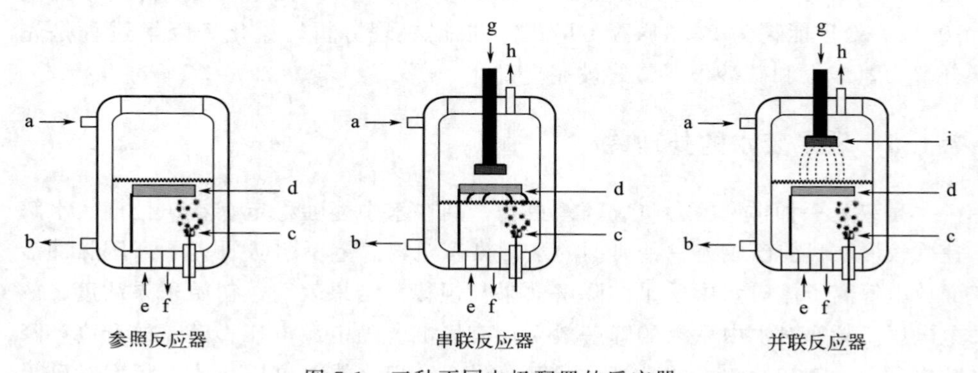

图 7-1　三种不同电极配置的反应器

a、b—冷却水入口和出口；c—液相高压电极；d—地电极；
e、f—循环入口和出口；g、h—气体入口和出口；i—气相高压电极

笔者团队采用高压脉冲沿面流光放电等离子体（图 7-2）考察了水中 G 类毒剂模拟剂氟磷酸二异丙酯（diisopropylfluorophosphate，DFP）的降解效果及影响因素[37]。结果表明，高压脉冲沿面流光放电等离子体可以有效降解水中的 DFP。DFP 的去除率随放电电压、放电频率和放电电极数目的增加而升高，随放电间距的增加而降低，水样初始 DFP 浓度对其去除率的影响不大。当放电电压为 20kV、放电频率为 1000Hz、放电间距为 5mm、放电电极为 9 根时，初始浓度为 65～126.5mg/L 的 DFP 溶液经 60min 放电处理后，去除率可达 96%以上。反应动力学分析结果表明，等离子体降解 DFP 的反应符合一级反应动力学特征，其反应速率常数 k 约为 0.055min^{-1}。此外，还采用高压脉冲沿面流光放电等离子体考察了水中 CEPS 的降解效果及影响因素。研究发现，沿面放电等离子体可有效降解 CEPS，在电压为 12kV、频率为 1000Hz 的情况下 10min 降解率可达 85%，20min 时降解率可达 100%。电源电压对 CEPS 的降解反应影响较小，电源频率的影响较大，高压电极的针数对 CEPS

降解反应的影响不显著。初始浓度为10mg/L的CEPS溶液，在放电电压为18kV、放电频率为600Hz、放电电极为9根、电极间距为5mm的情况下，放电15min可实现100%去除，计算出CEPS降解所需能量为38.7kW·h/m^3。CEPS的降解反应为一级动力学反应，平均反应速率常数k约为0.146min^{-1}。采用高压脉冲沿面流光放电等离子体考察了水中V类毒剂模拟剂马拉硫磷(malathion)的降解效果及影响因素。结果表明，电源电压在12～20kV时对降解效果的影响不明显，而电源频率相比电压而言对降解效果的影响更为明显。在放电电压为18kV、放电频率为1000Hz、放电电极为9根、电极间距为5mm的条件下，不同初始浓度的马拉硫磷处理60min后，降解率都能达到97%以上。马拉硫磷的降解反应为一级动力学反应，其反应速率常数k为0.068min^{-1}。根据马拉硫磷降解产物中含有马拉氧磷、硫代磷酸三甲酯、二烯丙基二硫醚、硫酸根、磷酸根等，推测马拉硫磷经等离子体处理后，其中的P═S双键容易被氧化，从而形成马拉氧磷，或者马拉硫磷可被直接分解为小分子含磷硫有机物。此外，马拉氧磷中的一个或者两个CH_3O—基团中的甲基被H原子取代后，形成羟基基团，马拉氧磷中的含硫基团被羟基取代后，可形成二甲基磷酸。以上各有机物被进一步氧化分解后，最终降解为硫酸根、磷酸根、水和二氧化碳等矿物质。亚铁离子对等离子体处理过程有强化作用。150mL初始浓度为10mg/L的马拉硫磷溶液，辅助2mmol/L的Fe^{2+}，在放电电压为18kV、频率为1000Hz、9根放电电极、电极间距为5mm时，处理10min后降解率可达100%，此时能耗约为32.4kW·h/m^3。

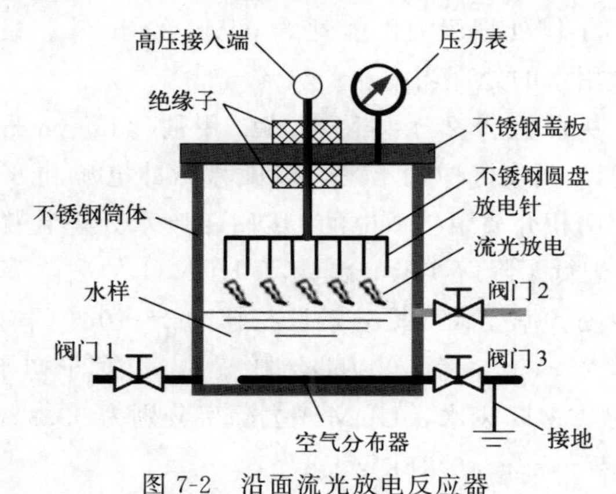

图7-2　沿面流光放电反应器

7.1.8　其他难降解有机废水的处理

除上述废水外，低温等离子体技术也常用于其他难降解有机废水的处理，如含有苯乙酮、2，4，6-三硝基甲苯（trinitrotoluene，TNT）、4-氯酚等的有机废水，以及垃圾渗滤液、味精废水、焦化废水、皂化废水等。文岳中等[38]在实验中发现，2.1×10^{-3}g/L 苯乙酮溶液放电处理 30min 后最高降解率达 92%，在放电时向反应器内通入气体利于降解。许正等[39]的研究发现，初始浓度为 25mg/L 和 50mg/L 的 TNT 经过 150 次脉冲放电后迅速有效分解，降解率分别达 80% 和 70%。而陈银生等[40]考察了多种因素对高压脉冲放电低温等离子体降解废水中 4-氯酚的影响，发现提高脉冲电压峰值、延长放电时间、无机盐 $FeSO_4$ 的存在均可提高降解效率，自由基清除剂及缓冲剂的存在会显著降低降解效果。对 100mg/L 4-氯酚废水放电处理 240min，最高降解率可达 90%以上，降解产物主要有苯酚、对苯二酚、邻苯二酚、对氯邻苯二酚和对苯醌等；当放电时间足够长时，4-氯酚可完全降解为 CO_2 和 H_2O 等无机小分子。周爱姣等[41]将高压脉冲等离子体应用于处理垃圾渗滤液，实验表明经过氨吹脱后放电一次，COD_{Cr} 升高 20%，生化需氧量（BOD_5）升高 59.7%，在一定程度上提高了渗滤液的可生化性；同时，氮去除率达到 76.6%。何正浩等[42]将脉冲电晕放电处理焦化废水，研究结果表明，酚、氰化物可以被有效地降解。李为等[43]用放电等离子体对味精废水进行预处理，结果表明经处理后废水的 COD_{Cr} 值普遍升高，但经假丝酵母联合处理后 COD_{Cr} 去除率增加了 38.3%，效果明显优于仅采用饲养酵母法处理的味精废水。冯晓珍等[44]对等离子体处理皂化废液的工艺进行了研究，发现废液经等离子体处理后，有机物去除率大于 97%，并可回收处理产物中 85%的碱、10%的碳粉，等离子体处理废液的能耗约 0.5kW·h/kg。袁外等[45]还将等离子技术运用到饮用水的处理当中。

黄龙呈等[46]从低温等离子体降解偏二甲肼（unsymmetrical dimethylhydrazine，UDMH）的实际应用出发，以微秒脉冲电源和 6 根同轴反应管设计研制了基于气液两相介质阻挡放电的 UDMH 废水处理装置，对两种典型浓度的 UDMH 废水进行了降解实验，测定了 UDMH 的去除率和降解能耗。实验装置的功率因数随频率变大而提升，且在脉宽 2～10μs 间有极大值，电源参数优选为控制电压 200V、频率 1000Hz、脉宽 6μs。对于初始浓度 43.5mg/L 和 264.5mg/L 的 UDMH 废水，UDMH 去除率分别为 99.9%、93.8%，降解能耗分别为 0.51kW·h/g、0.18kW·h/g。

荣俊锋等[47,48]采用微电解耦合低温等离子体处理对苯二甲酸和苯甲酸废水，结果表明，在微电解铁碳比为 3∶1，废水 pH 为 6，放电反应时间为 50min，放电电压为 30kV，采用微电解 1h 联合低温等离子体放电 1h 的条件下，对苯二甲酸废水 COD_{Cr} 降解率为 90.87%。处理浓度 1.5g/L 的苯甲酸废水时，在溶液 pH 为 6，放电时间为 2.0h 的条件下，废水的 COD_{Cr} 降解率可达 65.59%。

7.1.9 水中化合物的降解机理

高压放电降解污染物是一个能量瞬时注入过程，放电过程中物理及化学过程复杂、剧烈，现有条件下直接监测研究放电过程还存在较大困难。随着非稳态离子监测技术的不断进步，近年来研究人员利用光谱[49]、化学捕集[50]等手段分析检测放电过程中非稳态粒子的特征信号来间接研究放电反应过程，推测放电反应历程，但在现有水平的研究上，研究人员在放电产生活性氧基团的机理和过程上很难达成一致。目前比较认同的是液相或是气相放电能够形成一定能量密度的非平衡等离子体，产生一定数量具有强反应活性的活性基团如 $\cdot OH$、$\cdot O$、O_2^-、O_3 和 H_2O_2 等。一般，水中污染物的降解过程包括液相或气相放电通道的形成、活性氧基团的产生、传递和活性物质与污染物分子化学作用三个过程[10]。

(1) 高压放电通道的形成

高压放电降解污染物一般是将电压加到反应器工作电极的两端，在强电场作用下完成气体或是液体的击穿，电源的能量瞬时向体系中释放。对于纯液体中发生的放电，可将放电过程分成三个阶段[51]。第一阶段为放电前期或预击穿，首先在电极附近形成电晕分枝，当分枝与地电极关联以后，电极之间便形成了放电通道。由于瞬间高温加热，放电通道内的压力急剧升高，可达到 3～10GPa 量级，从而等离子体通道以较高的速度（10^2～10^3m/s）迅速向外膨胀，完成整个预击穿过程。第二阶段为闪光阶段，在短暂时间内电源能量或电容器储能涌入放电通道以内，形成电子雪崩，巨大的脉冲电流（10^3～10^5A）使通道内形成高能密度（10^2～10^3J/cm^3），由此引起局部高温（10^4～10^5K），引起液体的加热和电离，放电通道内完全由稠密的等离子体充满，伴随着强烈的紫外线（波长为 75～185nm）辐射和热辐射，通道内的粒子类似于气态爆炸产物。第三阶段主要表现为放电通道的膨胀和压缩波的形成。巨大放电电流产生的热量使电极周围的溶液汽化形成脉动气泡，脉动气泡与容器壁作用时将发出超声波。同时在电压足够高的条件下，脉动气泡形成等离子体，产生高能电子、离子、活性粒子和原子，这些高活性基团经化学传质到液相中。而当液体中含有气泡或者其他杂质颗粒时，放电往往较纯液体容易。液体中的气泡往往首先发生放电导通，液体中的固体颗粒往往也有助于放电的发生。

在气液两相放电体系中，当施加在体系介质上的电压达到一定阈值，超过了体系介质的击穿场强，体系介质中便发生放电击穿，能量通过放电电极及等离子体通道向体系中释放。关于气液混合介质的击穿存在各种理论，较有代表性的主要为电击穿理论［图 7-3(a)］和气泡击穿理论［图 7-3(b)］两类[2]。前者以液体分子由电子碰撞而产生电离为前提；而气泡击穿理论则认为液体分子由电子碰撞而产生气泡，或是在电场作用下因其他原因产生气泡，由气泡内的气体放电而引起液体介质击穿。根据双电层电场分布原理，液体介质的介电常数高于气体介电常数，体系中气泡上的场强相对较高，同时气体本身的击穿电压低于液体介质，气泡先发生电离作用而产生高能电子，接着高能电子促使液体电离产生更多的气泡。

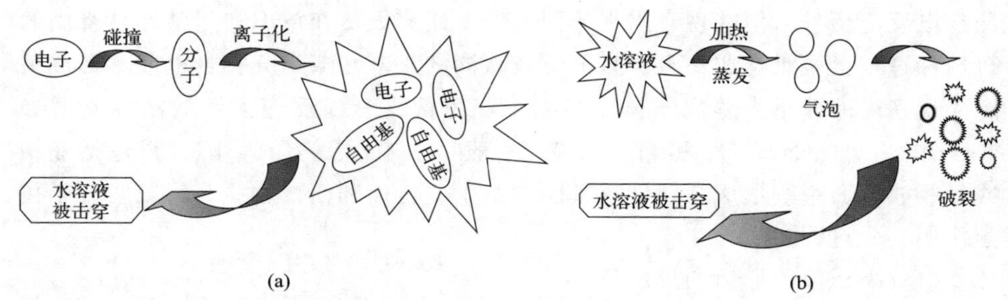

图 7-3　水溶液电击穿电子理论示意图和气泡击穿理论示意图

研究表明，当水中出现微气泡时，无论这些气泡是水溶液中自然溶解的气体还是在电场作用下形成，甚至是人为创造的，体系的击穿作用都将从气泡中发起[52,53]。气泡击穿理论可以推广到其他悬浮杂质引起的击穿，较好地解释了工程应用中的液体击穿过程。由于杂质的介电参数与液体本身参数存在差异，必然会在杂质周围形成局部强场，杂质易沿电场方向极化定向，导致液体的击穿。

(2) 活性基团形成

放电过程中活性物种的生成伴随着放电初始以及等离子体通道扩展的整个过程。在电极间施加强电场作用后，电极间隙中的液体或气体受到电场的作用发生激发和解离，生成大量激发态分子、离子。当这种作用进一步发展，液体或者气液混合体中形成放电等离子体通道，电源的能量在极短的时间内经放电通道向水（溶液）中释放，将电能转化为其他形式的能量。放电通道内的温度很高（可达 10000K），通道中的物质处于解离状态[54]。

水（溶液）中放电时，主要反应物是 H_2O。水分子在高能电子和电场等的作用下发生激发电离和分解，形成大量的自由基、活性原子、正负离子和激发态分子等，其过程如图 7-4 所示。

目前认为此过程与辐射化学水的解离过程类似，放电过程中发生的相关反

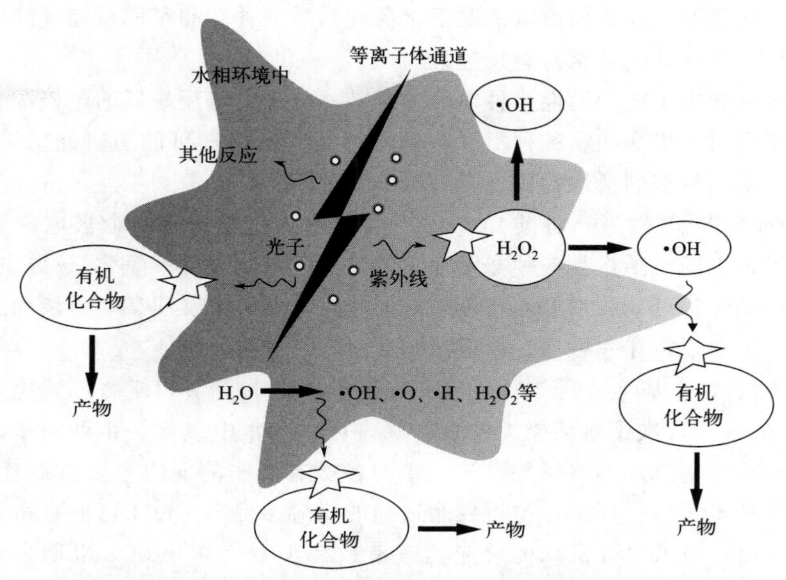

图 7-4　水溶液中放电过程中存在的物理和化学过程

应主要有[20]：

$$4H_2O \longrightarrow HO\cdot + e_{aq}^- + 2H\cdot + H_2O_2 + H_3O^+ \tag{7-1}$$

$$e_{aq}^- + O_2 + H^+ \longrightarrow H_2O \tag{7-2}$$

$$H\cdot + OH^- \longrightarrow H_2O^- \tag{7-3}$$

$$HO\cdot \longrightarrow O^- + H^- \tag{7-4}$$

$$e_{aq}^- + H^+ + O_2 \longrightarrow HO_2^- \tag{7-5}$$

$$H + O_2 \longrightarrow HO_2 \tag{7-6}$$

$$O_3 + OH^- \longrightarrow O_2^- + HO_2 \tag{7-7}$$

$$HO_2 \longrightarrow O_2^- + \cdot H^+ \tag{7-8}$$

$$HO_2 + O_3 \longrightarrow 2O_2 + HO\cdot \tag{7-9}$$

$$e_{aq}^- + O_2 \longrightarrow O_2^- \tag{7-10}$$

$$H^+ + O_3^- \longrightarrow HO_3 \tag{7-11}$$

$$HO_3 \longrightarrow O_2 + HO\cdot \tag{7-12}$$

$$H_2O + O_3 \longrightarrow 2\ HO\cdot + O_2 \tag{7-13}$$

$$O_3 \longrightarrow O_2 + O\cdot \tag{7-14}$$

$$O_2 + O_3 \longrightarrow O_2 + \cdot O_3 \tag{7-15}$$

从上述反应我们可以看出，水（溶液）中放电形成了低温等离子体，产生大量具有反应意义的高活性物质，主要包括自由基、活性原子、水合电子、臭氧和过氧化氢等。在不同放电情况下，活性物质的种类和产率可能不同。

（3）活性氧基团氧化污染物过程

放电过程中生成的活性物种十分复杂，并且当放电反应器的电极配置和放电条件不同时，生成的物种种类和数量不尽相同。但从目前的研究结果看来，公认并且研究较多的活性物种主要有以下几种。

① 水合电子（e_{aq}^{-}） 水合电子可以简单形象地看作是一个被取向了的几个水分子包围的电子，是一种非常活泼的强还原剂，其标准氧化/还原电位 E_0 很高，达到−2.77V。水合电子反应的活化能很小，易被具有电子亲和能力的物质俘获，可以视作一种活性亲核试剂。

② 羟基自由基（·OH） ·OH 具有很强的电子亲和能力，氧化还原电位达到 2.8V，仅次于氧化能力极强的氟，可以在水中氧化一系列离子，能够有效分解难生物降解的有机物。·OH 与各类有机物的反应主要有取代反应、脱氢反应和电子转移反应三类。控制适当的反应条件，·OH 可使有机物完全矿化。·OH 与水中有机物的反应速率常数在 $10^{8}\sim10^{10}$ mol/s 范围，而臭氧为 $10^{5}\sim10^{6}$ mol/s。表 7-1 是·OH 的主要性质[55]。

表 7-1 羟基自由基（·OH）的主要物化性质

·OH 扩散系数	2.3×10^{-5} cm²/s
·OH 最大吸收波长	230nm(240nm)、260nm、310nm
·OH 最大吸光系数	530mol/(L·cm)、240mol/(L·cm)、370mol/(L·cm)
氧化还原电位 E_0(酸性)	2.8V
氧化还原电位 E_0(碱性)	1.4V
酸碱平衡常数	11.9±0.2

③ 臭氧（O_3） 放电发生在水和含氧气体组成的混合体系中时，放电过程中能够产生 O_3。O_3 是一种强氧化性物质，在水中的溶解度比纯氧高 10 倍，是空气在水中溶解度的 25 倍。O_3 在水中的分解速度比在空气中快得多，同时还受到溶液 pH 的强烈影响，pH 越大分解速度越快。

在水溶液中，O_3 同化合物的反应有以下两种形式。

O_3 分子直接反应：O_3 分子的结构呈三角形，在氧原子之间存有一个离域 π 键。特殊的结构使得它可以作为偶极试剂、亲电试剂以及亲核试剂，同有机物的不饱和键发生 1,3-偶极环加成反应，打开双键，形成臭氧化中间产物，并进一步分解形成醛、酮等和过氧化氢。可见，与 O_3 分子直接发生的氧化反应具有极强的选择性。

O_3 分解形成的自由基反应：O_3 经过水中溶解物的诱发产生一系列的自

由基，如$\cdot O_2^-$、$\cdot O_3^-$、$HO_2\cdot$、$\cdot OH$等，在碱性条件下，OH^-可诱发O_3产生$\cdot OH$，与有机物迅速反应。O_3与有机物的自由基反应过程可以分成三个阶段。

第一阶段，链的引发。OH^-诱发O_3产生$\cdot O_3^-$。

$$O_3+OH^- \longrightarrow HO_2\cdot+O_2^- \tag{7-16}$$

$$HO_2\cdot+OH^- \longrightarrow H_2O+O_2^- \tag{7-17}$$

$$\cdot O_2^-+O_3 \longrightarrow \cdot O_3^-+O_2 \tag{7-18}$$

第二阶段，链的传播。通过质子化反应，$\cdot O_3^-$分解产生$\cdot OH$。

$$\cdot O_3^-+H^+ \longrightarrow HO_3^- \longrightarrow O_2+\cdot OH \tag{7-19}$$

生成的$\cdot OH$迅速与溶液中的有机溶质发生反应，氧化分解有机物：

$$\cdot OH+M \longrightarrow R\cdot \longrightarrow ROO\cdot \longrightarrow \text{product}+\cdot O_2^- \tag{7-20}$$

$\cdot O_3^-$和$HO_2\cdot$成为传播链反应的媒介。

第三阶段，链的终止。在有机物和无机物与自由基反应中，生成的二级自由基$\cdot O_2^-$和$HO_2\cdot$较少时，链反应逐渐终止。

④ 过氧化氢（H_2O_2）　H_2O_2也是一种强氧化剂，其氧化电位与 pH 有关，在酸性溶液中用H_2O_2进行氧化的反应往往是极慢的，而在碱性溶液中的氧化反应相对较快。

H_2O_2在溶液中能解离成$\cdot O_2^-$和$HO_2\cdot$，当溶液中有O_3存在时，$HO_2\cdot$一经产生，立即使O_3分解，诱发链式反应进行[20]。

$$H_2O_2+H_2O \longrightarrow HO_2\cdot+H_3O^+ \tag{7-21}$$

$$HO_2\cdot+O_3 \longrightarrow \cdot OH+\cdot O_2^-+O_2 \tag{7-22}$$

放电过程中产生的O_3和溶液中的H_2O_2作用，能产生氧化能力极强的活性基团$\cdot OH$，加速反应的进行。

7.2　水中病原微生物的消杀

低温等离子体水处理技术对水中病原微生物的消杀均有明显效果，适用范围广、无二次污染、能量利用率高[56]。目前该技术研究主要集中在脉冲电源和反应器设计、降解和灭菌效果、活性物质生成及反应机理研究等方面[57]。

7.2.1　水下高压放电灭菌

水下高压放电（以下简称水下放电）是将尖端电极置于液相中，在电极尖端的极不均匀电场中产生等离子体。放电时，还可向溶液通入气体，促进局部放电和等离子体通道的形成、增加活性物质数量。液相放电于 1988 年开始用于杀菌，Mizuno[58] 用板-板、针-板、线-筒和棒-棒这 4 种电极结构分别处理水中的酵母菌和纳豆芽孢杆菌。发现棒-棒式电极结构的灭菌率和能量效率最优。Abou-Ghazala[59] 利用线-板式脉冲电晕放电考察了不同微生物种类对灭菌效果的影响，其中，大肠杆菌细菌密度降低 3 个对数值，所需能量为 10J/mL。Marsili[60] 在线筒式反应器中比较了脉冲电场和脉冲放电的灭菌效果，曝气脉冲放电的灭菌效率远高于不曝气的脉冲电场。在 28kV 的脉冲电压下，不曝气时，细菌密度下降约 1 个对数值，而曝入空气时细菌密度约下降 4 个对数值。Vaze[61] 比较了水下针-板式脉冲电晕和火花放电的灭菌效果，认为火花放电的灭菌率远高于电晕放电，经过 30min 处理时间后，火花放电和电晕放电可分别降低细菌密度 5 个对数值和 1 个对数值。Mizuno 等[62] 进一步在去离子水和 NaCl 溶液中比较了板-板式、针-板式、线-筒式、棒-棒式等 4 种不同电极系统杀菌效果。发现细菌的成活率跟峰值电压、脉冲宽度、脉冲放电次数有关；使用不对称电极（针-板或线-筒式）或在液相产生弧光放电时杀菌的能量效率较高。

Xin 等[63] 利用线-筒式脉冲放电处理水中的腐生菌、铁细菌和硫酸盐还原菌。当腐生菌的细菌密度为 6.2×10^6CFU/mL 时，曝气时的电晕放电和不曝气时的脉冲电场使细菌密度下降的对数值分别为 1.22 和 0.25。前者的杀菌能力和能量效率远高于后者。Yang 等[64] 以直径为 100mm、厚度为 20μm 的不锈钢圆片为高压极，将圆片夹在直径为 105mm 的有机玻璃片中，以不锈钢筒壁作为接地极，研制了杀菌装置，水中大肠杆菌密度为 $10^4\sim10^8$CFU/mL 时，注入 1.0J/mL 的能量密度可将细菌浓度降低 3～4 个对数值。将多个不锈钢圆片层叠放置，可产生大面积等离子体，此工艺便于放大，可用于工业规模的水处理。

7.2.2 沿面高压放电灭菌

Rutberg 等[65] 研究了水下针电极反应器的电极材料对灭菌效果的影响，在注入能量密度为 3J/mL 时，银、铜、铁电极分别使细菌密度降低 4、3 和 2.4 个对数值，与金属离子的毒性高低顺序一致。Chen 等[66] 利用水面针电极和水下板电极探究细胞种类对杀菌效果的影响，发现将大肠杆菌、金黄色葡萄球菌和酵母菌细菌浓度降低 1 个对数值所需能量密度分别为 23J/mL、34J/mL、31J/mL。Satoh[67] 以不锈钢水槽为接地极，水面上方放置针阵列为高压极，产生沿面高压放电（以下简称沿面放电）来处理水中的大肠杆菌。当电极数目为 3、6 和 18 个时，杀菌率递减。随着电极数目的增加，单根电极上的电流密度降低，紫外辐射减弱，部分活性基团直接与器壁接触，从而使杀菌效果减弱。

郑超[68] 采用高压脉冲沿面放电等离子体开展了水中大肠杆菌、枯草芽孢杆菌、细菌孢子和白假丝酵母菌等的消毒实验研究，发现等离子体对上述细菌均有较高的灭菌效果。其中，电导率小于 2.0mS/cm 时，等离子体的灭菌效率始终较高，之后灭菌效率随电导率的提高而显著下降。初始细胞浓度对等离子体灭菌有较大的影响，当淡水中的细胞浓度小于 10^6CFU/mL 时，在 60～300 个脉冲处理后可将所有细胞杀死，注入的能量密度为 0.375～1.875J/mL（约 0.1～0.5kW · h/m^3）。细菌初始浓度更高时，由于死细胞对活细胞的“遮蔽效应”，300 个脉冲后仍有部分活菌残余。当大肠杆菌初始细胞浓度小于 7.0×10^4CFU/mL 时，60 个脉冲就可杀死所有的细菌，所需时间仅数秒。大部分情况下，大肠杆菌的消毒过程符合一级动力学反应方程，但不同初始浓度下的消毒动力学常数不同，这可能也和死细胞的“遮蔽效应”有关。紫外辐射对 DNA 的破坏在等离子体灭菌过程中起着重要的作用，与 DNA 有相似紫外吸收光谱的光吸收剂会抑制等离子体的灭菌作用。等离子体处理过程中细胞始终处于完整的状态，但细胞内部的蛋白质如绿色荧光蛋白（GFP）遭到了快速的破坏。等离子体不仅能有效杀灭水中的微生物，同时还能降解水中微量的有机物。循环条件下，等离子体灭菌效率随能量密度的增大而提高；在相同能量密度下，水的循环流量越大灭菌效率越高；细菌初始浓度在 10^3～10^6CFU/mL 时对循环灭菌的影响较小，但初始浓度较低时更容易杀死所有细胞；提高脉冲频率可提高等离子体循环灭菌效率，但相应的能量效率反而降低。在单程式等离子体灭菌工艺中，灭菌效率与能量密度相关；降低水的流量或者提高脉冲频率可使注入水中的能量密度增大，从而提高等离子体灭菌效率。等离子体灭活去离子水中细菌的效率高于自来水，与自来水中所含的有机物有关，这些有机物导致了水中活性粒子和紫外吸收光谱的差异。等离子体动态工艺的灭菌效率低于静态工艺。水的流量为 500L/h，等离子体能量密度小于 2J/mL 时，循环工艺中大肠杆菌浓度下降 1～3 个对数值，单程工艺中细菌浓度下降 1～2 个对数值。

7.2.3　液相灭菌机理

郑超[68] 通过实验发现，紫外辐射对 DNA 的破坏在等离子体灭菌过程中起着重要的作用，紫外线可通过辐射损伤细胞大分子（蛋白质、DNA），导致细胞骨架断裂、蛋白质变性，造成细胞失活。利用扫描电子显微镜观察了等离子体处理过程中细胞的形态变化（见图 7-5），其中，水样为 1.6L 悬浮有大肠杆菌的去离子水，初始细胞浓度为 2.8×10^7CFU/mL，脉冲峰值电压为 18kV，单脉冲能量为 10J，脉冲频率为 2pps。根据细胞存活曲线，大部分细菌在前 1.0min 被杀死，0.5min、1.0min 和 2.5min 处理后细胞浓度下降对数值分别为 1.1、2.1 和 4.0。在等离子体处理过程中，虽然大部分细菌被杀死，但细胞始终处于完整的状态，其形态并没有明显的变化和裂解，这与气相等离子体表面灭菌有明显不同。在低气压或大气压等离子体表面灭菌过程中，等离子体直接与细胞接触，活性粒子的氧化和轰击作用对细胞表面产生刻蚀，电镜下可观察到细胞的皱缩和裂解现象。在水处理过程中，等离子体产生的活性粒子在水中的传播受到限制，与细胞的直接接触减少，因此细胞没有明显的形态变化。

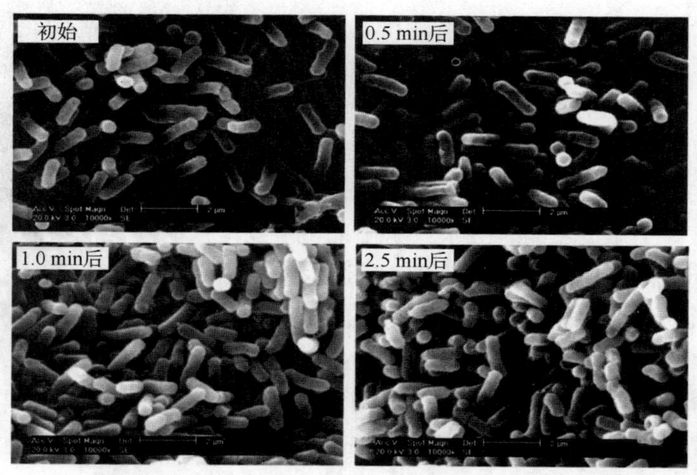

图 7-5 等离子体处理过程中大肠杆菌的扫描电镜照片[68]

此外，郑超[68] 利用在胞内表达并积累绿色荧光蛋白（GFP）的大肠杆菌 MV1184 为指示菌，通过观察荧光的变化研究了等离子体处理过程对胞内蛋白质的作用。大肠杆菌胞内积累绿色荧光蛋白后，在 365nm 紫外灯的照射下，整个菌液呈明亮的绿色，如图 7-6 所示，其中，水样为 1.6L 悬浮有大肠杆菌的去离子水，大肠杆菌浓度为 1.8×10^7CFU/mL。将紫外灯放置在反应器的视窗旁，暗室内直接用数码相机记录菌液的荧光。脉冲峰值电压为 18kV，单脉冲能量为 10J，脉冲频率为 2pps。细胞的存活曲线中，与大肠杆菌 ATCC25922 相比，MV1184 对等离子体更加敏感，0.5min、1.0min 和

2.5min 后细胞密度下降的对数值分别为 1.4、2.6 和 4.2。图 7-6 的结果表明，等离子体处理 0.5min 和 1.0min 后，大肠杆菌菌液的荧光随细胞的大量死亡而逐渐猝灭，发光强度明显降低。在随后的等离子体处理过程中，荧光的强度变化不再明显，这也与细胞的存活曲线一致。

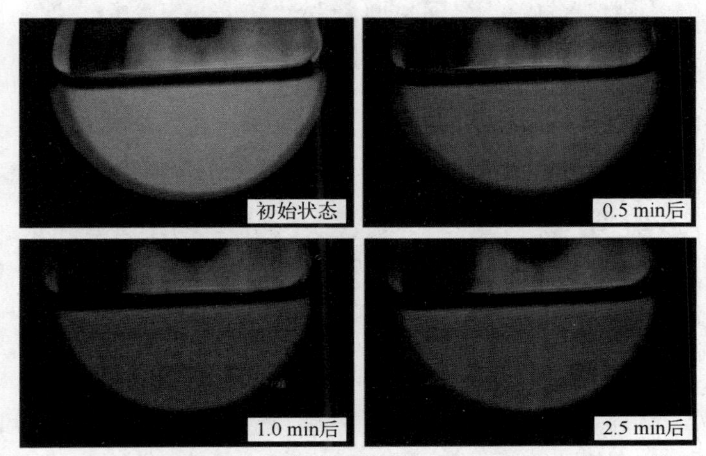

图 7-6　大肠杆菌 MV1184 在等离子体处理过程中的荧光变化（见彩插）

用荧光显微镜同步观察图 7-6 中的大肠杆菌样品，结果如图 7-7 所示。在等离子体处理之前，单个大肠杆菌 MV1184 细胞呈短杆状，胞内的 GFP 在 450nm 蓝光的激发下发射出明亮的绿色荧光。等离子体处理 0.5min 后，单个细胞内的荧光强度明显减弱，但依然可以辨别细胞的形态，说明细胞在被杀死的过程中保持完整，这与图 7-6 结果一致。等离子体处理 1.0min 后，细胞的荧光强度进一步减弱，部分细胞的荧光完全消失从而无法成像，导致照片中的细胞数量减少。随着等离子体处理时间的延长，单个细胞的荧光逐渐减弱或消失，2.5min 后，当前的成像系统只能拍摄到极少数发微弱荧光的细胞，说明在等离子体处理过程中，细胞被杀死的同时，细胞内部绿色荧光蛋白遭到了破坏，丧失了发射绿色荧光的能力。

绿色荧光蛋白是一种极其稳定的蛋白质，比如将 MV1184 细胞悬于去离子水中 2～3 天，其荧光强度并不发生明显变化。如果将 MV1184 细胞悬浮在等离子体处理 2.5min 后的去离子水中（水的 pH 约为 4.8，同时含有微量的硝酸、过氧化氢和臭氧），2h 后细胞内的绿色荧光依然很强烈，可见，微量的硝酸、过氧化氢和臭氧都不是 GFP 荧光猝灭的原因。单独依靠紫外线，即使细胞被杀死，胞内的 GFP 并不变性，仍然发出明亮的荧光。利用超声波破碎

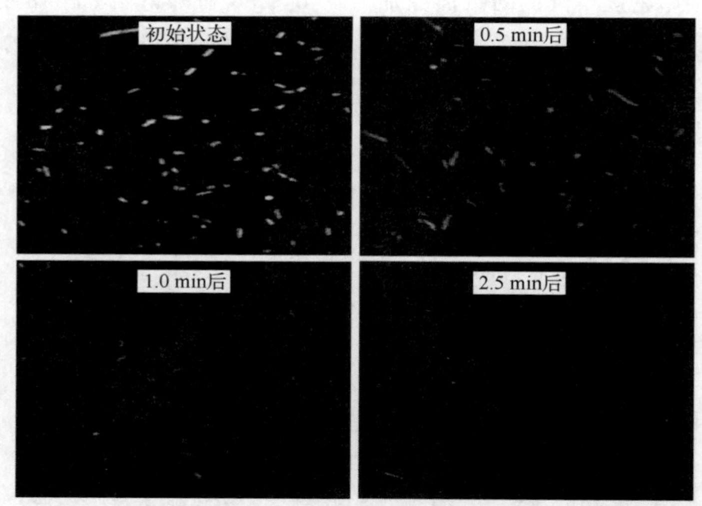

图 7-7　荧光显微镜下的大肠杆菌 MV1184 随等离子体处理的变化（见彩插）

细胞后发现，胞内的 GFP 也不受影响，如图 7-8 所示。MV1184 菌液装在 7mL 离心管中，左边离心管为破碎前，右边离心管为破碎后。细胞裂解过程中注入的能量密度超过 2000J/mL，温度也升高到 50℃左右。图 7-8(a) 显示，细胞被裂解后菌液变得澄清，图 7-8(b) 则表明，细胞裂解前后的绿色荧光强度基本一致，说明 GFP 比较稳定，但在等离子体处理过程中，细胞内 GFP 的荧光迅速猝灭，说明当前的等离子体对蛋白质有极强的破坏作用。由于等离子体处理之后的水样没有使 GFP 荧光持续猝灭的能力，可以认为 GFP 荧光的猝灭是等离子体瞬间作用而产生的结果，可能是紫外线、ROS（活性氧基团）、RNS（活性氮基团）等的联合效应。至于等离子体与 GFP 相互作用的具体过程和 GFP 发生的确切变化，以及胞内其他蛋白质是否遭到破坏，还有待更深入地研究。

图 7-8　超声波细胞破碎前后大肠杆菌 MV1184 的荧光变化（见彩插）

7.3 结语

当前，低温等离子体水处理技术还未能实现大规模工业化应用，这是因为等离子体放电的稳定性还有待提高。在放电过程中，电极存在烧蚀现象，会造成放电减弱、水处理效果变差、系统难以连续长时间稳定运行等问题；其次，为了获得较好的水处理效果、降低水处理能耗，通常采用较小的高压放电电极间距，由此造成加工难度较大，要形成水处理量大的等离子体反应装置比较困难。

为了实现高压放电水处理工艺的工业放大和连续稳定运行，应设计合理的连续运行系统，扩大反应空间，延长活性基团寿命，加大活性基团水的接触面积[69]。价格低廉、性能稳定的高压脉冲放电发生器的研制、耐用便宜的放电电极，以及高效低耗的放电方式等问题也是研究的重点。同时，还应探索等高压脉冲技术与其他技术的联合使用工艺，例如利用高压放电预处理废水，以提高其可生化性。

参考文献

[1] Sharma A K, locke B R, Arce P, et al. A preliminary study of pulsed streamer corona discharge for degradation of phenol in aqueous solution [J]. Hazardous Waste and Hazardous Material, 1993, 10 (2): 209-219.

[2] Clements J S, Sato M, DavisR H. Preliminary investigation of prebreakdown phenomena and chemical reactions using a pulsed high-voltage discharge in liquid water [J]. IEEE Transactions on Industry Applications, 1987, 23 (2): 224-235.

[3] Lawless P A, Yamamoto T, Poteat S, et al. Characteristic of a fast rise time power supply for a pulse plasma reactor [C] //Conference Record of the 1993 IEEE Industry Applications Conference Twenty-Eighth IAS. Annual Meeting IEEE, 1993, 1875-1881.

[4] Joshi A A, Locke B R, Arce P, et al. Formation of hydroxyl radicals, hydrogen peroxide and aqueous electrons by pulsed streamer corona discharge in aqueous solution [J]. Journal of Hazardous Materials, 1995, 41 (1): 3-30

[5] 李胜利，李劲，王泽文，等．脉冲电晕放电对印染废水脱色效果的实验研究 [J]．环境科学，1996，17 (1)：13-15

[6] 李杰，商克峰，王铁成，等．沿面放电生成活性物质用于灭活饮用水中大肠杆菌的机制 [J]．高电压技术，2013，39 (9)：2119-2124.

[7] 陈操，孟祥盈，白敏冬，等．基于强电离放电技术制备羟基自由基的船舶压载水处理系统设计

[J]. 高电压技术，2014，40（7）：2238-2244.

[8] 商克峰，鲁娜，李杰，等. 用气相沿面放电生成臭氧方式降解偶氮染料废水的影响因素分析[J]. 高电压技术，2012，38（7）：1636-1641.

[9] Sugiarto A T, Ohshima T, Sato M. Advanced oxidation processes using pulsed streamer corona discharge in water [J]. Thin Solid Films, 2002, 407 (1-2): 174-178.

[10] Burlica R, Kirkpatrick M J, Finney W C, et al. Organic dye removal from aqueous solution by glid arc discharges [J]. Journal of Electrostatics, 2004, 62: 309-321.

[11] 王晓艳，胡中爱，高锦章. 接触辉光放电等离子体处理染料废水 [J]. 石化技术与应用，2001，19（6）：401-404.

[12] 朱承驻，董文博，潘循皙，等. 等离子体降解水相中有机污染物的机理研究 [J]. 环境科学学报，2002，23（4）：428-433.

[13] 朱承驻，董文博，侯惠奇. 等离子体技术降解茜素红水溶液的机理研究 [J]. 上海环境科学，2003，22（11）：760-764.

[14] 杨世东，马军，史富丽，等. 高压脉冲放电对靛蓝二磺酸钠脱色效能研究 [J]. 哈尔滨商业大学学报（自然科学版），2006，22（4）：25-29.

[15] Gao J Z, Wang X Y, Hu Z, et al. A review on chemical effects in aqueous solution induced by plasma with glow discharge [J]. Plasma Science and Technology, 2001, 3 (3): 765.

[16] 仇聪颖，管显涛，刘振，等. 纳秒脉冲放电处理有机染料废水的实验研究 [J]. 强激光与粒子束，2020，32（2）：56-62.

[17] 刘丹，张连成，黄逸凡，等. 双杆介质阻挡放电降解酸性红 73 废水 [J]. 化工进展，2018，37（9）：3640-3648.

[18] Chen Y, Li Y, Zhang X, et al. Degradation of aqueous rhodamine B with gaseous streamer corona plasma [J]. IEEE Transactions on Plasma Science, 2015, 43 (3): 828-835.

[19] 曹力，李德祥，邓亚宏，等. 基于响应面优化的常压等离子体技术处理模拟染料废水 [J]. 土木与环境工程学报，2023，45（2）：229-238.

[20] Sun B, Sato M, Clements J S. Oxidative processes occurring when pulsed high voltage discharges degrade phenol in aqueous solution [J]. Environmental Science & Technology, 2000, 34 (3): 509-513.

[21] Grymonpre D R, Finney W C, Locke B R. Aqueous-phase pulsed streamer corona reactor using suspended activated carbon particles phenol oxidation: model data comparison [J]. Chemical Engineering Science, 1999, 54: 3095-3105.

[22] Kušić H, Koprivanac N, Locke B R. Decomposition of phenol by hybrid gas/liquid electrical discharge reactors with zeolite catalysts [J]. Journal of Hazardous Materials, 2005, 125: 190-200.

[23] Lukes P, Clupek M, Sunka P, et al. Degradation of phenol by underwater pulsed corona discharge in combination with TiO_2 photocatalysis [J]. Research on Chemical Intermediates, 2005, 31 (4-6): 285-294.

[24] 沈拥军，储金宇. 高压脉冲等离子体降解水中苯酚的实验研究 [J]. 工业安全与环保，2004，30（5）：8-10.

[25] 陈伟，储金宇，仰榴青，等. 等离子体降解苯酚废水的实验研究 [J]. 高电压技术，2003，29

（12）：35-37.

[26] 方敏．低温等离子体技术净化苯酚废水［D］．合肥：安徽理工大学，2016.

[27] 余水情．低温等离子体协同填料循环净化苯酚废水［D］．合肥：安徽理工大学，2015.

[28] 刘玲．电弧放电等离子体处理苯酚废水的研究［J］．广州化工，2022，50（1）：61-63.

[29] 林秋鸿．金属负载 TiO_2 在低温等离子体中催化降解苯酚及还原放电产生硝酸根的性能研究［D］．广州：广东工业大学，2022.

[30] 李劲，叶齐政，郭香会，等．电流体直流放电降解水中硝基苯的研究［J］．环境科学，2001，22（5）：99-101.

[31] 郭香会，李劲．脉冲放电等离子体处理硝基苯废水的实验研究［J］．电力环境保护，2001，17（2）：37-38.

[32] 高锦章，陆泉芳，俞洁，等．接触辉光放电等离子体降解水体中的硝基苯［J］．甘肃科学学报，2003（1）：30-34.

[33] 桑稳姣，张宛君，李栋，等．DBD等离子体降解苯胺废水试验研究［J］．武汉理工大学学报，2017，39（11）：74-78.

[34] Li Y，Li Z，Liu Z，et al. Degradation of aniline in water with gaseous streamer corona plasma［J］. Royal Society Open Science，2021，8（4）：202314.

[35] 李阳，陈永铎，赵红杰，等．窄前沿高压脉冲放电等离子体降解水中苯胺［J］．环境工程学报，2014，8（12）：5361-5366.

[36] Sahni M，Locke B R. Degradation of chemical warfare agent simulants using gas-liquid pulsed streamer discharges［J］. Journal of Hazardous Materials，2006，137：1025-1034.

[37] 朱安娜，王晓晨，周海龙，等．沿面脉冲流光放电等离子体降解水中的氟磷酸二异丙酯［J］．水处理技术，2014，40（6）：54-57＋61.

[38] 文岳中，姜玄珍，吴墨．高压脉冲放电降解水中苯乙酮的研究［J］．中国环境科学，1999，19（5）：406-409.

[39] 许正，夏连胜，赵君科．液中放电应用于TNT废水的降解［J］．环境污染与防治，1999，21（6）：20-22.

[40] 陈银生，张新胜，袁渭康．高压脉冲放电低温等离子体法降解废水中4-氯酚［J］．华东理工大学学报，2002，28（3）：232-234.

[41] 周爱姣，陶涛．高压脉冲放电等离子体处理垃圾渗滤液［J］．武汉城市建设学院学报，2001，18（3）：44-47.

[42] 何正浩，邵瑰玮，王万林，等．脉冲电晕放电处理焦化废水的研究［J］．高电压技术，2003，29：29-31.

[43] 李为，李劲，余龙江，等．放电等离子体与饲养酵母联合处理味精废水的初步研究［J］．环境污染与防治，2003，25（2）：68-70.

[44] 冯晓珍，石定福．等离子体处理皂化废液工艺实验研究［J］．环境污染治理技术与设备，2004，5（2）：63-67.

[45] 袁外，候立安，王佑君，等．高压脉冲放电等离子体处理特定环境饮用水研究［J］．机电产品开发与创新，2003（4）：41-42.

[46] 黄龙呈，叶继飞，王殿恺，等．低温等离子体降解偏二甲肼废水的实验研究［J］．含能材料，2022，30（10）：1013-1021.

[47] 荣俊锋，刘瑾琳，程波，等．微电解耦合低温等离子体净化对苯二甲酸废水研究［J］．应用化工，2022，51（10）：2948-2951.

[48] 荣俊锋，李泰广，史同上，等．低温等离子体净化苯甲酸废水研究［J］．应用化工，2019，48（7）：1592-1594.

[49] Sun B, Sato M, Clements J S. Optical study of active species produced by a pulsed streamer corona discharge in water [J]. Journal of Electrostatics, 1997, 39 (3): 189-202.

[50] Grabowski L R, Van Veldhuizen E M, Pemen A J M, et al. Corona above water reactor for systematic study of aqueous phenol degradation [J]. Plasma Chemistry and Plasma Processing, 2006, 26 (1): 3-17.

[51] Sugiarto A T, Ohshima T, Sato M. Advanced oxidation processes using pulsed streamer corona discharge in water [J]. Thin Solid Films, 2002, 407 (1-2): 174-178.

[52] Katsuki A S, Akiyama H, Abou-GHazala A, et al. Parallel streamer discharges between wire and plane electrodes in water [J]. IEEE Transactionson on Dielectrics and Electrical Insulation, 2002, 9 (4): 498-506.

[53] 卢新培，潘垣，张寒虹，等．水中脉冲放电等离子体通道特性及气泡破裂过程［J］．物理学报，2002，51（8）：1768-1772.

[54] 秦曾衍．高压强脉冲放电及其应用［M］．北京：北京工业大学出版社，2000.

[55] Su Z Z, Ito K, Takashima K, et al. OH radical generation by atmospheric pressure plasma and its quantitative analysis by monioring oxidation [J]. Journal of Physics D: Applied Physics, 2002, 35 (24): 3192-3198.

[56] Mollah M Y A, Schennach R, Parga J R, et al. Electrocoagulation (EC) —science and applications [J]. Journal of Hazardous Materials, 2001, 84 (1): 29-41.

[57] Johnsen K, Tana J, Lehtinen K J, et al. Experimental field exposure of brown trout to river water receiving effluent from an integrated newsprint mill [J]. Ecotoxicology and Environmental Safety, 1998, 40: 184-193.

[58] Mizuno A, Hori Y. Destruction of living cells by pulsed high-voltage application [J]. IEEE Transactions on Industry Applications, 1988, 24 (3): 387-394.

[59] Abou-Ghazala A, Katsuki S, Schocnbach K H, et al. Bacterial decontamination of water by means of pulsed-corona discharges [J]. IEEE Transactions on Plarma Science, 2002, 30: 1449-1453.

[60] Marsili L, Espie S, Anderson I G, et al. Plasma inactivation of food-related microorganisms in liquids [J]. Radiation Physics and Chemisty, 2002, 65: 507-513.

[61] Vaze N D, Arjunan K P, Gallagher M J, et al. Air and water sterilization using non-thermal plasma [C] //2007 16th IEEE International Pulsed Power Conference. IEEE, 2008, 2: 1231-1235.

[62] Mizuno A, Yasuda H. Damages of biological components in bacteria and bacteriophages exposed to atmospheric nonthermal plasma [M] // Plasma for Bio-Decontamination, Medicine and Food Security. Berlin: Springer, 2012: 79-92.

[63] Xin Q, Zhang X, Lei L. Inactivation of bacteria in oil field injection water by non-thermal plasma treatment [J]. Plasma Chemistry and Plasma Processing, 2008, 28 (6): 689-700.

[64] Yang Y, Kim H. Starikovskiy A, et al. Note: An underwater multi-channel plasma array for water sterilization [J]. Review of Scientific Instruments [J], 2011, 82 (9): 096103.

[65] Rutberg P G, Kolikov V A, Kurochkin V E, et al. Electric discharges and the prolonged microbial resistance of water [J]. IEEE Transactions on Plasma Science, 2007, 35 (4): 1111-1118.

[66] Chen C W, Lee H M, Chang M B. Inactivation of aquatic microorganisms by low-frequency AC discharges [J]. IEEE Transactions on Plasma Science, 2008, 36 (1): 215-219.

[67] Satoh K, Macgregor S J, Anderson J G, et al. Pulsed-plasma disinfection of water containing Escherichia coli [J]. Japanese Journal of Applied Physics, 2007, 46 (3R): 1137-1141.

[68] 郑超. 低温等离子体和脉冲电场灭菌技术 [D]. 杭州: 浙江大学, 2013.

[69] 李日红, 白敏冬, 徐书婧, 等. 采用强电离放电生成高浓度氧活性粒子溶液 [J]. 高电压技术, 2014, 40 (10): 3054-3059.

第 8 章

低温等离子体在土壤修复中的研究和应用

土壤修复是使遭受污染的土壤恢复正常功能的技术措施。土壤污染具有一定的隐蔽性、滞后性，很容易被人们忽视；土壤污染具有累积性，可以造成水体及农作物污染，通过生物链累积作用危害人类身体健康；土壤污染还可能造成大气污染，通过呼吸系统进入人体危害健康。相对于水体和大气，土壤的复杂性导致了一些污染物在土壤中长期存在，产生持久性危害。现有的土壤修复技术有一百多种，常用技术也有十余种，大致可分为物理法、化学法和生物法等。表 8-1 对比了几种修复方法的优缺点、适用性及能耗。本章重点以持久性有机污染物（persistent organic pollutants，POPs）污染土壤为处理对象，讨论低温等离子体修复有机污染土壤过程的作用机理、等离子体产生方式、修复效果的影响因素等，并对等离子体技术修复土壤领域进行总结与展望。

表 8-1　土壤修复方法对比及适用性[1-4]

类别	技术	优点	缺点	费用/(€/t)
物理法	热脱附法、汽提法、电动力修复法	原位修复,方法简单	破坏土壤结构,修复后土壤难以二次利用	35～320
化学法	淋洗法、氧化还原法、高级氧化法	多为异位修复,周期短	需要投加化学试剂	220～380
生物法	微生物修复法、植物修复法	原位修复,修复成本低	修复周期长,生长条件要求高	25～75
物理化学法	等离子体法	多为异位修复,适用于多种污染	多为小型装置	15～20

8.1　土壤污染现状

工业生产会向环境排放各类污染物，这些物质直接排放至土壤或通过水体和大气的输运作用最终沉降至土壤中，导致土壤污染和土地破坏问题日益严重。《全国土壤污染状况调查公报》(2014) 指出：全国土壤总的超标率为 16.1%，其中轻微、轻度、中度和重度污染点位比例分别为 11.2%、2.3%、1.5%和 1.1%；六六六、滴滴涕、多环芳烃 3 类有机污染物点位超标率分别为 0.5%、1.9%、1.4%。POPs 具有长期残留性、生物累积性、半挥发性和高毒性，可以通过吸入、食入、直接接触等方式进入人体体内，在脂肪组织及肝脏、肾脏等器官中积累；还会破坏内分泌系统和神经系统，从而导致新生婴儿畸形、免疫系统损伤等。世界八大环境公害之一的日本米糠油事件就是由 POPs 导致的典型污染事件，在当时造成了严重的生命和财产损失。由于 POPs 具有半挥发性和持久性等特点，在环境中不仅可以长距离迁移传输，还可在环境中持久存在，并随着气候作用沉积在土壤中，导致在土壤中的浓度相对较高[5]。20 世纪 90 年代以来，由于工业化和城市化发展的需要，大量工业企业大规模搬迁，这些场地往往存在药品存放、生产、处置等过程造成的土壤污染，且具有污染种类复杂、浓度高等特点[6]。

为了推动 POPs 的削减和淘汰，在联合国环境规划署（UNEP）主持下，包括中国在内的 90 个国家于 2001 年 5 月在瑞典首都共同缔结了《关于持久性有机污染物的斯德哥尔摩公约》(简称《公约》)，并于 2004 年 11 月对中国生效，正式开展 POPs 的削减与控制工作。表 8-2 列出了《公约》中各批次管控物质名单。2016 年，国务院发布的《土壤污染防治行动计划》提出，到 2030 年，受污染耕地安全利用率达到 95%以上，污染地块安全利用率达到 95%以上。2018 年，国内相继出台标准规定土壤中有机污染物浓度，如《土壤环境质量　农用地土壤污染风险管控标准（试行）》(GB 15618—2018) 制定土壤中六六六、滴滴涕（DDT）、苯并[a]芘的浓度限值分别为 0.1mg/kg、0.1mg/kg 和 0.55mg/kg；《土壤环境质量　建设用地土壤污染风险管控标准（试行）》(GB 36600—2018) 细化了不同有机氯农药在第一类用地、第二类用地浓度，如 γ-六六六在第一类用地、第二类用地限值分别为 6.2mg/kg 和 19mg/kg。尽管某些有毒有害物质已经停止生产和使用，但仍发现一些地区的有机物污染程度处于高水平。为了保护人类健康并实现可持续发展，解决土壤污染问题迫在眉睫。

表 8-2　《关于持久性有机污染物的斯德哥尔摩公约》中列出的管控物质

批次	受控物质
第一批	艾氏剂、滴滴涕(DDT)、狄氏剂、氯丹、异狄氏剂、毒杀芬、七氯、灭蚁灵、多氯联苯、六氯苯、二噁英和呋喃

续表

批次	受控物质
第二批	α-六氯环己烷、β-六氯环己烷、γ-六氯环己烷(俗称六六六);3种杀虫剂副产物(六溴二苯醚和七溴二苯醚、四溴二苯醚和五溴二苯醚、六溴联苯)、十氯酮、五氯苯以及全氟辛基磺酸化合物类物质(全氟辛基磺酸、全氟辛基磺酸盐和全氟辛基磺酰氟)
第三批	硫丹

8.2 等离子体修复有机污染土壤的基本原理

相对于污水治理和大气污染治理，土壤污染治理起步较晚。等离子体技术作为高级氧化技术（advanced oxidation process，AOPs）应用于土壤修复，具有低能耗、高反应效率、无二次污染等特点。在强电场作用下，气体中的自由电子获得能量变成高能电子，与分子和中性原子发生非弹性碰撞，使得一部分气体被轰击后形成激发态分子（如 N_2^*、O_2^* 等）并辐射光子；同时另一部分气体发生电离、解离等过程，形成大量活性物质（H_2O_2、·O、O_3、O、·OH、NO_x 等）和二次电子。这些物质具有较高的氧化还原电位（见表8-3），可以破坏分子中的化学键，使其氧化成低毒性或无毒性物质，从而达到修复的目的。此外，放电过程还伴随紫外线、冲击波和强电场等物理效应，等离子体多过程协同作用可以促进环境中难自发进行的反应发生。

表 8-3　常见氧化剂的标准氧化还原电位

粒子	氧化还原电位/V	粒子	氧化还原电位/V
F_2	3.03	HO_2	1.70
·OH	2.80	MnO_4^-	1.67
·O	2.42	ClO_4^-	1.63
O_3	2.08	ClO_2^-	1.50
H_2O_2	1.76	O_2	1.23

利用等离子体技术降解土壤中污染物主要分为以下三步：①活性粒子产生，空气放电过程不仅可以产生活性氧原子（reaction oxygen species，ROS），还可以产生活性氮原子（reaction nitrogen species，RNS），在污染物降解过程中起到主要作用；②活性粒子浸入土壤表面或空隙，土壤和活性粒子接触概率和污染物降解效果主要取决于物质传质能力，土壤的物理性质也会影响活性粒

子与土壤间的相互作用；③活性粒子与污染物发生化学反应，其中易挥发性有机物降解过程可以分为直接氧化和挥发到气相中发生气相反应，难挥发性有机物降解过程则是粒子扩散或吸附到土壤中直接与污染物反应[7]。

以全氟辛酸、五氯酚和芘污染土壤的修复为例，污染物在等离子体中 O_3、·OH 的作用下，会发生脱氯羟基化过程［图 8-1(b)］，也会直接打断化学键将污染物逐步分解成小分子、低毒性物质［图 8-1(a) 和图 8-1(c)］；其次，存在苯环的物质会发生开环反应，生成羧酸最后矿化成 CO_2 和 H_2O。有机污染物中主要化学键及键能见表 8-4，除常见碳—氢键、碳—碳键外，还存在碳—氯键。分子内的碳卤键具有明显的极性，会影响碳原子周边电子云密度，例如，有机物中碳—氯键越多，物质越稳定。

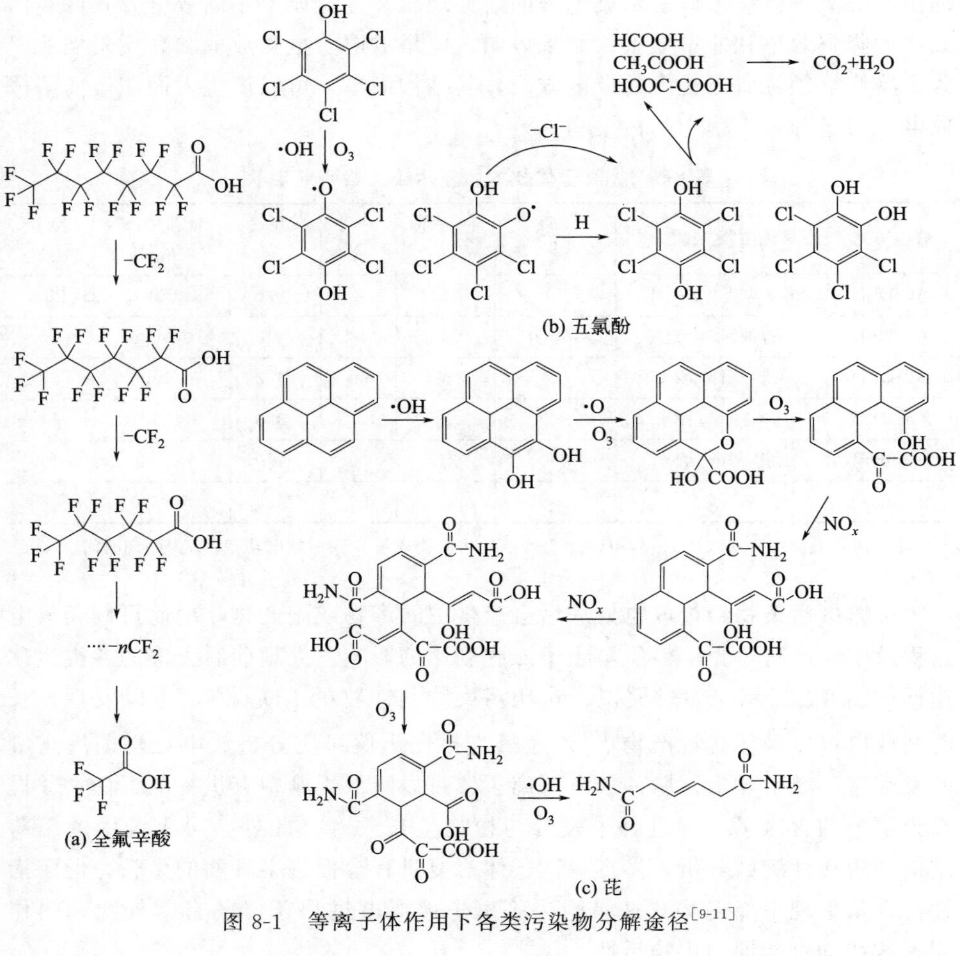

图 8-1　等离子体作用下各类污染物分解途径[9-11]

表 8-4 有机污染物中主要化学键及键能[8]

化学键	键能/(kJ/mol)	化学键	键能/(kJ/mol)
C—Br	276	C—H	413
C—Cl	328	C—F	485
C—C	348	C═C	614

8.3 等离子体修复技术研究现状

目前，等离子体技术在石油/柴油、多环芳烃（polycyclic aromatic hydrocarbons，PAHs）、有机氯农药和抗生素等污染土壤的修复中得以应用。表 8-5 列出了等离子体技术修复污染土壤的研究现状，并对比了不同放电方式修复污染物的降解效率和能量效率。结果表明，电晕放电、电弧放电和介质阻挡放电为土壤修复领域研究较多的放电方式，其结构简单，可以产生大面积等离子体放电，快速降解土壤中的污染物。

表 8-5 等离子体技术修复污染土壤研究现状

放电方式	污染物/土壤	浓度/(mg/kg)	处理量/g	时间/min	降解率/%	能量效率 E/(mg/kJ)	参考文献
AC-DBD	多氯联苯/实际土	50	5	30	90.0	0.00104	[8]
AC-DBD	石油/实际土	10000	4	40	74.0	0.0685	[12]
AC-DBD	阿特拉津/沙土	100	5	60	84.8	0.0300	[13]
脉冲-DBD	环氧沙星/沙土	200	5	3	99.0	4.60	[14]
脉冲电晕	硝基苯酚/壤土	300	10	60	82.0	0.140	[15]
脉冲电晕	芴/沙土	200	5	60	74.0	0.0300	[16]

注：能量效率 $E=m/(Pt)$。其中，m 为降解的污染物质量；P 为放电功率；t 为处理时间。

土壤中污染物经过放电处理后会产生中间产物或副产物，由此可判断放电过程及中间产物对土壤性质与土壤二次利用的影响。处理前后土壤的各类生化指标如图 8-2 所示。通过模拟、对比污染物与产物的 LD_{50} 值，可以发现，长时间放电可以破坏有毒产物[18]。通过与空白土壤对比分析放电处理前后土壤的发芽率，结果显示，脉冲放电等离子体可以降低土壤中有机物的毒性，并提高土壤中的含氮量，促进种子发芽与植物生长[9,17]。此外，对土壤中的菌落结构和酶活性测试分析，发现等离子体修复过程会促进某种酶的生长，但酶活性与含量呈现下降趋势，这是因为等离子体放电过程还伴随有紫外线和热作用，这些均可能抑制生物活性[9]。

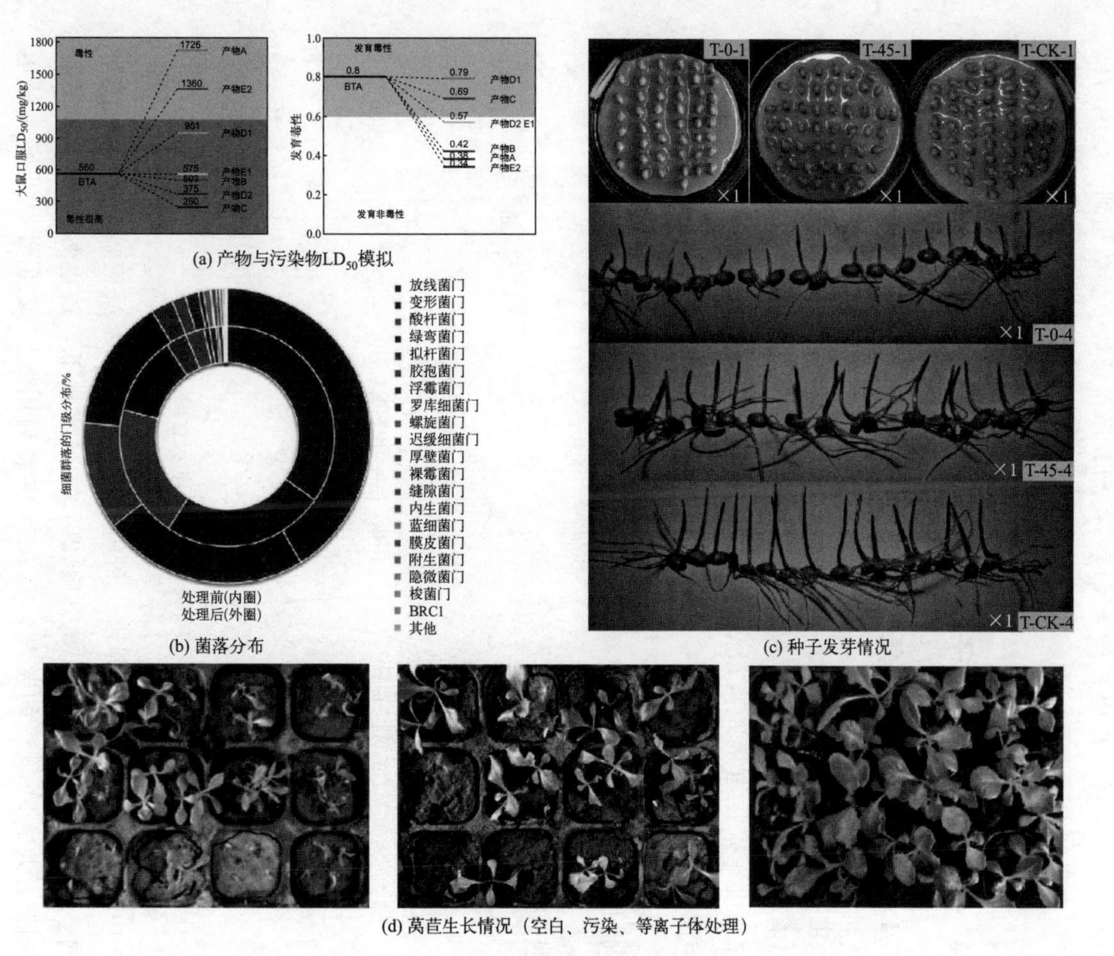

图 8-2　处理后土壤二次利用及菌落测试[9,17,18]（见彩插）

由上可知，等离子体技术修复污染土壤具有高效性，且修复后的土壤可以保留原有的理化性质，不会影响作物生长。实现土壤中污染物高效降解的关键是产生大面积等离子体、活性粒子在土壤中的渗透与接触。因此，可以通过调节等离子体发生源、放电方式与反应器类型、操作条件等参数达到土壤中污染物的快速降解。

8.4 土壤修复用等离子体放电类型及研究现状

8.4.1 电弧放电土壤修复技术

电弧放电（arc discharge）是指一种周期性摆动的气体放电现象，其同时具有平衡等离子体和非平衡等离子体的特点。在两片或者多片刀型电极间施加高电压，在电极距离最短处气体被击穿从而形成电弧；气体可以使电弧沿电极表面滑动并拉长，长到一定程度后能量不足以维持电弧热耗散时，电弧熄灭；随后，新的电弧重新产生，重复上述过程形成新的放电周期（图 8-3）。

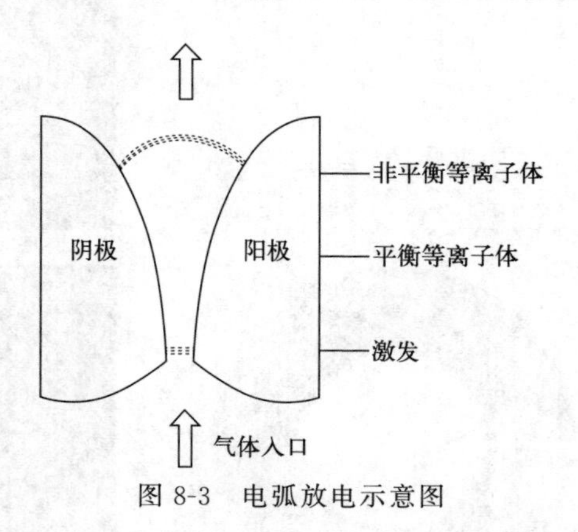

图 8-3 电弧放电示意图

中山大学杜长明教授等[19] 利用等离子体流化床反应器修复苯酚污染土壤，结果表明，在 15kV 电压和 20L/min 流量下，放电处理 25min 后可以去除土壤中 99.1%的苯酚。流化床装置利用气流既可增加土壤在放电区间的停留时间，又可增加土壤颗粒间的分散程度，提升气相与土壤颗粒的传质效率从而提高污染物降解效率。然而，电弧放电过程温度过高可能会改变土壤的理化性质，也会使土壤中微生物失去活性，不利于土壤二次利用。

8.4.2　电晕放电土壤修复技术

电晕放电是一种常见低温等离子体发生方式，其中，由于多针-板式电晕装置的放电间隙可以灵活调整至土壤外、内部，因而广泛应用于土壤修复领域。大连理工大学李杰教授与西北农林科技大学王铁成教授等针对电晕放电开展了一些土壤修复实验［污染物为五氯酚[10] 和对硝基苯酚（PNP）[15,20]］，结果表明，五氯酚中的C—Cl 键被放电过程中产生的活性粒子打断，脱氯羟基化后生成小分子有机酸，最后矿化为 CO_2 和 H_2O。研究发现，土壤性质会影响活性粒子在土壤中的扩散行为，如图 8-4 所示，在一定湿度下（8%含水率）PNP 降解效率优于干燥条件，这是因为土壤颗粒被水包裹，阻碍了 O_3 与土壤颗粒表面的活性位点结合，使更多的 O_3 可与污染物发生反应[21]；同时，水的存在也为放电产生·OH 提供反应物来源[22]。同一条件下，放电 90min 后深层的 PNP 降解效率约为表层的 1/2，可能和表层污染物与中间产物对活性粒子的消耗及活性粒子逐层扩散能力降低相关。

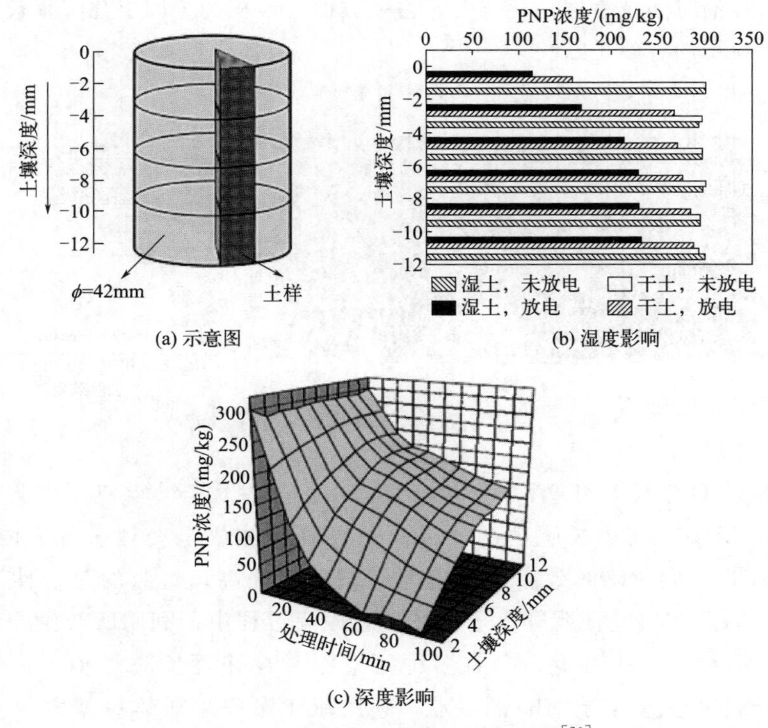

图 8-4　土壤层深对污染物降解影响[20]

8.4.3 介质阻挡放电土壤修复技术

DBD可以产生大面积等离子体且商业化程度高，近些年在土壤修复领域中关注度越来越高。大连理工大学的李杰团队、西北农林科技大学的王铁成团队、东华大学的刘亚男团队、清华大学的陆文静团队、希腊研究与技术基金会化学工程科学研究所（FORTH/ICE-HT）的Christos Aggelopoulos团队等均对介质阻挡放电方法修复污染土壤开展过研究，土壤中污染物涉及多氯联苯（PCBs）、多环芳烃（PAHs）、农药、杀虫剂以及抗生素等。此外，等离子体放电也可以对土壤中新型有机污染物如全氟辛酸（PFOA）、全氟辛基磺酸（PFOS）、短链氯化石蜡具有降解效果。

东华大学刘亚男团队[12]采用DBD方法修复污染土壤，发现土壤层深度影响活性粒子扩散效率进而影响整体降解效果（图8-5），对比表层土壤中的污染物降解率，深层土壤中污染物降解率降低至20%左右。气体放电可以产生长寿命（如臭氧）与短寿命（如e^-）物质，大多数短寿命粒子存活时间远小于扩散时间。因此，深层土壤中污染物降解率大幅度降低的现象一方面与活性粒子的存活时间及表层消耗有关；另一方面，堆积的土壤层孔隙率较低，阻碍了活性粒子的有效扩散。

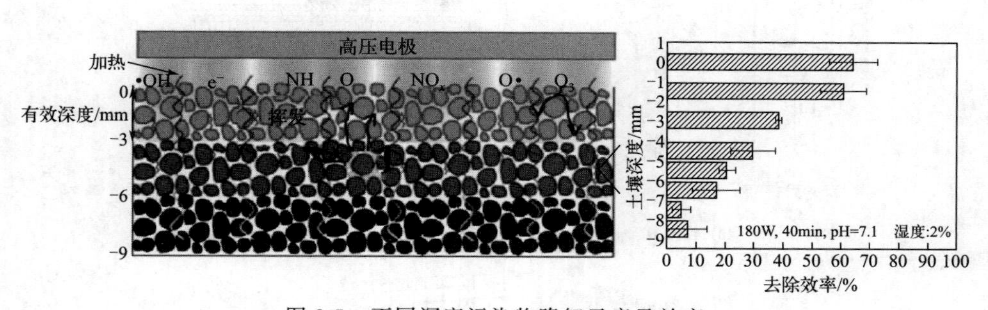

图8-5 不同深度污染物降解示意及效率

基于DBD修复POPs污染土壤所具有的高效性优势，闫克平团队[23]开展了DBD降解飞灰中二噁英的研究，在等离子体放电处理15min内，PCDDs和PCDFs的总降解效率随放电时间增加而提高，对应的总毒性当量降低（图8-6）。该实验证明等离子体在处置固废过程中，利用所产生的活性粒子解离污染物中C—Cl键，含有多种污染源时存在逐步脱氯步骤。与此同时，结合流化态传质与DBD的特点，利用流化态等离子体修复六氯苯污染土壤并对比了固定床能量效率（图8-7），在此基础上修复实际污染场地土壤效果如图 8-8 所示。Site-1 和 Site-2 两样品分别取自山东和沈阳某工厂厂区内，经过筛分、自然晾晒后脉冲流化态等离子体处理。样品含有的污染物种类繁多、浓度范围波动较大，经脉冲等离子体处理后，大部分污染物降解率大于 95%；同等降解水平下，流化态脉冲等离子体处理时间缩短约 50%。

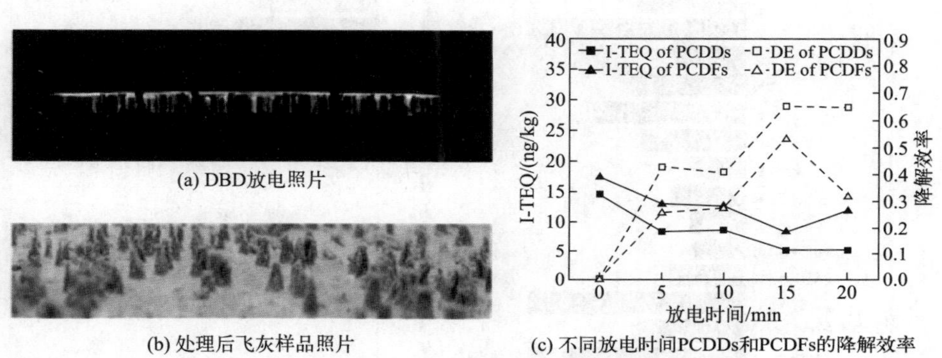

(a) DBD放电照片

(b) 处理后飞灰样品照片

(c) 不同放电时间PCDDs和PCDFs的降解效率

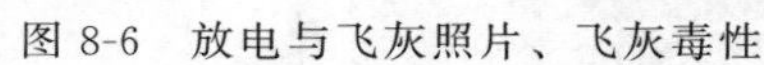
图 8-6　放电与飞灰照片、飞灰毒性

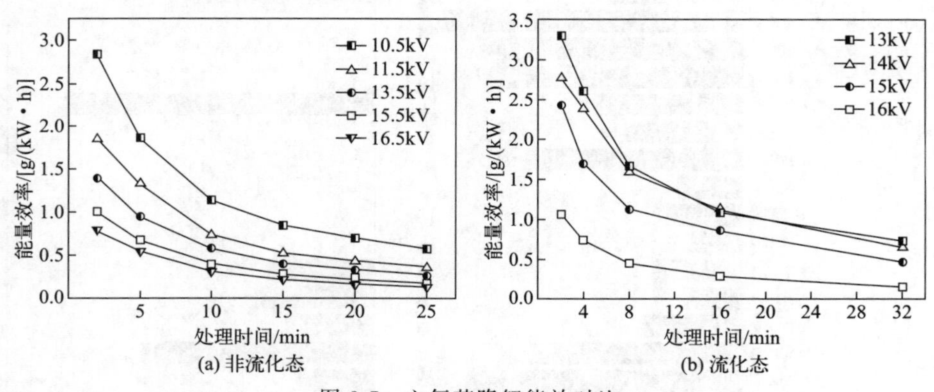

(a) 非流化态

(b) 流化态

图 8-7　六氯苯降解能效对比

根据表 8-6，可以根据实际需求选择等离子体发生方式。实验研究中多选择结构较为简单的电晕放电或平板式 DBD 降解土壤中污染物，而这两种需要将待修复土壤固定于装置内，活性粒子在土壤中传质效率及利用率较低；电弧放电与同轴式 DBD 可以利用气流增加活性粒子与土壤接触概率，但要控制放电过程温度不宜过高。

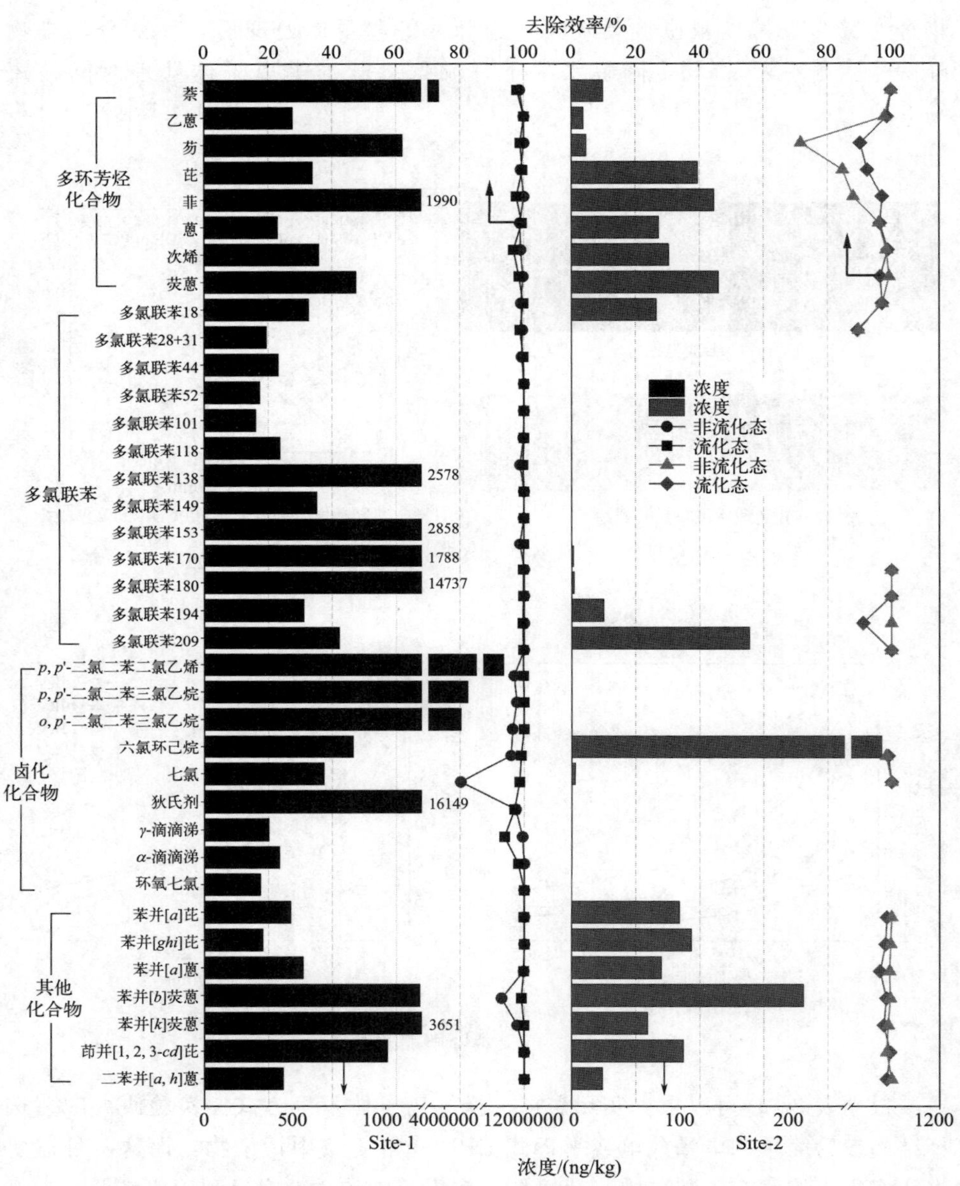

图 8-8 两个典型污染场地土壤修复情况

表 8-6 三种放电方式比较

放电方式	驱动电源	特点
电弧放电	直流、交流	较高的能量,同时具有高温及低温等离子体特点
电晕放电	直流	结构简单
介质阻挡放电	交流、脉冲	可以产生大面积等离子体

8.5 土壤修复效果的影响因素

影响土壤中污染物降解效果的因素主要包括修复装置的操作条件以及土壤理化性质等。

8.5.1 操作条件的影响

气体放电过程中存在多个化学过程，如表 8-7 所示。增加放电电压可以向反应器注入更多能量，产生更强的电场和更多的高能电子。高能电子与其他基团碰撞，通过激发或电离等作用产生活性粒子，用于污染物降解。图 8-9 展示了放电电压与污染物降解率之间的关系曲线。屠璇[24] 利用脉冲电源驱动流化床式 DBD 修复土壤中的六氯苯，当电压从 13kV 提升到 16kV 时，处理 32min 后六氯苯去除率从 65.5%提升至 97.3%。吴春笃等[25] 利用脉冲针-板等离子体修复芘污染土壤，当电压从 12kV 提升到 20kV 时，芘的去除速率常数从 0.0096 提升至 0.070。但是，过大的电压将导致能量效率降低，因此实际应用中需要同时考虑降解效率和能量效率。

表 8-7 等离子体化学反应

反应类型	反应方程
激发	$e^- + A \longrightarrow A^* + e^-$
电离	$e^- + A \longrightarrow A^+ + e^- + e^-$
解离	$e^- + A_2 \longrightarrow 2A + e^-$
附着	$e^- + A \longrightarrow A^-$
解离附着	$e^- + A_2 \longrightarrow A + A^-$
解离电离	$e^- + A_2 \longrightarrow A^+ + A + 2e^-$
电子分解	$e^- + AB \longrightarrow A + B + e^-$
电子转移	$A^+ + B \longrightarrow A + B^+$

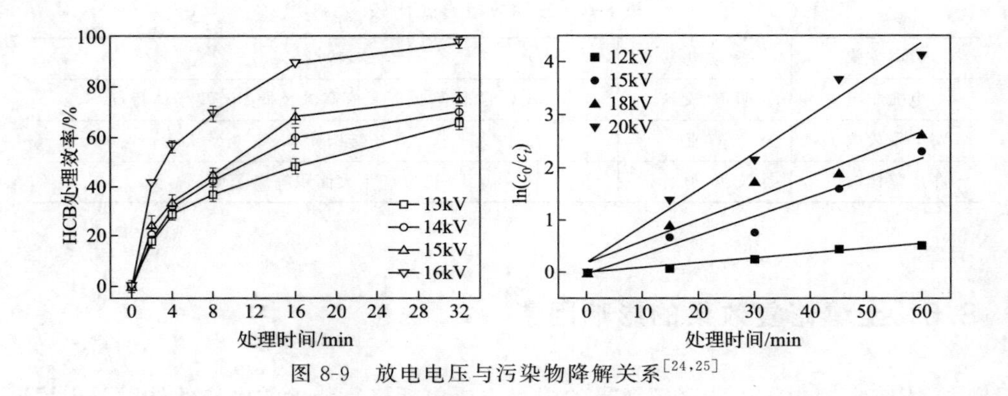

图 8-9 放电电压与污染物降解关系[24,25]

脉冲频率也会影响土壤修复效果，提高脉冲频率可以提高反应器注入能量。但是，如果施加过高的放电频率将使反应器温度上升，一方面造成过多的热量损失，另一方面高温可能会分解臭氧，从而降低污染物降解效率。图8-10展示了脉冲频率与污染物降解率之间的关系。根据屠璇[24] 等的研究，高频条件（1.2kHz与1.4kHz）下反而会使六氯苯的降解过程受到抑制；然而，如果是在低频率放电情况下提升频率，土壤污染物降解效率略有提升[16,25]。

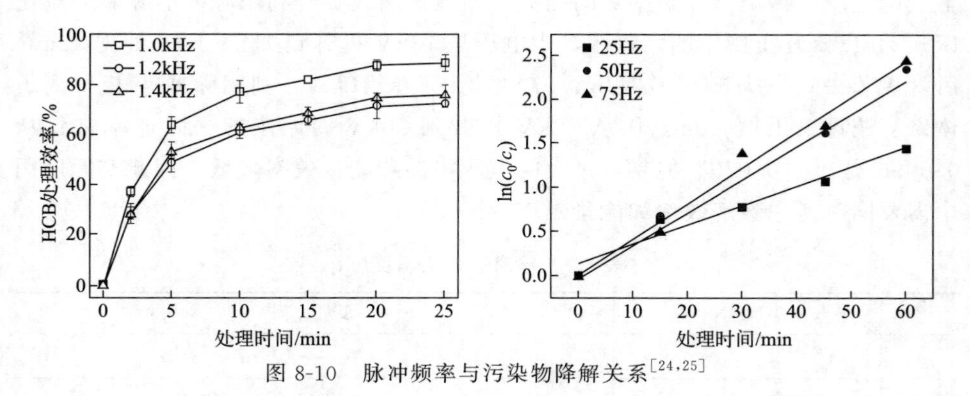

图 8-10 脉冲频率与污染物降解关系[24,25]

放电间隙也会影响土壤修复效果。增大放电间隙会削弱放电空间的电场强度，从而在相同的输入能量下降低空气中气体分子的运动速度。根据麦克斯韦分布曲线[26]，增大放电间隙，放电产生的电子从高能区移动到低能区，其能量下降更明显，从而削弱了降解效果。一般情况下，DBD维持稳定放电的间隙范围为0.1～1.5cm。针-板结构中，放电间隙越小，·OH与·O的光谱强度越高[27]。

放电气体种类对修复效果也会产生明显影响，因为气体种类可以直接影响活性粒子的种类。例如，氦气及（氧气、水分）掺杂氦气放电的射流态等离子体中的活性粒子种类存在差异，如图 8-11[28] 所示，从而导致修复效果存在差异。

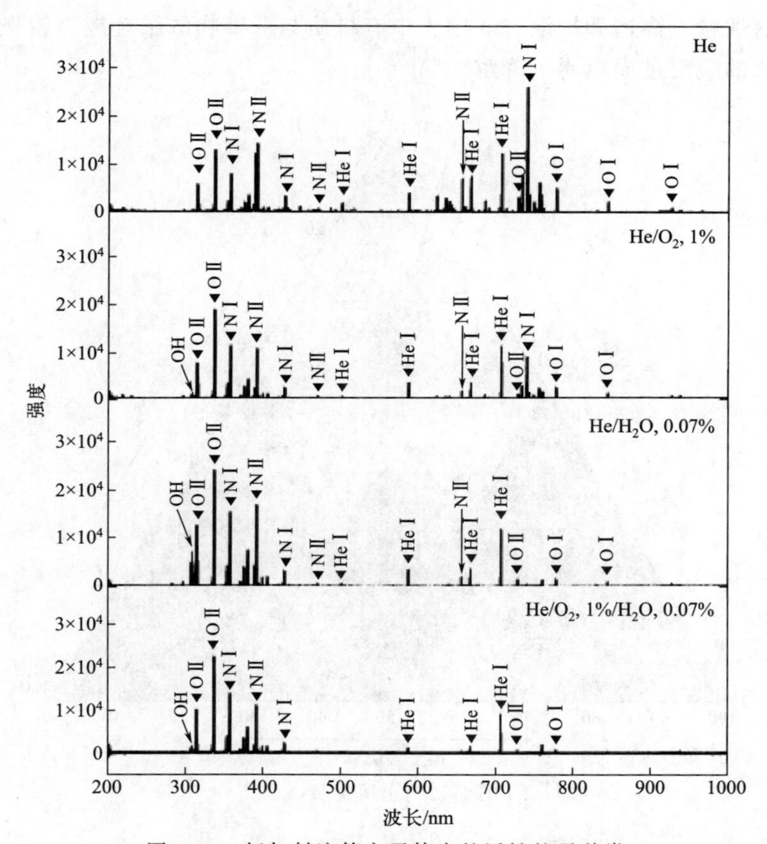

图 8-11　氦气射流等离子体中的活性粒子种类

气体流量会影响放电过程中产生的活性粒子数量，从而影响修复效果。流量过低时，产生活性粒子的量不足以降解土壤中的大量污染物；而流量过高时，活性物质被气体迅速带出，降低其在反应区域内的停留时间，也会使得污染物降解效率下降。因此气体流量需根据实际修复过程选择合适的范围。

8.5.2　土壤理化性质的影响

图 8-12 为土壤质地分类三角坐标图，土壤可以分为砂质土、黏质土和壤土等质地。土壤理化性质（有机质、颗粒大小、水分、pH 等）会影响污染物在土壤中的迁移，也会影响污染物的降解行为。Hatzisymeon 等对比了壤土与

砂土中氟乐灵的降解效率［图 8-13(a)］，结果显示砂土和壤土中的氟乐灵降解效率分别可达 78.8%和 38.5%[29]。这是因为：①壤土中的有机质较多，有机质会与污染物共同竞争放电产生的活性粒子；②壤土的颗粒度与孔径均较小，不利于活性粒子渗透和扩散；③壤土中有机质与污染物的结合能力较强，不利于污染物的脱附进而阻碍了降解。

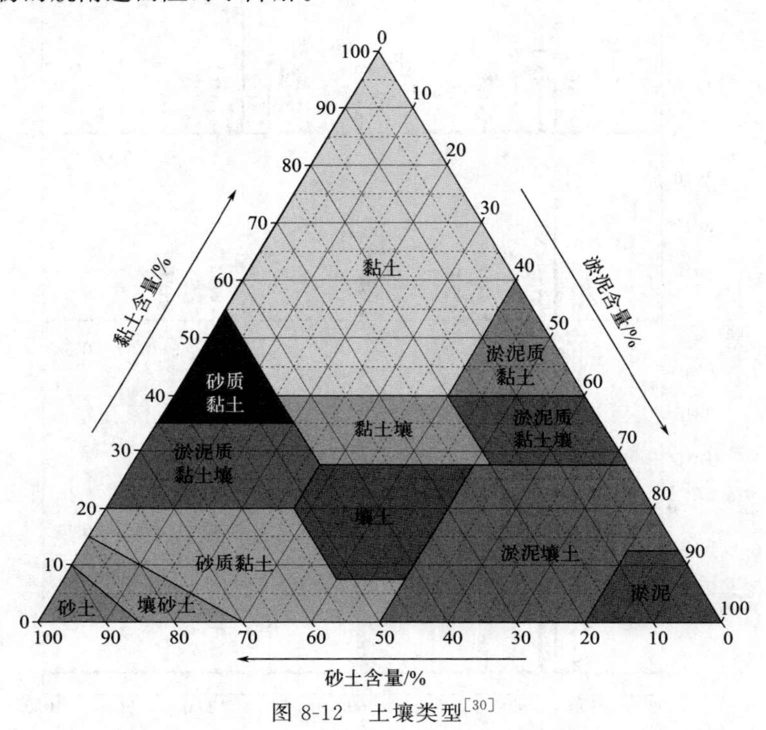

图 8-12 土壤类型[30]

水分与空气会充斥土壤颗粒缝隙中（图 8-14），水分不仅会影响土壤传质，并直接影响活性粒子·OH 的生成［(式（8-1)～式（8-4)］。当土壤湿度过高时，土壤颗粒、孔隙被水包裹，阻碍了活性粒子的扩散以及与污染物的接触；活性粒子也可能与水分发生反应从而失活。此外，注入反应器的一部分能量用于汽化水，使降解污染物的有效能量降低。而水分含量过低时会抑制式(8-2)～式(8-3) 的过程发生，导致·OH 产量较低，从而使污染物的降解效果不佳，因此，土壤湿度过高、过低都会抑制污染物降解，如图 8-13(b) 所示。

$$O_2+e^- \longrightarrow 2\cdot O+e^- \tag{8-1}$$

$$\cdot O+H_2O \longrightarrow 2\cdot OH \tag{8-2}$$

$$2H_2O+e^- \longrightarrow H_2O_2+2H\cdot \tag{8-3}$$

$$H_2O_2 \xrightarrow{h\nu} \cdot OH+\cdot OH \tag{8-4}$$

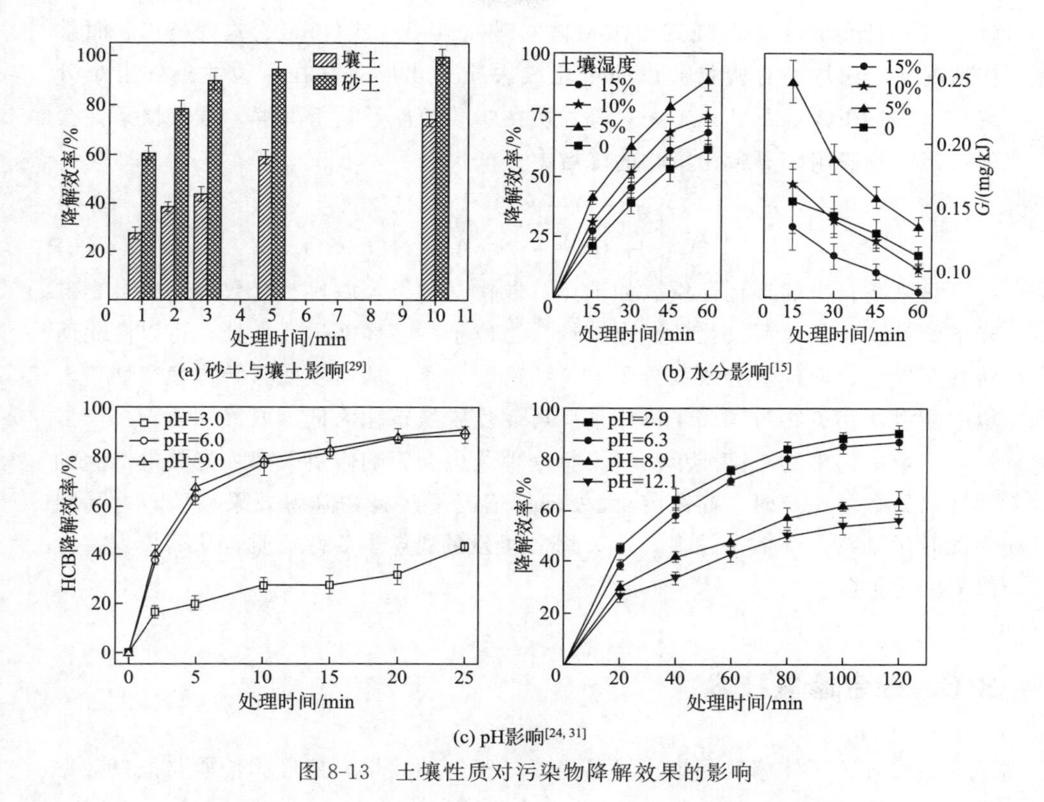

(a) 砂土与壤土影响[29]

(b) 水分影响[15]

(c) pH影响[24, 31]

图 8-13　土壤性质对污染物降解效果的影响

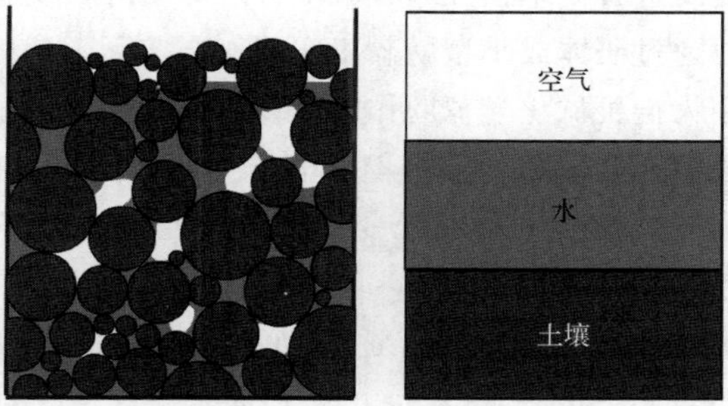

图 8-14　土壤示意图

土壤的酸碱性不仅影响有机化合物的解离和吸附，且影响放电过程中活性物质的种类。土壤中大多数污染物在碱性条件下的降解效果优于酸性条件[18,31,32]，这是因为大多数氯代 POPs 分解存在脱氯、脱氯化氢步骤，OH^- 的存在可促进反应正向进行；对于等离子体放电过程，碱性条件下更利于

O_3、·OH的产生，增强其与污染物的碰撞概率［式(8-5)、式(8-6)］。而某些情况下，土壤中有机物会以质子化或去质子化形式存在，碱性条件很难分解[33]，如PFOAs[9]、PCBs[8] 等物质在弱酸条件下利于降解。强酸性条件会促进污染物吸附，导致污染物的降解率较低[12]。

$$O_2 + \cdot O \longrightarrow O_3 \tag{8-5}$$

$$O_3 + H_2O_2 \longrightarrow \cdot OH + HO_2 + O_2 \tag{8-6}$$

污染物自身的理化性质（如沸点、取代基种类、取代基个数等）也会影响降解效率。一部分污染物的沸点较低，当位于某些局部过热点处，可以汽化而转移至气相；取代基会改变分子电子云密度分布，从而改变其结构稳定性；土壤中高氯化污染物被等离子体处理后可逐步脱氯转化为低氯取代物质。

土壤中污染物浓度或单次污染物处理量也会影响修复效率。当放电产生的活性物质数量一定时，高浓度/大处理量情况下污染物降解效果较差，这是因为此时污染物分子数量较多，污染物之间会激烈竞争活性物质，从而使得整体修复能力下降。

8.6 综合修复技术

虽然等离子体修复污染土壤已经有了很好的效果，但气固传质与能量效率是限制该技术应用的两个主要问题。

土壤修复前需要进行简单预处理，如筛分、晾干等，实验室中为了获得均一粒径土壤，可以通过研钵或小型粉碎机实现。在实际土壤修复处理时，因处理量较大，需采用大型机械化学球磨作为修复工艺的预处理过程，使土壤变得松散，既可使污染物充分暴露，也便于放电产生的活性粒子在土壤颗粒表面/孔道渗透。但是，球磨后的土壤粒径变小，且工业上球磨需要添加大量助剂（往往为CaO或者其他强碱性物质），均会对土壤的资源化再利用带来挑战，因此在采用该技术时，应考虑选择合适的助剂种类，并评估处理后土壤的安全性。

等离子体协同催化在VOCs治理领域中已得到广泛应用。结合方式可分为两种，一种是将催化剂置于放电区间内（并联），另一种是将催化过程置于等离子体处理之后（串联）。VOCs除了与等离子体中的活性粒子发生反应外，还可在催化剂表面发生催化降解反应。催化剂可以使臭氧分解成反应速率更快的·O，加快降解反应速度，且可以分解多余的臭氧，实现尾气安全排放。同理，等离子体修复污染土壤的过程中可以添加催化剂来提升处理效果，从而提升能量效率[24,34]。高能电子可以激发 TiO_2 形成电子-空穴对，进而发生式(8-7)～式（8-12）所示的反应，生成氧化能力更强的·OH。Wang[35] 和 Lu 等[36] 以 $\gamma\text{-}Al_2O_3$ 为载体负载 CuO、MnO_2、Fe_3O_4 等金属氧化物，结合脉冲电晕修复土壤中的污染物；CaO 与 Fe^0 等均可以作为添加剂促进土壤中污染物降解[37]。值得注意的是，等离子体协同催化修复污染土壤时，应注意所选择的催化剂不应对土壤造成污染（或者反应后易与土壤分离），不影响土壤原本环境及理化性质，便于后续资源化利用。

$$TiO_2 + plasma \longrightarrow e_{ch}^- + h_{vb}^+ \tag{8-7}$$

$$h_{vb}^+ + H_2O \longrightarrow H^+ + \cdot OH \tag{8-8}$$

$$h_{vb}^+ + OH^- \longrightarrow OH \tag{8-9}$$

$$\cdot OH + \cdot OH \longrightarrow H_2O_2 \tag{8-10}$$

$$O_2 + e_{ch}^- \longrightarrow \cdot O_2^- \tag{8-11}$$

$$2 \cdot O_2^- + 2H_2O \longrightarrow H_2O_2 + 2OH^- + O_2 \tag{8-12}$$

参考文献

[1] Vidonish J E, Zygourakis K, Masiello C A, et al. Thermal treatment of hydrocarbon-impacted soils: a review of technology innovation for sustainable remediation [J]. Engineering, 2016, 2: 426-437.

[2] Khan F I, Husain T, Hejazi R. An overview and analysis of site remediation technologies [J]. Journal of Environmental Management, 2004, 71: 95-122.

[3] Cristaldi A, Conti G O, Jho E H, et al. Phytoremediation of contaminated soils by heavy metals and PAHs: a brief review [J]. Environmental Technology and Innovation, 2017, 8: 309-326.

[4] Aggelopoulos C A, Svarnas P, Klapa M I, et al. Dielectric barrier discharge plasma used as a means for the remediation of soils contaminated by non-aqueous phase liquids [J]. Chemical Engineering Journal, 2015, 270: 428-436.

[5] Hanedar A, Güneş E, Kaykioğlu G, et al. Presence and distributions of POPs in soil, atmospheric deposition, and bioindicator samples in an industrial-agricultural area in Turkey [J]. Environmental Monitoring and Assessment, 2019, 191: 1-15.

[6] 吴少帅. 低温等离子体降解水和土壤中几种典型有机污染物的研究 [D]. 杭州: 浙江大学, 2014.

[7] Aggelopoulos C A. Recent advances of cold plasma technology for water and soil remediation: A critical review [J]. Chemical Engineering Journal, 2022, 428: 131657.

[8] Crombie T, Gow N A, Gooday G W. Influence of applied electrical fields on yeast and hyphal growth of Candida albicans [J]. Microbiology, 1990, 136: 311-317.

[9] Zhan J, Zhang A, Heroux P, et al. Remediation of perfluorooctanoic acid (PFOA) polluted soil using pulsed corona discharge plasma [J]. Journal of Hazardous Materials, 2020, 387: 121688.

[10] Tie N L, Wang C, Li J, et al. Evaluation of the potential of pentachlorophenol degradation in soil by pulsed corona discharge plasma from soil characteristics [J]. Environmental Science and Technology, 2010, 44: 3105-3110.

[11] Mu R, Liu Y, Li R, et al. Remediation of pyrene-contaminated soil by active species generated from flat-plate dielectric barrier discharge [J]. Chemical Engineering Journal, 2016, 296: 356-365.

[12] Zhao J, Zhang A, Héroux P, et al. Remediation of diesel fuel polluted soil using dielectric barrier discharge plasma [J]. Chemical Engineering Journal, 2021, 417: 128143.

[13] Aggelopoulos C A, Tataraki D, Rassias G. Degradation of atrazine in soil by dielectric barrier discharge plasma-potential singlet oxygen mediation [J]. Chemical Engineering Journal, 2018, 347: 682-694.

[14] Aggelopoulos C A, Hatzisymeon M, Tataraki D, et al. Remediation of ciprofloxacin-contaminated soil by nanosecond pulsed dielectric barrier discharge plasma: Influencing factors and degradation mechanisms [J]. Chemical Engineering Journal, 2020, 393: 124768.

[15] Wang T C, Qu G, Li J, et al. Evaluation of the potential of soil remediation by direct multi-channel pulsed corona discharge in soil [J]. Journal of Hazardous Materials, 2014, 264: 169-175.

[16] Zhan J, Liu Y, Cheng W, et al. Remediation of soil contaminated by fluorene using needle-plate pulsed corona discharge plasma [J]. Chemical Engineering Journal, 2018, 334: 2124-2133.

[17] Wang T, Ren J, Qu G, et al. Glyphosate contaminated soil remediation by atmospheric pressure dielectric barrier discharge plasma and its residual toxicity evaluation [J]. Journal of Hazardous Materials, 2016, 320: 539-546.

[18] Wu J, Xiong Q, Liang J, et al. Degradation of benzotriazole by DBD plasma and peroxymonosulfate: Mechanism, degradation pathway and potential toxicity [J]. Chemical Engineering Journal, 2020: 384: 123300.

[19] 杜长明，马丹燕．等离子体流化床修复多环芳烃污染土壤的研究 [C] //中国环境科学学会. 2015 年中国环境学会学术年会论文集. 广州：中山大学出版社，2015：5.

[20] Wang T C, Qu G, Li J, et al. Depth dependence of *p*-nitrophenol removal in soil by pulsed discharge plasma [J]. Chemical Engineering Journal, 2014, 239: 178-184.

[21] Karkare M V, Fort T. Determination of the air-water interfacial area in wet "unsaturated" porous media [J]. Langmuir, 1996, 12: 2041-2044.

[22] Choi H, Lim H N, Kim J. et al. Transport characteristics of gas phase ozone in unsaturated porous media for in-situ chemical oxidation [J]. Journal of Contaminant Hydrology, 2002, 57: 81-98.

[23] Zheng Q, Liu Z, Yang L, et al. The degradation of PCDD/Fs in fly ash using dielectric barrier discharge in a lab-scale reactor [J]. Chemical Engineering Journal, 2020, 387: 124005.

[24] 屠璇．介质阻挡放电修复六氯苯污染土壤的实验研究 [D]. 杭州：浙江大学，2021.

[25] 吴春笃，赵文信，王慧娟，等．芘污染土壤的脉冲放电等离子体修复分析 [J]. 高电压技术，

2015, 41 (1): 257-261.

[26] Ostrander P E. Maxwell-Boltzmann distribution [J]. The Physics Teacher, 1979, 17 (9): 615.

[27] 周广顺，王慧娟，吴强顺，等．载氧环境下脉冲放电等离子体修复污染土壤体系中自由基的发射光谱 [J]．光谱学与光谱分析，2017, 37 (3): 896-901.

[28] 陈竑钰．阵列式脉冲等离子体射流灭活芽孢的实验研究 [D]．杭州：浙江大学，2022.

[29] Hatzisymeon M, Tataraki D, Rassias G, et al. Novel combination of high voltage nanopulses and in-soil generated plasma micro-discharges applied for the highly efficient degradation of trifluralin [J]. Journal of Hazardous Materials, 2021, 415: 125646.

[30] Liu L, Liu H, Fu S, et al. Feasibility of magnetite powder as an erosion tracer for main soils across China [J]. Journal of Soils and Sediments, 2020,20(4): 2207-2216.

[31] 战佳勋．低温等离子体技术修复有机污染土壤的研究 [D]．上海：东华大学，2020.

[32] Wang H, Zhou G, Guo H, et al. Organic compounds removal in soil in a seven-needle-to-net pulsed discharge plasma system [J]. Journal of Electrostatics, 2016, 80: 69-75.

[33] Guo H, Jiang N, Wang H, et al. Pulsed discharge plasma induced WO_3 catalysis for synergetic degradation of ciprofloxacin in water: Synergetic mechanism and degradation pathway [J]. Chemosphere, 2019, 230: 190-200.

[34] Wang T C, Lu N, Li J, et al. Plasma-TiO_2 catalytic method for high-efficiency remediation of *p*-nitrophenol contaminated soil in pulsed discharge [J]. Environmental Science and Technology, 2011, 45 (21): 9301-9307.

[35] Wang T, Qu G, Sun Q, et al. Formation and roles of hydrogen peroxide during soil remediation by direct multi-channel pulsed corona discharge in soil [J]. Separation and Purification Technology, 2015, 147: 17-23.

[36] Lu N, Wang C, Lou C, et al. Combination of pulsed corona discharge plasma and gamma-Al_2O_3-supported catalysts for polycyclic aromatic hydrocarbon removal in soil [J]. Separation and Purification Technology, 2015, 156: 766-771.

[37] Zhang S, Liu Z, Li S, et al. Remediation of lindane contaminated soil by fluidization-like dielectric barrier discharge [J]. Journal of Hazardous Materials, 2023, 443: 130164.

第 9 章

低温等离子体在医疗领域的研究和应用

在过去的 20 年中已开展了大量等离子体医疗研究，包括糖尿病足溃疡的愈合、截肢部位感染的治疗及恢复、外周动脉供血不足引起的溃疡的治疗、因淋巴或静脉充血引起的伤口恶化、褥疮、烧伤、继发感染手术伤口、坏疽性脓皮病、类脂性渐进性坏死、大疱性表皮松懈症、痤疮等。在外科领域，等离子体已用于皮瓣和网状移植物的向内生长支持、网状移植物和皮瓣移植供区的治疗、缝合缺陷和浅表手术伤口感染的治疗、较大皮肤活检区域的治疗、网状移植前的伤口调理、恶性肿瘤伤口的姑息治疗等[1]。

9.1 伤口治疗

9.1.1 慢性伤口治疗

伤口愈合过程基于多种机制，包括凝血、炎症、细胞外基质的合成及沉积，以及血管生成、纤维化和组织重塑[2]。伤口的微生物菌落会延迟或阻止伤口愈合，从而导致慢性伤口发展。热等离子体已被证明不仅可用于医疗器械和植入物的灭菌，还可以用于烧灼和切割组织[3,4]，但是，热等离子体易造成过度热损伤和组织干化，从而给患者带来强烈的疼痛感并延长伤口愈合时间。如今，医学界纷纷将研究转向用非热平衡等离子体处理开放性伤口，以期降低或消除热损害[1]。具有生物相容性的低温等离子体是在低于 40℃的温度下运行的，可以直接应用于生物组织[4,5]。当前，等离子体物理学、化学、工程学、微生物学、生物化学、生物物理学、医学和卫生学领域的研究人员正在开展相关研究，以解决等离子体的实际应用问题，特别是关注等离子体和生物材料之间的相互作用[1]。

自 2007 年以来，低温等离子体因具有抗菌效果，已被证实在治疗糖尿病足溃疡等慢性伤口方面具有有益效果[6-8]，且等离子体不仅可以对抗单种病原体，还可以对抗耐药微生物以及生物膜[1]。Isbary 等[9] 通过研究证实，不同来源的伤口（静脉、动脉、糖尿病和外伤性溃疡）在用低温等离子体处理2min后，能显著减少感染，且没有副作用。Daeschlein等[10]在体外实验中证实了等离子体对大多数伤口感染病原体具有灭菌功效。从人皮肤中提取的培养细菌混合物经介质阻挡放电处理时，几秒钟内即可被灭活。等离子体在活体上使用也有杀菌作用，等离子体可对小鼠皮肤消毒而不会伤害小鼠[4]。除了抗菌作用外，低温等离子体还可刺激微循环，激活不同类型细胞（如角化细胞、内皮细胞、外周血单个核细胞和成纤维细胞）以及引起多种细胞凋亡[11-14]。其中，角化细胞和成纤维细胞在伤口愈合后期非常重要，经等离子体激活的角化细胞和成纤维细胞之间相互作用会影响成纤维细胞中生长因子的表达[15-17]。

Stratmann等[18]在一项随机、安慰剂对照的患者双盲试验中，评估了在受控住院环境下的43名患者共62处伤口经等离子体治疗后的情况。试验对象是浅表的或深入肌腱并出现感染但没有缺血迹象的伤口。护理过程包括全身抗生素治疗（必要时）、定期伤口清创、局部消毒、换药和湿润伤口护理，在此过程中加入等离子体和安慰剂治疗。这是一项双中心试验，伤口被单独随机分组，考虑了伤口大小、患者的年龄、性别和吸烟状况。先采用等离子体连续5天、每天1次处理伤口表面（$30s/cm^2$伤口），之后每隔1天用1次，再使用3次。采用氩等离子射流设备kINPen® MED作为主动治疗设备，而在安慰剂对照治疗时，采用同样的设备以同样的方式操作，但是只通氩气而不放电（即仅模仿等离子体的声音而不产生等离子体，但患者对此并不知情）。该设备由一个主机和一个手持件组成［图9-1(a)］，总重量约4.0kg，功率约为50W，频率约1MHz，可接市电使用。该设备仅使用氩气运行，氩气流量通常为4～6L/min，在手持件头端形成5～8mm长、温度低于40℃的等离子射流［图9-1(b)］。手持件的形状和大小与笔相似，重量较轻，可以灵活而精确地用于复杂表面处理。该手持件配备了一个可更换的一次性无菌隔离头，用于在治疗期间保持卫生和保持预设距离。手持件尾端有一根1.5m长的软管，用于连接主机电源和气体供应单元。治疗强度取决于等离子体处置时间。治疗期间创面愈合情况由一名盲法研究者记录和评估。在每次更换敷料、伤口处理和等离子体应用前评估临床和微生物感染情况。这是一个具有统计学意义的结果（$p=0.03$）。等离子体治疗后剩余创面面积仅为30.5%，而安慰剂组为55.2%（$p=0.03$）。因此，等离子处理后伤口面积闭合量比单独标准处理条件下高55%（图9-2）。等离子体治疗无痛且耐受性良好，在整个治疗过程中，所有患者均未出现任何与等离子体治疗相关的副作用。等离子体处理会急剧减少微生物负荷，但随着时间的推移，伤口会再次感染。显然，等离子体在治疗过程中并没有完全消灭细菌，这说明了抗菌和抗生素同时辅助治疗的重要性。

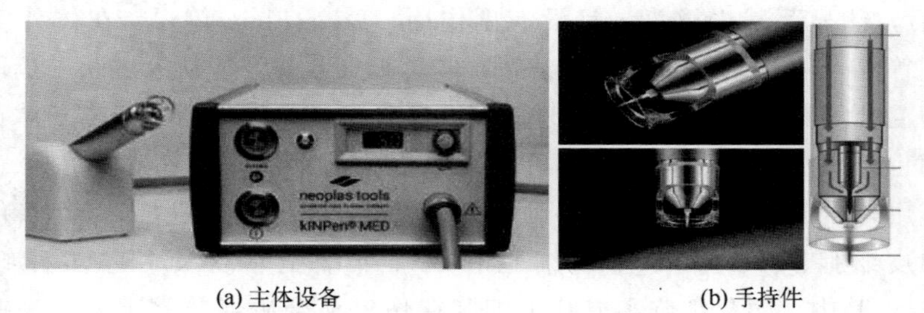

(a) 主体设备　　(b) 手持件

图 9-1　氩等离子射流设备

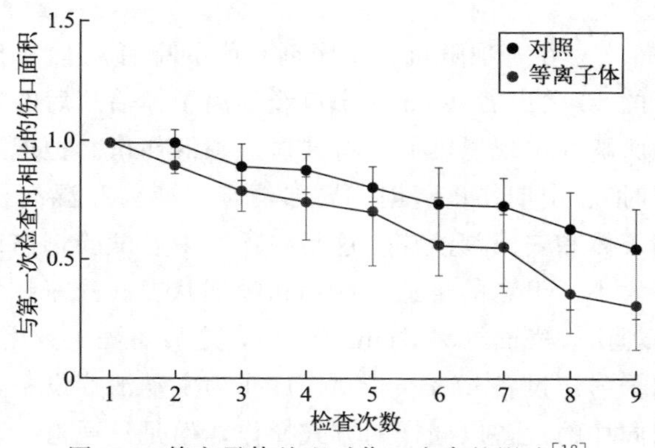

图 9-2　等离子体处理对伤口愈合的影响[18]

2020 年，Mirpour 等[19] 在一项随机但非安慰剂对照研究中评估了氦低温等离子体对 22 名患者伤口的治疗效果。患者被随机分组以接受低温等离子体或标准治疗，所有患者均同时接受抗生素治疗。每周应用低温等离子体 3 次，持续 3 周，无论伤口大小如何，每次均处理 5min。结果表明，低温等离子体导致创面显著减小。在低温等离子体处理前后直接测量了细菌负荷，证明伤口抗菌作用是低温等离子体处理的直接结果。关于伤口表面收缩情况，试验结果与前述相当。

Arndt 等[20] 发现，大气压低温等离子体可以正向影响几个与创面愈合相关因子的表达，在体外进行等离子体处理时，促炎性细胞因子和生长因子如 IL-6、IL-8、MCP1、TGF-β1 和 TGF-β2 被刺激或激活。等离子体增加了成纤维细胞的迁移率，但成纤维细胞的增殖率不受影响，促凋亡和抗凋亡标志物保持不变。然而，Ⅰ型胶原蛋白和 α-平滑肌肌动蛋白（α-SMA）的表达率有所增加。在体外和体内对角化细胞开展等离子体处理时，等离子体诱导了 IL-8、TGF-β1 和 TGF-β2 表达率的增加，但角化细胞的增殖和迁移不受影响[21]。

Brehmer 等[22] 将等离子体作为标准伤口治疗之外的附加治疗，以证明等离子体应用在临床慢性静脉溃疡中的安全性和有效性。在这项单中心、双臂、随机、对照的初步研究中，除了标准护理外，7 名腿部静脉性溃疡患者接受了等离子体医疗设备治疗，治疗时间超过 8 周，每周 3 次，等离子体处理时间为 $45s/cm^2$。另外 7 名患者只接受了标准的伤口治疗。标准伤口治疗包括反复清创，用生理盐水清洗伤口，使用 Mepitel®或 Mepilex®敷料保持伤口湿润，使用弹力袜 Ulcer X®以防止静脉高血压[23]。结果表明，应用等离子体后立即显著减少了伤口中的细菌负荷，两组患者之间的相对伤口大小没有明显差异。然而，在等离子体组中，即使平均初始伤口尺寸更大，在治疗期结束时伤口面积绝对缩小量也更大。在 3 名患者中，溃疡面积减少了约 50%。唯一完全治愈溃疡的患者是在等离子体组。值得一提的是，等离子体组的患者在治疗过程中的疼痛减轻了。尽管患者数量比较少，但可以认为使用等离子治疗是安全且可行的。

在一项评估低温等离子体、常规液体防腐剂奥替尼啶二盐酸盐（octenidine dihydrochloride，ODC）及两者联合使用抗菌效果的研究中，发现等离子体和 ODC 顺序应用是治疗慢性创伤最有效的抗菌治疗策略[24]。等离子体治疗创面的最大强度为 $90s/cm^2$，每 2～3 天治疗一次，平均治疗时间 6～12 周(取决于愈合过程)。由于等离子治疗通常是非侵入性和非接触式（射流装置）或几乎非接触式（DBD 装置），因此不需要对等离子治疗进行特定麻醉。相反，等离子治疗本身可能能够减轻由溃疡或伤口敷料引起的疼痛，且可减轻皮肤溃疡的气味[25]。等离子体在消毒和伤口处理中的应用已进入临床常规实践。在等离子治疗的 90s 内，一次应用就能达到减少细菌、促进血液流动和皮肤氧化、刺激组织等医疗效果。根据 7 年的临床经验，等离子体治疗伤口是有效和安全的，没有观察到相关的短期或长期副作用[1]。未来，等离子体设备应进一步开发大面积电极，并与伤口敷料等结合使用[1]。

近年来，笔者团队使用氦等离子体射流处理患糖尿病大鼠的伤口，从伤口形貌、再上皮化、胶原蛋白沉积等方面评估了氦等离子体在糖尿病大鼠慢性皮肤伤口愈合中的功效（图 9-3）。等离子体治疗为每日 1 次，每次 120s，等离子体的频率为 15kHz，电压为 4kV，氦气流速为 5L/min，处理时喷嘴距离伤口表面的距离为 2cm，处理前后使用相机和标尺记录伤口形状的变化，以不通电时的氦气射流作为对照组。图 9-4 显示了氦等离子体治疗组和对照组在伤口愈合过程中伤口形态随时间的变化。与氦气处理的对照组相比，等离子体治疗组的愈合速度明显较快。在愈合过程的中期（第 6～12 天）可以观察到等离子体治疗组和对照组伤口面积和形态的显著差异。等离子体治疗组的伤口收缩在第 6 天左右非常明显，在第 9～15 天时大大改善。在第 21 天末，等离子体治疗组伤口基本完全愈合，但对照组的伤口仍然没有完全封闭。

图 9-3　采用等离子体射流处理大鼠伤口

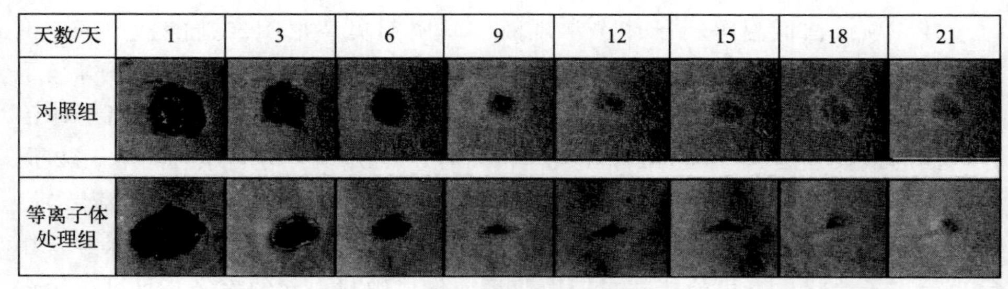

图 9-4　伤口形态变化（见彩插）

图 9-5(a) 显示了伤口再上皮化水平，与对照组相比，等离子体处理组伤口的再上皮化有明显的增强，尤其是在伤口恢复中期（第 14 天）。图 9-5(b) 显示了胶原蛋白沉积量。在整个实验过程中，等离子体处理组的胶原蛋白沉积都要优于对照组，这可能与等离子体能够降低基质金属蛋白酶（MMPs）的活性有关，这有利于伤口愈合。胶原蛋白是赋予皮肤抗张强度的蛋白质，在伤口愈合的每个阶段都发挥着关键作用。它吸引纤维细胞和角质形成细胞等聚集到伤口，从而促进清创、血管生成和再上皮化。另外，胶原蛋白为新组织的生长提供了天然的支架和底物。

图 9-6 显示了第 7、14 和 21 天伤口的马松（Masson）三色染色结果，可反映胶原蛋白沉积情况。图中可以看出，在愈合过程的早期即第 7 天，伤口部位的胶原蛋白形成较少。这可能是因为伤口此时处于炎症反应阶段，进入增生阶段的早期，因此，与第 14 天和第 21 天相比，胶原蛋白的沉积最小。在第 14 天和第 21 天，可以看出等离子体处理组与对照组之间的颜色差别。胶原蛋

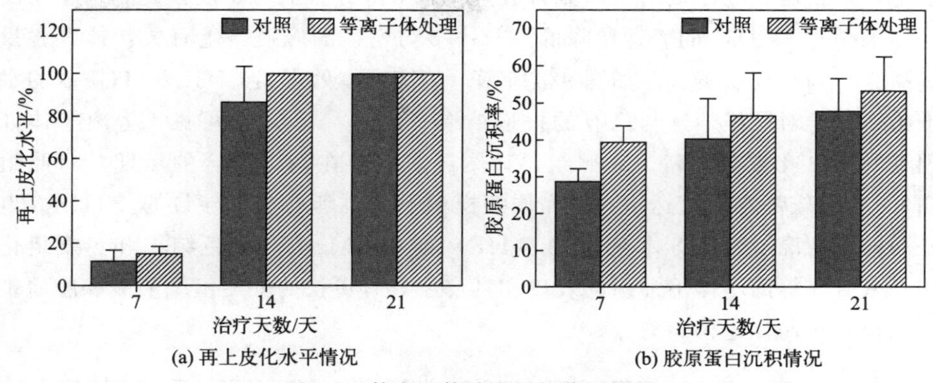

图 9-5　等离子体治疗慢性伤口情况

白的蓝色越深，说明其成熟度越高，尤其在第 21 天，通过颜色的对比，等离子体处理组胶原蛋白成熟水平高于对照组。

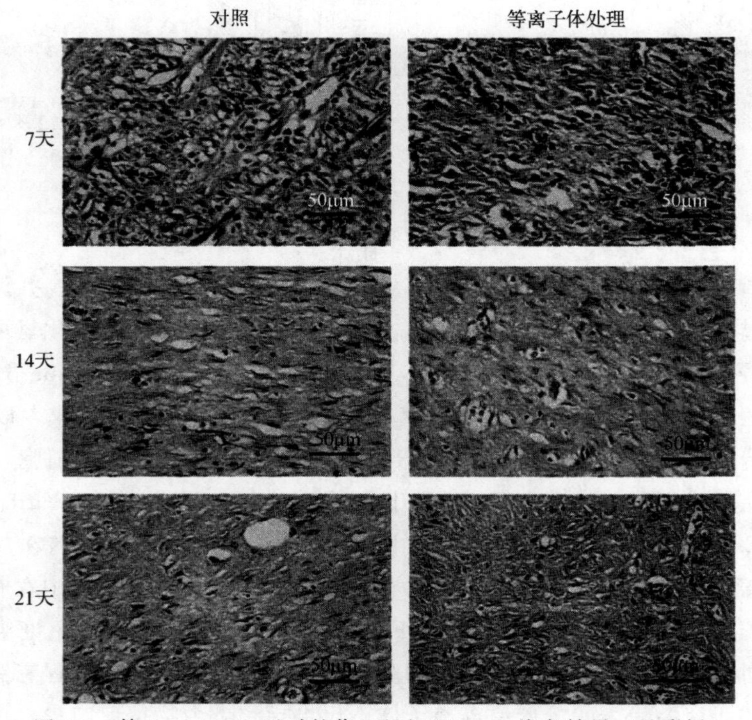

图 9-6　第 7、14、21 天时的伤口组织 Masson 染色结果（见彩插）

血管数量在受伤后会增加，随着伤口的愈合，血管数量会随之下降。血小板内皮细胞黏附分子-1（CD31）是一种免疫球蛋白，通常位于新生血管内皮细胞，是新血管的标记物。当血管数量开始下降并且血管密度恢复到未受伤皮肤的水平时，CD31的表达量降低。TGF-β与伤口的瘢痕增生有关，如其含量过高会不利于皮肤美观。如图9-7所示，等离子体处理组CD31和TGF-β的水平始终低于对照组，这与已有的报道结果一致[26,27]，由此可见，等离子体处理组的伤口成熟度均高于对照组。该图还表明，在伤口愈合的后期，对照组CD31仍有较高水平表达，这是糖尿病模型下伤口延迟愈合导致的。TGF-β也是同样的情况。综合苏木精-伊红（HE）染色、Masson染色结果和免疫组化结果来看，等离子体治疗组的表皮和真皮层具有更快的上皮组织形成和胶原蛋白沉积，从而促进伤口愈合。

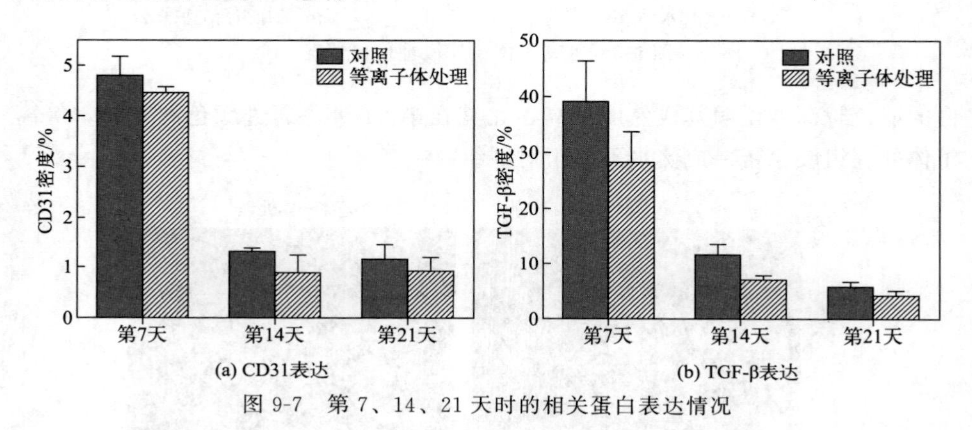

图9-7　第7、14、21天时的相关蛋白表达情况

等离子体处理可能会增加细胞信号传导中涉及的自由基数量，并影响伤口的愈合过程。伤口暴露于等离子体后，其中的超氧阴离子和过氧化氢可以直接攻击入侵的细菌和其他病原体。ROS会增加超氧化物歧化酶（superoxide dismutase，SOD）的活性，刺激血管生成和再上皮化以及NO生成，以促进伤口的愈合。在伤口愈合过程中，ROS可激活巨噬细胞、成纤维细胞、内皮细胞和角质形成细胞，产生血管内皮生长因子（vascular endothelial growth factor，VEGF）。加速伤口愈合不仅是由ROS引起的，而且还由NO参与引起的，光谱分析结果表明，等离子体中还有大量的RNS存在，其中存在的NO就有助于伤口收缩、血管形成和TGF-β表达，这与HE染色和免疫组织学的改善相对应。从伤口外观和组织学的观察来看，这可能与愈合过程有关。

上述研究结果表明，低温等离子体不仅可导致微生物负荷减少，更重要的是它可以在细胞基础上通过改善微循环激活慢性伤口。等离子体疗法结合了两个优点：①有效消除多重耐药细菌；②由于等离子体具有多种理化性质，微生物极不可能对其产生耐药性。等离子治疗的其他优点是无创、局部、无痛应用，以及它是气体状态，可以渗透到极小的区域，例如瘘管、溃疡的边缘区域。

9.1.2　急性伤口治疗

已有证据证明，采用低温等离子体治疗急性伤口，具有加速伤口闭合、预防或治疗伤口感染并有助于提高瘢痕强度和美容外观质量的作用[1]。由于微生物菌落可以延迟或阻止伤口愈合，从而导致慢性伤口，因此等离子体可用作急性伤口的预防性消毒剂。另一方面，使用抗生素预防或治疗伤口感染存在着微生物耐药性和其他副作用（如过敏或不耐受）的风险，而采用低温等离子体治疗则不会存在此类风险。

低温等离子体的分子效应已在伤口相关细胞和不同的急性伤口愈合动物模型中进行了研究。最重要的伤口相关细胞是成纤维细胞、角化细胞、内皮细胞和免疫细胞。在组织损伤过程中，这些细胞通过自分泌（相同细胞类型）和旁分泌（不同细胞类型）机制相互交流，以协调伤口愈合的复杂过程。在开放性伤口中，等离子体治疗直接影响这些细胞，并且还通过细胞间通信和各种伤口愈合相关细胞因子（例如 IL-6、IL-8、TNF-α）和生长因子（例如 TGF-β1/2、VEGF、EGF、FGF）发挥作用。这些因子由等离子体诱导并激活细胞内信号通路，从而影响细胞迁移、增殖、收缩或血管生成[20,21,25]。

Vandersee 等[28] 采用氩等离子体射流装置研究了低温等离子体治疗急性伤口的情况。6 名健康志愿者在前臂上构建了 4 个标准化、真空产生的水疱伤口（10～18mm^2），接受了不治疗、等离子体治疗 60s、奥替尼啶治疗、序贯用等离子体和奥替尼啶治疗。在 2 周的治疗过程中，采用摄像机和共聚焦激光扫描显微镜对伤口面积缩减情况评估了 6 次。与其他伤口相比，经等离子体治疗后，伤口显示出更快的面积缩减。尤其是在早期炎症阶段，伤口修复加速，从而诱导增殖阶段更早开始。然而，使用奥替尼啶（单独或与等离子体联合）治疗没有显示出加速组织再生的潜力，这可能是由于细胞毒性作用。

Metelmann 等[29] 研究了等离子体促进激光皮肤置换后急性创面愈合的潜力。在 5 名受试者的前臂上创建了 4 个小的 CO_2 激光伤口（1cm×1cm），然后通过各种等离子体应用模式进行治疗。愈合结果通过美学方面（例如与周围未处理皮肤相比，恢复后的皮肤颜色和质地）进行评估。使用氩等离子体射流装置对其中一个激光损伤部位进行 10s 等离子体刺激治疗，第二个部位用 30s 等离子体刺激治疗，第三个部位在接下来的三天内均进行 10s 等离子体刺激，第四个部位不进行治疗。治疗结果随访 10 天，由 5 名独立审查员对照片进行盲法分析。等离子体刺激对浅表急性皮肤损伤的愈合有积极影响。这可能不仅是由杀菌等离子体效应引起的，还可能是由对组织再生的额外刺激引起的。在随后发表的一篇文章中，介绍了这 5 名患者 6 个月和 12 个月的随访结果[30]。重复等离子体治疗在避免术后色素沉积方面优于其他组。此外，等离子体治疗后皮肤长达 12 个月内未出现癌前病变。然而，为了排除等离子体治疗带来的任何癌症风险，需要更长的随访期。

Nishijima 等[31] 研究了等离子体治疗 12 名健康志愿者因 CO_2 激光产生的急性伤口的效果。选取受试者左前臂上 4 个相近大小的区域（1.5cm×2.0cm）实施 CO_2 激光照射。此后，每名患者接受以下治疗之一：等离子体治疗（氩等离子体射流处置 60s）、戊酸倍他米松-硫酸庆大霉素软膏治疗、碱性成纤维细胞生长因子喷雾剂治疗、不治疗（对照组）。测量激光照射前后以及第 1、3、7、14、28 天的伤口愈合、发红、粗糙和色素沉积的过程。那天之后，与对照组相比，等离子体处理区域的 a＊I 指数（红度）得到显著改善（$p=0.03$）。从第 3 天开始，这两组在所有评估项目中表现出相似的趋势。所有指标在经等离子体、软膏和喷雾剂处理后，没有显示出显著差异。在这项研究中，与对照组相比，等离子体治疗后红肿得到明显改善，表明等离子体的抗炎作用与常规疗法相当。所有治疗组均未出现疼痛、感染、出血等并发症。

为了评估等离子体对愈合过程的影响，40 名实施了大腿皮肤移植的患者参加了一项试点研究[24]。所有患者在治疗之前都在大腿上标准化地采集了一块厚 4mm 的中厚移植物。皮肤移植供体部位被分成两个大小相等的区域，随机分配接受等离子体治疗或安慰剂治疗（仅使用惰性气体氩气）。治疗装置是氩等离子体射流装置 MicroPlaSter β（Adtec Healthcare，英国 Hounslow 公司）。治疗持续 2min（每个治疗区域 $5cm^2$），除周末外每天进行。治疗从术后第一天开始，直到完全再上皮化。在治疗期间，伤口用吸收性泡沫敷料覆盖。拍摄每个伤口区域的标准化照片，并由两名盲法调查人员独立评估。研究人员比较了伤口区域的再上皮化、血痂、纤维蛋白层和伤口周围环境。与安慰剂治疗区域相比，从第二次治疗开始，接受等离子体治疗的供区区域在促进再上皮化和减少纤维蛋白层和血痂方面显示出显著改善作用。盲法研究者之间的一致性非常高。伤口周围始终没有炎症或渗液迹象，没有观察到治疗的相关副作用，治疗耐受性良好。

在采用等离子体治疗前，应进行标准化的伤口记录，细菌拭子有助于记录治疗前的细菌负荷和成分，并发现多重耐药菌株。等离子体治疗之前和期间的照片记录有助于客观地可视化治疗结果。等离子体治疗应在用 0.9%无菌 NaCl 或伤口清洗液清洁伤口以去除碎屑和伤口渗出物后进行。在治疗急性伤口时，等离子体通常作为标准伤口治疗的附加治疗，应在受伤后尽快开始，以防止伤口感染。此外，研究表明等离子体在早期炎症阶段就能加速伤口愈合。然而，文献中并没有足够的证据表明哪种治疗频率、应用时间和治疗时间可能是促进伤口愈合的最佳方法。目前尚不清楚每日治疗是否优于每周一次、每周两次或每周三次治疗，以及患者是否从治疗中获益，这些情况也取决于用于治疗的等离子设备。

与慢性伤口治疗相似，等离子体用于急性伤口治疗可以在门诊环境中轻松进行，不需要麻醉，不需要特殊的治疗后护理。迄今为止未观察到过敏反应、细菌耐药性或其他副作用[4,30,32]。小鼠实验、猪皮肤和人体皮肤活检的离体研究以及活人体细胞的体外实验表明，采用伤口治疗剂量进行等离子体治疗后，没有细胞损伤（坏死）。临床研究表明，当使用经过认证的等离子设备并遵守推荐的治疗时间时，等离子体具有良好的耐受性并且不会引起明显的疼痛。

9.1.3　等离子体促进伤口愈合的机制

等离子体可短暂影响成纤维细胞的迁移和增殖[33]。成纤维细胞和角化细胞的增殖以及迁移量的增加是伤口愈合的重要机制，可促进快速再上皮化和胶原合成[34]。等离子体在创面愈合的不同阶段均可发挥作用。为了促进伤口收缩，成纤维细胞分化为肌成纤维细胞。这种分化过程也被等离子体治疗激活，并进一步促进生理组织修复[35]。

等离子体可以调节人体的免疫系统，在角化细胞中诱导抗微生物肽如β-防御素（BD）[21]。有研究表明，等离子体处理可刺激和改变皮肤细胞的氧化还原平衡[15]。经等离子体处理的伤口显示出受调节的细胞因子模式［如白细胞介素-1β（IL-1β）、IL-6 和肿瘤坏死因子-α（TNF-α）的诱导］、早期骨髓细胞浸润增加[25]。同时，等离子体导致核红细胞 2 相关因子 2（Nrf2）信号通路的早期激活，该通路主要用于控制细胞防御[25,27]。几种血管生成相关因子，如角化细胞生长因子（KGF）、碱性成纤维细胞生长因子（bFGF）、血管内皮生长因子（VEGF）、肝素结合 EGF 类生长因子（HBEGF）、集落刺激因子（CSF2）、血管生成素-2（Ang-2）、血管抑制素（PLG）、双调蛋白（AR）、内皮抑制素和血管生成相关受体 FGF R1 和 VEGF R1，均可以受到低温等离子体的调节，并在伤口愈合期间对血管生成产生积极影响[12,25]。

等离子体可以增加伤口附近皮肤的血氧饱和度。Rutkowski 和 Daeschlein 等使用高光谱成像技术（HSI）针对一名颈部术后急性伤口患者分析了低温等离子体对组织微循环的影响[36,37]。在使用等离子体射流治疗前后以及治疗后

10min 的时间节点进行 HSI 检查，发现在治疗后的伤口以及周围伤口中，表层和深层皮肤的血氧饱和度显著增加，血红蛋白浓度升高。这种对血液灌注和氧合的刺激作用也可能有助于改善伤口愈合。当然，对等离子体处理的生物反应取决于许多变量，例如使用的等离子体源、等离子体成分的组成、操作参数、治疗频率和治疗间隔。

9.2 低温等离子体凝血

长期以来，等离子体一直用于凝血[38,39]。研究表明，低温等离子体在对伤口消毒的同时可以促进伤口凝血，且不会对周围伤口和组织造成损害。一般认为，低温等离子体通过促进血液凝固来控制组织的渗出出血，同时防止术后并发症。该机制与使用手术止血剂刺激血小板聚集和激活凝血因子从而生成血液凝块相似。Fridman 等[40] 设计了一种悬浮电极-介质阻挡放电（FE-DBD）等离子体装置用以处理血液，如图 9-8 所示，结果表明，自然状态下的血液未经等离子体处理时需 15min 凝固，而经等离子体处理 15s 后，凝固时间少于 1min。

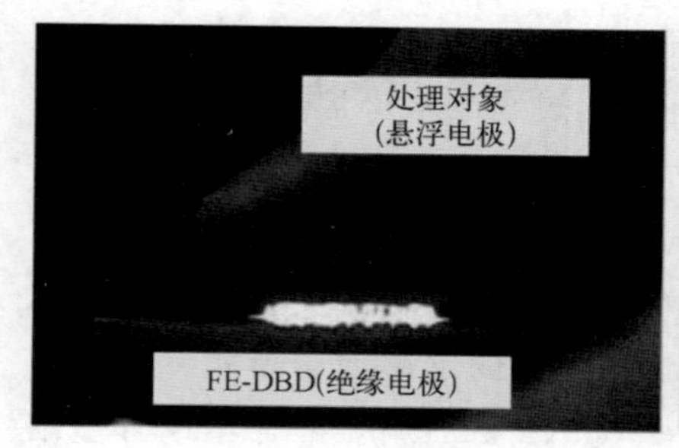

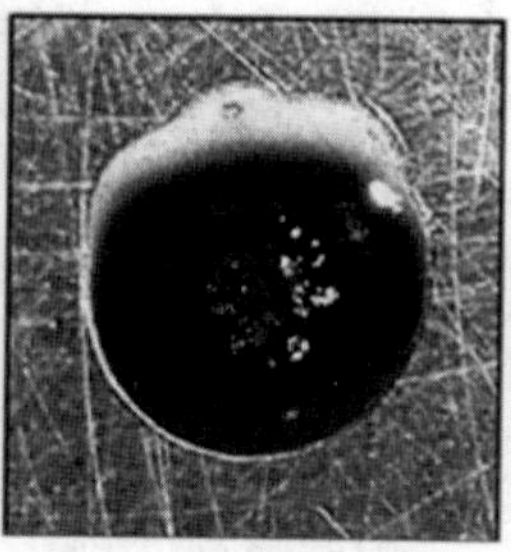
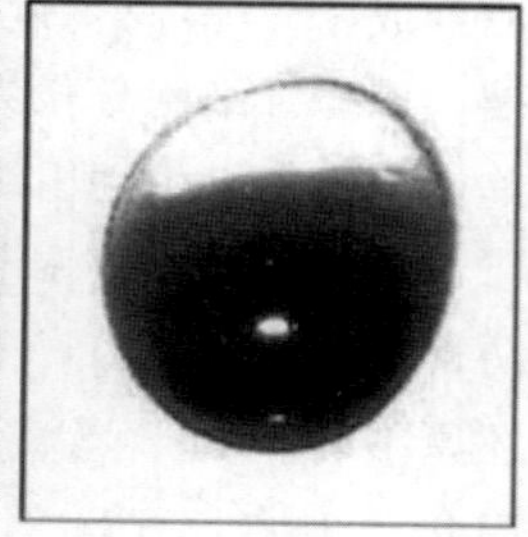

图 9-8 FE-DBD 处理血液[40]（见彩插）

早期研究中，血液中血小板的聚合和凝血因子的激活被认为是等离子体促进血液凝固的主要原因。然而，随着等离子体促凝血研究的深入，发现等离子体影响血液凝固的因素不止这些。Ikehara 等[41] 采用等离子体射流处理出血伤口的研究表明，射流不仅激活血液中的血小板和凝血因子，还包括刺激血液中的其他物质聚合。Kalghatgi 等[42] 报道了使用 DBD 等离子体直接接触血液时会选择性触发血液凝结机制，其中纤维蛋白受刺激会聚集。Chen 等[43] 设计了空气等离子体射流装置，产生低于 75℃ 的射流，可以快速凝结血液样本。通过光谱分析，射流中携带大量活性氧原子，可与核酸、脂质和蛋白质等发生化学反应。Miyamoto 等[44] 演示了等离子体射流诱导血清蛋白聚合从而产生膜状结构促进凝血，认为射流引发全血凝块不仅限于血小板的聚集和凝结，还对红细胞产生了影响；红细胞溶血产生的膜状结构可能与射流电流大小有关，等离子体射流诱导凝血机理如图 9-9 所示。

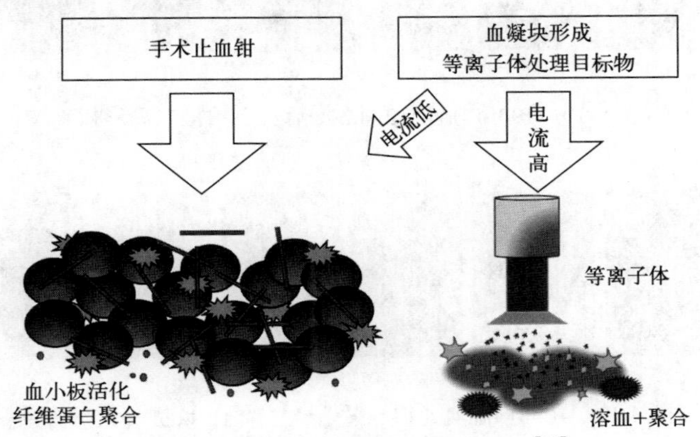

图 9-9　等离子体射流诱导凝血机理[44]

等离子体射流对血液细胞的临床毒性和安全性也已进行了研究。Joshi 等[45] 利用猪皮模拟人类皮肤，评估了等离子体射流处理猪皮表面伤口时所带来的毒性剂量水平，发现射流对组织并没有任何毒性且促进了血液的快速凝固；同时，血液凝块保护了伤口组织免于等离子体损害。Baik 等[46] 研究了等离子体射流对血液细胞的选择性毒性，结果表明毒性主要受进气和处理时间影响，大气压等离子体射流可以应用于与血液细胞相关疾病的治疗。

笔者团队采用脉冲低温等离子体射流处理血样，其中，脉冲电压为 5kV，频率为 15kHz，气体总体积流量为 8L/min，处理时间为 30s，结果如图 9-10 所示。a 为空白组，移取 100μL 小鼠血液平铺于玻片上，于空气中静置 30s，血液呈流动状态，表面无任何变化。b 作为对照组，只通氦气不通电，发现血液随气体向外扩散，并出现小部分表面凝固。c～h 均通电，c 进气为纯氦气，d～h 则是改变氦氧混合气体中氧气的体积分数。c～h 血液表面的凝固以射流吹射部位向外扩散，血样中有明显的胶冻状凝块。图 9-11 拍摄于血样处理后的 1h。对比图 9-10 与图 9-11，静置之后，血样表面由不能流动的胶冻状态向流动状态转变，凝固程度有所减弱，以 e、f、g 组最为明显。实验结果显示，等离子体射流处理血样表面短时间内确实加速了血液表面的凝固，可能是射流激发了血液中的凝血因子从而加速了血液凝固，但是无法排除气体流动造成血液表面凝固的可能性。此外，通过直接观察法无法判断实际凝血程度。

采用电镜观察上述实验中血样表面形成的血膜，结果如图 9-12 所示。当

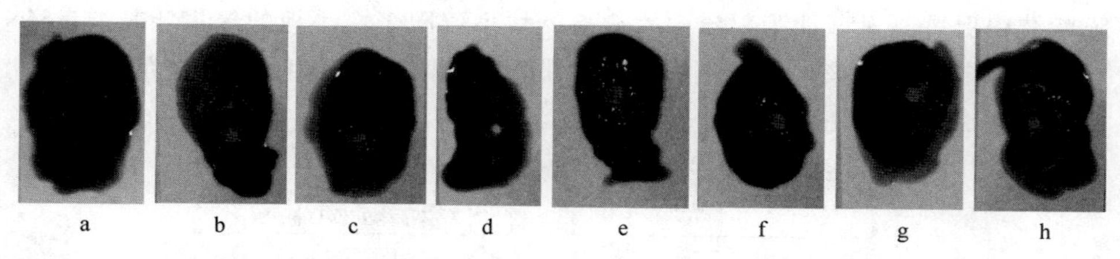

图 9-10 100μL 血液处理 30s 后马上拍摄（见彩插）

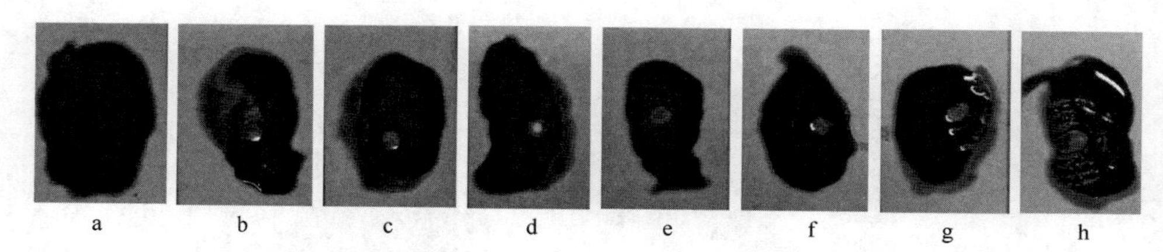

图 9-11 100μL 血液处理 30s 之后静置 1h 拍摄（见彩插）

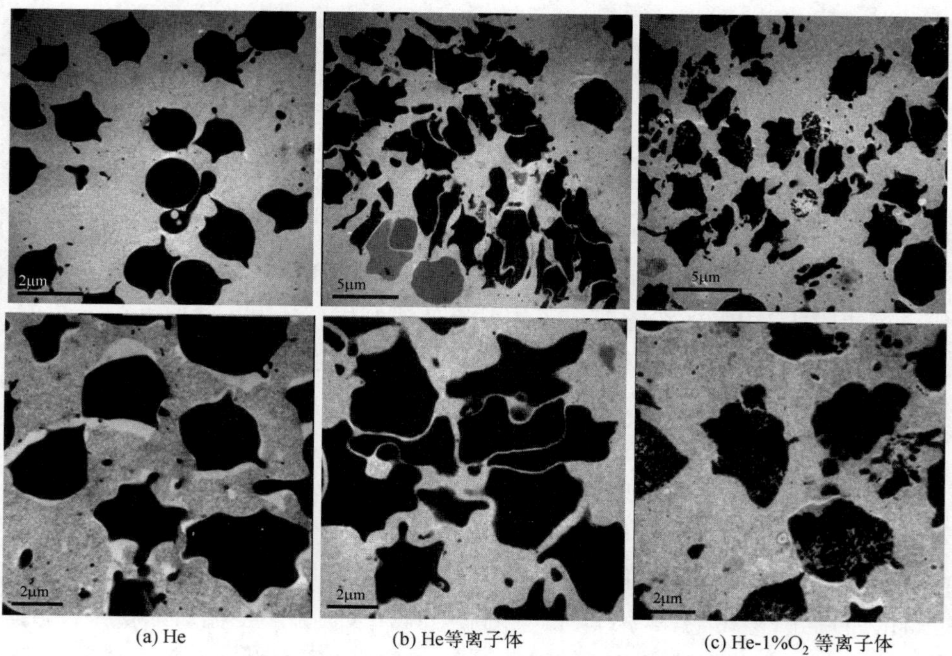

图 9-12 不同 He 组分等离子体对红细胞的影响

不通电仅使用 He 吹扫血滴表面时，红细胞不会受到破坏，仍保持正常的形态，表面光滑平整。使用 He 等离子体射流处理血滴表面，会使血细胞向表面聚集，红细胞受到刺激后破裂变形。当使用 O_2 体积分数为 1%的 He-O_2 等离子体处理血滴时，红细胞受破坏程度更深，细胞破裂成碎块，说明 He 中掺杂少量 O_2 更有利于快速凝血，可能的原因是红细胞破裂产生的血红蛋白可与血液中其他纤维蛋白或血小板黏合，加快凝血速度。

图 9-13 是 He-N_2 混合气体射流对凝血效果的影响，图 9-13(a) 和图 9-13(b) 分别经 N_2 体积分数为 1%和 2%的 He-N_2 等离子体射流处理。处理后均出现膜结构，说明 He-N_2 等离子体同样会刺激血滴表面的血细胞，使其破裂并与血小板形成膜状结构。

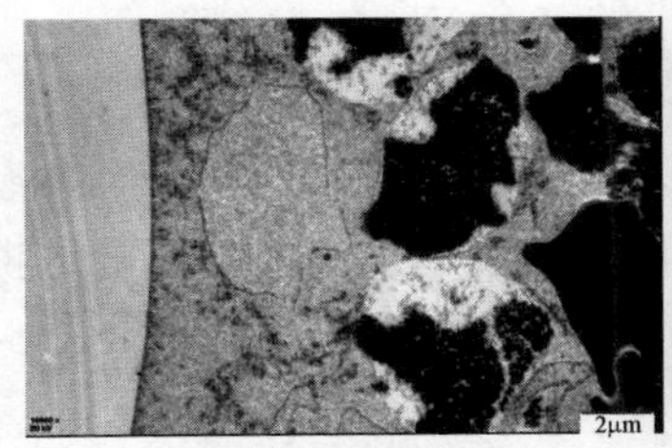

(a) He-N_2 (1%)

(b) He-N_2 (2%)

图 9-13　He-N_2 等离子体对凝血效果的影响

图 9-14 是 Ar-He 混合气体射流对凝血效果的影响，当 Ar-He 混合气体中氦气体积分数为 30%时，等离子体射流可使血滴表面形成厚度约 5.5μm 的膜状结构，大量的细胞膜相互粘连结合。其中，纯 Ar 等离子体处理血液时，表面也有零散的膜状结构形成，但效果不如 Ar-He 混合的等离子体射流。

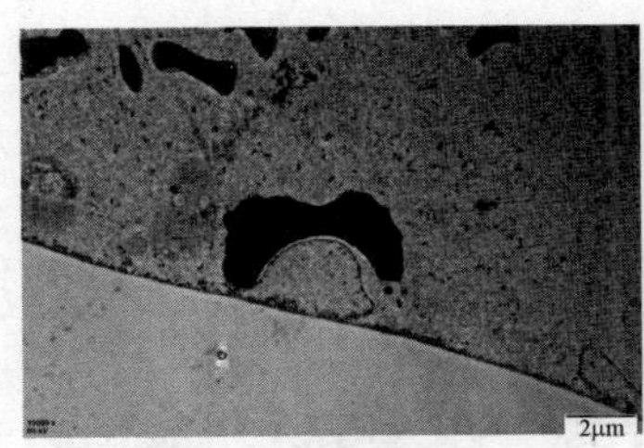

(a) 纯Ar等离子体

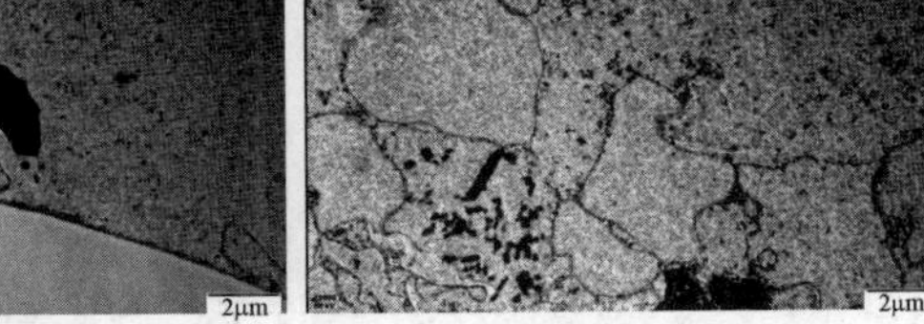

(b) Ar-He(30%) 等离子体

图 9-14　Ar-He 等离子体对凝血效果的影响

利用 Ar-O_2 混合等离子体处理血液表面可得到图 9-15 所示的实验结果。当 O_2 体积分数为 1%时，血样表面约 18μm 厚的血细胞受到破坏，但无明显的膜状结构形成。当 O_2 体积分数为 2%时，血样表面约 15μm 厚的血细胞受到破坏，无明显膜状结构。实验中还发现，当增加 O_2 体积分数时，会减弱等离子体强度，从而影响射流的凝血效果。

图 9-16 是 Ar-N_2 混合气体射流对凝血效果的影响。当利用 Ar-N_2 混合等离子体处理血液，血液表面的血细胞受到明显破坏变形，但未形成促凝血的膜

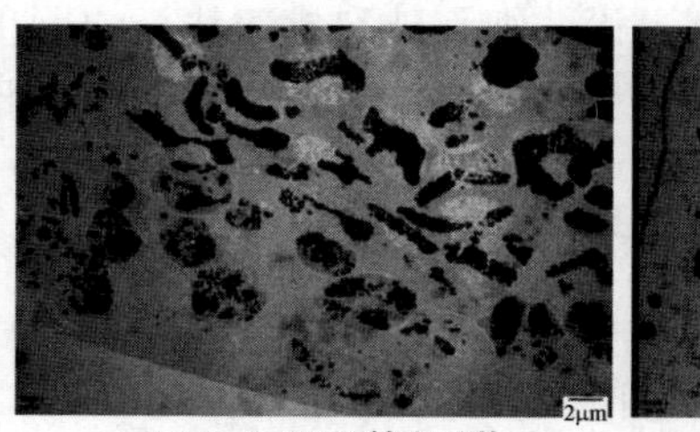

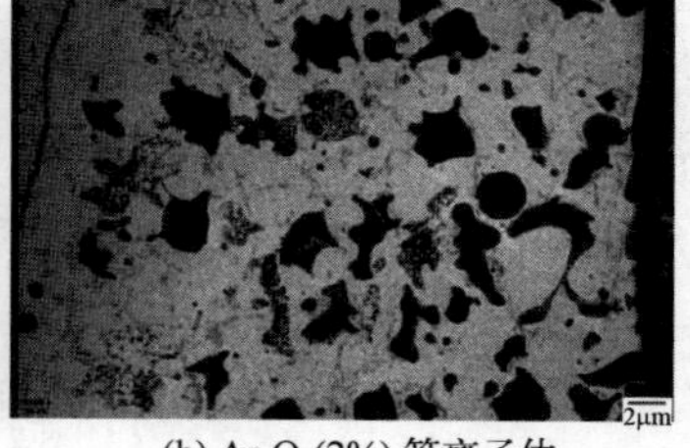

(a) $Ar-O_2$(1%) 等离子体　　(b) $Ar-O_2$(2%) 等离子体

图 9-15　$Ar-O_2$ 等离子体对凝血效果的影响

状结构。实验结果表明 Ar 中掺杂 N_2 并不能促进膜状结构的生成。图 9-17 为 $Ar-N_2$ 射流处理后血样中血小板的结构，血小板结构完整，其内细胞器清晰可见，外膜无破损，说明血小板未受到破坏，而血小板的细胞膜正是膜状结构的主要成分。

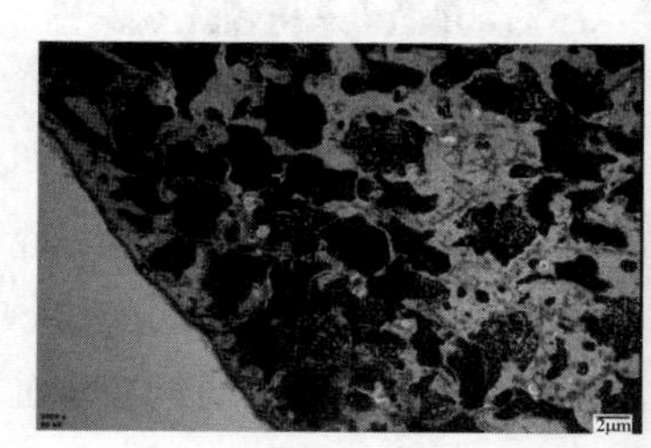

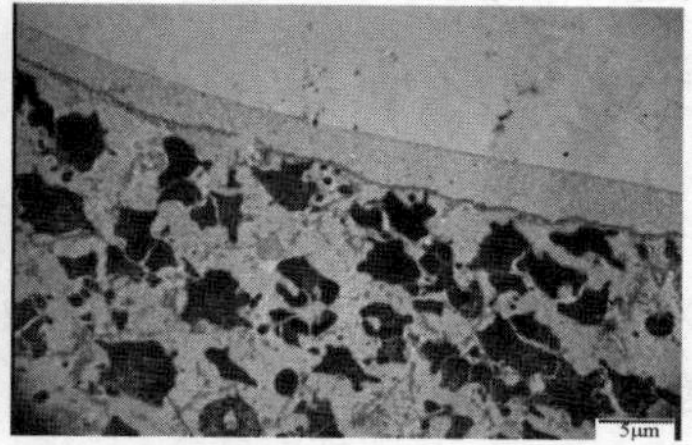

图 9-16　$Ar-N_2$ 等离子体对凝血效果的影响

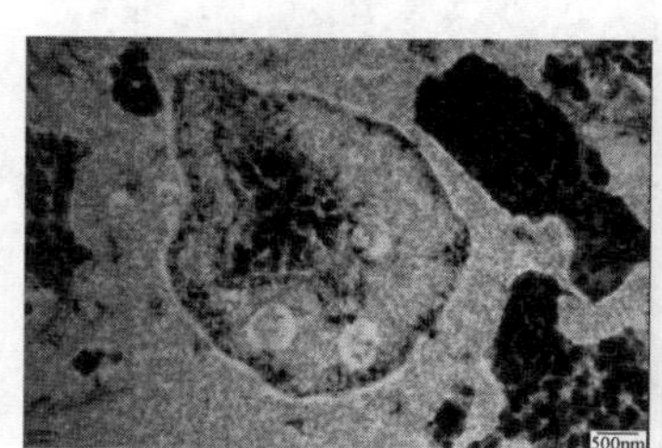

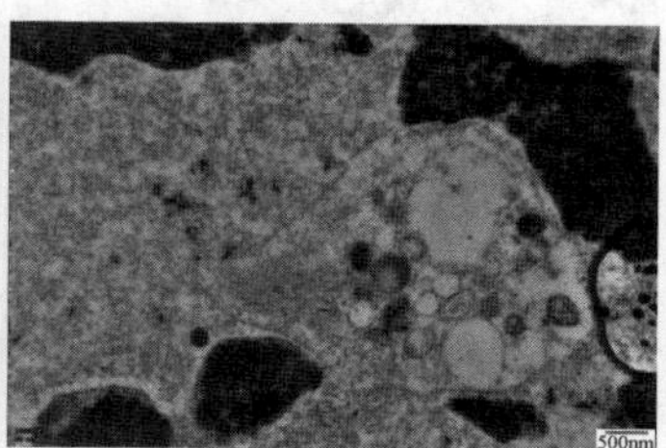

图 9-17　$Ar-N_2$ 等离子体射流处理后的血小板结构

9.3　糖尿病足综合征治疗

临床证据表明低温等离子体可以显著改善糖尿病足溃疡的伤口愈合。这种效果不仅仅依赖于它的抗微生物效果（这一点在低温等离子体应用后直接得到证实），而更多地归因于与低温等离子体相关的细胞活化/增殖影响，这与改善微循环和更快的伤口闭合有关。鉴于这些有益效果，低温等离子体治疗可提高患者的生活质量，并具有社会经济价值，因为它可能缩短住院时间。

低温等离子体应用于糖尿病足溃疡的治疗时，通常先进行机械清创以去除某些活体组织并修复伤口边缘，然后进行消毒冲洗以清洁表面，之后再采用等离子体治疗。在等离子体治疗之前应评估患者的血管状态，因为伤口愈合很大程度上取决于灌注，如有必要，应考虑进行血管重建手术。低温等离子体可应用于伤口愈合的各个阶段，每次治疗的持续时间应遵医嘱。使用低温等离子体的最佳时间点是在伤口清创和冲洗之后，在使用新敷料之前。

更换伤口敷料时，可以采用等离子体进行治疗（至少每两天进行一次），但可以加强到每天一次。只要伤口正在愈合，就可以应用低温等离子体，治疗持续时间没有明确的限制。低温等离子体和伤口敷料应按照标准护理程序使用，敷料的选择没有限制，因为到目前为止还没有关于这二者之间存在相互作用的报道。一般来说，必须先处理渗出液，并且通过湿润的伤口敷料来达到最佳的伤口愈合条件。

低温等离子体治疗不需要麻醉，大部分研究表明等离子体治疗是无痛的，然而，在伴有异常性疼痛的糖尿病神经病变患者中，应谨慎使用非接触式低温等离子体，即使在这些患者中，等离子体射流本身也具有良好的耐受性。

现有研究表明，低温等离子体很少导致与糖尿病足综合征治疗相关的并发症[18,19]。等离子体医疗设备通常配备一次性无菌用品，以确保患者的安全。移动设备较易操作且风险较低，更适合在临床环境中使用。

9.4　牙科应用

近年来，等离子体在牙齿美白上的应用越来越多，其主要是与过氧化物组合使用来增强牙齿的漂白效果[47,48]。牙齿漂白不是为了改善病理状况，而是为了增强牙齿健康，显得更年轻。牙齿颜色受到牙齿的透明度、光泽以及周围牙龈和嘴唇颜色等多种因素的影响[49]。由于牙本质的重塑过程和牙釉质的生理磨损，牙齿的自然颜色随年龄的增长会变得越来越暗和黄，此外，牙釉质表面吸收的物质（如烟草、茶、红酒、氯己定等外在因素）和光散射，以及牙釉质和牙本质的吸收能力（内在因素）都会影响患者的牙齿颜色[50]。具有相对均匀黄色的牙齿、与年龄相关的变色、接受过根管治疗的牙齿以及因进食食物和饮料而变色的牙齿对漂白过程反应良好。

漂白过程基于过氧化物的氧化作用，将过氧化物水溶液施加于牙釉质上，与有机有色物质发生反应。除了变色的类型和病因外，施用时间和活性成分的浓度是影响漂白成功的主要因素。低温等离子体用于提高漂白材料的有效性，同时最大限度地减少不必要的副作用，如使用传统光源加热过氧化物时可能发生的对牙髓组织的热损伤。

目前还没有标准的等离子体漂白机制。但几种基于氦气[51]、氩气[52]、电离空气[53]、压缩空气[48]和富氧空气[54]的等离子体设备已经证明了等离子体在与过氧化氢（5%～40%）和过氧化脲（15%～37%）相互作用或不使用漂白凝胶的情况下漂白牙齿的有效性。治疗时间从5～30min。与传统方法相比，等离子体的优点是可以加速增强牙齿美白作用[51]，亮度高出传统光源2～3倍[48]，整体性能比传统光源如激光二极管和等离子弧灯更强[55]。等离子体不仅对外牙釉质漂白有积极作用，而且对非活体牙齿的冠状体内漂白也显示出积极作用[53]。低温等离子体的应用可以增加游离羟基自由基的产生，这些自由基可以实现染色牙齿的漂白，可以减少漂白凝胶的浓度和处理时间，因此低温等离子体增强漂白方案对牙釉质表面的破坏性较小。与传统光源相比，低温等离子体还减少了热损伤。当出现常规漂白剂不适用的情况时（例如填充物不足、口腔卫生不良、对漂白材料的成分不耐受），也可采用低温等离子体增强漂白程序。低温等离子体与过氧化氢、过氧化脲联合应用时需注意一年之内不得超过两次。单独使用低温等离子体或用去离子水代替常用漂白剂时，破坏性较小，不会引起牙釉质结构或形态的变化，因此，它可以在牙医的指导下较频繁地使用。一般来说，低温等离子体增强漂白的过程与传统漂白过程相似。应向患者详细了解是否存在过敏、牙齿敏感问题以及牙齿染色的可能原因。在开始治疗之前，应进行仔细的牙科检查和专业的牙齿清洁。对于精确的口腔内低温等离子体应用，建议使用等离子体射流技术。目前的研究数据表明，可以使用氩气或氦气驱动的等离子体射流装置，结合低剂量过氧化氢或过氧化脲或不使用化学物质，处理时间为5～30min。由于等离子体射流将气流引导到牙齿表面，因此在治疗期间必须反复重新涂抹漂白凝胶，且牙龈组织也需要用橡胶障保护。术前和术后的记录应包括颜色和亮度的量表以及治疗日期。

等离子体在口腔医学中有很大的应用前景，可以用于龋齿、牙周炎、根管以及口腔溃疡的治疗，牙体和种植体生物膜的灭活和清除，修复体和正畸托槽的骨整合和黏结的表面调理，假牙的去污等[47,56-59]。然而，低温等离子体治疗仍处于临床牙科的入门阶段。Goree 等[60] 发现等离子体可以高效灭活牙齿组织中的大肠杆菌，也可有效杀灭口腔中的各种主要细菌，如变形链球菌、嗜酸乳杆菌等。尤其是对龋齿，等离子体可以更好地对口腔中不规则表面进行消毒，以达到不需要钻孔而净化口腔的目的。同时，等离子体可以有效清除生长在牙齿和口腔黏膜上的耐药性生物膜，减少由口腔生物膜造成的龋齿、牙周炎和口炎等口腔疾病[1,3]。根管治疗是牙髓病和根尖周病的主要治疗方法，主要通过机械清洁、化学药物冲洗、超声波震荡以及激光冲洗来清除根管内感染坏死的牙髓和细菌，并用充填材料严密充填根管和牙冠，阻止牙齿外部的细菌入侵[61,62]。在临床中，根管治疗失败的主要原因之一是没有完全清除感染坏死的牙髓和病原微生物，从而导致病菌重新感染。等离子体可在微小的导管中产生，因而可在根管内部杀灭细菌[63]。

等离子体用于牙科一般不需要麻醉，也不需要特殊的治疗后护理。治疗过程中可能存在轻微的局部影响，例如与等离子体射流尖端相关的敏感区域轻微针刺或刺激。等离子体用于牙科美容时，一般不会出现并发症，所有已知的牙齿漂白副作用都是暂时的。

9.5　美容应用

目前，典型的低温等离子体美容应用是治疗美容手术后的创面感染并刺激二次伤口愈合[29]。低温等离子体治疗可用于改善皮肤、调理缩小瘢痕、促进美容相关药物的渗透[64,65]。这些初步研究结果吸引了化妆品行业对低温等离子体的关注[66]。（注意：有时明显的美容缺陷是疾病或药物的副作用，可能需要合理的药物治疗而不是美容治疗。看似危害较小的美容缺陷，如深色皮肤斑点，可能具有重要的医学意义，例如恶性黑色素瘤的表现，需要立即进行皮肤病学治疗。）

低温等离子体疗法需要考虑一些一般风险因素[67]。年龄超过 60 岁是伤口闭合延迟的独立危险因素。其他风险归因于激素水平以及相对较长时间暴露于阳光或烟雾等影响。伴随疾病和营养不良也是相关条件。绝经后的女性属于伤口愈合不良的高危人群，这主要归因于雌激素水平下降，雌激素对生长因子的产生、细胞迁移和增殖具有重要意义。所有在美学或美容干预后需要超过 28 天才能完成上皮闭合的伤口，都可能会导致慢性伤口，并有感染风险。

根据大多数医生的临床经验，采用等离子体进行治疗时，采用 $1\mathrm{min/cm^2}$ 的治疗强度较为合适。促进伤口愈合的治疗原则上每周应用 2～3 次，治疗周期 2～3 周，也可每日以抗菌治疗为主，持续 1 周。

使用产生中等温度（低于 70℃）等离子体的设备进行美容治疗时通常需要专家指导。A. Kerr 以非手术眼睑成形术为例介绍了等离子体疗法的一般流程[1]。等离子体是眼部周围皮肤松弛患者的理想治疗方法（尽管也可以治疗许多其他区域），治疗前需采集详细的既往病史，包括有关免疫抑制或糖尿病等问题。使用“快速测试”评估皮肤松弛度，考虑采用 Fitzpatrick 皮肤分型量表，并在咨询时对其他皮肤状况进行评估。虽然等离子体不会影响黑色素细胞，但建议避免治疗 Fitzpatrick＞Ⅲ型的患者，否则应进行皮肤斑贴试验以降低色素过度沉着的风险。等离子体皮肤美容治疗不应用于瘢痕疙瘩和增生性瘢痕的治疗，但可以治疗妊娠纹或麻点等瘢痕。患者在治疗前三周内不得进行任何其他皮肤治疗（如激光、皮肤针刺或磨皮），以避免对皮肤自然愈合的干扰。在安排治疗的前几天，通常会进行斑贴试验。用良好的皮肤消毒剂清洁皮肤是必要的，用氯已定溶液彻底清洁皮肤并使其干燥后，涂上一层薄薄的局部麻醉药。在麻醉药起作用后再次清洁皮肤，并开始等离子体治疗。应注意眼睑部位薄而脆弱的皮肤；每个治疗点之间的间隔为 1～2mm，以避免损伤眼眶区的精细结构。等离子体不应在皮肤上停留太长时间，以防皮肤受损。建议在治疗后 7～10 天内保持皮肤干燥，使痂皮自然脱落，以免产生皮肤凹坑。双侧眶周肿胀是正常的，可能会影响整个眼睛，并且会持续几天。消炎药可以与抗组胺药一起使用。不应化妆或涂面霜，并且必须佩戴具有 UVA 防护功能的太阳镜。清洁新处理的区域时，建议用温水清洗无绒纱布，并立即拍干，不应揭开结痂，因为这会导致瘢痕。建议在痂皮脱落后再涂抹防晒霜，每天涂抹一次，治疗后持续三个月。建议在痂皮脱落后晚上使用抗氧剂视黄醇霜，以促进健康的新皮肤细胞发育。可在大约 6 周至 3 个月时提供后续治疗，以获得最佳效果。

9.6 癌症治疗

肿瘤的发生，既有先天性因素（如基因突变、激素和免疫系统），又有环境等外在因素（如烟草、辐射和传染性生物体）的影响。根据大量实验和临床病例研究，低温等离子体可用于治疗癌症[68-70]。其主要作用机制是诱导肿瘤细胞凋亡、抑制肿瘤细胞增殖、诱导细胞分化、增加肿瘤细胞药物敏感性、抑制肿瘤血管生成、抑制肿瘤侵袭和迁移、影响肿瘤干细胞等。

在过去的几十年中，大量学者指出 ROS 在肿瘤的发生发展过程中起到了非常重要的作用，是细胞内重要的信号调控因子，可以通过多种途径调节各种细胞信号转导通路，包括转录因子 NF-κB 和 STAT3、缺氧诱导因子（HIF-1α）、激酶、生长因子、细胞因子和其他的蛋白质和酶类[69]。这些通路对细胞的转化、炎症反应、肿瘤存活、增殖、侵袭、血管生成和肿瘤的转移是非常关键的[69]。等离子体通过活性粒子的作用使 DNA 发生损伤，许多研究表明等离子体会诱导 DNA 双链断裂[70-72]，对于胞内 DNA，等离子体处理可以使细胞内产生大量 ROS 和 RNS，导致氧化应激[73]，形成的过氧化物引发 γ-

H_2AX 磷酸化（DNA 双链断裂的一个标志），进而影响 DNA 的复制和转录，从而造成细胞凋亡。

9.6.1　低温等离子体治疗癌症的机制

（1）诱导肿瘤细胞凋亡

细胞凋亡又称为程序性细胞死亡，对维护内环境稳定、调控机体发育具有重要作用。大量研究表明，等离子体诱导肿瘤细胞凋亡具有处理时间和剂量的依赖性[74]，低剂量的等离子体处理会导致细胞凋亡，而剂量过高则会造成细胞坏死[75]。

细胞凋亡的信号转导机制十分复杂，目前认为主要有3条基本通路[76,77]：①线粒体膜损伤介导的“内源性途径”，即线粒体通路；②“外源性途径”，即死亡受体和肿瘤坏死因子受体通路；③内质网应激通路。研究发现，等离子体治疗肿瘤细胞时，会造成线粒体功能的变化，如线粒体膜电位下降、线粒体酶功能紊乱以及线粒体形态学的改变等；与此同时，DR5 和 TNF 与相应的配体结合而被激活，经过下游的级联反应，最终诱导细胞凋亡[78]。Zhao 等[79] 证明了等离子体可以通过内质网应激诱导 HepG2 细胞凋亡；等离子体处理过程中会导致凋亡信号调节激酶（ASK）、c-Jun 氨基末端激酶（JNK）、丝裂原活化蛋白激酶（MAPK）的活性增强[80,81]。低温等离子体在治疗癌症时还会激活肿瘤抑制基因 P53，其可通过调节 Bcl-2 和 Bax 基因的表达来影响细胞凋亡[82]，低温等离子体导致细胞内 ROS 的增加是诱导细胞凋亡的一个主要因素[83]。

（2）抑制肿瘤细胞增殖

细胞信号的异常激活会加速细胞周期，导致增殖失控，诱发肿瘤产生。据报道，等离子体可以有效抑制肿瘤细胞增殖，主要机制是将细胞周期阻滞在 G2/M 期[84]，Vandamme 等[73] 发现等离子体可以导致小鼠体内肿瘤团块的缩小。研究表明，低温等离子体对肿瘤细胞增殖的抑制作用也与β-连环蛋白的泛素化、Ki-67、巨噬细胞的活性和 TNF-α 的释放密切相关[85,86]。

（3）诱导细胞分化

细胞分化失调会导致肿瘤形成。肿瘤细胞分化程度越低，肿瘤发展速度越快，预后越差。因此，诱导肿瘤细胞的分化有利于肿瘤治疗。研究表明低温等离子体可以调节细胞分化相关基因的表达[87]。Xu 等[88] 指出等离子体通过上调 Blimp-1 和 XBP-1 基因的表达促进骨髓瘤细胞的分化。微等离子体射流可以调节神经细胞系标志蛋白 β-Tubulin Ⅲ，从而有效指导神经干细胞的体外分化[89]。此外，与分化培养基（含β-甘油磷酸酯）相比，等离子体处理显著增强成骨细胞和软骨细胞的骨骼分化[90]。

（4）增加肿瘤细胞药物敏感性

肿瘤的耐药性是导致肿瘤难以根治、化疗失败和疾病复发的主要原因，低温等离子体作为一种新兴的肿瘤治疗辅助手段，可以增加其对化学疗法的敏感性和克服其抗药性。如可以诱导耐阿霉素的肿瘤细胞凋亡[91]；诱导耐伊马替尼及尼洛替尼的慢性粒细胞白血病患者肿瘤细胞死亡[92]；恢复耐替莫唑胺的神经胶质瘤细胞对替莫唑胺疗法的应答反应[93]；增加硼替佐米和吉西他滨等传统化学药物的药物敏感性[94]等。

（5）抑制肿瘤血管生成

肿瘤血管生成是肿瘤生物学的一个重要特征，因此，抑制肿瘤血管的生成被认为是肿瘤治疗的一种有效方法。低温等离子体可以导致内皮细胞的细胞周期停滞，进而抑制肿瘤血管的形成[95]；经等离子体活化的培养液处理后，可减少人视网膜内皮细胞和脉络膜新生血管的形成[96]。目前，等离子体抑制血管形成的具体机理并不是很清楚，还需要进一步研究和探索。

（6）抑制肿瘤侵袭和迁移

肿瘤的发展通常伴随着肿瘤的侵袭和转移，研究表明低温等离子体可以减少肿瘤细胞的迁移和侵袭，如通过减少 MMP-2 和 MMP-9 的分泌，抑制骨髓瘤细胞的迁移[88]；通过下调转移相关基因（如 VEGF、MTDH、MMP-9 和 MMP-2 等）的表达量，抑制肿瘤细胞的迁移[97]；通过减少 MMP-2/-9 和 uPA 的活性，抑制人甲状腺乳头状癌细胞系（BHP10-3 和 TPC1）的侵袭和转移[98]。

（7）对肿瘤干细胞的影响

肿瘤干细胞对肿瘤化疗和放疗具有耐药性，因此，肿瘤干细胞被认为是造成肿瘤复发和转移的主要原因。与肿瘤细胞内维持高水平 ROS 不同，肿瘤干细胞和正常干细胞内 ROS 处于较低水平，这与胞内还原体系过度激活有关。研究表明，低温等离子体对非肿瘤干细胞和肿瘤干细胞有高效的抑制作用，而且等离子体对肿瘤干细胞的灭活作用要强于顺铂类药物[99]；等离子体激活的培养液可以从分化的细胞群中选择性地清除未分化的人诱导多能干细胞(hiPSCs)，这对细胞移植疗法有益[100]。

9.6.2 治疗案例

小细胞癌，如早期皮肤癌和淋巴结转移（图 9-18），可以通过集中应用低温等离子体来治疗。初步临床研究表明，部分疑似由感染和炎症引起的癌前黏膜病变具有良好的愈合趋势[101]，这主要是等离子体可对受伤体表实施长期微生物消毒[9]。低温等离子体的抗菌功效可在感染溃疡的肿瘤患者的姑息治疗中发挥关键作用[102]。癌症治疗的首要目标是根治性治疗，即永久切除肿瘤。如果无法做到这一点，姑息治疗就成为治疗的重点。现在的治疗目标是控制疼痛，确保营养和呼吸道畅通，促进社会交往，以最终缓解癌症症状和患者情绪问题。

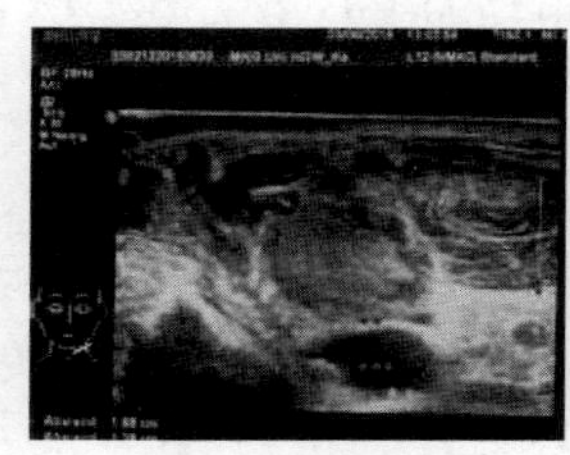

(a) 术前超声

(b) 手术情况

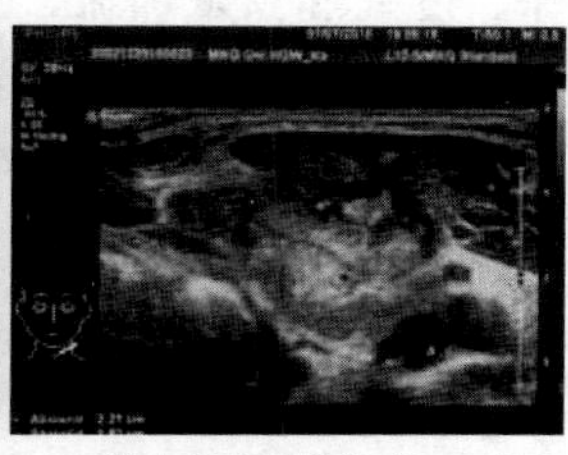

(c) 单次等离子体治疗10 天后的超声图

图 9-18　颈部疑似口腔鳞状细胞癌淋巴结转移的病人[103]

在一些晚期癌症患者中，往往存在溃疡情况。这些溃疡是由渐进性肿瘤生长导致的坏死组织、轻微的全身和局部免疫反应以及各种伴随疾病引起的。伤口可能伴有疼痛、渗出物、出血，尤其是由厌氧微生物病原体引起的难闻气味。针对微生物污染肿瘤区的伤口实施局部消毒护理时，由于伤口极易溃破，常常会导致出血和疼痛，从而引起患者的不满。

通过减少癌症溃疡的微生物菌落、炎症反应和相关症状，例如疼痛、出血和伤口异味，可以减轻癌症患者的情绪和身体负担，提高生活质量[102,104]。低温等离子体主要针对微生物病原体，但很明显，微生物病原体层以下的癌细胞也受到一定程度的影响。这些影响的生理和病理背景可能不同。必须考虑等离子体诱导的免疫原性细胞死亡以及炎症的调节[105]。低温等离子体治疗与姑息性细胞抑制性化疗[106] 以及姑息性放疗[107] 相结合，可能会带来额外的细胞毒性。

在一项针对 6 名癌症患者的临床试验研究中发现，低温等离子体灭菌治疗显著抑制了一些患者的肿瘤生长，并减少了病灶区的气味，对止痛药的需求也减少了。2 例患者的病灶区经低温等离子体治疗后，至少在 9 个月内得到了部分缓解。切口活检发现，肿瘤细胞出现了凋亡，周围肿瘤组织内的促结缔组织发生了增生反应[108]。

等离子体射流式医疗设备便于在视觉控制下应用，可以控制等离子体射流、羽流在目标组织上的精确运动，以及将低温等离子体应用于深层组织缺损、延伸的瘘管、倒凹区和口腔内或解剖学上难以进入的区域，如鼻旁窦深处的溃疡。低温等离子体用于治疗口腔癌，治疗期间和之后的味觉不良等副作用非常轻微，治疗期间的不适也很少，未见任何严重的或危及生命的副作用。低温等离子体治疗的另一个好处是它不会在目标组织上留下任何残留物。

Seebauer[109] 报道了一个等离子体治疗癌症的病例情况，见图 9-19。一名 51 岁的男性患者颈部出现溃疡和淋巴结转移［图 9-19(a)］。由于难闻的气味、疼痛和反复出血，患者接受了低温等离子体治疗。治疗 2 个月后［图 9-19(b)］，病灶气味、疼痛、出血消失，病灶表面病变呈光滑形态。微生物学检查显示细菌菌落减少，特别是厌氧菌类（如假单孢菌种类）明显减少，相应地减少了细菌分解产物和伤口的气味。由于局部和病灶周围炎症的减少，伤口的易损性和痛觉显著降低。治疗 4 个月后［图 9-19(c)］，观察到肿瘤组织显著减少，溃烂的肿瘤区域缩小到原来的四分之一。伤口边缘和中心硬化并结痂。在等离子体处理的同时，伤口床定期用生理纤维蛋白涂层覆盖。然而，值得注意的是，低温等离子体姑息性治疗并不足以防止患者最终死亡。

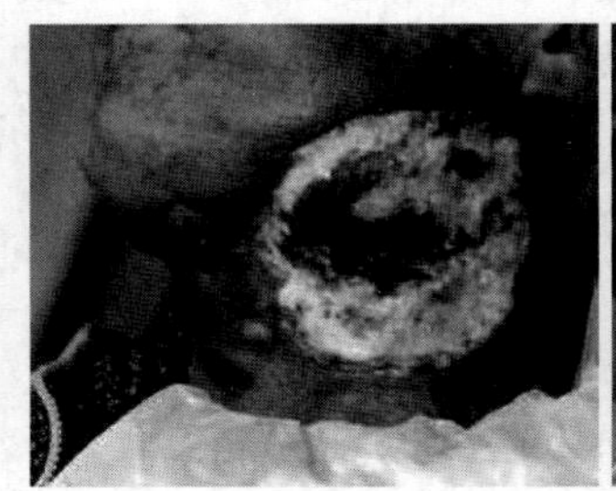
(a) 治疗之前

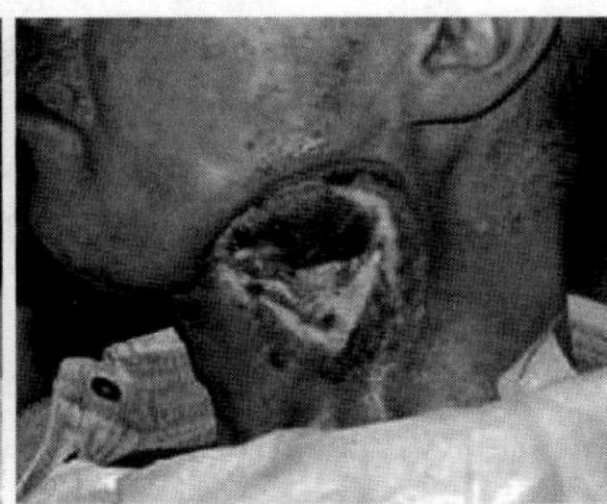
(b) 治疗 2 个月后

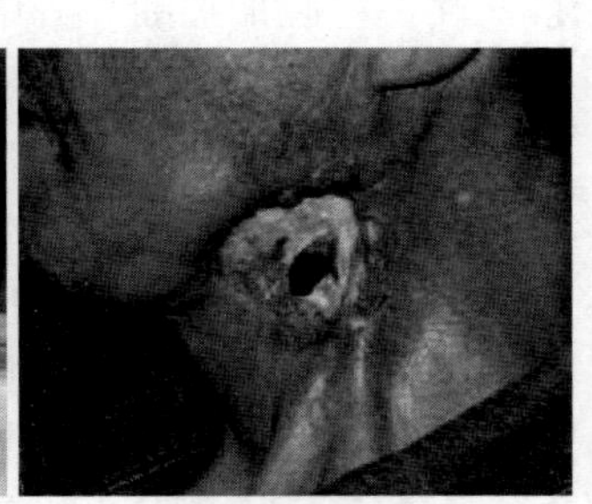
(c) 治疗 4 个月后

图 9-19　低温等离子体姑息性治疗癌症案例[109]

癌症溃疡的治疗是多方面的、具有挑战性的，并且必须在个体化的基础上进行。不同临床情况的复杂性和可变性需要专业的方法。低温等离子体肿瘤学的临床经验主要基于等离子体射流设备。等离子体射流可在不接触设备的情况下应用，并且大多数情况下不会对患者造成疼痛。原则上，不需要对治疗区域进行局部麻醉或冷却。为了使等离子体与人体组织接触，去除溃疡表面生物膜可能是有用的。由于低温等离子体在湿组织环境中更活跃，因此不建议对溃疡表面进行干态处理。

如何应用低温等离子体治疗癌症尚无规范。根据临床经验，应在距离溃疡肿瘤区域 10～15mm 处以 $1min/cm^2$ 的等离子体射流进行治疗。使用等离子体射流时，需要仔细跟踪溃疡的缝隙、参差不齐、锯齿状和锯齿状表面，并注意倒凹面，这对于治疗口腔内病变尤为重要。等离子处理应每 2～3 天进行一次，待厌氧菌产生的恶臭消除后即可终止。低温等离子体治疗可应用于日常创面治疗和换药过程中，使用低温等离子体不需要特别的后处理。

光化性角化病（AK）是全球最常见的皮肤恶性肿瘤，被认为是鳞状细胞癌（SCC）的早期阶段。重要的是，高达 20% 的 AK 在 10～25 年内转化为侵袭性 SCC。AK 及其癌化的常规治疗方法具有显著的副作用且仅限于小面积皮肤区域。因此，长期以来，一直在寻求对 AK 的有效、无毒、无损伤以及可用于现场定向治疗的方法。事实证明，在使用等离子体装置治疗的几名 AK 患者中，临床反应良好[110]。为了考察低温大气压氩等离子体与双氯芬酸 3% 凝胶在 AK/局部癌化患者中的临床疗效和安全性，将 AK/局部癌变的患者随机分为两组进行研究。每周两次使用等离子体设备［AdtecSteriPlas，图 9-20(a)］治疗或每天两次使用 3% 双氯芬酸凝胶治疗，共开展了 24 次治疗。将照片记录、病变的数量和范围、微生物组表征和组织病理学评估等进行建档。结果表明，低温等离子体治疗在减少病变计数方面显示出比双氯芬酸更好的效果。在第 24 次就诊时，发现一名接受低温等离子体治疗的患者的 AK/局部癌变完全清除。另有 4 名接受低温等离子体治疗的患者在治疗 3 个月后也观察到了 AK/局部癌变的完全清除［见图 9-20(b)］。数据表明，低温等离子体是治疗 AK/局部癌变的有效工具，这种方法的临床疗效与双氯芬酸凝胶相当。然而，与双氯芬酸不同，低温等离子体没有副作用。因此，这种方式可能特别适合需要无毒治疗方案的患者，特别是免疫功能低下的患者和那些有广泛局部癌变的患者。

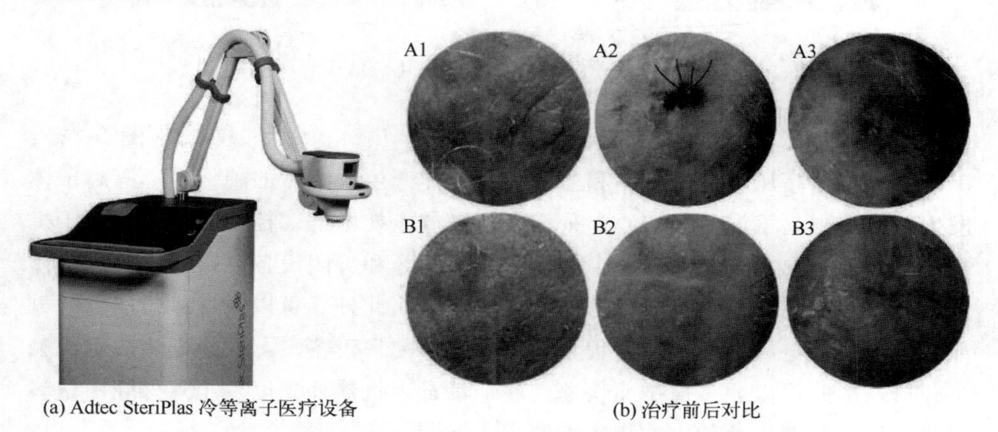

(a) Adtec SteriPlas 冷等离子医疗设备　　(b) 治疗前后对比

图 9-20　等离子体治疗 AK/局部癌化案例[110]

A1～A3—采用 AdtecSteriPlas 低温等离子体治疗之前的 AK 癌化照片；

B1～B3—低温等离子体治疗后的 AK 癌化照片

9.7 低温等离子体医疗设备

等离子体医疗设备有多种形式，除了前文介绍的射流形式设备之外，还有基于介质阻挡放电的设备等，如 PlasmaDerm® 单/多电极介质阻挡放电医疗设备（图 9-21）。通常由高压脉冲电源、单电极（面积约 27.5cm^2）或双电极（面积约 100cm^2）系统构成，可以利用组织本身作为第二电极；电极上有一个功能结构（间隔垫块），可确保组织表面界面始终可以与环境空气接触[1]。这种方法可以将组织表面附近的环境空气层转化为低温空气等离子体，这意味着不需要额外的惰性气体。此外，由于组织与所有等离子体成分直接接触，可以充分利用等离子体的全部治疗潜力。这种特性可以刺激更深的组织层（深达 2～4mm），因此可有效增加微循环能力。这类医疗设备一般需要配置 1 个可灵活适应体表曲线的一次性间隔垫或敷料，以确保设备与体表组织之间留有适当的距离和间隙。

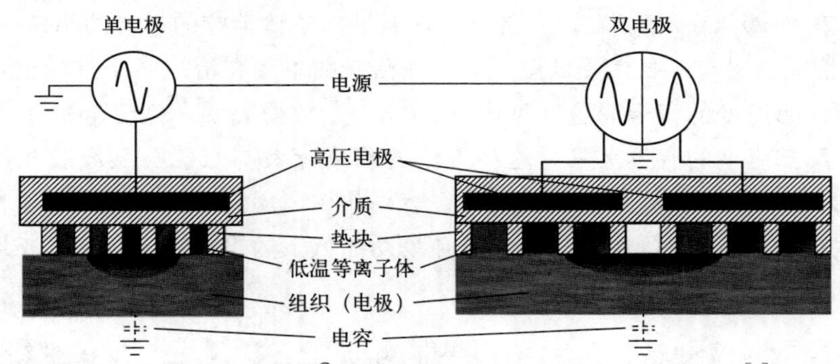

图 9-21 PlasmaDerm® 技术的电极（垫块）结构和电源概念[1]

Plasma care® 便携式等离子体医疗设备，由 4 个组件构成（图 9-22）：①机身，包括高压电源、控制和监测等离子体产生所必需的硬件；②等离子体发生单元，也是该设备的核心，采用表面微放电技术；③控制面板，覆盖于机身上，作为用户界面，并有一个触摸按钮来打开和关闭设备以及启动等离子体处理；④扩展坞，用于存放机身或给机身充电。此外，可以通过显示屏上的电池符号监控充电状态。充电过程是无线的，这使得设备没有任何插头或有线触点开口，因此可以通过擦拭而快速彻底地消毒。机器外壳以及垫片外壳由塑料制成，符合预期用途的生物相容性要求[111]。

该设备的等离子体发生单元由一个高压片状电极、一个绝缘体和一个接地结构的不锈钢网状电极组成，见图 9-23，可根据需要将其从设备主体中移除。

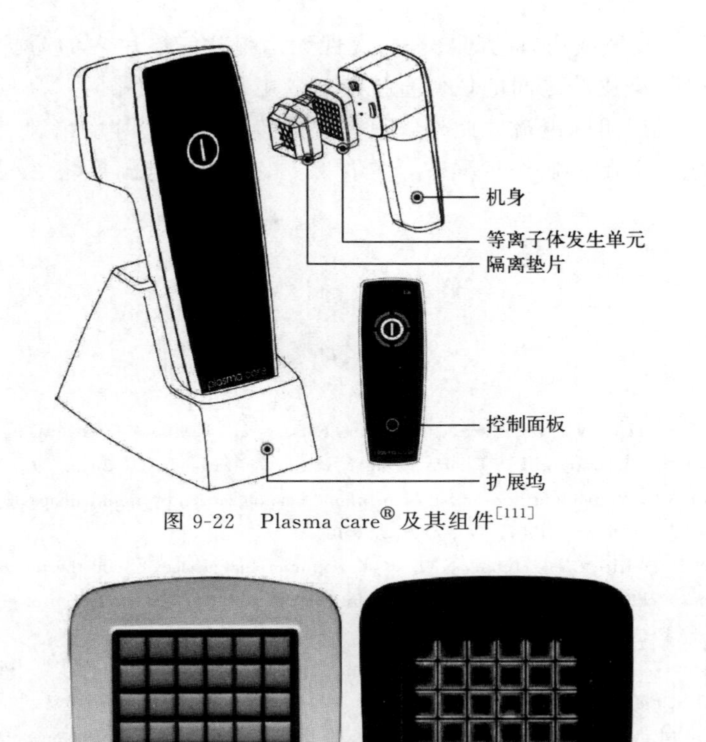

图 9-22　Plasma care® 及其组件[111]

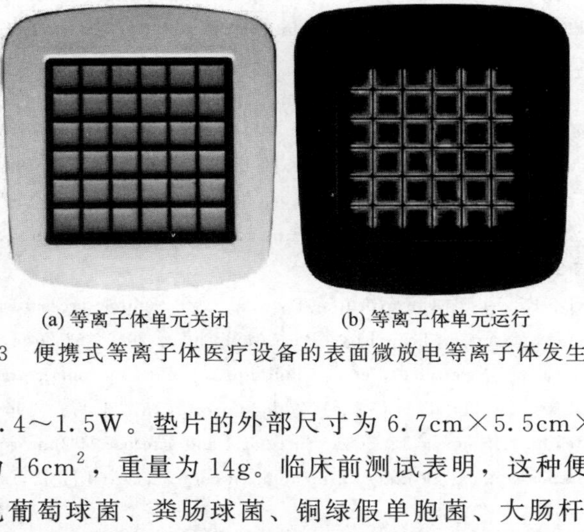

(a) 等离子体单元关闭　　(b) 等离子体单元运行

图 9-23　便携式等离子体医疗设备的表面微放电等离子体发生单元

其典型功耗为 0.4～1.5W。垫片的外部尺寸为 6.7cm×5.5cm×4.1cm，典型治疗区的面积为 16cm^2，重量为 14g。临床前测试表明，这种便携等离子体医疗设备对金黄色葡萄球菌、粪肠球菌、铜绿假单胞菌、大肠杆菌、MRSA 生物膜等均有效，且产生的等离子体不具有任何潜在的基因毒性。这种医疗设备在 1～3min 的治疗窗口内是有效和安全的。临床前试验表明，该设备仅使用 1min 就显示出非常高的杀菌活性（减少了 5～6 个对数值）。然而，在实际的伤口环境中，由于表面不平整（这使得一些细菌很难接触到），以及由于细菌层层生长时的遮蔽效应，会降低等离子体处理效率。因此，需要多次进行等离子体处理才能完全控制感染。根据经验，建议在定期更换伤口敷料的过程中，每周进行 1～2 次等离子体治疗。所需的治疗总数可能会有所不同，应由医生或相应专家决定。等离子体发生单元本身不会与患者的皮肤或伤口表面接触，唯一接触患者皮肤或伤口的部分是一次性无菌垫片，垫片内的防护网格可防止机身与受污染皮肤之间的任何直接接触。电源模块短路时，高压电源自带安全开关，可以阻断电流。此外，只有在连接了隔离垫片的情况下，电源模块才会通电，因此在操作过程中，操作人员/患者与电源模块之间不会发生物理接触。

参考文献

[1] Metelmann H-R, von Woedtke T, Weltmann K-D, et al. Textbook of Good Clinical Practice in Cold Plasma Therapy [M]. Cham:Springer Nature Switzerland AG, 2022.

[2] Robson MC. Wound infection: a failure of wound healing caused by an imbalance of bacteria [J]. Surg Clin North Am, 1997, 77 (3): 637-650.

[3] Koban I, Holtfreter B, Hübner N O, et al. Antimicrobial efficacy of non-thermal plasma in comparison to chlorhexidine against dental biofilms on titanium discs in vitro-proof of principle experiment [J]. J Clin Periodontol, 2011, 38 (10): 956-965.

[4] Fridman G, Friedman G, Gutsol A, et al. Applied plasma medicine [J]. Plasma Process Polym, 2008, 5 (6): 503-533.

[5] Moreau M, Orange N, Feuilloley MGJ. Non-thermal plasma technologies: new tools for biodecontamination [J]. Biotechnol Adv, 2008, 26 (6): 610-617.

[6] Costea TC, Arbi A. Cold plasma in the treatment of burns [J]. Diabetes Stoffwech H, 2019, 28 (5): 245-250.

[7] Weltmann KD, Kindel E, von Woedtke T, et al. Atmospheric-pressure plasma sources: prospective tools for plasma medicine [J]. Pure Appl Chem, 2010, 82 (6): 1223-1237.

[8] Ulrich C, Kluschke F, Patzelt A, et al. Clinical use of cold atmospheric pressure argon plasma in chronic leg ulcers: A pilot study [J]. J Wound Care, 2015, 24 (5): 196-203.

[9] Isbary G, Heinlin J, Shimizu T, et al. Successful and safe use of 2min cold atmospheric argon plasma in chronic wounds: results of a randomized controlled trial [J]. Br J Dermatol, 2012, 167 (2): 404-410.

[10] Daeschlein G, von Woedtke T, Kindel E, et al. Antibacterial activity of an atmospheric pressure plasma jet against relevant wound pathogens in vitro on a simulated wound environment [J]. Plasma Process Polym, 2010, 7 (3-4): 224-230.

[11] Hasse S, Tran TD, Hahn O, et al. Induction of proliferation of basal epidermal keratinocytes by cold atmospheric-pressure plasma [J]. Clin Exp Dermatol, 2016, 41 (2): 202-209.

[12] Kalghatgi S, Friedman G, Fridman A, et al. Endothelial cell proliferation is enhanced by low dose non-thermal plasma through fibroblast growth factor-2 release [J]. Ann Biomed Eng, 2010, 38 (3): 748-757.

[13] Bekeschus S, Masur K, Kolata J, et al. Human mononuclear cell survival and proliferation is modulated by cold atmospheric plasma jet [J]. Plasma Process Polym, 2013, 10 (8):

706-713.

[14] Ngo M H T, Liao J D, Shao P L, et al. Increased fibroblast cell proliferation and migration using atmospheric N_2/Ar micro-plasma for the stimulated release of fibroblast growth factor-7 [J]. Plasma Process Polym, 2014, 11 (1): 80-88.

[15] Schmidt A, Bekeschus S, Jarick K, et al. Cold physical plasma modulates p53 and mitogen-activated protein kinase signaling in keratinocytes [J]. Oxidative Med Cell Longev, 2019, 7017363.

[16] Schmidt A, von Woedtke T, Bekeschus S. Periodic exposure of keratinocytes to cold physical plasma: an in vitro model for redox-related diseases of the skin [J]. Oxidative Med Cell Longev, 2016, 9816072.

[17] Zhao B, Ye X, Yu JD, et al. TEAD mediates YAP-dependent gene induction and growth control [J]. Genes Dev, 2008, 22 (14): 1962-1971.

[18] Stratmann B, Costea TC, Nolte C, et al. Effect of cold atmospheric plasma therapy vs standard therapy placebo on wound healing in patients with Diabetic foot ulcers: a randomized clinical trial [J]. JAMA Netw Open, 2020, 3 (7): e2010411.

[19] Mirpour S, Fathollah S, Mansouri P, et al. Cold atmospheric plasma as an effective method to treat diabetic foot ulcers: A randomized clinical trial [J]. Sci Rep, 2020, 10 (1): 10440.

[20] Arndt S, Unger P, Wacker E, et al. Cold atmospheric plasma (CAP) changes gene expression of key molecules of the wound healing machinery and improves wound healing in vitro and in vivo [J]. PLoS One, 2013, 8 (11): e79325.

[21] Arndt S, Landthaler M, Zimmermann JL, et al. Effects of cold atmospheric plasma (CAP) on β-defensins, inflammatory cytokines, and apoptosis-related molecules in keratinocytes in vitro and in vivo [J]. PLoS One, 2015, 10 (3): 1-16.

[22] Brehmer F, Haenssle HA, Daeschlein G, et al. Alleviation of chronic venous leg ulcers with a hand-held dielectric barrier discharge plasma generator (PlasmaDerm® VU-2010): results of a monocentric, two-armed, open, prospective, randomized and controlled trial (NCT01415622) [J]. J Eur Acad Dermatol Venereol, 2015, 29 (1): 148-155.

[23] Dissemond J. Moderne wundauflagen für die therapie chronischer wunden [J]. Hautarzt, 2006, 10 (57): 881-887.

[24] Heinlin J, Zimmermann JL, Zeman F, et al. Randomized placebo-controlled human pilot study of cold atmospheric argon plasma on skin graft donor sites [J]. Wound Repair Regen, 2013, 21 (6): 800-807.

[25] Schmidt A, von Woedtke T, Vollmar B, et al. Nrf2signaling and inflammation are key events in physical plasma-spurred wound healing [J]. Theranostics, 2019, 9 (4): 1066-1084.

[26] Cheng K Y, Lin Z H, Cheng Y P, et al. Wound healing in streptozotocin-induced diabetic rats using atmospheric-pressure argon plasma Jet [J]. Sci Rep, 2018, 8 (1): 12214.

[27] Johnson K E, Wilgus T A. Vascular endothelial growth factor and angiogenesis in the regulation of cutaneous wound repair [J]. Adv Wound Care, 2014, 3 (10): 647-661.

[28] Vandersee S, Richter H, Lademann J, et al. Laser scanning microscopy as a means to assess the augmentation of tissue repair by exposition of wounds to tissue tolerable plasma [J]. Laser Phys Lett, 2014, 11 (11): 115701.

[29] Metelmann H R, von Woedtke T, Bussiahn R, et al. Experimental recovery of CO_2-laser skin lesions by plasma stimulation [J]. Am J Cosmetic Surg, 2012, 29 (1): 52-56.

[30] Metelmann H, Vu T, Do H, et al. Scar formation of laser skin lesions after cold atmospheric pressure plasma (CAP) treatment: a clinical long term observation [J]. Clin Plasma Med, 2013, 1 (1): 30-35.

[31] Nishijima A, Fujimoto T, Hirata T, et al. Effects of cold atmospheric pressure plasma on accelerating acute wound healing: a comparative study among 4different treatment groups modern plastic [J]. Modern Plastic Surgery, 2019, 9 (1): 18-31.

[32] Lademann J, Ulrich C, Patzelt A, et al. Risk assessment of the application of tissue-tolerable plasma on human skin [J]. Clin Plasma Med, 2013, 1 (1): 5-10.

[33] Arndt S, Schmidt A, Karrer S, et al. Comparing two different plasma devices kINPen and Adtec SteriPlas regarding their molecular and cellular effects on wound healing [J]. Clin Plasma Med, 2018, 9: 24-33.

[34] Werner S, Krieg T, Smola H. Keratinocyte-fibroblast interactions in wound healing [J]. J Invest Dermatol, 2007, 127 (5): 998-1008.

[35] Schmidt A, Bekeschus S, Wende K, et al. A cold plasma jet accelerates wound healing in a murine model of full-thickness skin wounds [J]. Exp Dermatol, 2017, 26: 156-162.

[36] Rutkowski R, Schuster M, Unger J, et al. Hyperspectral imaging for in vivo monitoring of cold atmospheric plasma effects on microcirculation in treatment of head and neck cancer and wound healing [J]. Clin Plasma Med, 2017, 7-8: 52-57.

[37] Daeschlein G, Rutkowski R, Lutze S, et al. Hyperspectral imaging: innovative diagnostics to visualize hemodynamic effects of cold plasma in wound therapy [J]. Biomed Eng/Biomed Technol, 2018, 63 (5): 603-608.

[38] Raiser J, Zenker M. Argon plasma coagulation for open surgical and endoscopic applications: state of the art [J]. J Phys D Appl Phys, 2006, 39: 3520-3523.

[39] Farin G, Grund K E. Technology of argon plasma coagulation with particular regard to endoscopic applications [J]. Endosc Surg Allied Technol, 1994, 2: 71-77.

[40] Fridman G, Peddinghaus M, Balasubramanian M, et al. Blood coagulation and living tissue sterilization by floating-electrode dielectric barrier discharge in air [J]. Plasma Chem Plasma P, 2006, 26: 425-442.

[41] Ikehara S, Sakakita H, Ishikawa K, et al. Plasma blood coagulation without involving the activation of platelets and coagulation factors [J]. Plasma Process Polym, 2015, 12 (12): 1348-1353.

[42] Kalghatgi S U, Fridman G, Cooper M, et al. Mechanism of Blood Coagulation by Nonthermal Atmospheric Pressure Dielectric Barrier Discharge Plasma [J]. IEEE T Plasma Sci, 2007, 35 (5): 1559-1566.

[43] Chen C Y, Fan H W, Kuo S P, et al. Blood clotting by low-temperature air plasma [J]. IEEE T Plasma Sci, 2009, 37 (6): 993-999.

[44] Miyamoto K, Ikehara S, Takei H, et al. Red blood cell coagulation induced by low-temperature plasma treatment [J]. Arch Bioche Biophys, 2016, 605: 95-101.

[45] Dobrynin D, Wu A, Kalghatgi S, et al. Live pig skin tissue and wound toxicity of cold plasma

treatment [J]. Plasma Medicine, 2011, 1 (1): 93-108.

[46] Baik K Y, Yong H K, Hur E H. Selective toxicity on canine blood cells by using atmospheric-pressure plasma jets [J]. J Korean Phys Soc, 2012, 60 (6): 965-969.

[47] Lee H W, Nam S H, Mohamed A a H, et al. Atmospheric pressure plasma jet composed of three electrodes: application to tooth bleaching [J]. Plasma Process Polym, 2010, 7 (3-4): 274-280.

[48] Sun P, Pan J, Tian Y, et al. Tooth whitening with hydrogen peroxide assisted by a direct-current cold atmospheric-pressure air plasma microjet [J]. IEEE T Plasma Sci, 2010, 38 (8): 1892-1896.

[49] Reno E, Sunberg R, Block R, et al. The influence of lip/gum color on subject perception of tooth color [J]. J Dent Res, 2000, 79: 381.

[50] Joiner A. Tooth colour: a review of the literature [J]. J Dent, 2004, 32: 3-12.

[51] Claiborne D, Mccombs G, Lemaster M, et al. Low-temperature atmospheric pressure plasma enhanced tooth whitening: the next-generation technology [J]. Int J Dent Hyg, 2014, 12 (2): 108-114.

[52] Nam S H, Ok S M, Kim G C. Tooth bleaching with low-temperature plasma lowers surface roughness and Streptococcus mutans adhesion [J]. Int Endod J, 2018, 51 (4): 479-488.

[53] Çelik B, Çapar İ D, İbiş F, et al. Deionized water can substitute common bleaching agents for nonvital tooth bleaching when treated with non-thermal atmospheric plasma [J]. J Oral Sci, 2019, 61 (1): 103-110.

[54] Choi H S, Kim K N, You E M, et al. Tooth whitening effects by atmospheric pressure cold plasmas with different gases [J]. Jpn J Appl Phys, 2013, 52 (11): 1-4.

[55] Nam S H, Lee H W, Cho S H, et al. High-efficiency tooth bleaching using nonthermal atmospheric pressure plasma with low concentration of hydrogen peroxide [J]. J Appl Oral Sci, 2013, 21 (3): 265-270.

[56] Idlibi A N, Al-Marrawi F, Hannig M, et al. Destruction of oral biofilms formed in situ on machined titanium (Ti) surfaces by cold atmospheric plasma [J]. Biofouling, 2013, 29 (4): 369-379.

[57] Kim G C, Lee H W, Byun J H, et al. Dental applications of low-temperature nonthermal plasmas [J]. Plasma Process Polym, 2013, 10 (3): 199-206.

[58] Kwon J S, Kim Y H, Choi E H, et al. Non-thermal atmospheric pressure plasma increased mRNA expression of growth factors in human gingival fibroblasts [J]. Clin Oral Investig, 2016, 20 (7): 1801-1808.

[59] Gherardi M, Tonini R, Colombo V. Plasma in dentistry: brief history and current status [J]. Trends Biotechnol, 2018, 36 (6): 583-585.

[60] Goree J, Liu B, Drake D, et al. Killing of S. mutans bacteria using a plasma needle at atmospheric pressure [J]. IEEE T Plasma Sci, 2006, 34 (4): 1317-1324.

[61] Barnhart B D, Chuang A, Dalle Lucca J J, et al. An in vitro evaluation of the cytotoxicity of various endodontic irrigants on human gingival fibroblasts [J]. J Endod, 2005, 31 (8): 613-615.

[62] Willershausen B, Marroquín B B, Schăfer D, et al. Cytotoxicity of root canal filling materials to

three different human cell lines [J] . J Endod, 2000, 26 (12) : 703-707.

[63] Lu X, Cao Y, Yang P, et al. An plasma device for sterilization of root canal of teeth [J] . IEEE T Plasma Sci, 2009, 37 (5) : 668-673.

[64] Gelker M, M ü ller-Goymann CC, Viöl W. Permeabilization of human stratum corneum and full-thickness skin samples by a direct dielectric barrier discharge [J] . Clin Plasma Med, 2018, 9: 34-40.

[65] Kristof J, Aoshima T, Blajan M, et al. Surface modification of stratum corneum for drug delivery and skin care by microplasma discharge treatment [J] . Plasma Sci Technol, 2019, 21: 064001.

[66] von Woedtke T, Metelmann HR, Weltmann KD. Plasma in cosmetic applications: possibilities and boundary conditions [J] . ISPB 2018. Incheon, Korea, 2018.

[67] Metelmann I. Velocity of clinical wound healing without targeted treatment specified for age, gender, body weight, skin type, wound size and co-morbidities [D] . Greifswald: University of Greifswald, 2018.

[68] Keidar M, Yan D, Sherman JH. Cold plasma cancer therapy [M] . California: Morgan & Claypool Publisher, 2019:4-5.

[69] Prasad S, Gupta S C, Tyagi A K. Reactive oxygen species (ROS) and cancer: role of antioxidative nutraceuticals [J] . Cancer Lett, 2017, 387 (3) : 95-105.

[70] Bahnev B, Bowden M D, Stypczyńska A, et al. A novel method for the detection of plasma jet boundaries by exploring DNA damage [J] . Eur Phys J D, 2014, 68 (6) : 1-5.

[71] O'connell D, Cox L, Hyland W, et al. Cold atmospheric pressure plasma jet interactions with plasmid DNA [J] . Appl Phys Lett, 2011, 98 (4) : 043701.

[72] Kim J Y, Lee D H, Ballato J, et al. Reactive oxygen species controllable non-thermal helium plasmas for evaluation of plasmid DNA strand breaks [J] . Appl Phys Lett, 2012, 101 (22) : 224101.

[73] Vandamme M, Robert E, Lerondel S, et al. ROS implication in a new antitumor strategy based on non-thermal plasma [J] . Int J Cancer, 2012, 130 (9) : 2185-2194.

[74] Joh H M, Kim S J, Chung T, et al. Reactive oxygen species-related plasma effects on the apoptosis of human bladder cancer cells in atmospheric pressure pulsed plasma jets [J] . Appl Phys Lett, 2012, 101 (5) : 053703.

[75] Shi X M, Chang Z S, Wu X L, et al. Inactivation effect of argon atmospheric pressure low-temperature plasma Jet on murine melanoma cells [J] . Plasma Process Polym, 2013, 10 (9) : 808-816.

[76] Hengartner M O. The biochemistry of apoptosis [J] . Nature, 2000, 407 (6805) : 770-776.

[77] Green D R, Kroemer G. The pathophysiology of mitochondrial cell death [J] . Science, 2004, 305 (5684) : 626-629.

[78] Panngom K, Baik K, Nam M, et al. Preferential killing of human lung cancer cell lines with mitochondrial dysfunction by nonthermal dielectric barrier discharge plasma [J] . Cell Death Dis, 2013, 4 (5) : e642.

[79] Zhao S, Xiong Z, Mao X, et al. Atmospheric pressure room temperature plasma jets facilitate oxidative and nitrative stress and lead to endoplasmic reticulum stress dependent apoptosis in

HepG2 cells [J]. PloS One, 2013, 8 (8): e73665.

[80] Bundscherer L, Nagel S, Hasse S, et al. Non-thermal plasma treatment induces MAPK signaling in human monocytes [J]. Open Chem, 2015, 13 (1): 606-613.

[81] Lee S Y, Kang S U, Kim K I, et al. Nonthermal plasma induces apoptosis in ATC cells: involvement of JNK and p38MAPK-dependent ROS [J]. Yonsei Med J, 2014, 55 (6): 1640-1647.

[82] Vogelstein B, Lane D, Levine A J. Surfing the p53 network [J]. Nature, 2000, 408 (6810): 307-310.

[83] Ishaq M, Kumar S, Varinli H, et al. Atmospheric gas plasma induced ROS production activates TNF-ASK1 pathway for the induction of melanoma cancer cell apoptosis [J]. Mol Biol Cell, 2014, 25 (9): 1523-1531.

[84] Gherardi M, Turrini E, Laurita R, et al. Atmospheric non-equilibrium plasma promotes cell death and cell-cycle arrest in a lymphoma cell line [J]. Plasma Process Polym, 2015, 12 (12): 1354-1363.

[85] Kim C H, Bahn J H, Lee S H, et al. Induction of cell growth arrest by atmospheric non-thermal plasma in colorectal cancer cells [J]. J Biotechnol, 2010, 150 (4): 530-538.

[86] Kaushik N K, Kaushik N, Min B, et al. Cytotoxic macrophage-released tumour necrosis factor-alpha (TNF-α) as a killing mechanism for cancer cell death after cold plasma activation [J]. J Phys D Appl Phys, 2016, 49 (8): 084001.

[87] Hou J, Ma J, Yu K, et al. Non-thermal plasma treatment altered gene expression profiling in non-small-cell lung cancer A549 cells [J]. BMC Genomics, 2015, 16 (1): 435-446.

[88] Xu D, Luo X, Xu Y, et al. The effects of cold atmospheric plasma on cell adhesion, differentiation, migration, apoptosis and drug sensitivity of multiple myeloma [J]. Biochemical Biophys Res Commun, 2016, 473 (4): 1125-1132.

[89] Xiong Z, Zhao S, Mao X, et al. Selective neuronal differentiation of neural stem cells induced by nanosecond microplasma agitation [J]. Stem Cell Research, 2014, 12 (2): 387-399.

[90] Steinbeck M J, Chernets N, Zhang J, et al. Skeletal cell differentiation is enhanced by atmospheric dielectric barrier discharge plasma treatment [J]. PloS One, 2013, 8 (12): e82143.

[91] Ma Y, Ha C S, Hwang S W, et al. Non-thermal atmospheric pressure plasma preferentially induces apoptosis in p53-mutated cancer cells by activating ROS stress-response pathways [J]. PloS One, 2014, 9 (4): e91947.

[92] Ahmed M, El-Aragi G M, Elhadary A M A, et al. Promising trial for treatment of chronic myelogenous leukemia using plasma technology [J]. Plasma Medicine, 2013, 3 (4): 243-265.

[93] Köritzer J, Boxhammer V, Schöfer A, et al. Restoration of sensitivity in chemo-resistant glioma cells by cold atmospheric plasma [J]. PloS One, 2013, 8 (5): e64498.

[94] Brullé L, Vandamme M, Riès D, et al. Effects of a non thermal plasma treatment alone or in combination with gemcitabine in a MIA PaCa2-luc orthotopic pancreatic carcinoma model [J]. PLoS One, 2012, 7 (12): e52653.

[95] Graves D B. Reactive species from cold atmospheric plasma: implications for cancer therapy [J]. Plasma Process Polym, 2014, 11 (12): 1120-1127.

[96] Ye F, Kaneko H, Nagasaka Y, et al. Plasma-activated medium suppresses choroidal neovascu-

larization in mice: a new therapeutic concept for age-related macular degeneration [J]. Sci Rep, 2015, 5: 7705-7711.

[97] Zhu W, Lee S J, Castro N J, et al. Synergistic effect of cold atmospheric plasma and drug loaded core-shell nanoparticles on inhibiting breast cancer cell growth [J]. Sci Rep, 2016, 6: 21974-21984.

[98] Chang J W, Kang S U, Shin Y S, et al. Non-thermal atmospheric pressure plasma inhibits thyroid papillary cancer cell invasion via cytoskeletal modulation, altered MMP-2/-9/uPA activity [J]. PloS One, 2014, 9 (3): e92198.

[99] Ikeda J I, Tsuruta Y, Nojima S, et al. Anti-cancer effects of nonequilibrium atmospheric pressure plasma on cancer-initiating cells in human endometrioid adenocarcinoma cells [J]. Plasma Process Polym, 2015, 12 (12): 1370-1376.

[100] Matsumoto R, Shimizu K, Nagashima T, et al. Plasma-activated medium selectively eliminates undifferentiated human induced pluripotent stem cells [J]. Regen Ther, 2016, 5: 55-63.

[101] Seebauer C, Freund E, Haase S, et al. Effects of cold physical plasma on oral lichen planus: an in-vitro study [J]. Oral Dis, 2020, 27 (7): 1728-1737.

[102] Schuster M, Seebauer C, Rutkowski R, et al. Visible tumor surface response to physical plasma and apoptotic cell kill in head and neck cancer [J]. J Craniomaxillofac Surg, 2016, 44 (9): 1445-1452.

[103] Seebauer C. Palliative Plasmabehandlung von Kopf-Hals-Tumoren und kurative Konzepte [M]//Plasmamedizin. Berlin Heidelberg: Springer, 2016.

[104] Rutkowski R, Daeschlein G, von Woedtke T, et al. Longterm risk assessment for medical application of cold atmospheric pressure plasma [J]. Diagnostics, 2020, 10 (4): 210.

[105] Bekeschus S, Moritz J, Helfrich I, et al. Ex vivo exposure of human melanoma tissue to cold physical plasma elicits apoptosis and modulates inflammation [J]. Appl Sci, 2020, 10 (6): 1971.

[106] Gjika E, Pal-Ghosh S, Kirschner M E, et al. Combination therapy of cold atmospheric plasma (CAP) with temozolomide in the treatment of U87MG glioblastoma cells [J]. Sci Rep, 2020, 10: 16495.

[107] Pasqual-Melo G, Sagwal S K, Freund E, et al. Combination of gas plasma and radiotherapy has immunostimulatory potential and additive toxicity in murine melanoma cells in vitro [J]. Int J Mol Sci, 2020, 21 (4): 1379.

[108] Metelmann H-R, Seebauer C, Miller V, et al. Clinical experience with cold plasma in the treatment of locally advanced head and neck cancer [J]. Clin Plasma Med, 2018, 9: 6-13.

[109] Seebauer C. Palliative treatment of head and neck cancer [M]//Comprehensive clinical plasma medicine. Shanghai:Springer Nature, 2018:187.

[110] Koch F, Salva K A, Wirtz M, et al. Efficacy of cold atmospheric plasma vs. Diclofenac 3% gel in patients with actinic keratoses: a prospective, randomized and rater-blinded study (ACTICAP) [J]. J Eur Acad Dermatol Venereol, 2020, 34 (12): e844-e846.

[111] Shimizu T, Lachner V, Zimmermann JL. Surface microdischarge plasma for disinfection [J]. Plasma Med, 2017, 7: 175-185.

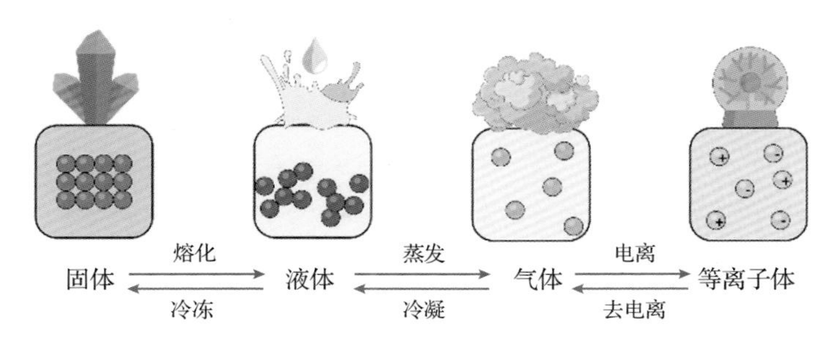

图1-1　物质的四类状态

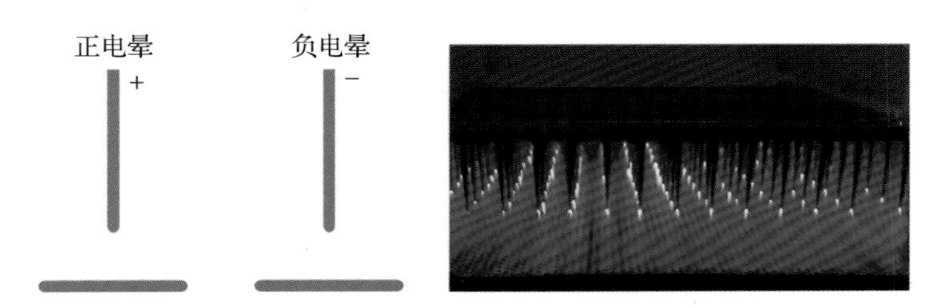

(a) 正电晕和负电晕结构示意图　　(b) 多针阵列电晕放电图像

图1-21　电晕放电结构

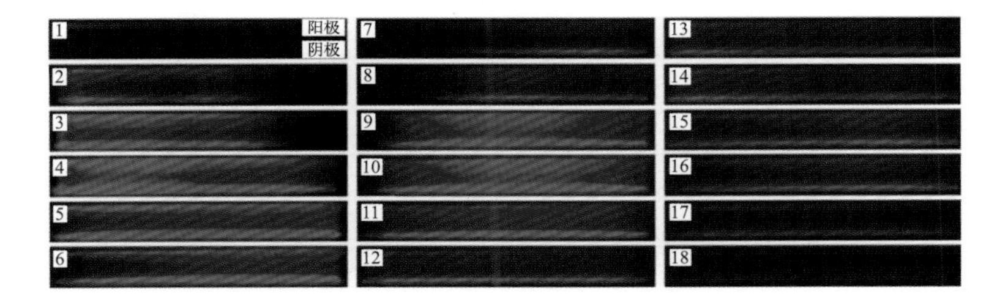

图1-23　大气压多脉冲辉光放电的演变图像[21]

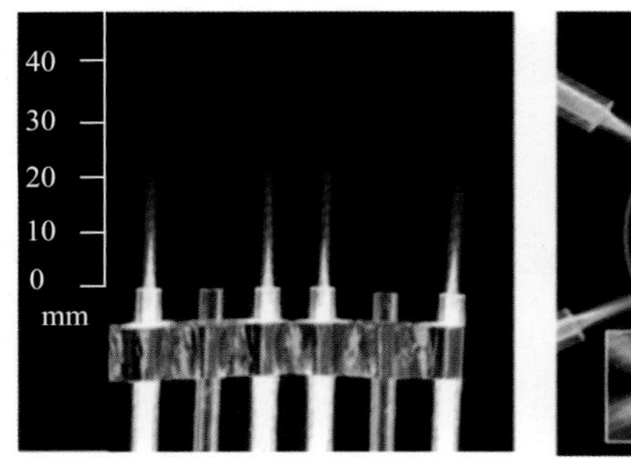

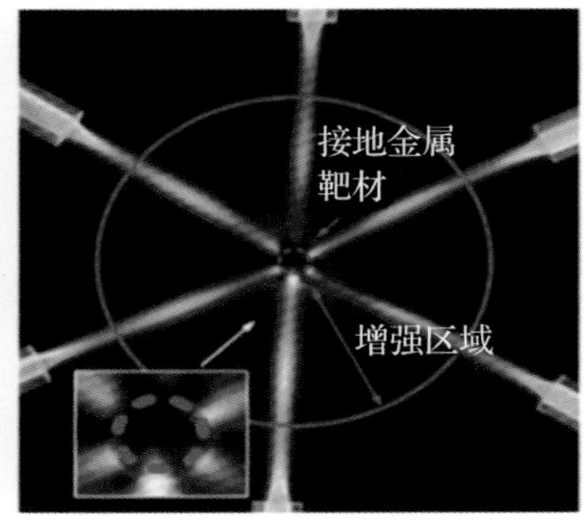

(a) 一维阵列装置[24]　　(b) 径向阵列装置[25]

图1-25　等离子体射流阵列装置放电图像

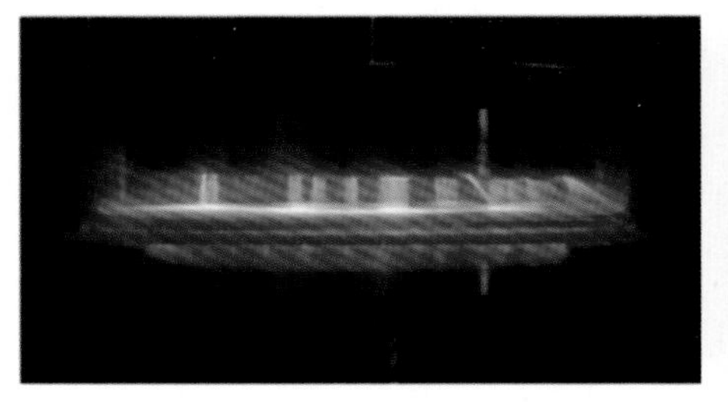

(b) 板-板介质阻挡放电图像

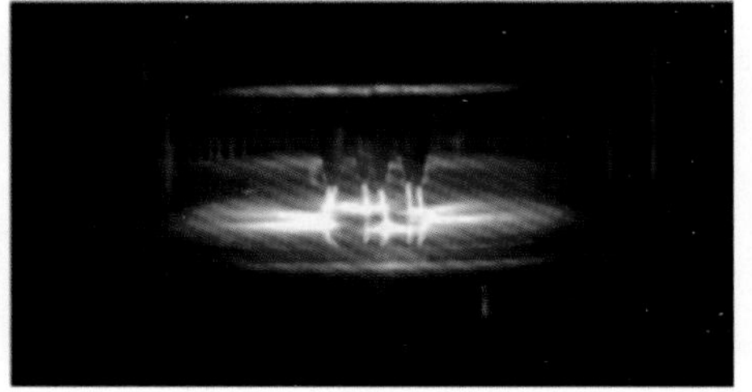

(c) 针-板介质阻挡放电图像

图1-27 介质阻挡放电

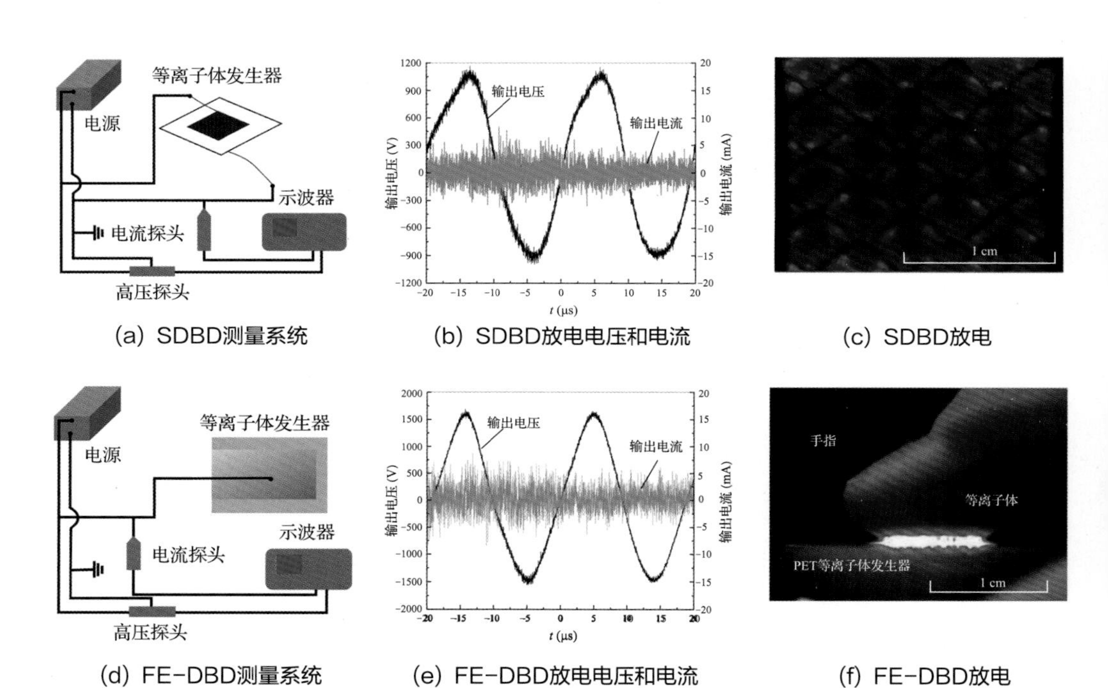

(a) SDBD测量系统　(b) SDBD放电电压和电流　(c) SDBD放电

(d) FE-DBD测量系统　(e) FE-DBD放电电压和电流　(f) FE-DBD放电

图3-7 SDBD发生器与FE-DBD发生器放电及电压电流测量

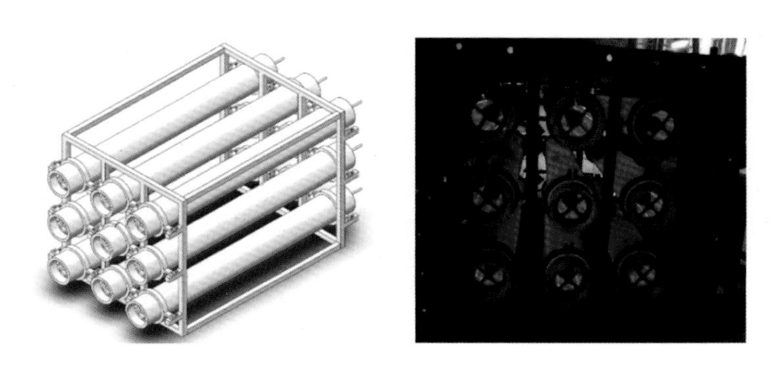

图3-19 大功率阵列式DBD放电反应器

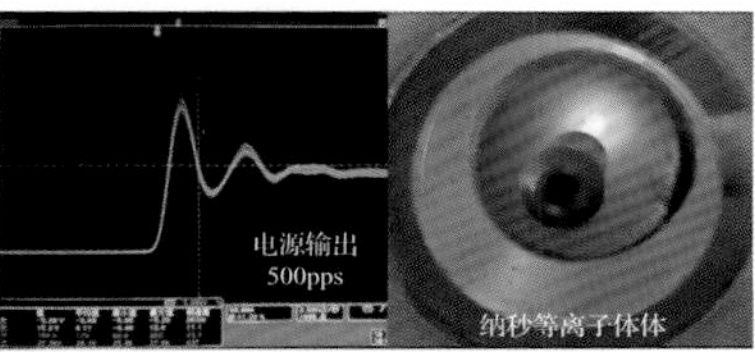

图3-32　基于火花开关的便携式高重频纳秒脉冲电源及其激励的等离子体

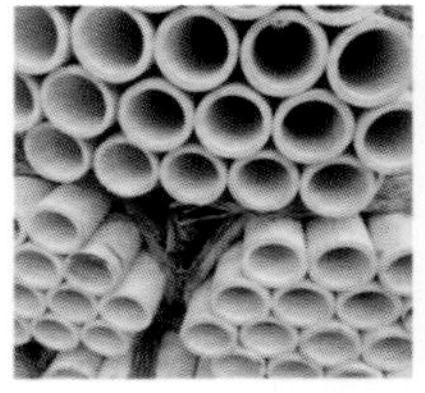

高强度管式特种陶瓷

陶瓷管内外同时放电

工业级陶瓷介质DBD反应器

图4-4　基用于工业示范的CPD反应器[4]

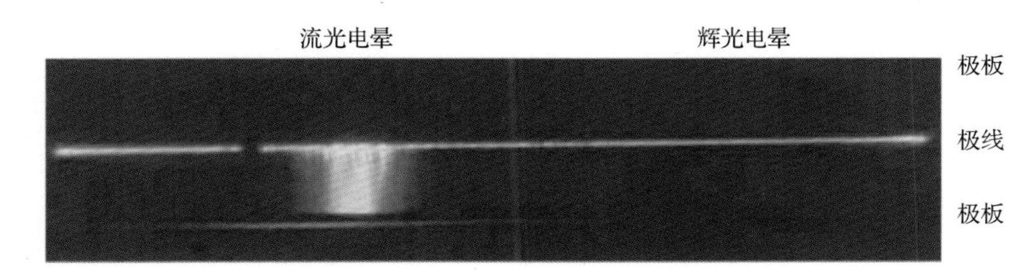

图4-10　流光电晕放电与辉光电晕放电对比图[40]

(a) 侧面　　(b) 端面

图4-26　大面积DBD离子体射流的图像[91]

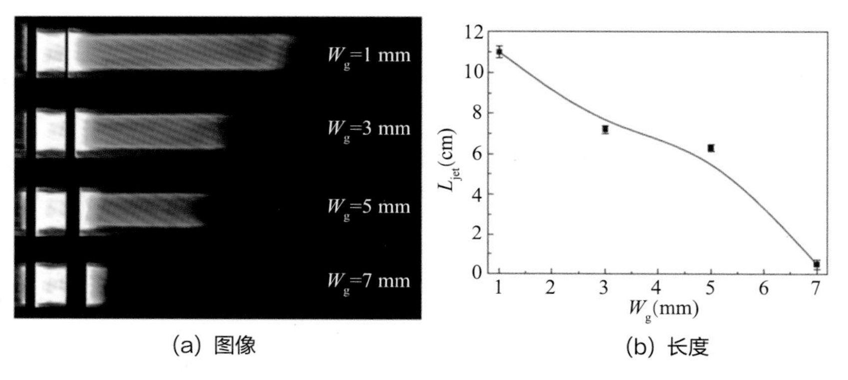

(a) 图像　　(b) 长度

图4-27　不同地电极宽度下大面积DBD等离子体射流图像和长度[73]

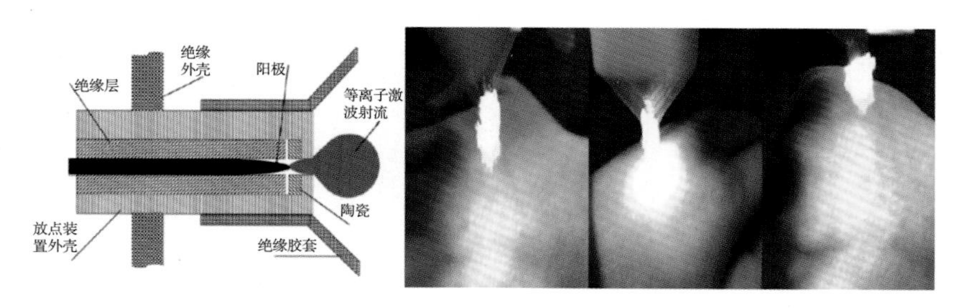

图4-30　火花放电等离子体射流装置原理及射流效果[78]

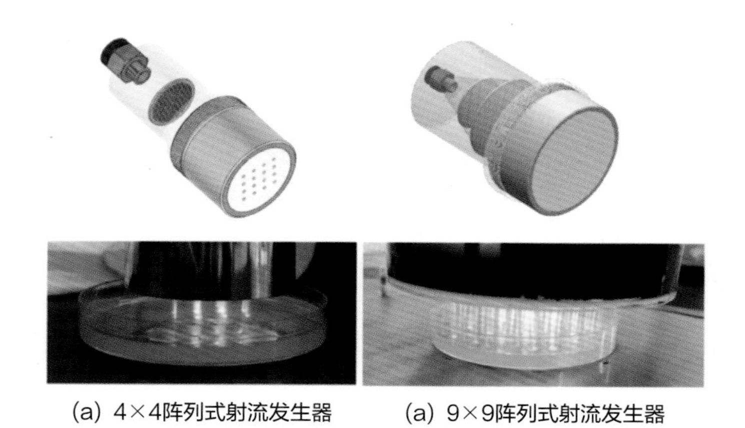

(a) 4×4阵列式射流发生器　　(a) 9×9阵列式射流发生器

图4-34　阵列式等离子体射流发生器结构示意图

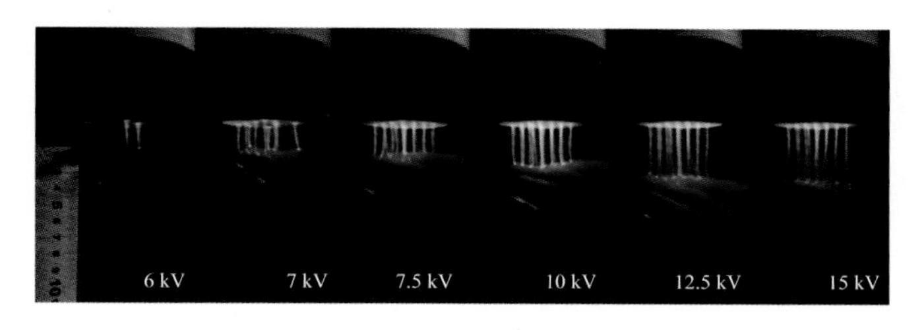

图4-37　不同工作电压下的氦气等离子体射流形貌

(a) 仰视图

(b) 平视图

图4-38 9×9阵列式等离子体射流形貌

(a) 系统组成

(b) 板-板式低气压等离子体反应器

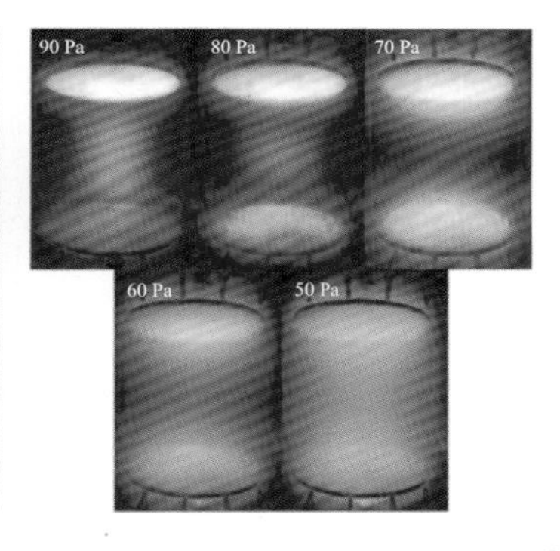

(c) 空气中不同真空度下的放电图像[87]

图4-40 低气压等离子体成套设备

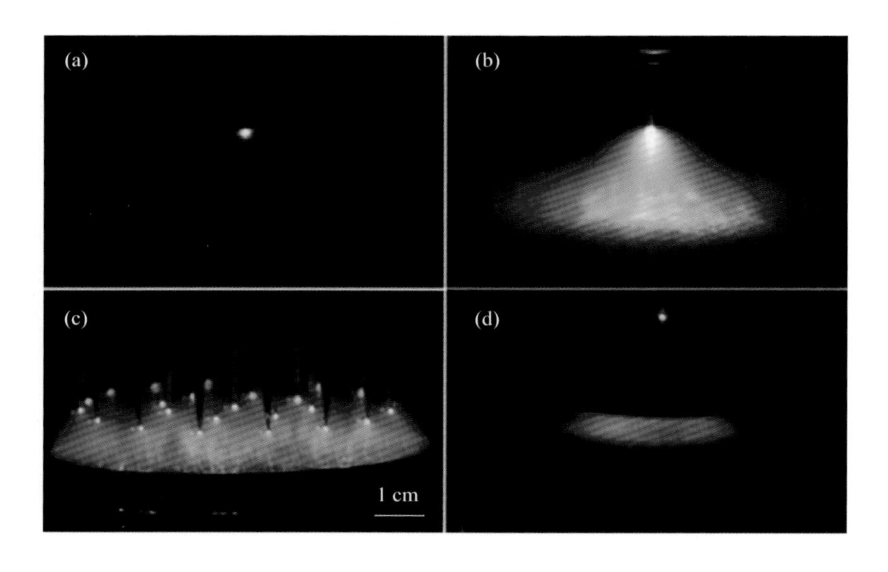

图4-41 蜂窝催化剂反电晕放电产生等离子体的图像

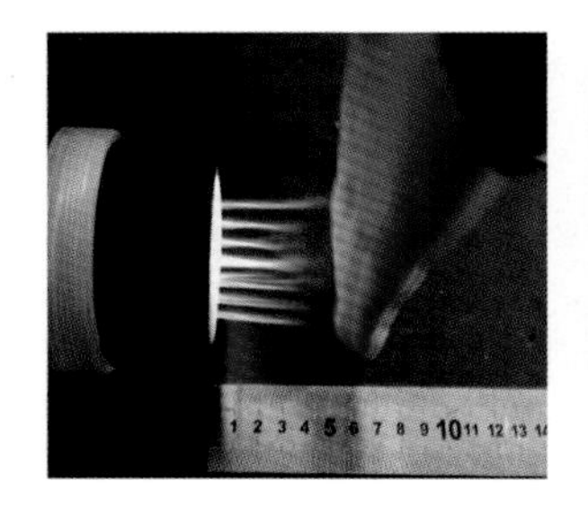

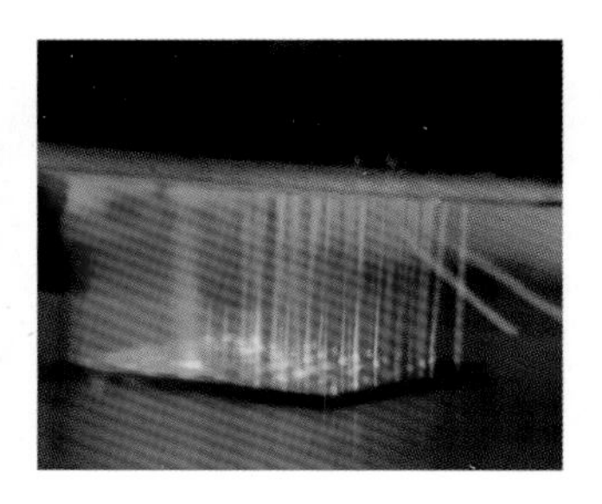

图5-5　阵列等离子体射流照片

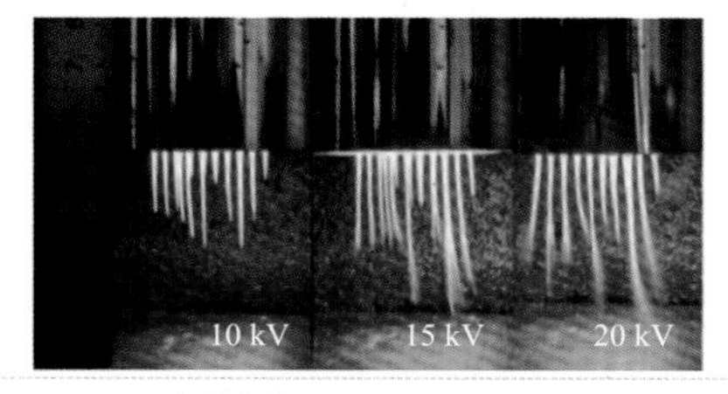

4×4阵列喷枪：15 kHz，He，10 L/min

9×9阵列喷枪：15 kHz，He，50 L/min

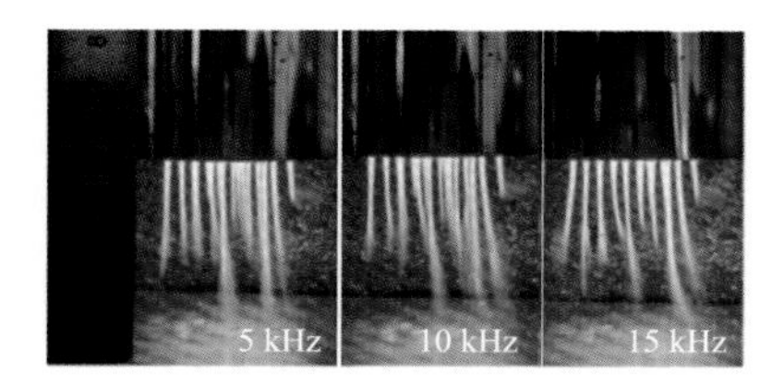

4×4阵列喷枪：20 kHz，He，10 L/min

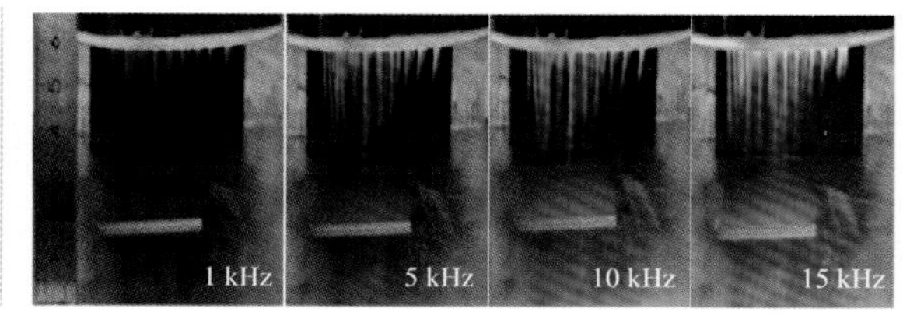

9×9阵列喷枪：20 kHz，He，50 L/min

图5-6　不同放电电压和频率条件下氦气射流形貌

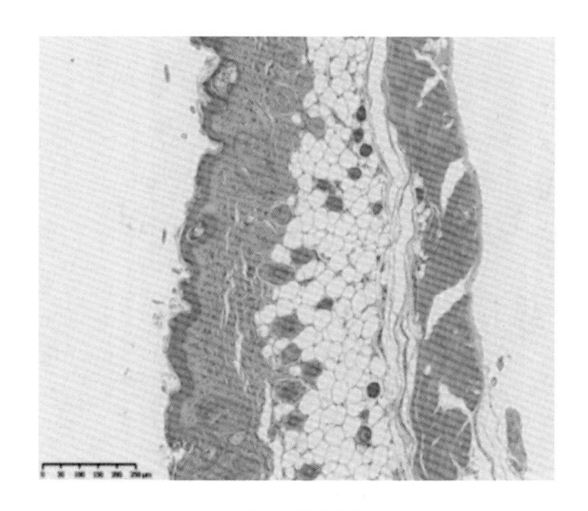

(a) 处理后

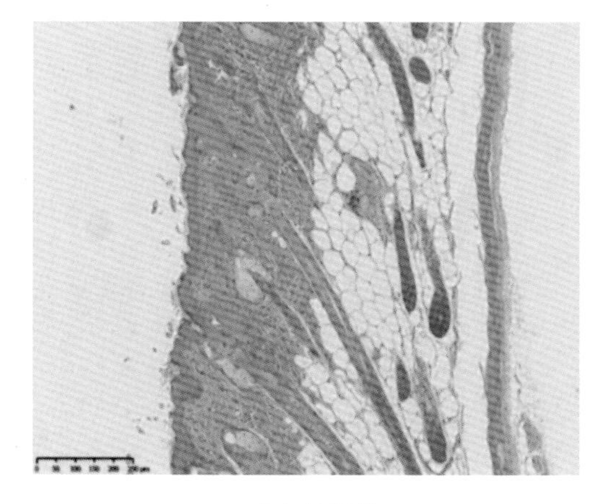

(b) 处理前

图5-33　动物皮肤表面处理前后切片组织形态

图5-35　电子设备经等离子体处理前后性能对比

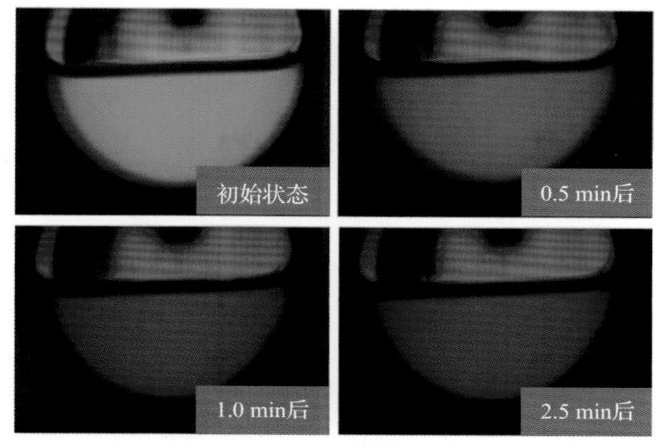

图7-6　大肠杆菌MV1184在等离子体处理过程中的荧光变化

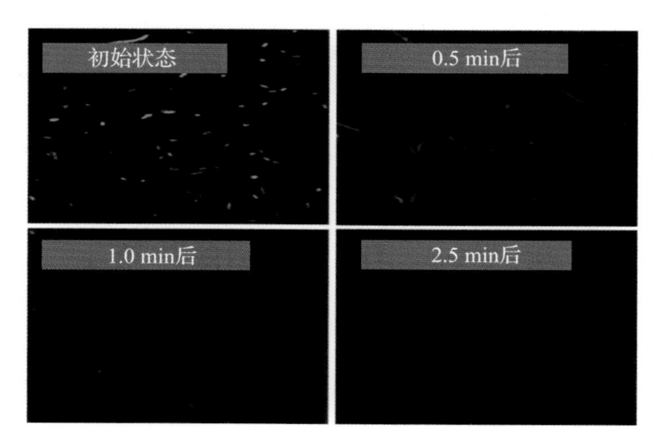

图7-7　荧光显微镜下的大肠杆菌MV1184随等离子体处理的变化

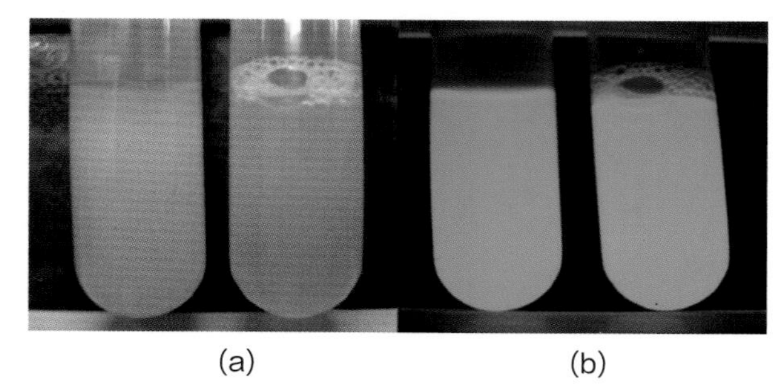

图7-8　超声波细胞破碎前后大肠杆菌MV1184的荧光变化

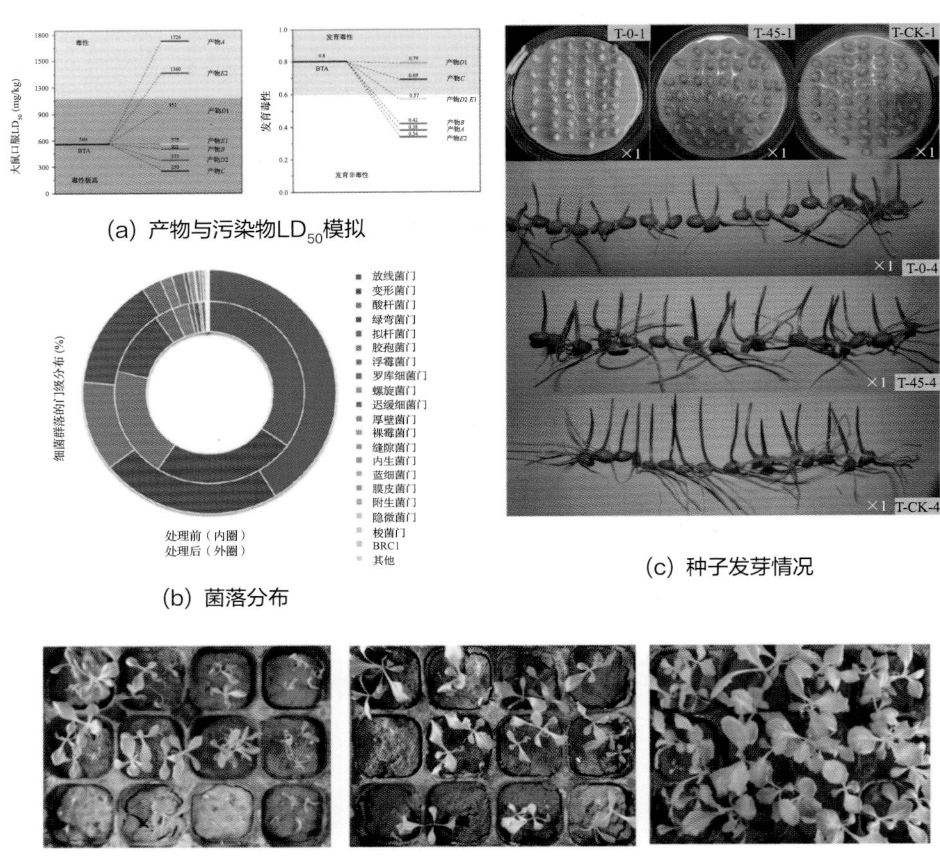

(a) 产物与污染物LD50模拟

(b) 菌落分布

(c) 种子发芽情况

(d) 莴苣生长情况（空白、污染、等离子体处理）

图8-2　处理后土壤二次利用及菌落测试[9,17,18]

天数/天	1	3	6	9	12	15	18	21
对照组								
等离子体处理组								

图9-4　伤口形态变化